数学机械化丛书 12

几何定理机器证明的几何不变量方法

张景中　高小山　周咸青　著

科 学 出 版 社
北 京

内 容 简 介

本书系统介绍了几何定理机器证明的几何不变量方法. 主要包括：基于面积与勾股差等几何不变量的面积法、基于体积与勾股差等几何不变量的体积法以及基于向量计算的向量方法. 与基于坐标的几何定理机器证明方法(如吴(文俊)方法与 Groebner 基方法)相比，基于几何不变量的几何定理机器证明方法可以产生较为简洁与可读的证明，从而提高机器证明的质量. 作为应用，该方法可以用来简化工程技术领域(如机器人、机构学、计算机视觉等)中出现的几何计算问题. 本书还介绍了几何定理机器证明的演绎数据库方法以及面积法在非欧几何中的推广.

本书可以作为数学、计算机科学以及相关工程领域的科研人员、教师以及研究生了解几何定理机器证明几何不变量方法的参考书，也可以作为高等院校与中学教师进行几何教育改革的参考书.

图书在版编目(CIP)数据

几何定理机器证明的几何不变量方法/张景中，高小山，周咸青著. —北京：科学出版社，2015.4

(数学机械化丛书；12)

ISBN 978-7-03-044066-2

Ⅰ. ①几… Ⅱ. ①张… ②高… ③周… Ⅲ. ①几何-定理证明-机器证明 Ⅳ. ①O18

中国版本图书馆 CIP 数据核字 (2015) 第 072958 号

责任编辑：赵彦超／责任校对：钟　洋
责任印制：徐晓晨／封面设计：陈　敬

科学出版社出版
北京东黄城根北街 16 号
邮政编码：100717
http://www.sciencep.com

北京京华虎彩印刷有限公司 印刷

科学出版社发行　各地新华书店经销

*

2015 年 4 月第　一　版　开本：720 × 1000 1/16
2018 年 3 月第二次印刷　印张：21
字数：420 000

定价：128.00 元

(如有印装质量问题，我社负责调换)

“数学机械化丛书”前言①

十六七世纪以来, 人类历史上经历了一场史无前例的技术革命, 出现了各种类型的机器, 取代各种形式的体力劳动, 使人类进入一个新时代. 几百年后的今天, 电子计算机已可开始有条件地代替一部分特定的脑力劳动, 因而人类已面临另一场更宏伟的技术革命, 处在又一个新时代的前夕. 数学是一种典型的脑力劳动, 它在这一场新的技术革命中, 无疑将扮演一个重要的角色. 为了了解数学在当前这场革命中所扮演的角色, 就应对机器的作用, 以及作为数学的脑力劳动的方式, 进行一定的分析.

1. 什么是数学的机械化

不论是机器代替体力劳动, 或是计算机代替某种脑力劳动, 其所以成为可能, 关键在于所需代替的劳动已经“机械化”, 也就是说已实现了刻板化或规格化. 正因为割麦、刈草、纺纱、织布的动作已经是机械化刻板化了的, 因而可据此造出割麦机、刈草机、纺纱机、织布机来. 也正因为加减乘除开方等运算这一类脑力劳动, 几千年来就已经是机械地刻板地进行的, 才有可能使得 17 世纪的法国数学家 Pascal, 利用齿轮传动造出了第一台机械计算机 —— 加法机, 并由 Leibniz 改进成为也能进行乘法的机器. 数学问题的机械化, 就要求在运算或证明过程中, 每前进一步之后, 都有一个确定的、必须选择的下一步, 这样沿着一条有规律的、刻板的道路, 一直达到结论.

在中小学数学的范围里, 就有着不少已经机械化了的课题. 除了四则、开方等运算外, 解线性联立方程组就是一个很好的例子. 在中学用的数学课本中, 往往介绍解线性方程组的各种“消去法”, 其求解过程是一个按一定程序进行的计算过程, 也就是一种机械的、刻板的过程. 根据这一过程编成程序, 由电子计算机付诸实施, 就可以不仅机器化而且达到自动化, 在几分钟甚至几秒钟之内求出一个未知数多至上百个的线性方程组的解答来, 这在手工计算几乎是不可能的. 如果用手工计算,

---

① 20 世纪七八十年代之交, 我尝试用计算机证明几何定理取得成功, 由此提出了数学机械化的设想. 先后在一些通俗报告与写作中, 解释数学机械化的意义与前景, 例如 1978 年发表于《自然辩证法通讯》的“数学机械化问题”以及 1980 年发表于《百科知识》的“数学的机械化”. 二文都重载于 1995 年由山东教育出版社出版的《吴文俊论数学机械化》一书. 经过 20 多年众多学者的努力, 数学机械化在各个方面都取得了丰富多彩的成就, 并已出版了多种专著, 汇集成现在的数学机械化丛书. 现据 1980 年的《百科知识》的“数学的机械化”一文, 稍加修改并作增补, 以代丛书前言.

即使是解只有三四个未知数的方程组, 也将是繁琐而令人厌烦的. 现代化的国防、经济建设中, 大量出现的例如网络一类的问题, 往往可归结为求解很多未知数的线性方程组. 这使得已经机械化了的线性方程解法在四个现代化中起着一种重要作用.

即使是不专门研究数学的人们, 也大都知道, 数学的脑力劳动有两种主要形式: 数值计算与定理证明 (或许还应包括公式推导, 但这终究是次要的). 著名的数理逻辑学家美国洛克菲勒大学教授王浩先生在一篇有名的《向机械化数学前进》的文章中, 曾列举了这两种数学脑力劳动的若干不同之点. 我们可以简略而概括地把它们对比一下:

计算	证明
易	难
繁	简
刻板	灵活
枯燥	美妙

计算, 如已经提到过的加、减、乘、除、开方与解线性方程组, 其所以虽繁而易, 根本原因正在于它已经机械化. 而证明的巧而难, 是大家都深有体会的, 其根本原因也正在于它并没有机械化. 例如, 我们在中学初等几何定理的证明中, 就经常要依靠诸如直观、洞察、经验以及其他一些模糊不清的原则, 去寻找捷径.

2. 从证明的机械化到机器证明

一个值得提出的问题是: 定理的证明是不是也能像计算那样机械化, 因而把巧而难的证明, 化为计算那样虽繁而易的劳动呢? 事实上, 这一证明机械化的设想, 并不始自今日, 它早就为 17 世纪时的大哲学家、大思想家和大数学家 Descartes 和 Leibniz 所具有. 只是直到 19 世纪末, Hilbert(德国数学家, 1862~1943) 等创立并发展了数理逻辑以来, 这一设想才有了明确的数学形式. 又由于 20 世纪 40 年代电子计算机的出现, 才使这一设想的实现有了现实可能性.

从 20 世纪二三十年代以来, 数理逻辑学家们对于定理证明机械化的可能性进行了大量的理论探讨, 他们的结果大都是否定的. 例如 Gödel 等的一条著名定理就说, 即使看来最简单的初等数论这一范围, 它的定理证明的机械化也是不可能的. 另一方面, 1950 年波兰数学家 Tarski 则证明了初等几何 (以及初等代数) 这一范围的定理证明, 却是可以机械化的. 只是 Tarski 的结果近于例外, 在初等几何及初等代数以外的大量结果都是反面的, 即机械化是不可能的. 1956 年以来美国开始了利用电子计算机做证明定理的尝试. 1959 年王浩先生设计了一个机械化方法, 用计算机证明了 Russell 等著的《数学原理》这一经典著作中的几百条定理,只用了 9 分钟, 在数学与数理逻辑学界引起了轰动. 一时间, 机器证明的前景似乎非常乐观. 例如 1958 年时就有人曾经预测: 在 10 年之内计算机将发现并证明一个重要的数学新定理. 还有人认为, 如果这样, 则不仅许多著名哲学家与数学家如 Peano、Whitehead、Russell、Hilbert 以及 Turing 等人的梦想得以实现, 而且计算将成为科学的皇后, 人类的主人!

然而, 事情的发展却并不如预期那样美好. 尽管在 1976 年, 美国的 Hanker 等人, 在高速计算机上用了 1200 小时的计算时间, 解决了数学家们 100 多年来所未能解决的一个著名难题 —— 四色问题, 因此而轰动一时, 但是, 这只能说明计算机作为定理证明的辅助工具有着巨大潜力, 还不能认为这样的证明就是一种真正的机器证明. 用王浩先生的说法, Hanker 等关于四色定理的证明是一种使用计算机的特例机证, 它只适用于四色这一特殊的定理, 这与所谓基础机器证明之能适用于一类定理者有别. 后者才真正体现了机械化定理证明, 进而实现机器证明的实质. 另一方面, 在真正的机械化证明方面, 虽然 Tarski 在理论上早已证明了初等几何的定理证明是能机械化的, 还提出了据以造判定机也即是证明机的设想, 但实际上他的机械化方法非常繁, 繁到不可收拾, 因而远远不是切实可行的.1976 年时, 美国做了许多在计算机上证明定理的实验, 在 Tarski 的初等几何范围内, 用计算机所能证明的只是一些近于同义反复的"儿戏式"的"定理". 因此, 有些专家曾经发出过这样悲观的论调: 如果专依靠机器, 则再过 100 年也未必能证明出多少有意义的新定理来.

3. 一条切实可行的道路

1976 年冬, 我们开始了定理证明机械化的研究.1977 年春取得了初步成果, 证明初等几何主要一类定理的证明可以机械化. 在理论上说来, 我们的结果已包括在 Tarski 的定理之中. 但与 Tarski 的结果不同, 我们的机械化方法是切实可行的, 即使用手算, 依据机械化的方法逐步进行, 虽然繁复, 也可以证明一些艰深的定理.

我们的方法主要分两步, 第一步是引进坐标, 然后把需证定理中的假设与终结部分都用坐标间的代数关系来表示. 我们所考虑的定理局限于这些代数关系都是多项式等式关系的范围, 例如平行、垂直、相交、距离等关系都是如此. 这一步可以叫做几何的代数化. 第二步是通过代表假设的多项式关系把终结多项式中的坐标逐个消去, 如果消去的结果为零, 即表明定理正确, 否则再作进一步检查. 这一步完全是代数的, 即用多项式的消元法来验证.

上述两步都可以机械与刻板地进行. 根据我们的机械化方法编成程序, 以在计算机上实现机器证明, 并无实质上的困难. 事实上数学所某些同志以及国外的王浩先生都曾在计算机上试行过. 我们自己也曾在国产的长城 203 台式机上证明了像 Simson 线那样不算简单的定理.1978 年初我们又证明了初等微分几何中主要的一类定理证明也可以机械化. 而且这种机械化方法也是切实可行的, 并据此用手算证明了不算简单的一些定理.

从我们的工作中可以看出, 定理的机械化证明, 往往极度繁复, 与通常既简且妙的证明形成对照, 这种以量的复杂来换取质的困难, 正是利用计算机所需要的.

在电子计算机如此发展的今天, 把我们的机械化方法在计算机上实现不仅不难, 而且有一台微型的台式机也就够了. 就像我们曾经使用过的长城 203, 它的存数最多只能到 234 个 10 进位的 12 位数, 就已能用以证明 Simson 线那样的定理. 随着超大规模集成电路与其他技术的出现与改进, 微型机将愈来愈小型化而内存却愈来愈大, 功能愈来愈多, 自动化的程度也愈来愈高. 进入 21 世纪以后, 这一类方便的小型机器将为广大群众普遍使用. 它们不仅将成为证明一些不很简单的定理的武器, 而且还可用以发现并证明一些艰深的定理, 而这种定理的发现与证明, 在数学研究手工业式的过去, 将是不可想象的. 这里我们应该着重指出, 我们并不鼓励以后人们将使用计算机来证明甚至发现一些有趣的几何定理. 恰恰相反, 我们希望人们不再从事这种虽然有趣却即是对数学甚至几何学本身也已意义不大的工作, 而把自己从这种工作中解放出来, 把自己的聪明才智与创造能力贯注到更有意义的脑力劳动上去.

还应该指出, 目前我们所能证明的定理, 局限于已经发现的机械化方法的范围, 例如初等几何与初等微分几何之内. 而如何超出与扩大这些机械化的范围, 则是今后需要探索的长期的理论性工作.

4. 历史的启示与中国古代数学

我们发现几何定理证明的机械化方法是在 1976 至 1977 年之间. 约在两年之后我们发现早在 1899 年出版的 Hilbert 的经典名著《几何基础》中, 就有着一条真正的正面的机械化定理：初等几何中只涉及从属与平行关系的定理证明可以机械化. 当然, 原来的叙述并不是以机械化的语言来表达的, 也许就连 Hilbert 本人也并没有对这一定理的机械化意义有明确的认识, 自然更不见得有其他人提到过这一定理的机械化内容. Hilbert 是以公理化的典范而著称于世的, 但我认为, 该书更重要处, 是在于提供了一条从公理化出发, 通过代数化以到达机械化的道路. 自然, 处于 Hilbert 以及其后数学的一张纸一支笔的手工作业时代里, 公理化的思想与方法得到足够的重视与充分的发展, 而机械化的方向与意义受到数学家的忽视是完全可以理解的. 但电子计算机已日益普及, 因而繁琐而重复的计算已成为不足道的事情, 机械化的思想应比公理化思想受到更大重视, 似乎是合乎实际的.

其次应该着重指出, 我们从事机械化定理证明工作获得成果之前, 对 Tarski 的已有工作并无接触, 更没有想到 Hilbert 的《几何基础》会与机械化有任何关系. 我们是在中国古代数学的启发之下提出问题并想出解决办法来的.

说起来道理也很简单：中国的古代数学基本上是一种机械化的数学. 四则运算与开方的机械化算法由来已久. 汉初完成的《九章算术》中, 对开平、立方与解线性联立方程组的机械化过程, 都有详细说明. 宋代更发展到高次代数方程求数值解的机械化算法.

总之, 各个数学领域都有定理证明的问题, 并不限于初等几何或微分几何. 这种定理证明肇始于古希腊的 Euclid 传统, 现已成为近代纯粹数学或核心数学的主流. 与之相异, 中国的古代学者重视的是各种问题特别是来自实际要求的具体问题的解决. 各种问题的已知数据与要求的数据之间, 很自然地往往以多项式方程的形式出现. 因之, 多项式方程的求解问题, 也就自然成为中国古代数学家研究的中心问题. 从秦汉以来, 所研究的方程由简到繁, 不断有所前进, 有所创新. 到宋元时期, 更出现了一个思想与方法的飞跃：天元术的创立.

“天元术”到元代朱世杰时又发展成四元术, 所引入的天元、地元、人元、物元实际上相当于近代的未知元或未知数. 将这些未知元作为通常的已知数那样加减乘除, 就可得到与近代多项式与有理函数相当的概念与相应的表达形式与运算法则. 一些几何性质与关系很容易转化成这种多项式或有理函数的形式及其关系. 这使得过去依题意列方程这种无法可循需要高度技巧的工作从此变成轻而易举. 朱世杰 1303 年的《四元玉鉴》又给出了解任意多至四个未知元的多项式方程组的方法. 这里限于 4 个未知元只是由于所使用的计算工具 (算筹和算板) 的限制. 实质上他解方程的思想路线与方法完全可以适用于任意多的未知元.

不问可知, 在当时的具体条件下, 宋世杰的方法有许多缺陷. 首先, 当时还没有复数的概念, 因之宋世杰往往限于求出 (正) 实值. 这无可厚非, 甚至在 17 世纪 Descartes 的时代也还往往如此. 但此外宋世杰在方法上也未臻完善. 尽管如此, 宋世杰的思想路线与方法步骤是完全正确的, 我们在 20 世纪 70 年代之末, 遵循宋世杰的思想与方法的基本实质, 采用美国数学家 J. F. Ritt 在 1932, 1950 年关于微分方程代数研究书中所提供的某些技术, 得出了解任意复多项式方程组的一般算法, 并给出了全部复数解的具体表达形式. 此后又得出了实系数时求实解的方法, 为重要的优化问题提供了一个具体的方法.

由于多种问题往往自然导致多项式方程组的求解, 因而我们解方程的一般方法可被应用于形形式式的问题. 这些问题可以来自数学自身, 也可以来自其他自然科学或工程技术. 在本丛书的第一本书, 吴文俊的《数学机械化》一书中, 可以看到这些应用的实例. 在工程技术方面的应用, 在本丛书中已有高小山的《几何自动作图与智能 CAD》与陈发来和冯玉瑜的《代数曲面拼接》两本专著. 上述解多项式方程组的一般方法已推广至代微分方程的情形. 许多应用以及相应论著正在酝酿之中.

5. 未来的技术革命与时代的使命

宋元时代天元术与四元术的创造, 把许多问题特别是几何问题转化成代数方程与方程组的求解问题. 这一方法用于几何可称为几何的代数化.12 世纪的刘益将新法与“古法”比较, 称“省功数倍”, 这可以说是减轻脑力劳动使数学走上机械化的道路的一项伟大的成就.

与天元术的创造相伴, 宋元时代的数学又引进了相当于现代多项式的概念, 建立了多项式的运算法则和消元法的有关代数工具, 使几何代数化的方法得到了有系统的发展, 见于宋元时代幸以保存至今的杨辉、李冶、朱世杰的许多著作之中. 几何的代数化是解析几何的前身, 这些创造使我国古代数学达到了又一个高峰. 可以说, 当时我国已到达了解析几何与微积分的大门, 具备了创立这些数学关键领域的条件, 但是各种原因使我们数学的雄伟步伐就在这些大门之前停顿下来. 几百年的停顿, 使我们这个古代的数学大国在近代变成了数学上的纯粹入超国家. 然而, 我国古代机械化与代数化的光辉思想和伟大成就是无法磨灭的. 本人关于数学机械化的研究工作, 就是在这些思想与成就启发之下的产物, 它是我国自《九章算术》以迄宋元时期数学的直接继承.

恩格斯曾经指出, 枪炮的出现消除了体力上的差别, 使中世纪的骑士阶级从此销声匿迹, 为欧洲从封建时代进入到资本主义时代准备了条件. 近年有些计算机科学家指出, 个人用计算机的出现, 其冲击作用可与枪炮的出现相比. 枪炮使人们在体力上难分强弱, 而个人用计算机将使人们在智力上难分聪明愚鲁. 又有人对数学的未来提出看法, 认为计算机的出现, 将使数学现在一张纸一支笔的方法, 在历史的长河中, 无异于石器时代的手工方法. 今天的数学家们, 不得不面对计算机的挑战, 但是, 也不必妄自菲薄. 大量繁复的事情交给计算机去做了, 人脑将仍然从事富有创造性的劳动.

我国在体力劳动的机械化革命中曾经掉队, 以致造成现在的落后状态. 在当前新的一场脑力劳动的机械化革命中, 我们不能重蹈覆辙. 数学是一种典型的脑力劳动, 它的机械化有着许多其他类型脑力劳动所不及的有利条件. 它的发扬与实现对我国的数学家是一种时代的使命. 我国古代数学的光辉, 鼓舞着我们为实现数学的机械化, 在某种意义上也可以说是真正的现代化而勇往直前.

吴文俊

2002 年 6 月于北京

序　　言

数学定理证明机械化的思想由来已久, 一些原始想法可以追溯到 G. Leibniz 和 R. Descartes. Descartes 认为, 代数可以将数学机械化, 使思维变得简单, 不再需要繁复的脑力劳动, 数学创造也极可能实现自动化. 甚至逻辑原理和方法也可以被符号化, 进而所有的推理过程都实现机械化. Leibniz 发展了 Descartes 的想法, 并提出了一个更加雄心勃勃的计划. Leibniz 提出, 应该发展一种广义计算, 这种计算可以使人们在所有的领域都能机械地、不费力地通过一种像算术与代数那样的演算来达到精确的推理. 这种方法将 "使真理昭然若揭, 颠扑不破, 就像是建立在机械化的基础之上".

Descartes 和 Leibniz 提出的想法是比较笼统的. 19 世纪中叶, G. Boole 创立了现在所说的 Boole 代数, 把思维在某种程度上形式化, 用代数形式加以描述. 这一工作比起 Leibniz 和 Descartes 的想法至少有了某种程度的数学化. 20 世纪 20 年代, D. Hilbert 正式提出了所谓的 "Hilbert 计划", 试图通过公理化建立数学的严格基础. 特别是 Hilbert 在其计划中提出了 "判定性问题", 即是否存在一个算法 "机械化" 地判定每个数学分支中所有命题的正确性.

1931 年, 奥地利数学家 K. Gödel 证明, 即使是 Peano 算术这样简单的数学系统, 也存在定理, 尽管我们知道是对的, 却不能够证出来. Hilbert 希望证明数学是圆满无缺的, 是相容的, 是可以判断的. Gödel 的结论指出, Hilbert 计划太过理想, 对于很多数学学科, Hilbert 的数学公理化计划无法实现.

Hilbert 计划虽然不能完整实现, 但对数学与科学发展的影响是巨大的. 作为这一计划的直接结果, 产生了计算机科学与机械化数学两个重要领域.

英国数学家 A. Turing 因为提出计算理论的基本概念 Turing 机, 被誉为现代计算机科学奠基人之一. Turing 这一研究的起因是希望回答 Hilbert 的可判定性问题. 为了回答可判定性问题, 首先需要明确可以用于判断的计算手段. 为此, Turing 改进了 Gödel 的想法, 提出著名的 Turing 机. 计算机科学, 特别是计算理论主要源于 Turing 的这一工作.

Gödel 的否定性的结果影响巨大, 以致于形成了数学不可以机械化的固定思维. 实际上恰恰相反, 与 Gödel 的著名结果几乎同时, 法国数学家 J. Herbrand 在 1931 年发表了题为《论算术的相容性》的论文, 创立了一种证明定理的算法. 这种算法提供了一种进行推理的途径, 如果一个命题存在一个证明, 则算法在有限的步骤之内结束并给出命题的证明. 这一算法是半判定性的, 即算法对于某些输入可能不中止, 从而不能得出结论. 结合 Gödel 的结果我们可以看到, Herbrand 实际上已经给出了 Hilbert 判定问题理论上的完整解答. 由 Gödel 的结果, 有些定理是不能够由公理推出的. 此时, Herbrand 的算法将不中止. 其余的定理都可以由公理推出, 而对于这些定理, Herbrand 的算法将给出证明. 那么, 数学定理的机器证明问题是否解决了? 答案当然是否定的. Herbrand 算法的主要问题在于其计算复杂度是指数的. 虽然理论上可行, 但实际上不能用于在计算机上证明非平凡的数学定理.

真正在计算机上自动证明定理始于 20 世纪 50 年代中期. 一些计算机科学家, 包括 Newell, Simon, Shaw 等, 创立了人工智能学科, 尝试利用计算机进行某种脑力劳动, 特别地, 证明数学定理. 由此成长起来一门新的学问 —— 自动推理或机器证明. 自动推理的主流工作是对 Herbrand 算法的改进, 希望通过发展各种技巧简化 Herbrand 算法的计算复杂度. 但是, 一般机器证明算法的发展并不理想, 定理证明依然是一个计算复杂度非常高的问题. 机器证明一个成功的方向是各个具体数学领域的机器证明. 这里的基本想法是: Herbrand 的方法太广, 以致于不够有效, 数学机械化正确之路应该是在数学的各个学科选择一类有意义的问题, 发展统一求解的高效算法, 逐步实现数学的机械化. 近年来蓬勃发展的符号计算、计算代数几何、计算数论、计算群论、计算拓扑、符号分析等新兴学科即属于机械化数学领域.

几何定理证明是人工智能创始时即最早尝试的数学问题, 主要原因是几何推理自古被认为是严格推理的典范, 而且一般认为几何定理的证明技巧性很强, 是很典型的脑力劳动. 20 世纪 50 年代末, IBM 公司的 Gelernter 小组开发了 "几何定理证明机"(GTPM), 成为人工智能的经典工作之一. GTPM 采用后推法加深度优先的搜索证明方法, 并引入了基于几何图形推理的概念, 产生了广泛影响. 但是, GTPM 以及以后提出的基于人工智能搜索法所开发的软件效率不高, 只能证明非常简单的几何定理. 1950 年, 波兰数学家 A. Tarski 证明初等代数和初等几何定理可以用一种代数算法来证明或否定, 即初等几何是可以判定的. 但是 Tarski 算法的复杂度太高, 以致于不能用来证明有意义的定理. 吴文俊于 1978 年提出了几何定理机器证明的代数方法, 在几何定理机器证明方面取得突破. 在颁发给他 Herbrand 自动推理杰出贡献奖的授奖词中讲到: "吴继续深化、推广他的方法, 并将这一方法用于一系列几何, 包括平面几何、微分几何、非欧几何、仿射几何与非线性几何. 不仅限于几何, 吴还将他的方法用于由 Kepler 定律推出 Newton 定律, 用于解决化学平衡问题与求解机器人方面的问题. 吴的工作将几何定理证明从自动推理的一个不太成功的领域变为最成功的领域之一."

几何定理机器证明的吴方法的主要想法是通过坐标化, 将几何问题变为代数问题, 再应用消去理论解决相应的代数问题. 这一方法有如下两个问题: 首先, 由于证明的步骤由多项式运算构成, 因此产生的证明是没有几何意义的. 其次, 对于很多几何定理, 需要较大规模的多项式计算, 因此产生的证明是不可读的. 本书将介绍针对这些问题提出的几何不变量方法, 主要包括: 基于面积与勾股差等几何不变量的面积法、基于体积与勾股差等几何不变量的体积法以及基于向量计算的向量方法. 与基于坐标的几何定理机器证明方法相比, 基于几何不变量的几何定理机器证明方法可以产生较为简洁与可读的证明, 从而提高机器证明的质量. 作为应用, 该方法可以用来简化工程技术领域, 如机器人、机构学、计算机视觉等领域中出现的几何问题. 本书还介绍了几何定理机器证明的演绎数据库方法以及面积法在非欧几何定理中的推广.

借助面积证明几何定理的想法源远流长, 本书作者之一张景中在 20 世纪 70~80 年代系统研究了如何借助面积证明几何定理, 形成了系统的方法. 几何定理机器证明的完整算法由张景中、高小山、周咸青在 20 世纪 90 年代初提出并取得极大成功. 对于大部分几何定理, 这一方法可以生成的简短可读证明, 在一定意义下具有基于坐标的吴方法与基于搜索的人工智能方法两者的优点, 且避免了其缺点. 用面积法证明几何定理的基本步骤是使用关于面积等几何不变量的基本命题, 从几何命题结论的表达式中消点. 当结论中的所有点被消去后, 命题的结论成为一个关于某些独立变量的表达式, 于是结论成立与否就不难判断了. 因此, 面积法的主要内容是如何在几何不变量中消去点, 即消点法.

第 1 章简要介绍了几何定理机器证明的一些主要工作.

第 2 章介绍面积法的基本形式, 即只使用面积与相同方向上的线段比两种几何不变量证明几何定理, 这一方法适用于仿射几何的定理证明.

第 3 章引入了勾股差这一几何不变量来描述垂直关系, 从而给出了完整的用于平面几何定理证明的面积法.

第 4 章介绍几何定理机器证明的演绎数据库方法. 前面提到, 过去使用的基于搜索法的几何定理证明器效率都不高, 主要原因是所谓搜索空间爆炸问题, 即在证明过程中很快就产生大量数据以致于证明无法进行下去. 我们通过引入新的几何公理与结构数据库的概念, 在很大程度上克服了几何定理证明中搜索空间爆炸问题, 发展了基于前推法的高效几何定理证明器. 通过使用一些新的几何公理, 例如关于全角的使用, 有效缩短了几何定理证明的长度. 另一方面, 结构数据库的使用使得同一问题的搜索空间平均缩小了 1000 倍. 两者结合, 使得基于搜索的几何定理证明向前迈进了一大步. 这一方法还可以用来生成一题多解与几何定理的最短证明. 应该指出, 我们最初研究演绎数据库方法的原因是面积法需要借助数据库中的几何信息进行计算与化简.

第 5~7 章进一步推广了面积法. 第 5 章主要发展了体积法, 用于立体几何的定理证明. 第 6 章将面积法推广到了非欧几何定理的机器证明. 我们将常用的九种平面几何归结为三类, 并对每一类给出了相应的面积法. 第 7 章则将面积法推广到了一般的度量几何.

面积法的出现为几何定理机器证明的研究注入了新的活力, 导致了很多相关的研究, 我们将其中部分工作列在本书后面的参考文献中, 供感兴趣的读者参考.

张景中　高小山　周咸青

2014 年 11 月 18 日

目　　录

第1章 几何定理机器证明概述

1.1 模拟人的思维 —— 人工智能的开始

现代意义上的计算机产生于 20 世纪 40 年代中期. 最初的计算机基本上是用来从事数值计算的, 例如计算炮弹的飞行轨迹. 能有机会接触计算机的人无不为其巨大而神奇的计算能力所折服. 很自然人们就开始对计算机提出新的更高的要求: 计算机能否借助其巨大的计算能力产生只有人才能具有的某些智能行为呢? 对这一问题的研究在 20 世纪 50 年代中期导致了人工智能这一领域的诞生.

要让计算机产生智能行为首先要问: 什么是智能行为呢? 人们马上想到数学定理证明. 数学定理证明不仅被认为是高层次的智力活动, 也被认为是人类一般问题求解能力最典型的代表与最好的训练方法. 因此, 美国学者 Newell, Show 与 Simon 便开始研究用计算机证明数学定理, 开发了用于命题逻辑的定理证明器 "逻辑理论机"(LT).

Newell 等采用的证明定理的基本方法是: 模拟人证明定理的想法. 这实际上是一种 "搜索法". 最基本的搜索证明方法有两种: 前推法与后推法.

(1) 前推法与大英博物馆算法.

定理证明的前推法即由一个命题的假设 D_0 开始, 使用一组公理 R 由假设 D_0 推出新的结论, 这些新的结论和 D_0 在一起组成 D_1, 再用同样方法从 D_1 推出更新的结论, 这些更新的结论和 D_1 一起组成 D_2, 周而复始, 直到得出所要证明的命题结论或得不出更新的结论为止. 这一过程可表示如下:

$D_0 \Rightarrow D_1$(使用公理 R),
$D_1 \Rightarrow D_2$(使用公理 R),
……
$D_k \Rightarrow D_{k+1}$(使用公理 R),
D_{k+1}含要证结论, 证明成功, 可终止;
$D_k = D_{k+1}$不含要证结论, 证明失败, 终止.

一个有趣的问题是: 如果不论是否已经获得要证的结论总是继续推理, 是否在某一步必有 $D_k = D_{k+1}$? 果真如此, 也就是说, 我们已经不能由 D_k 推导出新的结论. 换句话讲, 我们达到了 "推理不动点":

$$R(D_k) = D_k.$$

这一不动点应该包含能由假设 D_0 推导出的所有可能的结论. 由此我们不仅可以证明所给定理, 实际上还能发现所有能够用 R 从 D_0 推导出的定理.

若果能如此, 何其妙哉! 实际情况并非如此. 主要问题是随着推理步骤的增加, 所得到的结论可能非常之多, 以致于用很快且容量很大的计算机也不足以在合理的时间内解决问题. 这就是所谓的 "搜索空间爆炸" 现象.

由此也不难理解前推法的一个别名 "大英博物馆方法". 其意是讲如果由英文 26 个字母和几个标点符号出发, 使用前推法写出字母与标点符号的所有可能组合, 这里会有所有的单词、所有的句子, 以致可以自动生成大英博物馆内的所有著作. 显而易见, 此路是不通的.

(2) 后推法.

所谓后推法, 就是由定理的结论开始寻找使其成立的条件, 直至定理的假设. 严格定义如下：设 G_0 为某个定理的结论, 我们不妨将其称为要证明的目标. 如果命题 G_{i-1} 可以由 G_i 直接推得, 则称 G_i 是原问题的 i 阶子目标. 我们可以将这些推理过程用一 "推理树" 形象表示, 此树以 G_0 为根, 以子目标为节点. 推理树有两种节点："与" 节点和 "或" 节点. 假设一个节点 G 向下 (远离根节点) 与节点 $F_1, F_2, \cdots, F_m$ 相连, 这时可能有两种情形：

A. 节点 G 是 "与节点", 如果有

$$F_1 \wedge F_2 \wedge \cdots \wedge F_m \Rightarrow G(\text{其中“}\wedge\text{”代表“与”});$$

B. 节点 G 是 "或节点", 如果有

$$F_1 \vee F_2 \vee \cdots \wedge F_m \Rightarrow G(\text{其中“}\vee\text{”代表“或”}).$$

图 1-1 表示后推法产生的一个推理树, 其中用圆弧标示出 "与节点", 并将 "与节点" 填充为灰色以便区别.

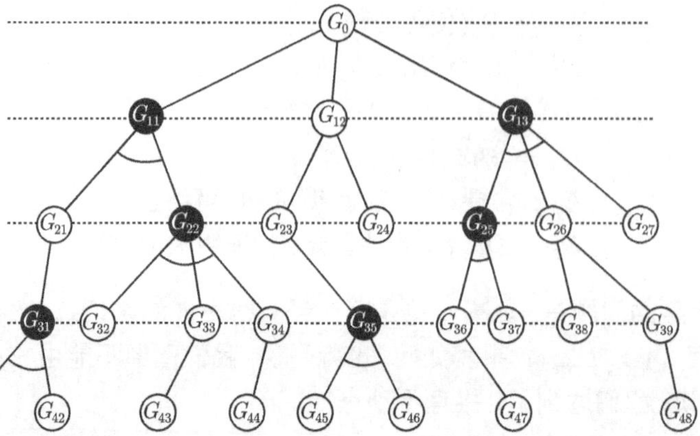

图 1-1　后推法产生的推理树

定理的一个证明是推理树的一棵满足下面条件的连通子树：

(1) 该树以定理的结论为根, 且所有叶子都是定理的假设或公理.

(2) 如果该树包含推理树的一个 "与节点", 那么包含该节点在推理树中的所有后代.

(3) 如果该树包含推理树的一个 "或节点", 那么包含该节点在证明树中的一个后代.

所以, 定理的证明过程就是在推理树中寻找满足上述条件的一棵子树. 与前推法相似, 后推法也会出现 "搜索空间爆炸" 问题.

我们看到, 用前推法与后推法证明定理的过程都可以表示为一棵推理树. 而一个定理的证明实际上就是通过 "搜索" 这棵树而生成一棵子树. 对于树的搜索方法主要有以下两种：

A. **宽度优先法**是先搜索层次为 1 的子目标, 再搜索层次为 2 的子目标, 依次类推. 以图中的证明树为例, 搜索次序是

$$G_0, G_{11}, G_{12}, G_{13}, G_{21}, G_{22}, G_{23}, G_{24}, G_{25}, G_{26}, \cdots$$

B. **深度优先法**是先搜索证明树最左侧的树枝直到不能前进为止. 如果定理还没有证明, 则需要 "回溯" 到下一个目标. **回溯过程**是一个递归过程, 具体描述如下：首先回到当前节点的上一个节点, 再由这个节点出发搜索没有搜索过的最左侧的后代. 以图 1-1 中的证明树为例, 搜索次序是

$$G_0, G_{11}, G_{21}, G_{31}, G_{41}, G_{42}, G_{22}, G_{32}, G_{33}, G_{43}, \cdots$$

宽度优先法搜索是完备的, 即如果存在一个子树可以证明定理, 则宽度优先法总能够找到这一子树. 这是因为宽度优先法是以层为单位自上而下搜索的, 深度优先法则无这一完备性. 如果推理树的左侧分支是无限的且没有要寻找的子树, 则这一搜索过程将无限进行下去. 即使别的分支存在要寻找的子树, 这一搜索过程也不能找到这一目标. 另一方面, 如果运气比较好, 一般说来深度优先法找到证明的速度较快.

因此, 基于搜索的证明方法大体上有三种形式：

(1) 前推法;

(2) 后推法＋宽度优先搜索;

(3) 后推法＋深度优先搜索.

现在具体介绍一下 Newell 等的命题逻辑定理证明器 LT. 所谓命题逻辑公式可以严格定义如下：

单独的命题 P 是一个公式;

如果 P 是公式, 则 $\neg P$ 也是公式;

如果 P 和 Q 都是公式, 则 $P \vee Q$, $P \wedge Q$ 也是公式.

通过 $\vee$ 与 $\wedge$ 运算, 还可以定义如下运算:

$$(P \to Q) \Leftrightarrow (\neg P \vee Q).$$

定理证明器 LT 就是要判断一个命题逻辑公式是否正确.

证明器 LT 采用的是后推法+深度优先搜索的方法. LT 的贡献主要有两点: 首先, 这一工作首次在计算机上实现了定理自动证明, 并进一步指出这一方法不仅可以证明定理, 还可以用来解决诸如由数据自动发现科学规律、计算机下棋、自然语言理解等问题, 在一定意义上为人工智能的发展指出了方向.

证明器 LT 的另一贡献是 “启发式方法” 的引入. Newell 等认为所有严格的证明方法都会遇到搜索空间爆炸问题, 因而是不可行的. 而出路在于模拟人类证明定理的方式, 引入某种规则, 对计算机给予 “启发”, 得以在较快的时间产生证明.

LT 作为一个定理证明器的成功, 与其作为导致人工智能产生的成功相比要逊色得多. LT 只能证明一些简单的命题, 它证明的最困难的定理是

$$(\neg Q \to \neg P) \to (P \to Q).$$

真正用计算机成功证明命题逻辑的是华人学者王浩. 他通过引入某种判定算法成功地证明了 A.N. Whitehead 与 B. Russell 的《数学原理》中所有命题逻辑定理.

相关的一个有趣现象是: 除王浩外, 早期从事定理证明的学者强调他们的工作目的主要不是证明定理, 而是试图充分理解数学发现中人类是怎样理解与组织有关信息的. 这一提法虽然宏大, 却也包含着一些无奈. 借助计算机证明困难的甚至是新的数学定理这一重要问题, 始于王浩 50 年代末的工作, 于 80 年代初经 L. Wos, W. Bledsoe 等的努力形成一门独立的学科 —— 自动推理 (Wos, 1985).

1.2　Gelernter 的几何定理证明机

数学定理证明是典型的智力活动, 而几何定理证明则是典型的数学定理证明. 古希腊 Euclid 的《几何原本》不仅是几何定理证明的典范, 也为以后西方数学的主要活动 —— 推理提供了一个范本. 因此毫不奇怪, 几何定理机器证明被选作为定理机器证明最早研究的问题之一.

Newell 等的工作是证明逻辑公式. 人们很自然想到是否可以用同样的方法解决其他数学问题呢? 由于欧氏几何历来被认为是典型的推理问题, 能否用计算机证明几何定理自然被提上议事日程. 20 世纪 50 年代末 IBM 公司的 Gelernter 小组开发了 “几何定理证明机”(GTPM), 成为人工智能的经典工作之一 (Gelernter, et al., 1960; Koedinger, 1990). GTPM 基本上采用了 Newell 等 LT 的模式, 采用后推法+

深度优先的证明方法. GTPM 的主要贡献是引入了基于几何图形推理的概念, 产生了广泛影响.

为了克服搜索空间爆炸问题, Gelernter 使用的最主要的启发规则或搜索策略是参照几何命题的图形. 从一个 (数值) 图形, 我们可以在如下两方面受益:

A. 几何命题的图形可以用作 "过滤器". 对于每一个子目标, 我们可以检查该目标在这一数值图形上是否正确. 如果正确则继续我们的推理; 否则该目标肯定是错误的, 我们无需再对它继续推理. 这一措施将大大减少搜索空间, 因为在基于后推法的证明过程中生成的大多数子目标实际上都是不正确的. 但是为了在逻辑上严格证明这一点, 可能需要很多层次的推理. 这就是产生 "搜索空间爆炸" 的主要原因. 使用图形过滤器, 我们就可以把这些错误的子目标及早剔除, 使得所有的推理对于所给的具体图形至少是正确的. 如果所用的图形不是非常特殊, 这一措施可以基本上将多余的推理避免掉.

B. 几何命题的图形可以用作 "方向辨别器". 在几何定理证明中, 我们经常要用到一些方向的概念, 比如 "内错角" "在某直线同侧" 等. 涉及这些概念的推导实际上是相当困难的. 人们在证明几何定理时往往不严格证明这些方向概念, 而是根据一幅图形来得到所需结论. 这样做是有一定的理论根据的, 但并不十分严格. 在 Gelernter 的证明机中, 点、线之间的方向同样由图形提供.

总体讲 GTPM 效率并不高, 只能证明一些较简单的几何定理. 下面的定理是 Gelernter 证明机解决的最困难的问题.

例 1.2.1 设 $ABCD$ 是一个梯形, $AB \parallel CD$, M 与 N 分别是 AC 与 BD 的中点, 设 E 是 MN 与 BC 的交点. 证明 E 是 BC 的中点 (图 1-2).

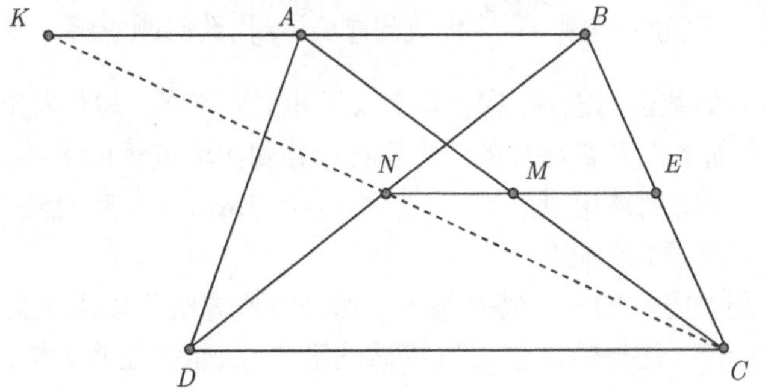

图 1-2

证明机 GTPM 不能发现证明. 如果增加一个辅助点 $K = CN \cap AB$, 则证明机可以找到一个证明. 该证明的基本想法是证明 $\triangle NBK$ 与 $\triangle NDC$ 全等. 很多事实, 如 $\angle ABD = \angle CDB$, 是由该问题的图形中得到的, 而没有严格证明. 我们以后还要讨论这一问题.

1.3 几何定理机器证明的吴方法

用模拟人的思维方法的方式证明几何定理的主要困难在于：我们并不确切知道几何学家们是怎么样发现这些证明的. 实际上, 几何定理证明自古被认为需要高度智慧. 一个好的证明往往需要神奇添线、巧妙推理、迂回曲折而达到, 而且这一推理过程从根本上讲是无法可循的. Euclid 曾对想寻找学习几何捷径的 Ptolemy(托勒密) 国王说：“几何无王者之路”.

始于 Gelernter 工作的几何定理机器证明虽经很大的改进, 一直未能在证明效率方面取得突破, 几何定理机器证明的研究逐渐趋于沉寂.

20 世纪 70 年代末, 吴文俊教授另辟蹊径, 基于与 Gelernter 方法完全不同的原理提出了 “吴方法”, 使得几何定理的 “机器证明” 真正成为可能. 吴方法是基于代数计算的证明方法, 其基本想法是首先将几何问题转化为代数问题, 然后再用符号计算的办法处理相应的代数问题. 代数方法的实质在于把通常数学证明中所固有的质的困难性, 代之以量的计算复杂性. 实验结果证明吴方法效率极高. 吴文俊自己在很简单的计算机上用 FORTRAN 语言编程证明了诸如 Feuerbach 定理和 Morley 定理等初等几何中被认为最困难的定理. 大量实验表明, 使用吴方法可以快速地证明几乎所有的几何定理. 在文献 (Chou, 1988) 中收集了用基于吴方法的程序证明的 512 个几何定理. 在文献 (Wu, 1984) 中收集了用吴方法的程序证明的近百个几何定理. 大部分问题的求解时间只有数秒.

吴方法的基本思想可以归结为如下形式：

$$\text{几何问题} \xrightarrow{\text{代数化}} \text{代数问题} \xrightarrow{\text{整序}} \text{代数问题求解}$$

将几何问题代数化的选择, 在一定意义下也是自然的. 与几何定理证明的技巧性相反, 代数则基本上是算法化的. 从数的计算到简单方程的求解, 只要遵从某种法则, 最终就可以得到结论. 因此, 早在 17 世纪, Descartes 就已经引进坐标, 以便用方程来描述和处理几何问题.

本节将介绍吴方法的一个特殊情形. 这种特殊方法可以用来证明构造型几何命题 (参看 3.2 节). 这一特殊情形虽然描述简单, 却能够证明大量几何定理, 且具有下列优点：

(1) 可以自动生成几何形式的非退化条件, 而且这些非退化条件是使几何命题为真的充分条件 (Chou et al., 1992-1). 也就是说, 如果一个几何定理在这些条件下不正确, 则这一几何命题再进一步添加非退化条件也不会正确. 对于线性构造型几何命题, 这一方法给出一种判定欧氏几何中的几何命题是否为真的充要条件.

(2) 这一特殊方法比吴方法的一般形式有更高的效率. 作为吴方法所能证明的

等式型几何命题的一个子类, 构造型几何命题覆盖了几何教科书和论文中的大部分常见几何命题.

为了介绍吴方法, 我们需要首先介绍伪除法与余式的概念. 为此, 首先引入一些基本符号. 设

$$P = c_d x_p^d + \cdots + c_0$$

为变量 $x_1, \cdots, x_p$ 的一个多项式, 且 $c_0, \cdots, c_d$ 为 $x_1, \cdots, x_{p-1}$ 的多项式. 则 d, c_d, x_p 分别称为多项式 P 的类、初式与主变元, 记作 $\mathrm{cls}(P)$, $\mathrm{init}(P)$ 和 $\mathrm{lv}(P)$, 下面给出了计算余式的方法.

算法 1.3.1 设 P, Q 为两个关于变量 x 多项式. 我们将说明如何计算多项式 Q 关于多项式 P 的伪余式 $\mathrm{prem}(Q, P)$.

第一步, 设 $P = c_d x^d + \cdots + c_0$, $Q = e_s x^s + \cdots + c_0$, 其中 $d > 0$.

第二步, 如果 $s < d$, 则 $\mathrm{prem}(Q, P) = Q$; 否则, 执行第三步.

第三步, 如果 $e_s = f \cdot c_d$ 对某个多项式 f 成立, 令 $Q := Q - f \cdot x^{s-d} \cdot P$, 然后执行第一步; 否则, 执行第四步.

第四步, 令 $Q := c_d \cdot Q - e_s \cdot x^{s-d} \cdot P$, 执行第一步.

注意到每次执行第三步或第四步后, 多项式 Q 的次数将会严格降低, 所以上面的算法在有限步内将会结束. 设 $R = \mathrm{prem}(Q, P)$, 由上面的算法消去中间步骤, 不难得到下面余式公式

$$c_d^t \cdot Q = T \cdot P + R,$$

其中 t 是一个非负整数, T 是一个多项式.

我们称多项式组 $TS = T_1, \cdots, T_s$ 具有三角形式, 如果 $s = 1$ 且 $T_1 \neq 0$, 或者对 $i < j$ 有 $\mathrm{cls}(T_i) < \mathrm{cls}(T_j)$. 三角形多项式组可以形象地表示如下:

$$\begin{gathered} T_1(x_1, \cdots, x_{i_1}), \\ T_2(x_1, \cdots, x_{i_2}), \\ \cdots\cdots \\ T_p(x_1, \cdots, x_{i_p}), \end{gathered}$$

其中 $i_1 < i_2 < \cdots < i_p$. 称方程 T_k 引进了变量 x_{i_k}.

把一般形式的多项式组化为三角形多项式组的过程称为整序.

设 $TS = T_1, \cdots, T_s$ 是一个三角形多项式组, 则 Q 关于 TS 的余式由以下公式递归定义:

$$R = \mathrm{prem}\left(Q, TS\right) = \mathrm{prem}\left(\mathrm{prem}\left(Q, P_s\right), P_1, \cdots, P_{s-1}\right),$$

而单个多项式的余式公式可以推广为下面的一般余式公式:

$$I_1^{k_1} \cdots I_s^{k_s} \cdot Q = \sum_{i=1}^{s} C_i T_i + R,$$

其中 I_i, C_i 分别是 P_i 的初式与一些多项式. 由余式公式不难看出, 如果 R 为零, 则由 $T_i = 0$ 与 $I_i \neq 0$ (几何命题的非退化条件) 可以推出 $Q = 0$ (几何命题的结论). 这一结论是吴方法的基础.

我们用一个例子说明用吴方法怎样证明几何定理.

例 1.3.2 (垂心定理)　证明三角形的三条垂线相交于一点 (该点称为这一三角形的垂心).

前面提到, 这里介绍的方法是针对构造型几何命题的. 所以首先需要将上述定理转换为构造形式.

在平面上取任意点 A, B, C;

作点 B 到直线 AC 的垂足 D;

作点 C 到直线 AB 的垂足 E;

作直线 BD 与 CE 的交点 F;

作直线 AF 与 BC 的交点 G.

求证: AG 垂直于 BC.

假定要证明的几何命题是 S, 用吴方法证明这一几何命题分为以下四个步骤:

(1) **指定坐标**. 在这一步里, 我们将为几何命题 S 中涉及到的点指定坐标. 由于这里考虑的是构造型几何命题, 其中的点按照被构造的次序可以排列为 $P_0, P_1, \cdots$. 第一个引进的点 P_0 的坐标总是原点 (0,0). 第二个引进的点 P_1 总被假设是在 x 轴上且有坐标 $(x_1, 0)$. 第 $n(n \geqslant 3)$ 次被引进的点 P_{n-1} 的坐标为 (x_{2n-4}, x_{2n-3}).

垂心定理中六个点的坐标为

$$A:(0,0), B:(x_1,0), C:(x_2,x_3), D:(x_4,x_5), E:(x_6,x_7), F:(x_8,x_9), G:(x_{10},x_{11}).$$

(2) **代数化**. 在这一步里, 几何命题中与每一个作图语句相应的几何关系被转换成为代数方程. 这里实际上分两步: 首先将构造型几何语句转换为几何关系, 再将几何关系转换为代数方程.

几何关系	代数方程
D, A, C 三点共线	$x_2x_5 - x_3x_4 = 0$
$DB \perp AC$	$-x_3x_5 - x_2x_4 + x_1x_2 = 0$
E, A, B 三点共线	$x_1x_7 = 0$
$EC \perp AB$	$-x_1x_6 + x_1x_2 = 0$
F, B, D 三点共线	$(x_4 - x_1)x_9 - x_5x_8 + x_1x_5 = 0$
F, E, C 三点共线	$(-x_6 + x_2)x_9 + (x_7 - x_3)x_8 - x_2x_7 + x_3x_6 = 0$
G, A, F 三点共线	$x_8x_{11} - x_9x_{10} = 0$
G, B, C 三点共线	$(x_2 - x_1)x_{11} - x_3x_{10} + x_1x_3 = 0$
结论: $AG \perp BC$	$G = x_3x_{11} + (x_2 - x_1)x_{10} = 0$

(3) **整序**. 整序过程将一组一般形式的代数方程变换成三角形式. 有许多种方法将一个代数方程组三角化. 但三角化的一般算法对于我们此处使用的特殊方法过于复杂. 由于几何命题中的点是逐个引进的, 我们可以单独考虑每一个点的坐标的三角化. 对于这种情形的三角化相当容易, 现描述如下:

设几何命题中的点按照被构造的次序排列为 $P_0, P_1, \cdots, P_n$, 依次对这些点按其类型作如下操作:

① 引进的点是自由点. 因自由点无相关代数方程, 故不需做任何事情.

② 引进的点是半自由点. 半自由点的坐标满足一个代数方程. 由于点的坐标排序由小到大, 此时所得到的方程自动满足三角化条件.

③ 引进的点是定点. 定点满足两个方程, 此时需要从两个方程中消去一个变量得到三角形方程组. 以垂心定理为例, 决定点 D 需要两个条件:

$$h = x_2x_5 - x_3x_4 = 0(D, A, C\text{三点共线}),$$
$$g = -x_3x_5 - x_2x_4 + x_1x_2 = 0(DB \perp AC).$$

这两个方程决定了 D 点的两个坐标 x_4 与 x_5. 为了得到三角形方程组, 我们可以通过作伪除法从 h 中消除变元 x_5 得到多项式 f:

$$f = -x_3 \cdot h - x_2 \cdot g = (x_3^2 + x_2^2) \cdot x_4 - x_1x_2^2.$$

现在 $f = 0, g = 0$ 已经是三角形方程组.

垂心定理的假设方程的三角化形式如下:

$$\begin{aligned} TS = \{ & x_8x_{11} - x_9x_{10}, \\ & ((x_2 - x_1)x_9 - x_3x_8)x_{10} + x_1x_3x_8, \\ & (x_4 - x_1)x_9 - x_5x_8 + x_1x_5, \\ & ((x_4 - x_1)x_7 - x_5x_6 + x_2x_5 - x_3x_4 + x_1x_3)x_8 \\ & + (-x_2x_4 + x_1x_2)x_7 + (x_1x_5 + x_3x_4 - x_1x_3)x_6 - x_1x_2x_5, \\ & x_1x_7, \\ & x_6 - x_2, \\ & x_2x_5 - x_3x_4, \\ & (x_3^2 + x_2^2)x_4 - x_1x_2^2\}. \end{aligned}$$

(4) **连续伪余式**. 设三角方程组为

$$TS = T_1, T_2, \cdots, T_p$$

且命题的结论为：$G=0$. 最后一步是确定 G 关于 TS 的相继伪余式, 即计算出 $R=\mathrm{prem}(G,TS)$.

若 $R=0$, 则此几何命题在条件 $I_i\neq 0$ 下成立, 其中 I_i 是 T_i 的初式. 这里条件 $I_i\neq 0$ 称为几何命题的非退化条件. 一般来讲, 原来给定的几何命题只有在加上这些条件后才能成立.

如果 $R\neq 0$, 且命题是线性的, 则命题 (的几何关系形式) 在欧氏几何中不成立. 更进一步, 添加更多的不与命题的假设条件相矛盾的非退化条件后命题仍然不可能为真, 因此这些自动添加的非退化条件是最优的.

对于垂心定理, 其结论对于 TS 的余式为零, 因此垂心定理在下列非退化条件下正确：

非退化条件	几何意义
$x_8\neq 0$	AF, BC 不平行
$(x_2-x_1)x_9-x_3x_8\neq 0$	BD, CE 不平行
$x_4-x_1\neq 0$	线段 AB 长度非零
$(x_4-x_1)x_7-x_5x_6+x_2x_5-x_3x_4+x_1x_3\neq 0$	线段 AC 长度非零
$x_1\neq 0$	
$x_2\neq 0$	
$x_3^2+x_2^2\neq 0$	

在上表中, 我们只给了四个非退化条件的几何意义, 其余三个非退化条件的几何意义不明确. 实际上, 在推理中已经证明这三个条件是不需要的. 所以严格讲, 我们实际上证明了下列形式的垂心定理.

假设　D, A, C 三点共线, $DB\perp AC$; E, A, B 三点共线, $EC\perp AB$; F, B, D 三点共线, F, E, C 三点共线, G, A, F 三点共线, G, B, C 三点共线; AF 与 BC 不平行, BD 与 CE 不平行; 线段 AB 与线段 AC 长度非零.

结论　A, F, G 共线.

几何命题的几何关系形式与原命题的区别主要是增加了一组非退化条件. 一般讲, 我们在叙述几何定理时都隐含地假定了一些条件. 例如, 当我们提到三角形时, 总假定这一三角形的三顶点不共线. 但是, 对于复杂的几何定理, 这些隐含假定的条件是很难讲清楚的. 吴方法的优点之一就是：这些隐含假定的条件可以作为非退化条件自动发现.

可以使用三种方法提高证明的效率：

A. 化简. 设 TS 为三角方程组, LTS 为由 TS 中项数少于 3 且主变量为线性的多项式的全体. 对于这样的多项式, 任意多项式 P 关于它的伪余式的项数不会超

过 P 的项数. 因此, 当我们将 TS 和 G 对 LTS 取伪余式得到一个新的三角方程组 TS' 和 G', 然后将其用于证明定理时, 产生的新的证明中的多项式的项数不会超过用原来的多项式产生的证明中的项数.

B. 分解. 比如说, 在证明中我们检验是否有 $P=0$. 如果

$$P = c_s x_k^s + \cdots + c_0,$$

$$Q = d_r x_j^r + \cdots + d_0,$$

且 $j<k$, 则我们可以检查是否有 $\text{prem}(c_i, Q) = 0, i = 0, \cdots, s$, 而不去检验 $\text{prem}(P, Q) = 0$. 一般说来, 每个 $\text{prem}(c_i, Q)$ 更易于计算.

C. 除去多余因子. 在作伪除法的过程中会产生额外的因子, 除去这些因子可减少证明过程中关于多项式的计算量, 相关工作请见文献 (Collins, 1975).

吴方法生成的垂心定理的四个非退化条件还可以进一步简化. 实际上, 只要线段 AB 和 AC 长度非零且 AF 与 BC 不平行这三个条件就足够了.

不难看出, 这些条件也是必要的. 任何一个条件如果不满足, 则原几何命题将失去意义, 或结论不正确. 但是, 用上面介绍的方法却无法证明这一事实, 这需要吴方法的一般形式. 该定理的具体证明参见文献 (Chou et al., 1992-1).

当然, 提高证明效率和简化证明过程更有效的方式是适当选择命题的表述方式和点的坐标表示方式. 例如, 上述命题可以表述为

垂心定理 若 $\triangle ABC$ 和点 H 满足条件 $AH \perp BC$ 和 $BH \perp AC$, 则有 $CH \perp AB$.

不失一般性, 可令 A 和 H 在 y 轴上而 B 和 C 在 x 轴上, 即可设

$$A:(0,a), H:(0,h), B:(b,0), C:(c,0).$$

这时条件 $AH \perp BC$ 已经满足; 另一个条件 $BH \perp AC$ 可以表示为

$$bc + ah = 0.$$

而结论 $CH \perp AB$ 的代数表示也是 $bc + ah = 0$. 于是从前提直接得到结论, 不战而胜! 非退化条件也很简明, 只要 $\triangle ABC$ 面积非零即可. 事实上, 命题的这样表述即使 $\triangle ABC$ 退化为线段或点结论仍真, 即不需要非退化条件.

吴方法的一般形式不仅可以用来证明几何定理, 还可以用来自动发现几何性质, 推导几何公式. 吴方法不仅可以在初等几何中证明定理, 也可以在非欧几何、微分几何中证明与发现定理, 吴方法还可以用来给出复数域上一阶逻辑公式的判定算法. 具体介绍如下.

复数域上的一阶谓词逻辑公式 (简称公式) 可以严格定义如下:

- 复数域上的多项式等式 $P(x_1, \cdots, x_n) = 0$ 是一个公式;

- 如果 f 和 g 都是公式, 则 $f \vee g$(与)、$f \wedge g$ (或) 和 $\neg f$(非) 也是公式;
- 如果 f 是一个公式, 则 $\forall x_i(f), \forall c_i(f), \exists x_i(f), \exists c_i(f)$ 也是公式.

下面是一些公式的例子：

$\forall c_1, \cdots, \forall c_n, \exists x(x^n + c_1 x^{n-1} + \cdots + c_n = 0)$, 即代数学基本定理.

$\forall x_1, \cdots, \forall x_n[(h_1 = 0 \wedge \cdots \wedge h_s = 0) \Rightarrow c = 0]$, 即几何定理证明.

设 f 是一个公式, 则 f 中被量词 $\forall$ 或 $\exists$ 限制的变量称为受限变量, 未被限制的变量称为自由变量, 所谓复数域 **C** 上的一阶谓词逻辑公式的判定是指下面两类问题：

A. 判定问题. 如果 f 中无自由变量, 判定公式 f 在复数域上是否正确.

B. 谓词消去. 如果 f 中有自由变量, 找到一个只含自由变量的公式 g 使得 f 与 g 在复数域上等价.

可以证明, 复数域 **C** 上的一阶谓词逻辑公式的判定问题与谓词消去问题都可以由吴方法解决.

1.4　几何定理自动发现的吴方法

吴方法不仅用来证明几何定理, 还可以用来发现新定理. 举例说明如下.

例 1.4.1 (关于三角形面积的秦-Heron 公式)　令 x_1, x_2, x_3, x_4 分别表示三角形 $A_0A_1A_2$ 的三条边 $|A_0A_1|, |A_0A_2|, |A_1A_2|$ 和三角形的面积, 我们要求它们之间假定未知的关系.

选定坐标, 使得 $A_0 = (0,0), A_1 = (x_5, 0), A_2 = (x_6, x_7)$. 注意 A_0, A_1, A_2 坐标中的变量 x_i 按如下方式选择：按自然序与 x_1, x_2, x_3, x_4 相接. 几何条件可化为方程组 $HYP = 0$, 其中 $HYP = \{h_1, h_2, h_3, h_4\}$ 且

$$
\begin{aligned}
h_1 &= 2x_4 - x_5 x_7,\\
h_2 &= x_5 - x_1,\\
h_3 &= x_2^2 - x_6^2 - x_7^2,\\
h_4 &= x_3^2 - (x_6 x_5)^2 - x_7^2.
\end{aligned}
$$

为了求得 x_1, x_2, x_3, x_4 之间的关系, 需要将以上方程化为上一节提到的三角形式. 这一个例子比较简单, 可以计算如下：首先由 h_2 将 h_1, h_3, h_4 中的 x_5 替换为 x_1. 然后按下述方式计算：

$$
\begin{aligned}
h_5 &= h_4 - h_3 = x_3^2 - x_2^2 - x_1^2 + 2x_1 x_6,\\
h_6 &= \mathrm{prem}(h_3, h_1) = x_1^2 x_2^2 - x_1^2 x_6^2 - 4x_4^2,
\end{aligned}
$$

$$h_7 = \text{prem}(h_6, h_5) = 4x_1^2x_2^2 - (x_1^2 + x_2^2 - x_3^2)^2 - 16x_4^2,$$
$$c_1 = 2x_1^2x_2^2 + 2x_1^2x_3^2 + 2x_2^2x_2^3 - x_1^4 - x_2^4 - x_3^4 - 16x_4^2.$$

关系式 $c_1 = 0$ 恰为所求的秦-Heron 公式.

基本原理 定理发现的基本原理如下：设我们的问题可以表示为如下代数方程组：

$$f_1(u_1, \cdots, u_m, x_1, \cdots, x_n) = 0,$$
$$\cdots\cdots$$
$$f_r(u_1, \cdots, u_m, x_1, \cdots, x_n) = 0,$$

其中 $u_1, \cdots, u_m$ 是一组参数, 而 $x_1, \cdots, x_n$ 是可以由参数决定的变量. 所谓定理发现, 实际上是寻找由上式可以导出的参数与变量 x_1 之间的关系, 这可以通过吴消元法得到. 吴消元法的一般形式将在第 3.1 节给出, 这里只是给出一种简化形式, 即通过反复做伪除法, 上述代数方程组可以转变为如下三角化形式：

$$P_1(u_1, \cdots, u_m, x_1) = 0,$$
$$\cdots\cdots$$
$$P_r(u_1, \cdots, u_m, x_1, \cdots, x_n) = 0,$$

其中 $P_1(u_1, \cdots, u_m, x_1) = 0$ 就是我们要找的未知关系.

不难看出, 以上发现未知关系的方法比定理证明有更广泛的应用. 几何中的公式推导与轨迹求解就是两类典型的公式求解问题.

以上提到的方法还可以用来发现物理规律. 我们可以由 Kepler 的行星运动经验公式自动证明 Newton 的万有引力反平方定律. 进一步可以说, 即使不知道 Newton 反平方定律, 也可以由 Kepler 定律自动推导出来.

通过代数化, 吴方法具有高效率与普遍性两方面的优点. 由于各种非欧几何的代数形式与欧氏几何的代数化形式是相似的, 又由于上面处理代数方程的三角化的方法可以推广到代数微分方程, 所以几何定理的吴方法不仅运用于欧氏几何, 还运用于各种非欧几何, 所以这里谈到的几何是广义的, 后面会举例说明.

第 1 章小结

• 现代意义上的计算机产生于 20 世纪 40 年代中期, 20 世纪 50 年代中期导致了人工智能这一领域的诞生. 数学定理证明不仅被认为是高层次的智力活动, 也被认为是人类一般问题求解能力最典型的代表与最好的训练方法, 因此学者开始研究用计算机证明数学定理.

• 模拟人证明定理的想法, 实际上是一种 "搜索法". 最基本的搜索证明方法有两种: **前推法**与**后推法**.

• 几何定理机器证明被选作为定理机器证明最早研究的问题之一. 20 世纪 50 年代末开发的 "几何定理证明机"(GTPM), 采用后推法 + 深度优先的证明方法. 主要贡献是引入了基于几何图形推理的概念, 产生了广泛影响. 但 GTPM 效率不高, 只能证明一些较简单的几何定理.

• 吴方法是基于代数计算的证明方法, 其基本想法是首先将几何问题转化为代数问题, 然后再用符号计算的办法处理相应的代数问题. 代数方法的实质在于把通常数学证明中所固有的质的困难性, 代之以量的计算复杂性. 使用吴方法可以快速地证明几乎所有的几何定理, 大部分问题的求解时间只有数秒.

• 吴方法不仅用来证明几何定理, 还可以用来发现新定理.

• 吴方法具有高效率与普遍性两方面的优点, 不仅应用于欧氏几何, 还应用于各种非欧几何.

第2章 面 积 法

在这一章中, 我们考虑狭义的面积法, 它是针对只包含共线和平行这两种关系的几何 (即仿射几何) 而提出的一种定理证明的机械方法.

2.1 传统的证明方法和机器证明的比较

我们首先看一下文献 (Adler, 1958) 中关于传统的 Euclid 证明方法的注释.

传统的 Euclid 证明方法的一个主要的缺点就是它根本不考虑直线的两侧和角的内部的概念. 如果不澄清这两个概念, 那将会产生荒谬的结果.

下面的例题说明, 即使在一个非常简单的例题中也会产生这样的问题.

例 2.1.1 $ABCD$ 是一个平行四边形 (即 $AB /\!/ CD$, $BC /\!/ AD$), E 是对角线 AC 和 BD 的交点. 证明 $AE = CE$ (图 2-1).

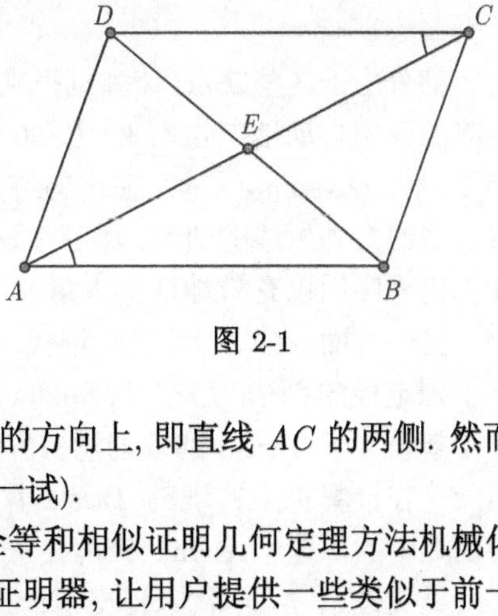

图 2-1

传统的证明方法首先证明 $\triangle ACB \cong \triangle CAD$ (因此 $AB = CD$), 然后证明 $\triangle AEB \cong \triangle CED$ (因此 $AE = CE$). 在证明的过程中, 我们反复用到 $\angle CAB = \angle ACD$. 这个事实之所以成立, 是因为这两个角是内错角 ($AB /\!/ CD$). 但是在这里我们想当然地假设点 D 和点 B 分别在线段 AC 的两个相反的方向上, 即直线 AC 的两侧. 然而证明这个事实要比证明原题困难得多 (不妨试一试).

这个极其简单的例题揭示了用三角形的全等和相似证明几何定理方法机械化的困难所在. 当然, 我们可以开发一个交互式证明器, 让用户提供一些类似于前一段提到的事实以便能更好地证明. 这些事实将被存储在计算机程序的数据库中. 但是, 我们将会面临另外一个棘手的问题.

例 2.1.2 每一个三角形都是等腰的.

证明 三角形 ABC 如图 2-2 所示. 我们将证明 $CA = CB$.

设 D 点是 AB 的垂直平分线和 $\angle ACB$ 的内角平分线的交点, 作 $DE \perp AC$ 和 $DF \perp CB$, 很容易证明 $\triangle CDE \cong \triangle CDF$ 和 $\triangle ADE \cong \triangle BDF$. 因此 $CE + EA = CF + FB$, 即 $CA = CB$.

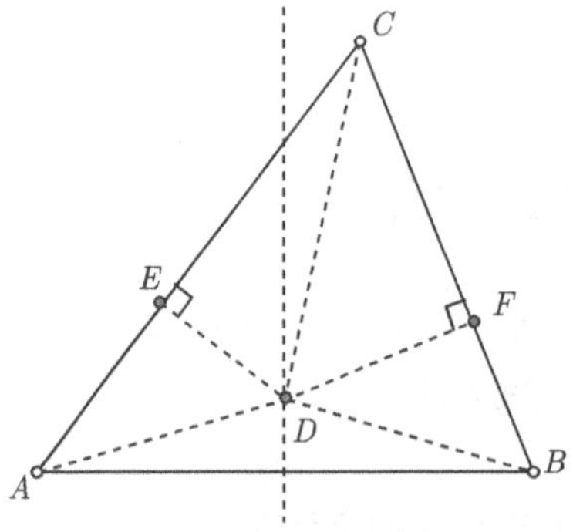

图 2-2

请想一下问题出在哪里呢?

传统的 Euclid 的证明方法中的另外一个缺点就是没有考虑非退化条件. 每一个几何定理都是在一些辅助条件下才成立的. 而这些条件往往不在定理中明确地讲出来. 例如, 在例题 2.1.1 中, 需要假设 A, B 和 C 不共线. 我们把这种条件称为定理的非退化条件. 对于一些比较困难的定理, 这些非退化条件可能会更复杂一些. 由于没有明确地考虑到这些非退化条件, 传统的几何定理的证明通常来说是不严密的. 首先, 在证明的每一步, 我们隐含地假设所用到的直线和三角形是非退化的, 即直线是唯一确定的, 三角形没有退化成一条直线. 然而, 在机器证明中这些条件将被明显地考虑并给予验证. 其次, 在证明的过程中, 我们需要用到其他已知的定理; 但是在叙述引用的定理的时候, 非退化条件通常不会明显地给出, 因此严格使用这些定理的合理性一般不会得到证明.

部分由于这些缺点, 计算机很难利用传统的 Euclid 证明方法将一个几何定理的精确的证明自动地产生出来. 从 60 年代早期开始, 包括 H. Gelernter, J. R. Hanson 和 D. W. Loveland(1960) 在内的许多研究人员都致力于利用计算机实现传统的证明方法的自动生成的研究. 尽管在这方面取得了很大的进展, 但是仍然没有发展出计算机程序用以有效地证明大量非平凡的几何定理.

另一方面, 在 20 世纪 30 年代, A. Tarski 利用代数方法提出了一个初等几何的一个判定性的算法. 后来 A. Seidenberg (1954), G. Collins (1975) 等又进一步改进和重新设计了 Tarski 的量词消去算法. 特别是 Collins 的柱分解算法 (CAD), 这是第一个在计算机上实现的 Tarski 算法, 并且用程序解决了一些非平凡的初等几何和代数中的问题 (Arnon, 1988; Hong, 1992).

吴文俊于 70 年代末提出了一个非常行之有效的几何定理机器证明的代数方法. 在这一研究成果的鼓舞下, 许多研究人员都开发出了有效的证明几何定理的计算机算法 (Wu, 1984; Chou, 1988; Wang, 1984; Gao, 1990; Kapur, 1986; Ko, 1988; Kutzler et al., 1986; Yang et al., 1992; Wang, 1989). 这些算法以吴方法为基础证明了包括欧氏几何、非欧几何、微分几何和机械学在内的近 1000 个定理. 很多比较困难的定理像 Feuerbach 定理、Morley 三等分角定理等, 如果用传统的证明方法证明需要很高的证明技巧, 而如果用基于吴法的计算机程序证明则只需要几秒钟的时间. 另外, 吴文俊先生首先意识到非退化条件在几何定理的机器证明中的重要性.

然而, 代数方法仅仅能判断一个命题是正确的或者是错误的. 如果想要知道证明的过程, 我们就必须查看相关多项式的冗长的计算过程. 因此几何定理的可读性证明过程的自动生成的目标还没有得到真正的实现.

本书的目的就是要提出一种可以自动有效地生成一个几何定理的简短的可读性的证明过程. 我们的机器证明的方法有以下几个特点:

- 可以自动加上必要的辅助点和辅助线.
- 可以自动产生充分的非退化条件.
- 用此方法生成的证明过程不依赖于相应的图形.

我们的方法 (以及吴方法) 成功的一个关键的事实是: 大多数只包含等式的初等几何定理的正确性和相关点的相对的顺序是相互独立的. 这样的几何定理属于无序几何. 在无序几何中, 这些几何定理的证明是非常简单的. 然而, 这些几何定理的通常的证明是和点、线的相对顺序有关系的, 因此不仅是复杂的, 而且是不严格的, 见例 2.1.1.

现在我们再举几个例子. 在 Ceva 定理中 (例 2.3.2), 通常假设 P 点在三角形 ABC 的内部. 但是这个限制是不必要的: 不管 P 点是否在三角形 ABC 的内部, 定理总是正确的. 用面积法所得到的证明对所有情况都是正确的.

蝴蝶定理有三种不同的图形, 见图 2-3. 在教科书以及许多常见资料中, 它们往往被作为三个不同的定理来考虑, 而用面积法所得到的证明对三种情况都适用, 见后面例题 3.6.10.

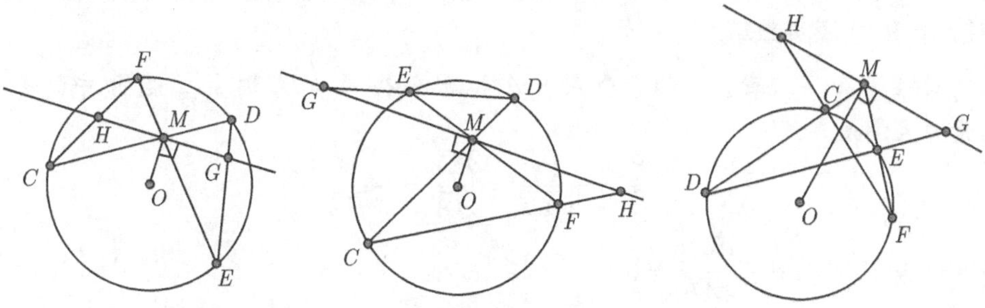

图 2-3

注释 2.1.3 用面积法证明例 2.1.1 可见例 2.2.13. 用三角形的全等证明这一问题时, 可以从点 A, B, 和 C 开始构造点 D, E 点是 AC 的中点, D 点是 B 点关于 E 点的对称点. 这样点 D, B 在 AC 的两侧这一事实就显然成立了.

我们在例 2.1.2 的证明过程中所遇到的问题是由于使用了一个错误的图, 例 2.1.2 的正确图形是图 2-4.

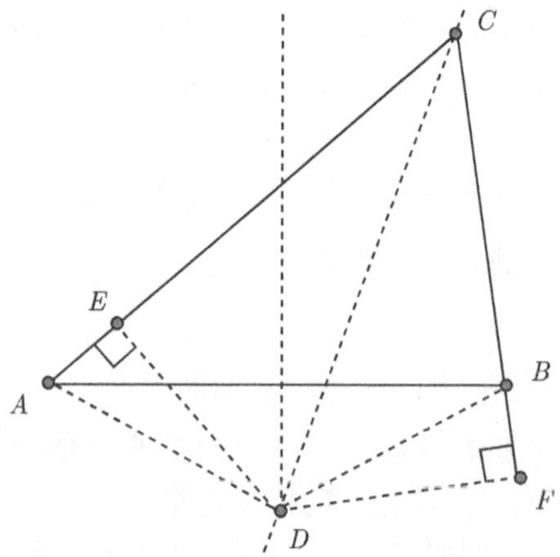

图 2-4

2.2　有向三角形的带号面积

我们将正式定义两个几何量：有向平行线段的广义长度比和有向三角形的带号面积. 这两个几何量的性质将作为面积法的基础. 如果你对机器证明有所了解，可以跳过下一节，直接阅读后面的章节.

2.2.1　公理

用带下标的大写字母来表示一个点. 我们使用的唯一的基本几何关系就是一个三元关系共线，即三点 A, B 和 C 是共线的. 共线的确切定义将在公理 A.1∼A.6 中给出. $\mathbf{R}$ 代表实数域.

公理 A.1　*给定共线的三个点 P, A 和 B 使得 $A \neq B$，则 $\dfrac{\overline{AP}}{\overline{AB}}$ 是 $\mathbf{R}$ 中的一个元素并且满足*

$$\frac{\overline{AP}}{\overline{AB}}=-\frac{\overline{PA}}{\overline{AB}}=\frac{\overline{PA}}{\overline{BA}}=-\frac{\overline{AP}}{\overline{BA}},$$

当且仅当 $P=A$ 时有 $\dfrac{\overline{AP}}{\overline{AB}}=0$.

称实数 $r=\dfrac{\overline{AP}}{\overline{AB}}$ 是有向线段 AP 和 AB 的比率，也写成 $\overline{AP}=r\overline{AB}$.

公理 A.2　*设 A 和 B 是两个不同的点. 对于给定的 $r \in \mathbf{R}$，存在唯一的点 P 满足 $\dfrac{\overline{AP}}{\overline{AB}}=r$，且 P 与 A 和 B 共线并满足 $\dfrac{\overline{AP}}{\overline{AB}}+\dfrac{\overline{PB}}{\overline{AB}}=1$.*

三个点 A, B, C 决定一个有向三角形 ABC. 我们用三角形的三个顶点的顺序来代表该三角形的方向，因此 $\triangle ABC$, $\triangle BCA$ 和 $\triangle CAB$ 具有相同的方向，而 $\triangle CBA$, $\triangle ACB$ 和 $\triangle BAC$ 具有相同的方向，即一个三角形具有两个方向.

我们用 S_{ABC} 来代表一个有向三角形 ABC 的带号面积, 它是 $\mathbf{R}$ 中的一个元素, 满足以下四个基本性质:

公理 A.3 $S_{ABC} = S_{CAB} = S_{BCA} = -S_{BAC} = -S_{CBA} = -S_{ACB}$, 如果 A, B, C 是三个不共线的点, 则 $S_{ABC} \neq 0$.

公理 A.4 至少存在三个点 A, B 和 C 使得 $S_{ABC} \neq 0$.

公理 A.5 对于任意四个给定的点 A, B, C 和 D, 有

$$S_{ABC} = S_{ABD} + S_{BCD} + S_{CAD}.$$

公理 A.4 和 A.5 被称为维数公理. 公理 A.4 保证不是所有的点都是共线的, 公理 A.5 保证所有的点都是共面的.

作为公理 A.5 的一个结果, 我们可以定义有向四边形的带号面积. 有向四边形 $ABCD$ 的带号面积被定义为

$$S_{ABCD} = S_{ABC} + S_{ACD}.$$

从公理 A.3 和 A.5 中, 我们可以明显地看出

$$S_{ABCD} = S_{ADB} - S_{CBD};$$

$$S_{ABCD} = S_{BCDA} = S_{CDAB} = S_{DABC};$$

$$S_{ABCD} = -S_{ADCB} = -S_{DCBA} = -S_{CBAD} = -S_{BADC}.$$

公理 A.6 令点 A, B 和 C 是三个共线的点并满足 $\overline{AB} = \lambda\overline{AC}$, 则对于任意一点 P, 有 $S_{PAB} = \lambda S_{PAC}$.

公理 A.6 是面积的一个非常重要的性质, 下一节将会从这个公理推出一些非常有趣但又重要的性质.

我们可以很方便地将共线性的概念推广成一个点集之间的几何关系: 一个或两个点总是共线的, 如果一个点集中的任意三个点都是共线的, 则这个点集就是共线的. 因此我们可以引入一个新的几何体 —— 直线.

定义 2.2.1 一条直线是一个最大的共线点的集合.

命题 2.2.2 三个点 A, B 和 C 是共线的当且仅当 $S_{ABC} = 0$.

证明 如果 $S_{ABC} = 0$, 则由公理 A.3 知 A, B 和 C 是共线的. 反之, 假设 A, B 和 C 共线. 如果 $A = C$, 则由于 $\overline{CC} = 2\overline{CC} = 0$, 由公理 A.6 有 $S_{ABC} = S_{BCA} = S_{BCC} = 2S_{BCC} = 0$; 如果 $A \neq C$ 和 $\lambda = \dfrac{\overline{AB}}{\overline{AC}}$, 根据公理 A.6, 有 $S_{ABC} = \lambda S_{ACC} = 0$, 证毕.

推论 2.2.3　两个不同的点 A 和 B 唯一决定一条直线 AB, 它是所有满足 $S_{ABP}=0$ 的点 P 的集合.

证明　令 C, D 和 E 是直线 AB 上的三个不同的点. 我们只需证明 C, D 和 E 共线, 即 $S_{CDE}=0$. 根据条件和公理 A.1 和 A.6, 有

$$S_{ADE}=\frac{\overline{AD}}{\overline{AB}}\cdot S_{ABE}=0,$$

从而 A, D 和 E 共线. 类似地 C, D 和 A 共线. 进一步推出

$$S_{CDE}=\frac{\overline{DE}}{\overline{DA}}\cdot S_{CDA}=0,$$

这证明了所要的结论.

在以后各章节中当我们提到直线 AB 时, 总是假设 $A\neq B$. 直线 AB 上的点 P 是被 $\dfrac{\overline{AP}}{\overline{AB}}$ 或 $\dfrac{\overline{PB}}{\overline{AB}}$ 唯一确定的, 因此称

$$x_p=\frac{\overline{AP}}{\overline{AB}},\quad y_p=\frac{\overline{PB}}{\overline{AB}}$$

为点 P 关于直线 AB 的位置比率或位置坐标. 很明显 $x_p+y_p=1$.

2.2.2　基本命题

本节提出的命题将成为面积法的基础. 我们首先把公理 A.6 拓广成以下几个方便使用的形式.

命题 2.2.4 (基本命题 b1)　如果点 C 和 D 在直线 AB 上, P 点是直线 AB 外的任意一点 (图 2-5), 则

$$\frac{S_{PCD}}{S_{PAB}}=\frac{\overline{CD}}{\overline{AB}}.$$

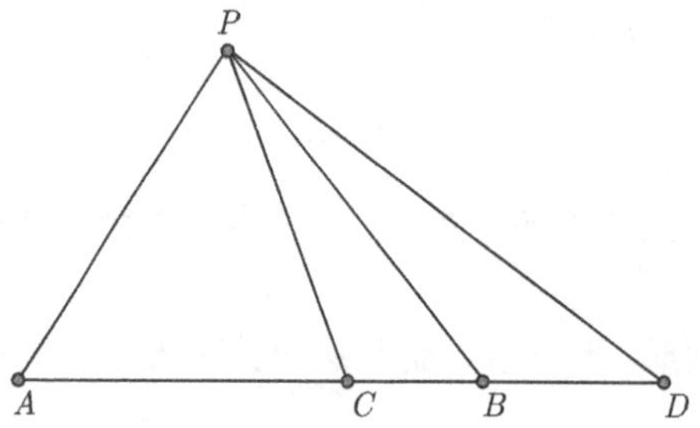

图 2-5

证明　不妨假设 $C\neq A$. 则

$$\frac{S_{PCD}}{S_{PAB}}=\frac{S_{PCD}}{S_{PCA}}\cdot\frac{S_{PCA}}{S_{PAB}}=\frac{\overline{CD}}{\overline{CA}}\cdot\frac{\overline{CA}}{\overline{AB}}=\frac{\overline{CD}}{\overline{AB}}.$$

命题 2.2.5 (基本命题 b2, 共边定理)　令点 M 为两条直线 AB 和 PQ 的交点, 则

$$\frac{\overline{PM}}{\overline{QM}}=\frac{S_{PAB}}{S_{QAB}};\quad \frac{\overline{PM}}{\overline{PQ}}=\frac{S_{PAB}}{S_{PAQB}};\quad \frac{\overline{QM}}{\overline{PQ}}=\frac{S_{QAB}}{S_{PAQB}}.$$

证明 如图 2-6, 应用命题 b1 可得

$$\frac{\overline{PM}}{\overline{QM}}=\frac{S_{PMB}}{S_{QMB}}=\frac{S_{PMB}}{S_{PAB}}\cdot\frac{S_{PAB}}{S_{QAB}}\cdot\frac{S_{QAB}}{S_{QMB}}=\frac{\overline{MB}}{\overline{AB}}\cdot\frac{S_{PAB}}{S_{QAB}}\cdot\frac{\overline{AB}}{\overline{MB}}=\frac{S_{PAB}}{S_{QAB}},$$

再用合比定律得到另外两个等式. 上述推导适合于图 2-6 中 4 种情形.

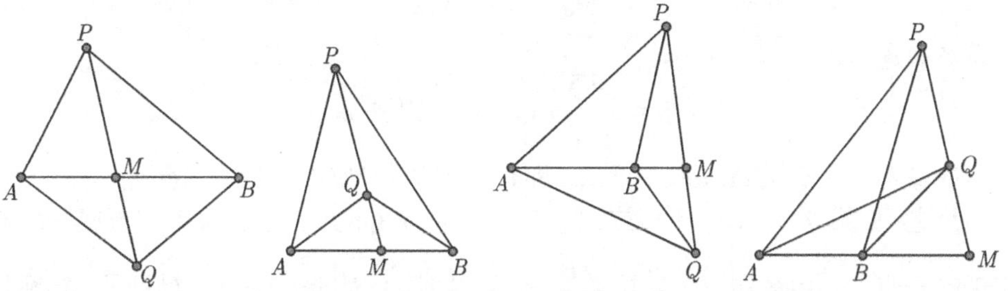

图 2-6

命题 2.2.6 (基本命题 b3) 令 R 是直线 PQ 上的一点. 则对于任意两点 A 和 B 有

$$S_{RAB}=\frac{\overline{PR}}{\overline{PQ}}S_{QAB}+\frac{\overline{RQ}}{\overline{PQ}}S_{PAB}.$$

证明 如图 2-7, 由基本命题 b1 得

$$S_{APR}=\frac{\overline{PR}}{\overline{PQ}}\cdot S_{APQ}=\frac{\overline{PR}}{\overline{PQ}}\cdot(S_{APQB}-S_{AQB}),$$

$$S_{BRQ}=\frac{\overline{RQ}}{\overline{PQ}}\cdot S_{BPQ}=\frac{\overline{RQ}}{\overline{PQ}}\cdot(S_{APQB}-S_{APB}),$$

两式相加, 注意到 $\frac{\overline{PR}}{\overline{PQ}}+\frac{\overline{RQ}}{\overline{PQ}}=1$, 得到

$$S_{APR}+S_{BRQ}=S_{APQB}-\frac{\overline{PR}}{\overline{PQ}}\cdot S_{AQB}-\frac{\overline{RQ}}{\overline{PQ}}\cdot S_{APB},$$

移项, 再由 $S_{APQB}-S_{APR}-S_{BRQ}=S_{ARB}$ 调整字母次序即得所欲证.

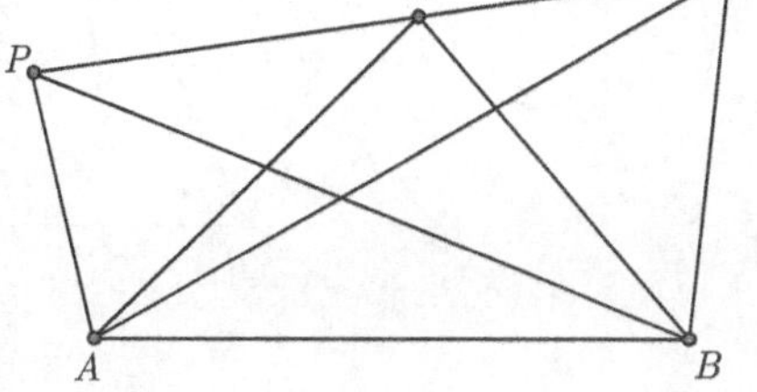

图 2-7

类似第 1 章, 我们用 $AB /\!/ PQ$ 来表示 A, B, P 和 Q 满足以下三个条件之一: (1) $A=B$ 或 $P=Q$; (2) A, B, P 和 Q 在同一条直线上; 或 (3) 直线 AB 和直线 PQ 没有公共点.

命题 2.2.7 (基本命题 b4) $AB /\!/ PQ$ 当且仅当 $S_{PAB}=S_{QAB}$, 即 $S_{PAQB}=0$.

证明　如果 $S_{PAB} \neq S_{QAB}$, 则 $A \neq B$, $P \neq Q$, 且 A, B, P 和 Q 是不共线的. 令 O 是直线 PQ 上的一点且满足 $\dfrac{\overline{PO}}{\overline{PQ}} = \dfrac{S_{PAB}}{S_{PAQB}}$, 则

$$\frac{\overline{OQ}}{\overline{PQ}} = -\frac{S_{QAB}}{S_{PAQB}}.$$

由基本命题 b3,

$$S_{OAB} = \frac{\overline{PO}}{\overline{PQ}} S_{QAB} + \frac{\overline{OQ}}{\overline{PQ}} S_{PAB} = 0.$$

由命题 2.2.6, 点 O 也在直线 AB 上, 即直线 AB 不平行于直线 PQ.

反之, 如果 $AB \parallel PQ$ 不成立, 则 $A \neq B$, $P \neq Q$, 并且直线 AB 与直线 PQ 相交于唯一点 O. 由命题 2.2.5 得 $\dfrac{\overline{OP}}{\overline{OQ}} = \dfrac{S_{PAB}}{S_{QAB}} = 1$, 因此 $P = Q$, 得到矛盾. 命题得证.

平行四边形 $ABCD$ 是这样的一个四边形：$AB \parallel CD$, $BC \parallel AD$, 且没有三点是共线的. 令 $ABCD$ 是一个平行四边形且 P, Q 是 CD 上的两个点. 我们用

$$\frac{\overline{PQ}}{\overline{AB}} = \frac{\overline{PQ}}{\overline{DC}}$$

来定义两条平行有向线段的比率.

在我们的机器证明中, 经常要自动加入一个辅助平行四边形, 并用到以下两个命题.

命题 2.2.8 (基本命题 b5)　令 $ABCD$ 是一个平行四边形, 则对于同平面上任两点 P 和 Q, 有 (图 2-8)

(1) $S_{APQ} + S_{CPQ} = S_{BPQ} + S_{DPQ}$.

(2) $S_{PAQB} = S_{PDQC}$.

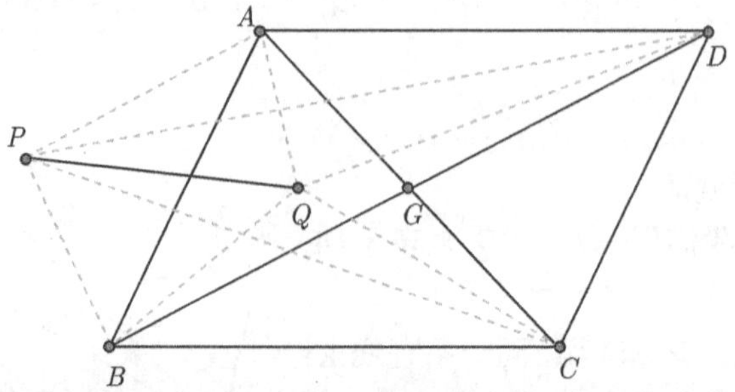

图 2-8

证明　(1) 由基本命题 b4 可知 $S_{ABC} = S_{ABD} = S_{BCD} = S_{ACD}$. 设对角线 AC

与 BD 交于 M, 用共边定理可得 $\dfrac{\overline{AM}}{\overline{MB}} = \dfrac{S_{ABD}}{S_{BCD}} = 1$, 故 M 是 AC 中点, 同理 M 是 BD 中点. 根据基本命题 b3 得到

$$S_{APQ} + S_{CPQ} = 2\left(\frac{\overline{AM}}{\overline{AC}} \cdot S_{CPQ} + \frac{\overline{MC}}{\overline{AC}} \cdot S_{APQ}\right) = 2S_{MPQ}.$$

同理有 $S_{BPQ} + S_{DPQ} = 2S_{MPQ}$, 所以 $S_{APQ} + S_{CPQ} = S_{BPQ} + S_{DPQ}$.

(2) 由 (1) 得 $S_{APQ} - S_{BPQ} = S_{DPQ} - S_{CPQ}$, 即 $S_{PAQB} = S_{PDQC}$.

命题 2.2.9 (基本命题 b6) 令 $ABCD$ 是平行四边形且 P 是同平面上任意一点, 则 (图 2-9)

$$S_{PAB} = S_{PDC} - S_{ADC} = S_{PDAC}.$$

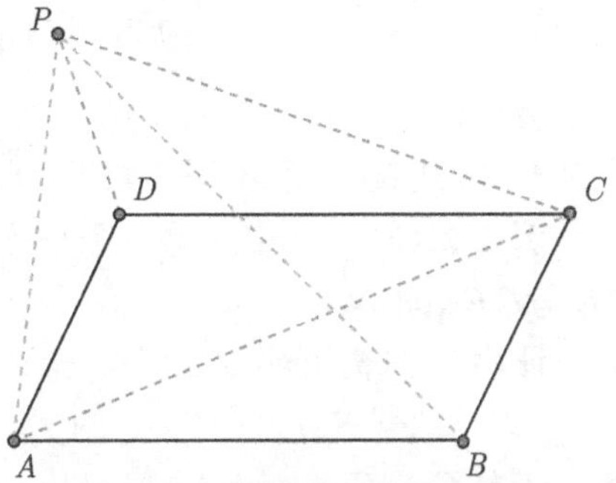

图 2-9

证明 在基本命题 b5(2) 中取 $Q = B$ 立得

$$S_{PAB} = S_{PDBC} = S_{PDC} + S_{DBC} = S_{PDC} - S_{ADC} = S_{PDAC}.$$

到现在为止我们还没有提到平行线的存在性. 下面将证明 Euclid 的平行假定就是我们的公理的一个推论.

例 2.2.10 (Euclid 平行公理) 通过直线 L 外一点只存在一条与 L 平行的直线 (图 2-10).

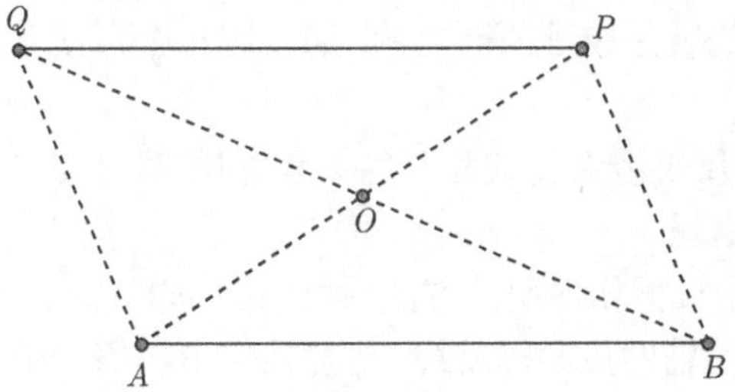

图 2-10

证明 令 P 是直线 AB 外一点. 由公理 A.2, 可以取点 O 和 Q 使点 O 是 PA 的中点, 点 Q 是 B 关于 O 的对称点, 即 $\overline{QO} = \overline{OB}$. 由于共边定理 $S_{QAB} = 2S_{OAB} = S_{PAB}$; 由基本命题 b4, $PQ \parallel AB$. 为了证明唯一性, 令 T 是另外一点并且满足 $TP \parallel AB$. 由基本命题 b6, $S_{TPQ} = S_{TAB} - S_{PAB} = 0$, 即 T 在直线 PQ 上.

例 2.2.11 如果 $PR \parallel AC$ 且 $QS \parallel BD$, 则 $\dfrac{S_{PQRS}}{S_{ABCD}} = \dfrac{\overline{PR}}{\overline{AC}} \cdot \dfrac{\overline{QS}}{\overline{BD}}$.

证明 令点 X, Y 满足 $\overline{PR} = \overline{AX}, \overline{QS} = \overline{BY}$. 由基本命题 b5 有

$$S_{PQRS} = S_{PBRY} = S_{PBY} - S_{RBY} = \frac{\overline{BY}}{\overline{BD}}(S_{PBD} - S_{RBD}) = \frac{\overline{QS}}{\overline{BD}} S_{PBRD}.$$

类似地, 有 $S_{PBRD}=\frac{\overline{PR}}{\overline{AC}}S_{ABCD}$, 即得所要结论.

例 2.2.12　如果直线 $PQ \parallel AB$, 则 $\frac{\overline{AB}}{\overline{PQ}}=\frac{S_{PAB}}{S_{AQP}}$.

证明　令点 R 满足 $\overline{AR}=\overline{PQ}$. 由命题 2.2.4 和命题 2.2.7 得

$$\frac{\overline{AB}}{\overline{PQ}}=\frac{\overline{AB}}{\overline{AR}}=\frac{S_{PAB}}{S_{PAR}}=\frac{S_{PAB}}{S_{PAQ}}.$$

我们现在给出例 2.1.1 的基于面积的证明, 这一证明与我们的算法给出的证明完全一致. 注意, 这里不需要知道 D 和点 B 是否在线段 AC 的两个相反方向上.

例 2.2.13　$ABCD$ 是一个平行四边形, E 是对角线 AC 和 BD 的交点. 证明 $AE=CE$ (图 2-1).

证明　只需证明 $AE/EC=1$. 由共边定理, $AE/EC=S_{ABD}/S_{CDB}$. 由于 $AB \parallel CD$, 则有 $S_{ABD}=S_{ABC}$. 由于 $AD \parallel BC$, 于是有 $S_{CDB}=S_{CAB}=S_{ABC}$. 因此, $AE/EC=S_{ABD}/S_{CDB}=S_{ABC}/S_{ABC}=1$, 证毕.

2.3　Hilbert 交点命题

在 Hilbert 的经典著作《几何基础》的第六章里提到了一类被他称为纯粹的交点定理的几何命题. 一个纯粹的交点定理可以如下表示.

任意选取一个包含有限个点和线的集合, 然后以预定的形式任意画这些直线的平行线. 再在这些直线中的某些直线上任意选取一些点, 并且通过这些点中的某些点任意画一些直线. 在按照预定的方式作了连线和交点以及通过已经存在的点的平行线之后, 终于得到一组有限条直线, 它们就是定理所断言的, 通过同一个点或互相平行的直线.

简单地说, 如果一个几何定理的前提仅仅涉及直线和点的关联性质, 即 “点在不在直线上” 的性质, 就叫做纯粹的交点定理.

Hilbert 还给出了关于这类命题的一个机械化证明的方法, 他的结果如下:

定理(Hilbert, 1971)　通过构造适当的辅助点和辅助线, 仿射几何中的每一个纯粹的交点定理都可以表为有限个 Pascal 构造的组合形式. 关于 Pascal 构造, 请参见例 2.5.5.

上述结果被吴文俊 (1982) 称作 Hilbert 机械化定理, 这是第一个关于一类几何命题的机械化的证明方法.

Hilbert 机械化定理的证明方式如下: 首先, 我们用代数的方法 (参见文献 (Wu, 1982) 和 (Wu, 1984) 的第三章) 证明一个定理. 由于每一个数学运算公式, 例如 $a+b=b+a$ 或 $a*b=b*a$, 都可以用 Pascal 构造来代表, 因此代数证明可以被转化为一系列的 Pascal 构造. 但是用这种方法所得到的证明将会很长和繁琐, 到现在为止我们还未见到用这种方法证明定理. 本章的目的就是提供一种有效的可以生成 Hilbert 的纯粹的交点定理的可读性证明的方法.

2.3.1 命题的描述

为了准确地描述 Hilbert 交点定理, 我们需要介绍一下几何量和几何构造的概念.

几何量在本章是指:

- 在同一条直线或两条平行直线上的有向线段的比率; 或者
- 一个有向三角形或有向四边行的带号面积.

几何构造是指下列从一些已知点引进一个新点的方法:

(C1) 在平面上任意取一些点 $Y_1, \cdots, Y_m$. Y_i 是自由点, 即 Y_i 可以在平面上自由移动.

(C2) 在直线 PQ 上任取一个点 Y. 点 Y 是一个半自由点, 即点 Y 可以在直线 PQ 上自由移动. 为了保证点 Y 可以正确取到, 我们引进一个非退化条件: 直线 PQ 是非退化的, 即 $P \neq Q$.

(C3) 在直线 PQ 上取一点 Y 满足 $\overline{PY} = \lambda\overline{PQ}$, λ 可以是有理数、几何量的有理表达式或者是一个变量. 此处 λ 是点 Y 关于 PQ 的位置比率. 如果 λ 是一个固定的量, 则 Y 是一个定点; 如果 λ 是一个变量, 则 Y 是一个半自由点. 这个构造的非退化条件是 $P \neq Q$ 和 λ 是有意义的, 即它的分母不等于零.

(C4) 取直线 PQ 和 UV 的交点 Y. 点 Y 是一个定点. 非退化条件是 $P \neq Q$, $U \neq V$, 且直线 PQ 和 UV 有且仅有一个公共点, 即 PQ 与 UV 既不平行也不重合, 以下称此情形为 $PQ \nparallel UV$.

(C5) 在一条过点 R 且平行于直线 PQ 的直线上取一点 Y, 点 Y 是一个半自由点. 非退化条件是 $P \neq Q$.

(C6) 在一条过点 R 且平行于直线 PQ 的直线上取一点 Y 且满足 $\overline{RY} = \lambda\overline{PQ}$, λ 可以是有理数、几何量的有理表达式或者是一个变量. 如果 λ 是一个固定的量, 则 Y 是一个定点; 如果 λ 是一个变量, 则 Y 是一个半自由点. 这个构造的非退化条件是 $P \neq Q$ 和 λ 是有意义的, 即它的分母不等于零.

(C7) 取直线 UV 和过 R 点且平行于直线 PQ 的直线的交点 Y, 点 Y 是一个定点, 非退化条件是 $PQ \nparallel UV$.

(C8) 取过 R 点且平行于 PQ 的直线和过 W 点且平行于 UV 的直线的交点 Y, 点 Y 是一个定点, 非退化条件是 $PQ \nparallel UV$.

在以上每一个构造中的点 Y 称为是由那个构造产生的点.

我们需要证明上述的构造总是可能的, 即产生的点是确实存在的. (C1) 和 (C2)

是明显的. 由公理 A.2 可以得到点 Y 的存在性. 由例 2.2.10 和 (C3) 可以得到 (C5) 和 (C6) 的存在性. 通过例 2.2.10, (C7) 和 (C8) 可以被简化成 (C4) 的情况. 对于 (C4), 由于 $PQ \nparallel UV$, 直线 PQ 和 UV 有唯一的公共点.

定义 2.3.1　Hilbert 交点命题可以表示如下：

$$S = (C_1, C_2, \cdots, C_k, G),$$

其中

(1) 每一个构造 C_i 都是通过以前的构造 C_j, $j = 1, \cdots, i-1$ 所生成的点来构造一个新的点.

(2) $G = (E_1, E_2)$, 其中 E_1 和 E_2 是关于由构造 C_i 所生成的点的几何量的多项式, $E_1 = E_2$ 是 S 的结论.

S 的非退化条件是一个集合, 它包含每一个 C_i 的非退化条件和 E_1 和 E_2 中的比率的分母不等于零的条件. 所有的 Hilbert 交点命题的集合用 C_H 来表示.

由定义中已经明确地表示 C_H 中的命题的非退化条件可以自动地产生. 下面用 Ceva 定理作为一个例子来说明一下.

例 2.3.2 (Ceva 定理)　我们用下面构造的形式来描述这个命题：

任意取四个点 A, B, C 和 P;

作直线 BC 和 AP 的交点 D;

作直线 AC 和 BP 的交点 E;

作直线 AB 和 CP 的交点 F.

求证 $\dfrac{\overline{AF}}{\overline{FB}} \cdot \dfrac{\overline{BD}}{\overline{DC}} \cdot \dfrac{\overline{CE}}{\overline{EA}} = 1.$

根据定义, Ceva 定理的非退化条件是：$BC \nparallel AP$, $AC \nparallel BP$, $AB \nparallel CP$; $F \neq B$, $D \neq C$, $E \neq A$. 即点 P 不能在 $\triangle ABC$ 的三个边上, 也不能在图 2-11 中的三条虚线上.

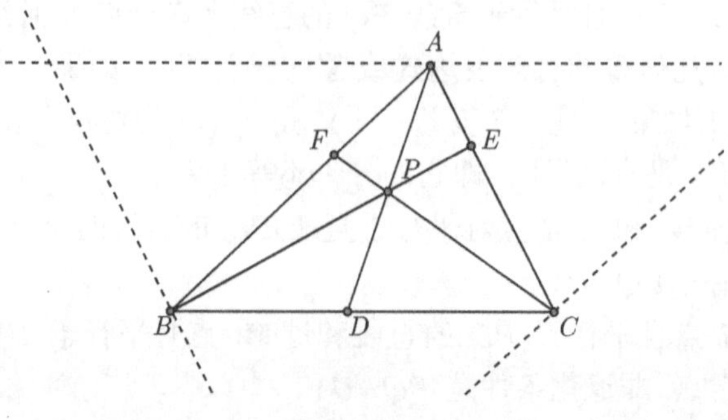

图 2-11

证明 应用共边定理 (命题 2.2.5) 有

$$\frac{\overline{AF}}{\overline{FB}}\cdot\frac{\overline{BD}}{\overline{DC}}\cdot\frac{\overline{CE}}{\overline{EA}}=\frac{S_{PCA}}{S_{PBC}}\cdot\frac{S_{PAB}}{S_{PCA}}\cdot\frac{S_{PBC}}{S_{PAB}}=1.$$

你可能会奇怪为什么 “A, B 和 C 不共线” 的条件不在非退化条件之中. 事实上, 当 A, B 和 C 是同一条直线上的三个不同的点 (由于非退化条件), Ceva 定理仍然成立 (此时 $F=C$, $D=A$, $E=B$), 并且根据面积法所得到的证明在这种情况依然成立. 根据我们的方法所产生的非退化条件保证可以产生这个命题的证明. 当然, 我们可以通过引入一个构造 ——TRIANGLE, 来避免这个不太愉快的事实. 这个构造引入三个不共线的点, 但是理论上这是不必要的. 非退化条件与命题的构造性描述有关. 例如, Ceva 定理也可以如下描述:

任意取三个点 A, B, C;

在直线 AC 上取一点 E;

在直线 AB 上取一点 F;

作直线 BE 和 CF 的交点 P;

作直线 BC 和 AP 的交点 D.

求证 $\frac{\overline{AF}}{\overline{FB}}\cdot\frac{\overline{BD}}{\overline{DC}}\cdot\frac{\overline{CE}}{\overline{EA}}=1$.

此时 Ceva 定理的非退化条件是: $A\neq C$, $A\neq B$, $BE \nparallel CF$, $BC \nparallel AP$, $B\neq F$, $C\neq D$, $A\neq P$.

根据定义所产生的非退化条件是充分的, 即如果一个几何命题在通常的意义下是正确的, 则在这些非退化条件下也应该是严格成立的. 细节请参见算法 2.4.14.

2.3.2 几何命题的谓词形式

Hilbert 交点命题可以被转化成通常的谓词的形式. 我们首先介绍几个基本谓词:

(1) (POINT P): P 是平面上的一点.

(2) (COLL $A\ B\ C$): 点 A, B 和 C 共直线, 这等价于 $S_{ABC}=0$.

(3) (PARA $A\ B\ C\ D$): $AB \parallel CD$, 这等价于 $S_{ACBD}=0$.

每一个构造都等价于几个谓词的联合.

(C2) 在直线 PQ 上取一点 Y, 谓词形式是 (COLL $Y\ P\ Q$) 且 $P\neq Q$.

(C3) 在直线 PQ 上取一点 Y 满足 $\overline{PA}=\lambda\overline{PQ}$, 谓词形式是

$$(\text{COLL } Y\ P\ Q),\quad \lambda=\frac{\overline{PY}}{\overline{PQ}},\quad 且 P\neq Q.$$

(C4) 取直线 PQ 和 UV 的交点 Y, 谓词形式是

$$(\text{COLL } Y\ P\ Q), (\text{COLL } Y\ U\ V), 且 \neg(\text{PARA } U\ V\ P\ Q).$$

(C5) 在一条通过点 R 且平行于直线 PQ 的直线上取一点, 谓词形式是

$$(\text{PARA}\ Y\ R\ P\ Q)\text{且}P \neq Q.$$

(C6) 在一条通过点 R 且平行于直线 PQ 的直线上取一点 Y, 且满足 $\overline{RY} = \lambda\overline{PQ}$, 谓词形式是

$$(\text{PARA}\ Y\ R\ P\ Q), \quad \lambda = \frac{\overline{RY}}{\overline{PQ}}, \quad P \neq Q.$$

(C7) 取直线 UV 和通过点 R 且平行于直线 PQ 的直线的交点 Y, 谓词形式是

$$(\text{COLL}\ Y\ U\ V), \quad (\text{PARA}\ Y\ R\ P\ Q), \quad \neg(\text{PARA}\ P\ Q\ U\ V).$$

(C8) 取通过点 R 且平行于直线 PQ 的直线和通过点 W 且平行于直线 UV 的直线的交点 Y, 谓词形式是

$$(\text{PARA}\ Y\ R\ P\ Q), \quad (\text{PARA}\ Y\ W\ U\ V), \quad \text{且}\neg(\text{PARA}\ P\ Q\ U\ V).$$

每一个构造 (C) 的谓词形式都由两个部分组成：等式部分 $E(C)$ 和非退化条件部分 $\neg D(C)$. 现在我们将一个构造性命题

$$S = (C_1, \cdots, C_r, (E, F))$$

转化成如下的谓词形式

$$\forall P_i[(E(C_1) \wedge \cdots \wedge E(C_r) \wedge \neg D(C_1) \wedge \cdots \wedge \neg D(C_r)) \Rightarrow (E = F)],$$

其中点 P_i 是由构造 C_i 所生成的. 很明显, 一个命题的谓词形式依赖于我们是如何来构造性地描述这个命题. 对于 Ceva 定理 (例 2.3.2) 的第一个构造性描述, 它的谓词形式是

$$\forall A, B, C, P, E, F, D(\text{HYP} \Rightarrow \text{CONC}),$$

其中

$$\begin{aligned}\text{HYP} =& (\text{COLL}\ D\ B\ C) \wedge (\text{COLL}\ D\ A\ O) \wedge \neg(\text{PARA}\ B\ C\ A\ O)\\ & \wedge (\text{COLL}\ E\ A\ C) \wedge (\text{COLL}\ E\ B\ O) \wedge \neg(\text{PARA}\ A\ C\ B\ O)\\ & \wedge (\text{COLL}\ F\ A\ B) \wedge (\text{COLL}\ F\ C\ D) \wedge \neg(\text{PARA}\ A\ B\ C\ O)\\ & \wedge B \neq F \wedge D \neq C \wedge A \neq E,\\ \text{CONC} =& \left(\frac{\overline{AF}}{\overline{FB}} \cdot \frac{\overline{BD}}{\overline{DC}} \cdot \frac{\overline{CE}}{\overline{EA}} = 1\right).\end{aligned}$$

练习 2.3.3　定义一个新的谓词 (CONC $A\ B\ C\ D\ E\ F$). 它表示直线 AB, CD 和 EF 是重合的. 用一个关于面积的方程来表示这个谓词.

2.4 面 积 法

首先让我们来重新检查一下 Ceva 定理的证明. 通过对 Ceva 定理的构造性的描述 (例 2.3.2), 可以很自然地在点 A, B, C, D, E, F 中引入一个次序, 即点的引入次序. 证明实际上是按着这一次序的相反次序 F, E, D, C, B, A 从结论中消去这些点:

$$\frac{\overline{AF}}{\overline{FB}} = \frac{S_{PCA}}{S_{PBC}}, \quad \frac{\overline{BD}}{\overline{DC}} = \frac{S_{PAB}}{S_{PCA}}, \quad \frac{\overline{CE}}{\overline{EA}} = \frac{S_{PBC}}{S_{PAB}}.$$

因此我们有如下的证明:

$$\frac{\overline{AF}}{\overline{FB}} \cdot \frac{\overline{BD}}{\overline{DC}} \cdot \frac{\overline{CE}}{\overline{EA}} = \frac{S_{PCA}}{S_{PBC}} \cdot \frac{S_{PAB}}{S_{PCA}} \cdot \frac{S_{PBC}}{S_{PAB}} = 1.$$

因此面积法的关键是从与面积有关的等式中消去点, 而消去点的方法自然与点的构造性作图有关. 上面列举的 8 个构造, 其实都可以由构造 (C1) 和 (C3) 得到.

构造 (C3) 是在一条直线上取一个具有位置比率的点. 可以证明, 如果点 Y 是由八个构造之一得到的, 则点 Y 也可以由构造 (C1) 和 (C3) 得到. 我们之所以用更多的构造是因为我们想用更少的构造来描述一个几何命题, 因此而得到一个关于这个命题的更简短的证明.

我们首先证明构造 (C2) 是构造 (C3) 的一个特例. 这是因为在直线 UV 上任意取一点 A 等价于在直线 UV 上取一点 A 满足 $\overline{UA} = \lambda\overline{UV}$, 其中 λ 是一个不确定的数. 类似地, 构造 (C5) 是构造 (C6) 的一个特例: 在一条通过点 W 且平行于直线 UV 的直线上任取一点 A 等价于取一点 A 满足 $\overline{WA} = \lambda\overline{UV}$, 其中 λ 是一个不确定的数. 我们将在第 2.4.3 节中讨论构造 (C1). 因此只需考虑五个构造 (C3), (C4), (C6), (C7) 和 (C8).

2.4.1 从面积中消去点

引理 2.4.1 设点 Y 是由构造 (C3) 得到的, 即 Y 满足 $\overline{PY} = \lambda\overline{PQ}$. 为了从 S_{ABY} 中消去 Y, 有

$$S_{ABY} = \lambda S_{ABQ} + (1-\lambda)S_{ABP}.$$

这是命题 2.2.6 的推论.

引理 2.4.2 设点 Y 是由构造 (C4) 得到的, 即 $Y = PQ \cap UV$. 为了从 S_{ABY} 中消去 Y, 有 (图 2-12)

$$S_{ABY} = \frac{1}{S_{PUQV}}(S_{PUV}S_{ABQ} + S_{QVU}S_{ABP}).$$

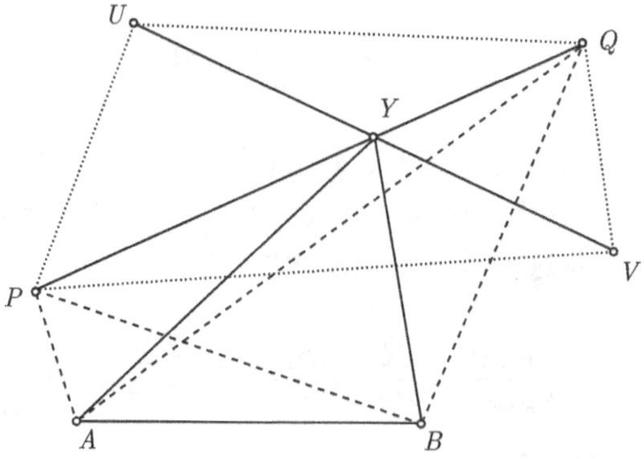

图 2-12

证明　由于命题 2.2.6, 有 $S_{ABY}=\frac{\overline{PY}}{\overline{PQ}}S_{ABQ}+\frac{\overline{YQ}}{\overline{PQ}}S_{ABP}$.

由于共边定理, 有 $\frac{\overline{PY}}{\overline{PQ}}=\frac{S_{PUV}}{S_{PUQV}}$ 和 $\frac{\overline{YQ}}{\overline{PQ}}=\frac{S_{QUV}}{S_{PUQV}}$.

把这个等式代入前一个方程中, 即得到结论. 因为 $PQ \not\parallel UV$, 所以 $S_{PUQV}\neq 0$.

引理 2.4.3　设点 Y 是由构造 (C6) 得到的, 即 Y 满足 $\overline{RY}=\lambda\overline{PQ}$. 为了从 S_{ABY} 中消去 Y, 有

$$S_{ABY}=S_{ABR}+\lambda S_{APBQ}.$$

证明　取一点 S 满足 $\overline{RS}=\overline{PQ}$ (图 2-13). 由引理 2.4.1 得

$$S_{ABY}=\lambda S_{ABS}+(1-\lambda)S_{ABR}.$$

由假设和命题 2.2.8, 有 $S_{ABS}=S_{ABR}+S_{ABQ}-S_{ABP}=S_{ABR}+S_{APBQ}$, 代入前面的公式中, 得到结论.

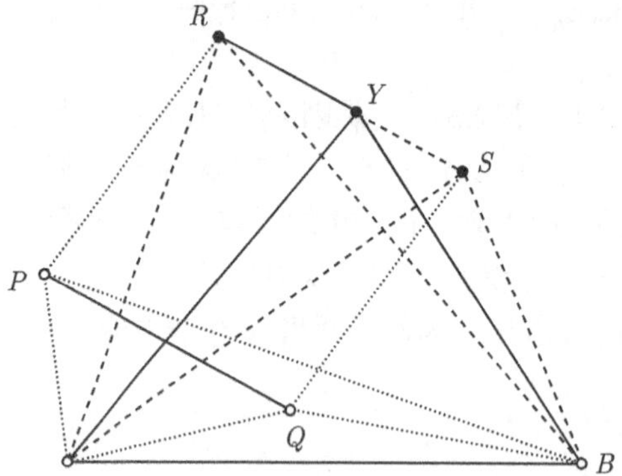

图 2-13

引理 2.4.4　设点 Y 是由构造 (C7) 得到的, 即 Y 是直线 UV 和通过点 R 且平行于直线 PQ 的直线的交点. 为了从 S_{ABY} 中消去 Y, 有

$$S_{ABY}=\frac{1}{S_{PUQV}}(S_{PUQR}S_{ABV}-S_{PVQR}S_{ABU}).$$

证明　取一点 S 满足 $\overline{RS}=\overline{PQ}$, 如图 2-14. 由引理 2.4.2 有

$$S_{ABY}=\frac{1}{S_{RUSV}}(S_{USR}S_{ABV}+S_{VRS}S_{ABU}). \qquad (*)$$

由假设、命题 2.2.8 和命题 2.2.9 还有

$$S_{RUSV} = S_{PUQV},$$
$$S_{USR} = S_{UQP} - S_{RQP} = S_{PUQR},$$
$$S_{VSR} = S_{VQP} - S_{RQP} = S_{PRQV}.$$

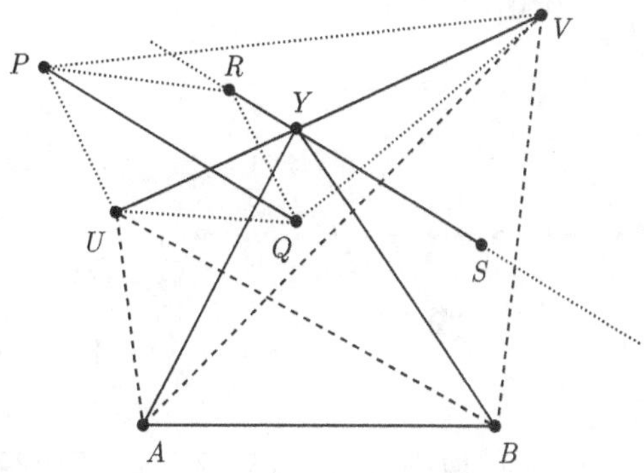

图 2-14

把这些等式代入 (*) 中, 得到结论.

引理 2.4.5 设点 Y 是由构造 (C8) 得到的, 即 Y 是通过点 R 且平行于直线 PQ 的直线和通过点 W 且平行于直线 UV 的直线的交点. 为了从 S_{ABY} 中消去 Y, 有 (图 2-15)

$$S_{ABY} = \frac{S_{PWQR}}{S_{PUQV}} \cdot S_{AUBV} + S_{ABW}.$$

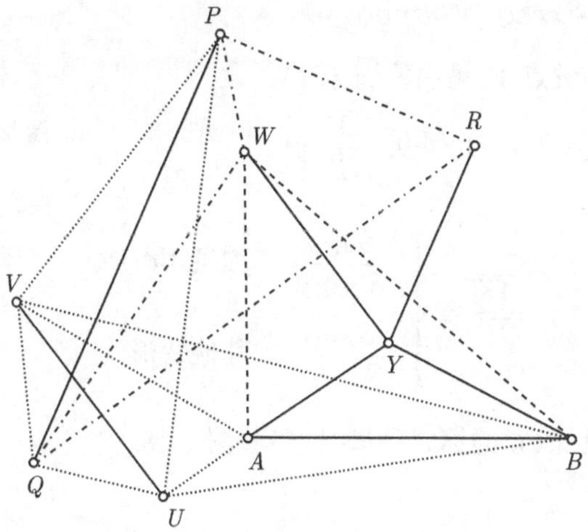

图 2-15

证明 由引理 2.4.3, 有

$$S_{ABY} = S_{ABW} + \frac{\overline{WY}}{\overline{UV}} S_{AUBV}.$$

再用下面的引理 2.4.8 即得结论.

2.4.2 从比例中消去点

引理 2.4.6 设点 Y 是由构造 (C3) 得到的, 即 Y 满足 $\overline{PY} = \lambda\overline{PQ}$. 为了从

$\dfrac{\overline{AY}}{\overline{CD}}$ 中消去 Y, 有

$$\frac{\overline{AY}}{\overline{CD}}=\begin{cases}\dfrac{\overline{AP}}{\overline{CD}}+\lambda\dfrac{\overline{PQ}}{\overline{CD}}, & \text{如果} A\in PQ,\\ \dfrac{S_{APQ}}{S_{CPDQ}}, & \text{其他情形}.\end{cases}$$

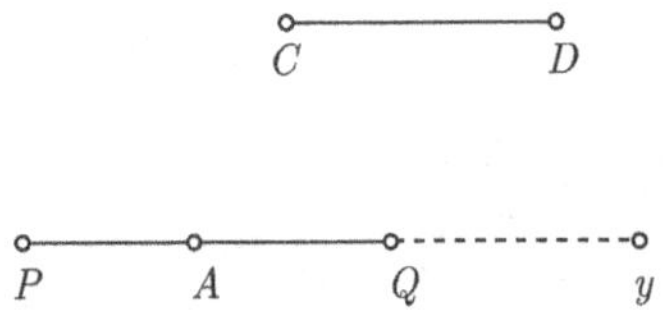

图 2-16

证明　若 $A\in PQ$, 则 (图 2-16)

$$\frac{\overline{AY}}{\overline{CD}}=\frac{\overline{AP}+\overline{PY}}{\overline{CD}}=\frac{\overline{AP}}{\overline{CD}}+\frac{\overline{PY}}{\overline{PQ}}\cdot\frac{\overline{PQ}}{\overline{CD}}=\frac{\overline{AP}}{\overline{CD}}+\lambda\frac{\overline{PQ}}{\overline{CD}}.$$

否则, 取一点 S 满足 $\overline{AS}=\overline{CD}$(图 2-17). 则 Y 是直线 PQ 和 AS 的交点并且 $AS\,/\!/\,GD$. 由假设、命题 2.2.5 和命题 2.2.8, 有

$$\frac{\overline{AY}}{\overline{CD}}=\frac{\overline{AY}}{\overline{AS}}=\frac{S_{APQ}}{S_{APSQ}}=\frac{S_{APQ}}{S_{CPDQ}}.$$

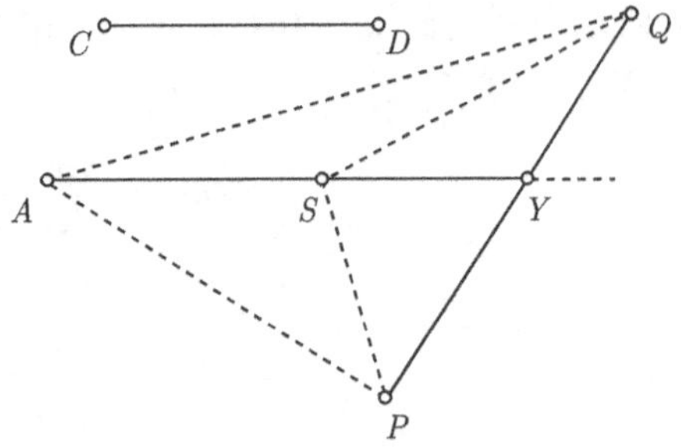

图 2-17

引理 2.4.7　设点 Y 是由构造 (C4) 得到的, 即 $Y=PQ\cap UV$. 为了从 $\dfrac{\overline{AY}}{\overline{CD}}$ 中消去 Y, 有

$$\frac{\overline{AY}}{\overline{CD}}=\begin{cases}\dfrac{S_{AUV}}{S_{CUDV}}, & \text{如果} A\in PQ,\\ \dfrac{S_{APQ}}{S_{CPDQ}}, & \text{其他情形}.\end{cases}$$

证明　同引理 2.4.6 的第二种情况, 参看图 2-18.

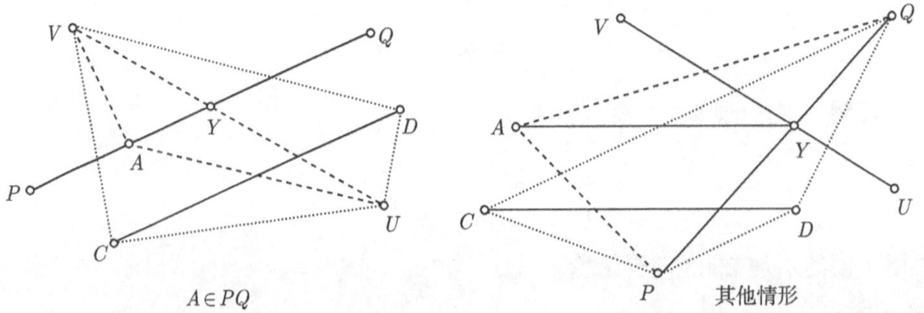

图 2-18

引理 2.4.8 设点 Y 是由构造 (C6) 得到的, 即 Y 满足 $\overline{RY}=\lambda\overline{PQ}$. 为了从 $\dfrac{\overline{AY}}{\overline{CD}}$ 中消去 Y, 有

$$\frac{\overline{AY}}{\overline{CD}}=\begin{cases}\dfrac{\overline{AR}}{\overline{CD}}+r\dfrac{\overline{PQ}}{\overline{CD}}, & \text{如果}A\in RY,\\ \dfrac{S_{APRQ}}{S_{CPDQ}}, & \text{其他情形}.\end{cases}$$

证明 如图 2-19, 第一种情况是显然的. 对于第二种情况, 取点 S 满足 $\dfrac{\overline{AS}}{\overline{CD}}=1$. 由共边定理有

$$\frac{\overline{AY}}{\overline{CD}}=\frac{\overline{AY}}{\overline{AS}}=\frac{S_{APRQ}}{S_{APSQ}}=\frac{S_{APRQ}}{S_{CPDQ}}.$$

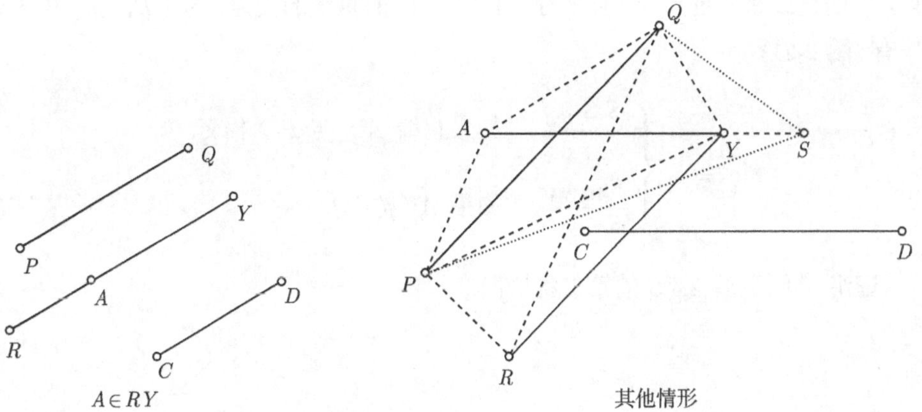

图 2-19

引理 2.4.9 设点 Y 是由构造 (C7) 得到的, 即 Y 是直线 UV 和通过点 R 且平行于直线 PQ 的直线的交点. 为了从 $\dfrac{\overline{AY}}{\overline{CD}}$ 中消去 Y, 有

$$\frac{\overline{AY}}{\overline{CD}}=\begin{cases}\dfrac{S_{AUV}}{S_{CUDV}}, & \text{如果 } A \text{ 不在直线 } UV \text{ 上},\\ \dfrac{S_{APRQ}}{S_{CPDQ}}, & \text{如果 } A \text{ 在直线 } UV \text{ 上}.\end{cases}$$

证明 如图 2-20, 如果点 A 不在直线 UV 上, 则证明同引理 2.4.6 的第二种情况. 如果点 A 在直线 UV 上, 则证明同引理 2.4.8 的第二种情况. 因为 $PQ\nparallel UV$, 所以 $S_{CPDQ}\neq 0$.

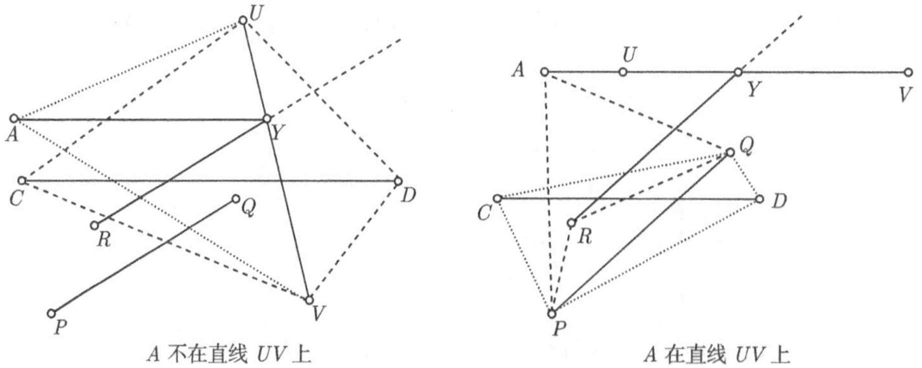
U
A
Y
C
D
Q
R
V
P
A 不在直线 UV 上
U
A
Y
V
Q
C
D
R
P
A 在直线 UV 上

图 2-20

引理 2.4.10　设点 Y 是由构造 (C8) 得到的, 即 Y 是通过点 R 且平行于直线 PQ 的直线和通过点 W 且平行于直线 UV 的直线的交点. 为了从 $\frac{\overline{AY}}{\overline{CD}}$ 中消去 Y, 有 (图 2-21)

$$\frac{\overline{AY}}{\overline{CD}}=\begin{cases}\dfrac{S_{APRQ}}{S_{CPDQ}}, & \text{如果直线 } AY \text{ 与 } PQ \text{ 相交},\\ \dfrac{S_{AUWV}}{S_{CUDV}}, & \text{如果 } AY \parallel PQ.\end{cases}$$

证明　同引理 2.4.8 的第二种情况.

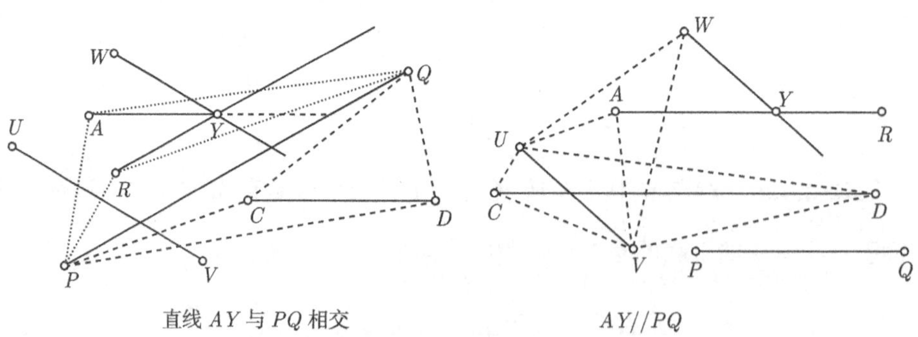
W
Q
U
A
Y
R
C
D
P
V
直线 AY 与 PQ 相交
W
A
Y
U
R
C
D
V
P
Q
AY//PQ

图 2-21

2.4.3　自由点和面积坐标

在第 2.4.1 节和第 2.4.2 节中, 我们阐述了从几何量中消去固定的或者是半自由点的方法. 对于一个几何命题 $S=(C_1, C_2, \cdots, C_k, (E, F))$, 我们可以用这些引理消去所有由构造 C_i 所得到的非自由点. 新的 E 和 F 是关于参变量和面积的仅仅涉及自由点的有理表达式, 这些几何量通常是互相关联的, 例如, 对于任意四个点

A, B, C, D, 有

$$S_{ABC} = S_{ABD} + S_{BCD} + S_{CAD}.$$

为了将 E 和 F 化简成只包含互相独立变量的表达式, 我们引进面积坐标的概念.

定义 2.4.11 设点 O, U, V 不共线. A 关于 OUV 的面积坐标是

$$x_A = \frac{S_{OUA}}{S_{OUV}}, \quad y_A = \frac{S_{OAV}}{S_{OUV}}, \quad z_A = \frac{S_{AUV}}{S_{OUV}}.$$

显然 $x_A + y_A + z_A = 1$. 因为 x_A, y_A 和 z_A 不是相互独立的, 所以我们也把 x_A, y_A 称为 A 关于 OUV 的面积坐标 (图 2-22).

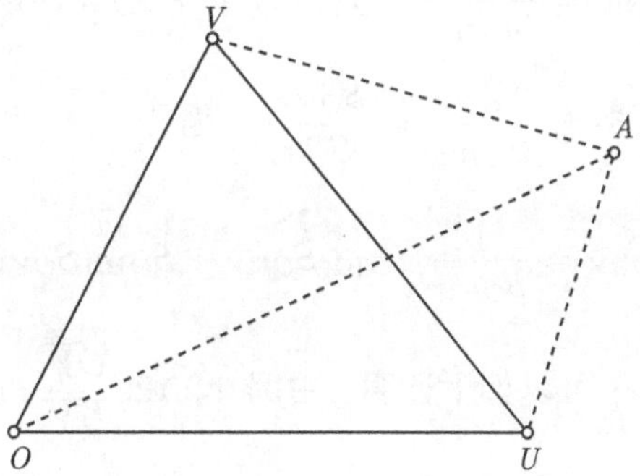

图 2-22

命题 2.4.12 平面上的点是和满足 $x + y + z = 1$ 的三元组一一对应的.

证明 令 O, U 和 V 是三个不共线的点, 则对于每一个点 A, 它的面积坐标满足 $x_A + y_A + z_A = 1$.

相反, 对于任意满足 $x + y + z = 1$ 的 x, y 和 z, 都会找到一个点 A 使它的面积坐标就是 x, y 和 z. 如果 $z = 1$, 取点 A 满足 $\frac{\overline{OA}}{\overline{UV}} = x$. 则由于引理 2.4.3, $x_A = \frac{S_{OUA}}{S_{OUV}} = x$, $y_A = -x = y$ 和 $z_A = 1$. 如果 $z \neq 1$, 在直线 UV 上取一个点 T 满足 $\frac{\overline{UT}}{\overline{UV}} = \frac{x}{1-z}$; 在 OT 上取一个点 A 满足 $\frac{\overline{AT}}{\overline{OT}} = z$; 由共边定理 $z_A = \frac{S_{AUV}}{S_{OUV}} = \frac{\overline{AT}}{\overline{OT}} = z$. 再由共边定理得

$$x_A = \frac{S_{OUA}}{S_{OUV}} = (1-z)\frac{S_{OUT}}{S_{OUV}} = (1-z)\frac{\overline{UT}}{\overline{UV}} = x.$$

同理, $y_A = y$.

下面的引理可以把任何一个面积化简成一个关于三个给定的参考点的面积坐标的表达式.

引理 2.4.13　令 O, U 和 V 是三个不共线的点, 则对于点 A, B 和 Y, 有

$$S_{ABY}=\frac{1}{S_{OUV}}\begin{vmatrix} S_{OUA} & S_{OVA} & 1 \\ S_{OUB} & S_{OVB} & 1 \\ S_{OUY} & S_{OVY} & 1 \end{vmatrix}.$$

证明　由公理 A.5, 有 $S_{ABY}=S_{OAB}+S_{OBY}-S_{OAY}$, 我们只需要计算 S_{OBY} 和 S_{OAY}. 令 W 是 UV 和 OY 的交点, 则由引理 2.4.2 有

$$S_{OBW}=\frac{1}{S_{OUYV}}(S_{OBV}S_{OUY}+S_{OBU}S_{OYV}).$$

由假设和命题 2.2.5, 有 $\dfrac{S_{OBY}}{S_{OBW}}=\dfrac{S_{OUYV}}{S_{OUV}}$, 因此

$$S_{OBY}=\frac{1}{S_{OUV}}(S_{OBV}S_{OUY}+S_{OBU}S_{OYV}). \tag{$*$}$$

如果 $OY\parallel UV$, $(*)$ 可以如下证明. 由例 2.2.12, $\dfrac{\overline{OY}}{\overline{UV}}=\dfrac{S_{OUY}}{S_{OUV}}$. 由引理 2.4.3, 有

$$S_{OBY}=\frac{\overline{OY}}{\overline{UV}}\cdot S_{OUBV}=\frac{S_{OUY}}{S_{OUV}}(S_{OBV}+S_{OUB})=\frac{S_{OBV}S_{OUY}+S_{OBU}S_{OYV}}{S_{OUV}}.$$

现在我们证明了当 O, U, V 不共线时 $(*)$ 的正确性.

同理, 有

$$S_{OAY}=\frac{1}{S_{OUV}}\left(S_{OAV}\cdot S_{OUY}+S_{OAU}\cdot S_{OYV}\right),$$

$$S_{ABY}=S_{OUV}\begin{vmatrix} x_A & y_A & 1 \\ x_B & y_B & 1 \\ x_Y & y_Y & 1 \end{vmatrix}.$$

把 $(*)$ 和上面的公式代入 $S_{ABY}=S_{OAB}+S_{OBY}-S_{OAY}$, 得到结论.

使用引理 2.4.13 中相同的记号, 令

$$x_A=\frac{S_{OUA}}{S_{OUV}},\quad y_A=\frac{S_{OAV}}{S_{OUV}};$$

$$x_B=\frac{S_{OUB}}{S_{OUV}},\quad y_B=\frac{S_{OBV}}{S_{OUV}};$$

$$x_Y = \frac{S_{OUY}}{S_{OUV}}, \quad y_Y = \frac{S_{OYV}}{S_{OUV}}.$$

则在引理 2.4.13 中的公式变为

$$S_{ABY} = S_{OUV} \begin{vmatrix} x_A & y_A & 1 \\ x_B & y_B & 1 \\ x_Y & y_Y & 1 \end{vmatrix}.$$

这和关于三顶点的 Cartesian 坐标的三角形的面积公式非常相似.

算法 2.4.14 仿射情形.

输入: $S = (C_1, C_2, \cdots, C_k, (E, F))$ 是 C_H 中的一个命题.

输出: 判断 S 是正确的还是错误的, 如果是正确的, 则产生 S 的证明.

S1. 对 $i = k, \cdots, 1$ 作 S2, S3, S4, 最后作 S5.

S2. 检查 C_i 的非退化条件是否满足. 一个命题的非退化条件有两种形式: $A \neq B$ 和 $PQ \nparallel UV$. 对于第一种情况, 检查是否 $\dfrac{\overline{AB}}{\overline{XY}} = 0$, 其中 X, Y 是 AB 上的两个任意的点. 对于第二种情况, 检查是否 $S_{PUV} = S_{QUV}$. 如果一个几何命题的非退化条件不满足, 则此命题显然是正确的. 算法终止.

S3. 令 $G_1, \cdots, G_s$ 是 E 和 F 中产生的几何量. 对 $j = 1, \cdots, s$ 作 S4.

S4. 令 H_j 是用引理 2.4.6~2.4.13 从 G_j 中消去由构造 C_i 而产生的点的结果, 且在 E 和 F 中用 H_j 替换 G_j 得到新的 E 和 F.

S5. 最后, E 和 F 都是关于自由参数的表达式. 如果 E 和 F 相同, 则 S 在非退化条件下是正确的. 否则 S 在 Euclid 平面几何中是错误的.

证明 如果 $E = F$, 则 S 显然是正确的. 本节所介绍的消去引理都具有一个相同的性质, 即当我们将消去引理应用到一个有几何意义 (即它的分母不等于零) 的几何量的时候, 所得到的表达式在命题的非退化条件下仍然具有几何意义. 因此, 证明中所涉及到的几何量都具有几何意义. E 和 F 中的几何量都是自由参数, 即在 S 的几何构造中它们可以任意取值. 如果 $E \neq F$, 由下面的命题, 我们可以在 E 和 F 中给这些几何量取某些固定的值以得到两个不同的数. 换句话说, 我们得到一个与 S 相矛盾的例子.

命题 2.4.15 设 $P(x_1, \cdots, x_n)$ 是以 $x_1, \cdots, x_n$ 为变量且具有实系数的非零多项式, 则可以找到满足 $P(r_1, \cdots, r_n) \neq 0$ 的有理数 $r_1, \cdots, r_n$.

证明留给读者.

下面讨论一下此算法的复杂性. 令 m 和 n 分别是命题中自由和非自由点的个数. 为了消去每一个非自由点, 我们需要对每一个曾经包含这个点的几何量应用第 2.4.1 节和第 2.4.2 节中的引理, 每一个引理将用一个次数小于等于 2 的有理多项式去替换几何量. 如果几何命题的结论的次数是 d, 则消去 n 个非自由点后得到的表达式是不高于 $2^n d$ 次的. 如果再用引理 2.4.13 消去 m 个自由点, 每个几何量都将被一个不超过二次的多项式所代替, 那么最终的结果不高于 $2^{n+1}d$ 次.

这个指数的复杂性看起来似乎不令人鼓舞, 但是我们将会看到这个方法可以有效地产生几乎所有 C_H 中的命题的短的证明. 原因之一是在证明的过程中, E 和 F 中的公共因子往往可以被消去. 这个简单的技巧可以动态地减少证明过程中多项式的大小. 原因之二是算法在得到短的证明方面还有很大的改进的余地.

练习 2.4.16

1. 令 O, U 和 V 是三个不共线的点, 则对于点 A, B, 和 Y, 有

$$S_{ABY}=\frac{1}{S_{OUV}}\begin{vmatrix} S_{OUA} & S_{OVA} & S_{UVA} \\ S_{OUB} & S_{OVB} & S_{UVB} \\ S_{OUY} & S_{OVY} & S_{UVY} \end{vmatrix}.$$

2. 容易证明实系数 d 次一元多项式 $P(x)$ 最多有 d 个不同的根. 用这个结果去证明命题 2.4.15.

3. 令 $P(x)=x^d+a_{d-1}x^{d-1}+\cdots+a_0$ 是一个多项式, $m=\max\left(1,\sum_{i=1}^{d}|a_i|\right)$. 则对于任意 $r>m$, 有 $P(r)\neq 0$. 用这个结果去证明命题 2.4.15.

2.4.4　几何定理证明举例

在进一步阐述之前, 这里对于本书出现的公理、基本命题、引理以及算法再作一点解释. 由于本书的目的是想提供一种证明几何定理的算法, 因此算法是我们最终的目标. 算法的输入是几何命题, 算法的输出是几何命题的证明或者是证伪. 算法通过引理消去几何量中的点, 在证明引理的过程中只需用到基本的命题. 最后, 基本的命题又是公理的结果. 因此, 算法 2.4.14 产生的证明实际上可以分成三个水平.

如果推理的过程仅仅使用引理, 则证明是在第一个水平或者说是引理水平. 如果给出结果的推理过程是从基本命题出发, 则证明是在第二个水平或者说是基本命题水平. 如果推理的过程是基于公理的, 则证明是在第三个水平或者说是公理水平. 算法 2.4.14 作为一个证明器已经在计算机上实现, 现在, 这个证明器只能产生引理水平的证明.

下面, 当我们提到机器证明的时候, 就是指由这个证明器所产生的证明的 LaTeX 形式. 例如, 下面的 Ceva 定理的证明 (例 2.3.2) 就是由这一证明程序产生的.

机器证明

$$
\begin{aligned}
&-\frac{\overline{CE}}{\overline{AE}}\cdot\frac{\overline{BD}}{\overline{CD}}\cdot\frac{\overline{AF}}{\overline{BF}}\\
&\stackrel{F}{=}\frac{-(-S_{ACP})}{-S_{BCP}}\cdot\frac{\overline{CE}}{\overline{AE}}\cdot\frac{\overline{BD}}{\overline{CD}}\\
&\stackrel{E}{=}\frac{-S_{BCP}\cdot S_{ACP}}{S_{BCP}\cdot(-S_{ABP})}\cdot\frac{\overline{BD}}{\overline{CD}}\\
&\xlongequal{\text{simplify}}\frac{S_{ACP}}{S_{ABP}}\cdot\frac{\overline{BD}}{\overline{CD}}\\
&\stackrel{D}{=}\frac{S_{ABP}\cdot S_{ACP}}{S_{ABP}\cdot S_{ACP}}\\
&\xlongequal{\text{simplify}}1
\end{aligned}
$$

消元式

$$
\begin{aligned}
&\frac{\overline{AF}}{\overline{BF}}\stackrel{F}{=}\frac{S_{ACP}}{S_{BCP}}\\
&\frac{\overline{CE}}{\overline{AE}}\stackrel{E}{=}\frac{S_{BCP}}{-S_{ABP}}\\
&\frac{\overline{BD}}{\overline{CD}}\stackrel{D}{=}\frac{S_{ABP}}{S_{ACP}}
\end{aligned}
$$

在证明中, $a\stackrel{P}{=}b$ 表示 b 是从 a 中消去点 P 所得到的结果; $a\xlongequal{\text{simplify}}b$ 表示 b 是消去 a 的分子和分母中的公因子的结果; "消元式" 是从分离的几何量中消去点的结果. 证明器同时也给出几何命题的非退化条件和谓词形式.

我们用一连等式表示证明过程. 有些人会认为这看起来和通常的证明有所不同, 实际上很容易将其转化成通常形式上的证明. 例如, 上面 Ceva 定理的证明本质上和例 2.3.2 中 Ceva 定理的证明是一样的. 显然, 由算法 2.4.14 所产生的证明依赖于我们是如何构造性地描述几何命题的. 对于同一个命题, 有些描述将会导致长的证明, 有些描述则会产生短的证明. 引进点的方式和用公式表示结论的方式都会影响到输出. 我们将用一些例子来说明描述构造形式的命题的一些原则, 这些原则可以使证明变短.

例 2.4.17 (Menelaus 定理)　一条直线与三角形 ABC 的三个边 AB, BC, 和 CA 交于点 F, D 和 E(图 2-23). 求证

$$\frac{\overline{AF}}{\overline{FB}}\cdot\frac{\overline{BD}}{\overline{DC}}\cdot\frac{\overline{CE}}{\overline{EA}}=-1.$$

首先将命题描述成构造的形式:

任意取三个点 A,B,C;

在直线 BC 上取一点 D;

在直线 AC 上取一点 E;

取直线 DE 和 AB 的交点 F.

证明: $\dfrac{\overline{AF}}{\overline{FB}}\cdot\dfrac{\overline{BD}}{\overline{DC}}\cdot\dfrac{\overline{CE}}{\overline{EA}}=-1.$

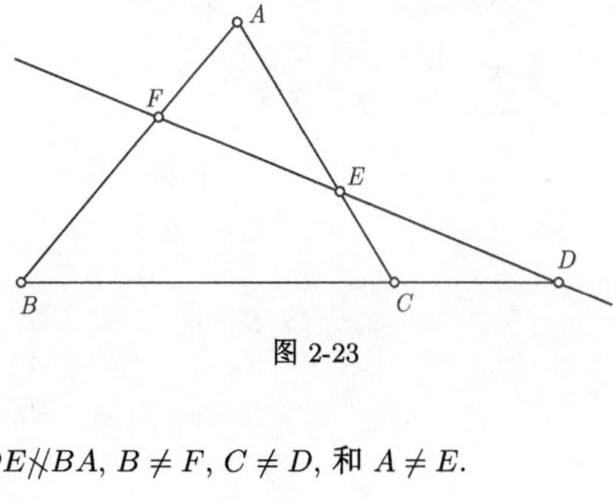

图 2-23

非退化条件是 $C\neq B$, $A\neq C$, $DE\nparallel BA$, $B\neq F$, $C\neq D$, 和 $A\neq E$.

机器证明

$$\frac{\overline{CE}}{\overline{AE}}\cdot\frac{\overline{BD}}{\overline{CD}}\cdot\frac{\overline{AF}}{\overline{BF}}$$

$$\stackrel{F}{=}\frac{-S_{ADE}}{-S_{BDE}}\cdot\frac{\overline{CE}}{\overline{AE}}\cdot\frac{\overline{BD}}{\overline{CD}}$$

$$\stackrel{E}{=}\frac{\left(\frac{\overline{AE}}{\overline{AC}}-1\right)\cdot(-S_{ACD})\cdot\frac{\overline{AE}}{\overline{AC}}}{\left(-S_{ABD}\cdot\frac{\overline{AE}}{\overline{AC}}+S_{ABD}\right)\cdot\frac{\overline{AE}}{\overline{AC}}}\cdot\frac{\overline{BD}}{\overline{CD}}$$

$$\stackrel{\text{simplify}}{=}\frac{S_{ACD}}{S_{ABD}}\cdot\frac{\overline{BD}}{\overline{CD}}$$

$$\stackrel{D}{=}\frac{\frac{\overline{BD}}{\overline{BC}}\cdot\left(S_{ABC}\cdot\frac{\overline{BD}}{\overline{BC}}-S_{ABC}\right)}{S_{ABC}\cdot\frac{\overline{BD}}{\overline{BC}}\cdot\left(\frac{\overline{BD}}{\overline{BC}}-1\right)}$$

$$\stackrel{\text{simplify}}{=}1$$

消元式

$$\frac{\overline{AF}}{\overline{BF}}\stackrel{F}{=}\frac{S_{ADE}}{S_{BDE}}$$

$$S_{BDE}\stackrel{E}{=}-\left(\left(\frac{\overline{AE}}{\overline{AC}}-1\right)\cdot S_{ABD}\right)$$

$$S_{ADE}\stackrel{E}{=}-\left(S_{ACD}\cdot\frac{\overline{AE}}{\overline{AC}}\right)$$

$$\frac{\overline{CE}}{\overline{AE}}\stackrel{E}{=}\frac{\frac{\overline{AE}}{\overline{AC}}-1}{\frac{\overline{AE}}{\overline{AC}}}$$

$$S_{ACD}\stackrel{D}{=}S_{ABC}\cdot\frac{\overline{BD}}{\overline{BC}}$$

$$S_{ABD}\stackrel{D}{=}\left(\frac{\overline{BD}}{\overline{BC}}-1\right)\cdot S_{ABC}$$

$$\frac{\overline{BD}}{\overline{CD}}\stackrel{D}{=}\frac{\frac{\overline{BD}}{\overline{BC}}}{\frac{\overline{BD}}{\overline{BC}}-1}$$

上面由我们的算法所产生的证明不是最简单的一个. 如果按如下构造性地描述例题, 则会得到一个更短的证明：

任意取点 A, B, C, X, Y;

D 点是直线 BC 和 XY 的交点;

E 点是直线 AC 和 XY 的交点;

F 点是直线 AB 和 XY 的交点.

求证：$\frac{\overline{AF}}{\overline{FB}}\cdot\frac{\overline{BD}}{\overline{DC}}\cdot\frac{\overline{CE}}{\overline{EA}}=-1.$

机器证明

$$\frac{\overline{CE}}{\overline{AE}}\cdot\frac{\overline{BD}}{\overline{CD}}\cdot\frac{\overline{AF}}{\overline{BF}}$$

$$\stackrel{F}{=}\frac{S_{AXY}}{S_{BXY}}\cdot\frac{\overline{CE}}{\overline{AE}}\cdot\frac{\overline{BD}}{\overline{CD}}$$

$$\stackrel{E}{=}\frac{S_{CXY}\cdot S_{AXY}}{S_{BXY}\cdot S_{AXY}}\cdot\frac{\overline{BD}}{\overline{CD}}$$

消元式

$$\frac{\overline{AF}}{\overline{BF}}\stackrel{F}{=}\frac{S_{AXY}}{S_{BXY}}$$

$$\frac{\overline{CE}}{\overline{AE}}\stackrel{E}{=}\frac{S_{CXY}}{S_{AXY}}$$

$$\frac{\overline{BD}}{\overline{CD}}\stackrel{D}{=}\frac{S_{BXY}}{S_{CXY}}$$

$$\stackrel{\text{simplify}}{=\!=} \frac{S_{CXY}}{S_{BXY}} \cdot \frac{\overline{BD}}{\overline{CD}}$$

$$\stackrel{D}{=} \frac{S_{CXY} \cdot S_{BXY}}{S_{BXY} \cdot S_{CXY}}$$

$$\stackrel{\text{simplify}}{=\!=} 1$$

例 2.4.18 (Gauss 线定理) 令 A_0, A_1, A_2 和 A_3 是平面上的四个点, 点 X 是直线 A_1A_2 和 A_0A_3 的交点, 点 Y 是直线 A_0A_1 和 A_2A_3 的交点. 令 M_1, M_2 和 M_3 分别是 A_1A_3, A_0A_2 和 XY 的中点, 则 M_1, M_2 和 M_3 共线 (图 2-24).

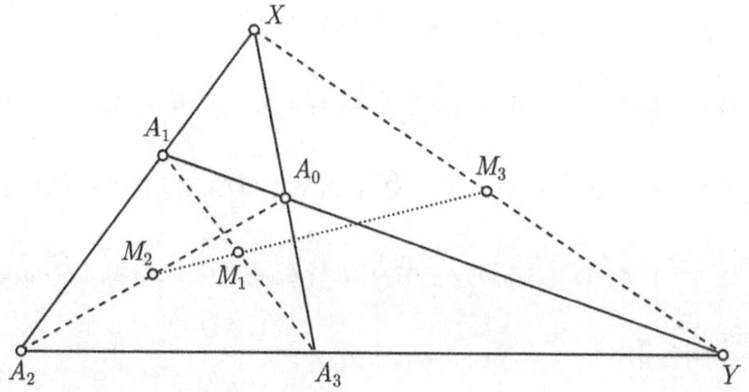

图 2-24

构造性的描述:

任意取点 A_0, A_1, A_2 和 A_3;

$X = A_0A_3 \cap A_1A_2$;

$Y = A_2A_3 \cap A_1A_0$;

M_1 是 A_1A_3 的中点;

M_2 是 A_0A_2 的中点;

M_3 是 XY 的中点.

求证: $S_{M_1M_2M_3} = 0$.

下面是机器证明:

$$S_{M_1M_2M_3}$$

$$\stackrel{n}{=} \frac{1}{2}S_{YM_1M_2} + \frac{1}{2}S_{XM_1M_2}$$

$$\stackrel{n}{=} \left(\frac{1}{2}\right) \cdot \left(\frac{1}{2}S_{A_2YM_1} + \frac{1}{2}S_{A_2XM_1} + \frac{1}{2}S_{A_0YM_1} + \frac{1}{2}S_{A_0XM_1}\right)$$

$$\stackrel{n}{=} \left(\frac{1}{4}\right) \cdot \left(-\frac{1}{2}S_{A_2A_3X} + \frac{1}{2}S_{A_1A_2Y} - \frac{1}{2}S_{A_0A_3Y} - \frac{1}{2}S_{A_0A_1X}\right)$$

$$\stackrel{n}{=}\left(-\frac{1}{8}\right)(S_{A_0A_2A_1A_3}^2 S_{A_2A_3X}+S_{A_0A_2A_1A_3}^2 S_{A_0A_1X}+S_{A_0A_2A_3}S_{A_1A_2A_3}S_{A_0A_1A_2}$$

$$-S_{A_0A_2A_1A_3}S_{A_0A_2A_3}S_{A_0A_1A_3})$$

$$\stackrel{\text{simplify}}{=\!=\!=}\left(-\frac{1}{8}\right)\cdot(S_{A_0A_2A_1A_3}\cdot S_{A_2A_3X}+S_{A_0A_2A_1A_3}\cdot S_{A_0A_1X}$$

$$+S_{A_1A_2A_3}\cdot S_{A_0A_1A_2}-S_{A_0A_2A_3}\cdot S_{A_0A_1A_3})$$

$$\stackrel{n}{=}\left(-\frac{1}{8}\right)\cdot(-S_{A_0A_2A_1A_3}\cdot S_{A_0A_1A_3A_2}\cdot S_{A_1A_2A_3}$$

$$\cdot S_{A_0A_2A_3}\cdot S_{A_0A_2A_1A_3}\cdot S_{A_0A_1A_3A_2}\cdot S_{A_0A_1A_3}\cdot S_{A_0A_1A_2}$$

$$+S_{A_0A_1A_3A_2}\cdot S_{A_1A_2A_3}\cdot S_{A_0A_1A_2}-S_{A_0A_1A_3A_2}^2\cdot S_{A_0A_2A_3}\cdot S_{A_0A_1A_3})$$

$$\stackrel{\text{simplify}}{=\!=\!=}\left(\frac{1}{8}\right)\cdot(S_{A_0A_2A_1A_3}\cdot S_{A_1A_2A_3}\cdot S_{A_0A_2A_3}-S_{A_0A_2A_1A_3}\cdot S_{A_0A_1A_3}\cdot S_{A_0A_1A_2}$$

$$-S_{A_0A_1A_3A_2}\cdot S_{A_1A_2A_3}\cdot S_{A_0A_1A_2}+S_{A_0A_1A_3A_2}\cdot S_{A_0A_2A_3}\cdot S_{A_0A_1A_3})$$

$$\stackrel{n}{=}\left(\frac{1}{8}\right)\cdot(0)\stackrel{\text{simplify}}{=\!=\!=}0,$$

这里 $a\stackrel{n}{=}b$ 表示 b 是 a 的分子. 为了证明 $a=0$, 只需要证明它的分子等于零.

如果我们如下描述命题, 则会得到一个更短的证明:

任意取点 A_0, A_1, A_2, A_3;

$X=A_0A_3\cap A_1A_2, Y=A_2A_3\cap A_1A_0$;

M_1 是 A_1A_3 的中点;

M_2 是 A_0A_2 的中点;

M_3 是 XY 的中点;

$Z=M_2M_1\cap XY$.

求证: $\dfrac{\overline{XM_3}}{\overline{YM_3}}=\dfrac{\overline{XZ}}{\overline{YZ}}$.

机器证明	消元式
$\left(\dfrac{\overline{XM_3}}{\overline{YM_3}}\right)\Big/\left(\dfrac{\overline{XZ}}{\overline{YZ}}\right)$	$\dfrac{\overline{XZ}}{\overline{YZ}}\stackrel{Z}{=}\dfrac{S_{XM_1M_2}}{S_{YM_1M_2}}$
$\stackrel{Z}{=}\dfrac{-S_{YM_1M_2}}{-S_{XM_1M_2}}\cdot\dfrac{\overline{XM_3}}{\overline{YM3}}$	$\dfrac{\overline{XM_3}}{\overline{YM_3}}\stackrel{M_3}{=}-(1)$

$$\overset{M_3}{=} \frac{\left(\frac{1}{2}\right) \cdot S_{YM_1M_2}}{S_{XM_1M_2} \cdot \left(-\frac{1}{2}\right)}$$

$$\overset{M_2}{=} \frac{-\left(\frac{1}{2}S_{A_2YM_1} + \frac{1}{2}S_{A_0YM_1}\right)}{\frac{1}{2}S_{A_2XM_1} + \frac{1}{2}S_{A_0XM_1}}$$

$$\overset{M_1}{=} \frac{-\left(\frac{1}{2}S_{A_1A_2Y} - \frac{1}{2}S_{A_0A_3Y}\right)}{-\frac{1}{2}S_{A_2A_3X} - \frac{1}{2}S_{A_0A_1X}}$$

$$\overset{Y}{=} \frac{S_{A_0A_1A_2A_3}}{S_{A_0A_1A_2A_3}}$$

$$\overset{\text{simplify}}{=\!=\!=\!=} 1$$

$$S_{XM_1M_2} \overset{M_2}{=} \frac{1}{2}\left(S_{A_2XM_1} + S_{A_0XM_1}\right)$$

$$S_{YM_1M_2} \overset{M_2}{=} \frac{1}{2}\left(S_{A_2YM_1} + S_{A_0YM_1}\right)$$

$$S_{A_0XM_1} \overset{M_1}{=} -\frac{1}{2}\left(S_{A_0A_1X}\right)$$

$$S_{A_2XM_1} \overset{M_1}{=} -\frac{1}{2}\left(S_{A_2A_3X}\right)$$

$$S_{A_0YM_1} \overset{M_1}{=} -\frac{1}{2}\left(S_{A_0A_3Y}\right)$$

$$S_{A_2YM_1} \overset{M_1}{=} \frac{1}{2}\left(S_{A_1A_2Y}\right)$$

$$S_{A_2A_3X} + S_{A_0A_1X} = S_{A_0A_1A_2A_3}$$

因此对于一个几何命题的结论有 "漂亮" 的描述, 则会得到一个简短的证明. 就是说将一个结论描述成像 $a = b$ 一样以使得 a 和 b 在某种意义上是对称的. 例如, 如果我们想要证明三点 P, Q, R 是共线的, 如果三个点中的一个, 比如说 R, 在直线 EF 上, 其中 E 和 F 是命题中的点, 则我们通常通过 $N = PQ \cap EF$ 引进一个新点 N, 并且证明等价的结论 $N = R$ 或 $\dfrac{\overline{ER}}{\overline{FR}} = \dfrac{\overline{EN}}{\overline{FN}}$. 根据我们的经验, 这个新的结论的证明将会比 $S_{PQR} = 0$ 的证明更短. 下面的例题说明这个规则对于长度比率也是正确的.

例 2.4.19 一条平行于梯形 AB CD 的底边的直线与梯形的两个边和两个对角线顺次交于点 H, G, F 和 E. 求证 $EF = GH$ (图 2-25).

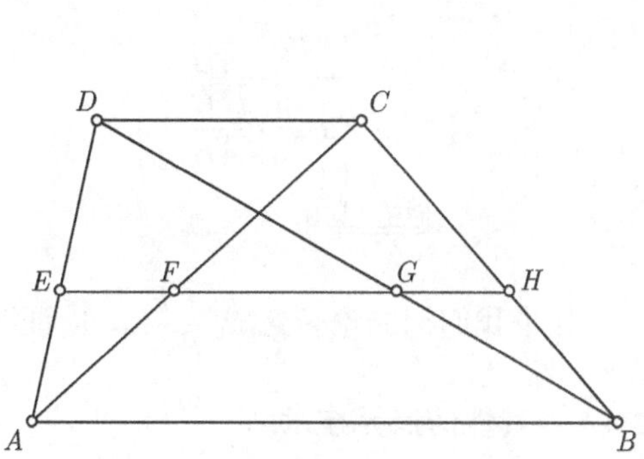

我们可以如下描述命题:

任意取点 A, B, C;

取一个点 D 满足 $DC \parallel AB$;

在直线 BC 上取一个点 E;

取直线 AD 和过点 E 且平行于 AB 的直线的交点 H;

图 2-25

$$F = BD \cap EH;$$

$$G = AC \cap EF.$$

求证：$\frac{\overline{EF}}{\overline{AB}}=-\frac{\overline{HG}}{\overline{AB}}$.

机器证明

$$\frac{\frac{\overline{EF}}{\overline{AB}}}{-\frac{\overline{HG}}{\overline{AB}}}$$

$$\stackrel{G}{=}\frac{S_{ABC}}{-S_{ACH}}\cdot\frac{\overline{EF}}{\overline{AB}}$$

$$\stackrel{F}{=}\frac{S_{BDE}\cdot S_{ABC}}{-S_{ACH}\cdot S_{ABD}}$$

$$\stackrel{H}{=}\frac{-S_{BDE}\cdot S_{ABC}\cdot(-S_{ABD})}{(-S_{ACD}\cdot S_{ABE})\cdot S_{ABD}}$$

$$\stackrel{\text{simplify}}{=}\frac{-S_{BDE}\cdot S_{ABC}}{S_{ACD}\cdot S_{ABE}}$$

$$\stackrel{E}{=}\frac{-(-S_{BCD}\cdot\frac{\overline{BE}}{\overline{BC}}\cdot S_{ABC})}{S_{ACD}\cdot S_{ABC}\cdot\frac{\overline{BE}}{\overline{BC}}}$$

$$\stackrel{\text{simplify}}{=}\frac{S_{BCD}}{S_{ACD}}$$

$$\stackrel{D}{=}\frac{-S_{ABC}\cdot\frac{\overline{CD}}{\overline{AB}}}{-S_{ABC}\cdot\frac{\overline{CD}}{\overline{AB}}}$$

$$\stackrel{\text{simplify}}{=}1$$

消元式

$$\frac{\overline{HG}}{\overline{AB}}\stackrel{G}{=}\frac{S_{ACH}}{S_{ABC}}$$

$$\frac{\overline{EF}}{\overline{AB}}\stackrel{F}{=}\frac{S_{BDE}}{S_{ABD}}$$

$$S_{ACH}\stackrel{H}{=}\frac{S_{ACD}\cdot S_{ABE}}{S_{ABD}}$$

$$S_{ABE}\stackrel{E}{=}S_{ABC}\cdot\frac{\overline{BE}}{\overline{BC}}$$

$$S_{BDE}\stackrel{E}{=}-\left(S_{BCD}\cdot\frac{\overline{BE}}{\overline{BC}}\right)$$

$$S_{ACD}\stackrel{D}{=}-\left(S_{ABC}\cdot\frac{\overline{CD}}{\overline{AB}}\right)$$

$$S_{BCD}\stackrel{D}{=}-\left(S_{ABC}\cdot\frac{\overline{CD}}{\overline{AB}}\right)$$

如果我们把结论转化成 $\frac{\overline{EF}}{\overline{GH}}=1$, 证明将会变得更长.

2.4.5　其他的消元技术

11 个引理 (2.4.1~2.4.10 和 2.4.13) 提供了一种从几何量消去点的完全方法. 但是如果只用这些引理, 一些定理的证明仍然很长以致于不可读. 为了产生几何定理简短的可读性的证明, 我们将提供更多的消元技术.

引理 2.4.1~2.4.13 只给出一般意义下的消元结果. 在一些特殊的情况下, 消元结果可能会更简单, 即参见下面的练习 2.4.20~2.4.22 . 如果使用这些改进的消元技术, 则可以得到很多几何命题的更短的证明.

练习 2.4.20 证明引理 2.4.2 的改进形式: 令 $Y = PQ \cap UV$. 为了从 S_{ABY} 中消去 Y, 有

$$S_{ABY} = \begin{cases} S_{ABU} \quad (AB \parallel UV), \\ S_{ABP} \quad (AB \parallel PQ), \\ \dfrac{S_{UBV}S_{APQ}}{S_{UPVQ}} \quad (A \in UV), \\ \dfrac{S_{AUV}S_{BPQ}}{S_{UPVQ}} \quad (A \in PQ), \\ \dfrac{S_{AUV}S_{BPQ}}{S_{UPVQ}} \quad (B \in UV), \\ \dfrac{S_{APQ}S_{UBV}}{S_{UPVQ}} \quad (B \in PQ), \\ \dfrac{1}{S_{UPVQ}} \quad (S_{UPQ}S_{ABV} - S_{VPQ}S_{ABU}) \quad (\text{一般情形}), \\ \dfrac{1}{S_{PUQV}} \quad (S_{PUV}S_{ABQ} + S_{QVU}S_{ABP}) \quad (\text{一般情形}). \end{cases}$$

练习 2.4.21 证明引理 2.4.4 的改进形式: 令 Y 是直线 UV 和通过点 R 且平行于 PQ 的直线交点. 为了从 S_{ABY} 中消去点 Y, 有

$$S_{ABY} = \begin{cases} S_{ABU} \quad (AB \parallel UV), \\ S_{ABR} \quad (AB \parallel PQ), \\ \dfrac{S_{UBV}S_{APRQ}}{S_{UPVQ}} \quad (A \in UV), \\ \dfrac{S_{AUV}S_{ABR}}{S_{AURV}} \quad (AR \parallel PQ), \\ \dfrac{S_{AUV}S_{BPRQ}}{S_{UPVQ}} \quad (B \in UV), \\ \dfrac{S_{BUV}S_{ABR}}{S_{BURV}} \quad (BR \parallel PQ), \\ \dfrac{1}{S_{PUQV}} \quad (S_{PUQR}S_{ABV} + S_{PRQV}S_{ABU}) \quad (\text{一般情形}). \end{cases}$$

练习 2.4.22 证明引理 2.4.5 的改进形式: 令 Y 是通过点 R 且平行于 PQ 的直线和通过点 W 且平行于 UV 的直线的交点. 为了从 S_{ABY} 中消去点 Y, 有

$$S_{ABY}=\begin{cases} S_{ABW} & (AB\parallel UV),\\ S_{ABR} & (AB\parallel PQ),\\ \dfrac{S_{ABR}S_{AUWV}}{S_{AURV}} & (AR\parallel PQ),\\ \dfrac{S_{ABW}S_{APRQ}}{S_{APWQ}} & (AW\parallel UV),\\ \dfrac{S_{ABW}S_{BPRQ}}{S_{BPWQ}} & (WB\parallel UV),\\ \dfrac{S_{BUWV}S_{ABR}}{S_{BURV}} & (BR\parallel PQ),\\ \dfrac{S_{PWQR}}{S_{PUQV}}\cdot S_{AUBV} & (W\in AB),\\ \dfrac{S_{PWQR}}{S_{PUQV}}\cdot S_{AUBV}+S_{ABW} & (\text{一般情形}). \end{cases}$$

为了用这些消元法, 我们首先要决定两点是否共线或者两条直线是否平行. 这可以用算法 2.4.14 来决定, 但是这个过程十分耗时. 一个更快的方法就是先把所有明显的共线和平行的关系从构造中收集起来, 然后把这些作为标准. 例如, 在 Ceva 定理 (例 2.3.2) 中, 我们可以很容易地找到下面共线的点:

$$\{A,B,F\},\{A,C,E\},\{B,C,D\},\{A,D,P\},\{B,E,P\},\{C,F,P\}.$$

一旦我们从几何命题中得到所有的直线和平行线, 我们就可以利用它们来简化一些几何量. 例如

$$S_{ABCD}=\begin{cases} 0 & (AC\parallel BD),\\ S_{ACD} & (B\in AC),\\ S_{ABD} & (C\in BD),\\ S_{ABC} & (D\in AC),\\ S_{BCD} & (A\in BD). \end{cases}$$

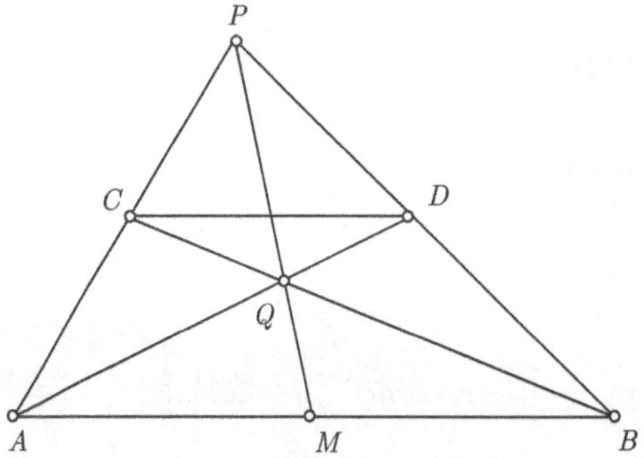

图 2-26

例 2.4.23　令 A,B 和 P 是三个不共线的点, C 是直线 PA 上的一点. 通过点 C 且平行于 AB 的直线与直线 PB 交于 D 点. Q 是直线 AD 和 BC 的交点. M 是直线 AB 和 PQ 的交点. 证明 M 是 AB 的中点 (图 2-26).

这个例子可以描述成如下的构造的形式：

任意取三个点 A,B 和 P;

在直线 AP 上取一点 C;

D 是直线 BP 和通过点 C 且平行于 AB 的直线的交点;

Q 是直线 AD 和 BC 的交点;

M 是直线 AB 和 PQ 的交点.

求证：$\dfrac{\overline{AM}}{\overline{BM}} = -1$.

非退化条件：$A \neq P$, $P \notin AB$, $AD \not\parallel BC$, 和 $AB \not\parallel PQ$.

机器证明	消元式
$-\dfrac{\overline{AM}}{\overline{BM}}$	$\dfrac{\overline{AM}}{\overline{BM}} \overset{M}{=} \dfrac{S_{APQ}}{S_{BPQ}}$
$\overset{M}{=} \dfrac{-S_{APQ}}{S_{BPQ}}$	$S_{BPQ} \overset{Q}{=} \dfrac{S_{BPC} \cdot S_{ABD}}{S_{ABDC}}$
$\overset{Q}{=} \dfrac{-S_{APD} \cdot S_{ABC} \cdot (-S_{ABDC})}{(-S_{BPC} \cdot S_{ABD}) \cdot S_{ABDC}}$	$S_{APQ} \overset{Q}{=} \dfrac{S_{APD} \cdot S_{ABC}}{S_{ABDC}}$
$\overset{\text{simplify}}{=\!=\!=} \dfrac{-S_{APD} \cdot S_{ABC}}{S_{BPC} \cdot S_{ABD}}$	$S_{ABD} \overset{D}{=} S_{ABC}$
$\overset{D}{=} \dfrac{-S_{BPC} \cdot S_{ABC}}{-S_{BPC} \cdot S_{ABC}}$	$S_{APD} \overset{D}{=} -(S_{BPC})$
$\overset{\text{simplify}}{=\!=\!=} 1$	

我们的证明器首先收集共线点的集合 $\{M,P,Q\}$; $\{Q,A,D\}$; $\{Q,B,C\}$; $\{M,A,B\}$; $\{D,B,P\}$; $\{C,A,P\}$ 和平行线 $DC \parallel MAB$；为了从 S_{ABD} 中消去 D, 我们利用例 2.4.21 的第一种情况：$S_{ABD} = S_{ABC}$. 为了从 S_{APD} 中消去 D, 由于 P,B 和 D 是共线的, 我们利用例 2.4.21 的第四种情况：$S_{APD} = \dfrac{S_{ABP}S_{PACB}}{S_{BAPB}} = -S_{PACB}$. 因为 P, A 和 C 共线, 故 $S_{PACB} = S_{PAC} + S_{PCB} = S_{BPC}$.

另外一个常用的消元技术就是两直线结构. 只有至少存在五个自由或半自由点并且这些点在两条直线 l_1 和 l_2 上的时候这个技术才起作用. 如果 $l_1 \parallel l_2$, 令 α 是直线 l_1 到直线 l_2 的有向距离. 如果 $l_1 \not\parallel l_2$, 令 $\beta = \sin(\angle(l_1 l_2))$, O 是直线 l_1 和 l_2 的交点, 则得到如下的消元过程.

情况 1 A 在直线 l_1 上, B 和 C 在直线 l_2 上, 则

$$S_{ABC}=\begin{cases}0 \quad (A=O),\\ \frac{1}{2}\alpha\overline{BC} \quad (l_1 /\!/ l_2, A\text{ 在 }l_2\text{ 的正侧}),\\ -\frac{1}{2}\alpha\overline{BC} \quad (l_1 /\!/ l_2, A\text{ 在 }l_2\text{ 的负侧}),\\ \frac{1}{2}\beta\overline{OA}\cdot\overline{BC} \quad (l_1 \not/\!/ l_2, A\text{ 在 }l_2\text{ 的正侧}),\\ -\frac{1}{2}\beta\overline{OA}\cdot\overline{BC} \quad (l_1 \not/\!/ l_2, A\text{ 在 }l_2\text{ 的负侧}).\end{cases}$$

情况 2　A 和 B 在直线 l_1 上, D 和 C 在直线 l_2 上, 且 $l_1 /\!/ l_2$, 则一个几何量 $\frac{\overline{AB}}{\overline{CD}}$ 可以分成两个几何量 $\overline{AB}$ 和 $\overline{CD}$ 的比率来计算.

情况 3　几何量 $\overline{AB}$ 按下面方式计算:

$$\overline{AB}=\begin{cases}\overline{OB}-\overline{OA} \quad (A\text{ 和 }B\text{ 都在直线 }l_1\text{ 上或都在直线 }l_2\text{ 上}),\\ \overline{O_1B}-\overline{O_1A} \quad (A\text{ 和 }B\text{ 都在直线 }l_1\text{ 上}, O_1\text{ 是 }l_1\text{ 上任一点}),\\ \overline{O_2B}-\overline{O_2A} \quad (A\text{ 和 }B\text{ 都在直线 }l_2\text{ 上}, O_2\text{ 是 }l_2\text{ 上任一点}).\end{cases}$$

对于前面的 Menelaus 定理的构造性描述, 我们利用两线结构的技术做如下的证明:

机器证明	消元式
$\frac{\overline{CE}}{\overline{AE}}\cdot\frac{\overline{BD}}{\overline{CD}}\cdot\frac{\overline{AF}}{\overline{BF}}$	$\frac{\overline{AF}}{\overline{BF}}\overset{F}{=}\frac{-S_{ADE}}{S_{BDE}}$
$\overset{F}{=}\frac{-S_{ADE}}{S_{BDE}}\cdot\frac{\overline{CE}}{\overline{AE}}\cdot\frac{\overline{BD}}{\overline{CD}}$	$S_{BDE}=-\frac{1}{2}(\overline{CE}\cdot\overline{BD}\cdot\beta)$
$\overset{\text{2lines}}{=\!=\!=}\frac{\overline{CE}\cdot\overline{BD}\cdot(-\overline{CD}\cdot\overline{AE}\cdot\beta)\cdot(2)}{(-\overline{CE}\cdot\overline{BD}\cdot\beta)\cdot(2)\cdot\overline{CD}\cdot\overline{AE}}$	$S_{ADE}=-\frac{1}{2}(\overline{CD}\cdot\overline{AE}\cdot\beta)$
$\overset{\text{simplify}}{=\!=\!=}1$	

例 2.4.24 (Pappus 定理)　令 A, B 和 C 是直线上的三个点, 并且 A_1, B_1, C_1 在另一条直线上. 令 $P=AB_1\cap A_1B$, $Q=AC_1\cap A_1C$ 和 $S=BC_1\cap B_1C$. 求证 P, Q 和 S 共线 (图 2-27).

程序的输入: 任意取四个点 A, A_1, B, B_1;

在直线 AB 上取一点 C;

在直线 A_1B_1 上取一点 C_1;

$$P = AB_1 \cap A_1B;$$

$$Q = AC_1 \cap A_1C;$$

$$S = BC_1 \cap B_1C;$$

$$T = BC_1 \cap PQ.$$

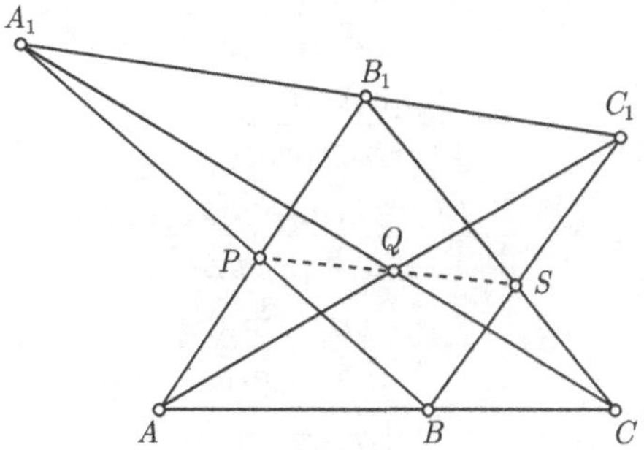

图 2-27

求证: $\dfrac{\overline{B_1S}}{\overline{CS}} = \dfrac{\overline{B_1T}}{\overline{CT}}$.

机器证明

$$\left(\frac{\overline{B_1S}}{\overline{CS}}\right) \Big/ \left(\frac{\overline{B_1T}}{\overline{CT}}\right)$$

$$\stackrel{T}{=} \frac{S_{CPQ}}{S_{B_1PQ}} \cdot \frac{\overline{B_1S}}{\overline{CS}}$$

$$\stackrel{S}{=} \frac{(-S_{BB_1C_1}) \cdot S_{CPQ}}{S_{B_1PQ} \cdot (-S_{BCC_1})}$$

$$\stackrel{Q}{=} \frac{S_{BB_1C_1} \cdot S_{A_1CP} \cdot S_{ACC_1} \cdot S_{AA_1C_1C}}{(-S_{B_1C_1P} \cdot S_{AA_1C}) \cdot S_{BCC_1} \cdot (-S_{AA_1C_1C})}$$

$$\stackrel{\text{simplify}}{=\!=\!=} \frac{S_{BB_1C_1} \cdot S_{A_1CP} \cdot S_{ACC_1}}{S_{B_1C_1P} \cdot S_{AA_1C} \cdot S_{BCC_1}}$$

$$\stackrel{P}{=} \frac{S_{BB_1C_1} \cdot S_{A_1BC} \cdot S_{AA_1B_1} \cdot S_{ACC_1} \cdot S_{AA_1B_1B}}{(-S_{A_1BB_1} \cdot S_{AB_1C_1}) \cdot S_{AA_1C} \cdot S_{BCC_1} \cdot (-S_{AA_1B_1B})}$$

$$\stackrel{\text{simplify}}{=\!=\!=} \frac{S_{BB_1C_1} \cdot S_{A_1BC} \cdot S_{AA_1B_1} \cdot S_{ACC_1}}{S_{A_1BB_1} \cdot S_{AB_1C_1} \cdot S_{AA_1C} \cdot S_{BCC_1}}$$

$$\stackrel{\text{2lines}}{=\!=\!=} \frac{\overline{B_1C_1} \cdot \overline{OB} \cdot \beta \cdot (-\overline{BC} \cdot \overline{OA_1} \cdot \beta) \cdot \overline{A_1B_1} \cdot \overline{OA} \cdot \beta \cdot (-\overline{AC} \cdot \overline{OC_1} \cdot \beta) \cdot ((2))^4}{(-\overline{A_1B_1} \cdot \overline{OB} \cdot \beta) \cdot \overline{B_1C_1} \cdot \overline{OA} \cdot \beta \cdot \overline{AC} \cdot \overline{OA_1} \cdot \beta \cdot (-\overline{BC} \cdot \overline{OC_1} \cdot \beta)\,((2))^4}$$

$$\stackrel{\text{simplify}}{=\!=\!=} 1$$

消元式

$$\frac{\overline{B_1T}}{\overline{CT}} \stackrel{T}{=} \frac{S_{B_1PQ}}{S_{CPQ}}$$

$$\frac{\overline{B_1S}}{\overline{CS}} \stackrel{S}{=} \frac{S_{BB_1C_1}}{S_{BCC_1}}$$

$$S_{B_1PQ} \overset{Q}{=} \frac{-S_{B_1C_1P} \cdot S_{AA_1C}}{S_{AA_1C_1C}}$$

$$S_{CPQ} \overset{Q}{=} \frac{S_{A_1CP} \cdot S_{ACC_1}}{-S_{AA_1C_1C}}$$

$$S_{B_1C_1P} \overset{P}{=} \frac{-S_{A_1BB_1} \cdot S_{AB_1C_1}}{S_{AA_1B_1B}}$$

$$S_{A_1CP} \overset{P}{=} \frac{S_{A_1BC_1} \cdot S_{AA_1B_1}}{-S_{AA_1B_1B}}$$

$$S_{BCC_1} = -\frac{1}{2}\left(\overline{BC} \cdot \overline{OC_1} \cdot \beta\right)$$

$$S_{AA_1C} = \frac{1}{2}\left(\overline{AC} \cdot \overline{OA_1} \cdot \beta\right)$$

$$S_{AB_1C_1} = \frac{1}{2}\left(\overline{B_1C_1} \cdot \overline{OA} \cdot \beta\right)$$

$$S_{A_1BB_1} = -\frac{1}{2}\left(\overline{A_1B_1} \cdot \overline{OB} \cdot \beta\right)$$

$$S_{ACC_1} = -\frac{1}{2}\left(\overline{AC} \cdot \overline{OC_1} \cdot \beta\right)$$

$$S_{AA_1B_1} = \frac{1}{2}\left(\overline{A_1B_1} \cdot \overline{OA} \cdot \beta\right)$$

$$S_{A_1BC} = -\frac{1}{2}\left(\overline{BC} \cdot \overline{OA_1} \cdot \beta\right)$$

$$S_{BB_1C_1} = \frac{1}{2}\left(\overline{B_1C_1} \cdot \overline{OB} \cdot \beta\right)$$

2.5　面积法和仿射几何

首先用 E. Artin 的著作 *Geometric Algebra* (1957) 中的一段话简要地介绍一下几何和代数的关系.

我们都十分熟悉解析几何, 即平面上的一个点用一个实数对 (x, y) 来表示, 一条直线用一个线性方程来表示, 一条二次曲线用一个二次方程来表示. 解析几何可以将任意一个初等几何问题转化成一个纯代数问题. 然而直线和圆的相交使得问题更加复杂, 这是因为需要引进一个新的包含复数点的平面. 这个过程的一般性的描述如下：令 k 是一个给定的数域; 构造一个平面使得平面上的点可以用数域 k 中的数对 (x, y) 来表示, 直线可以用线性方程来定义.

然而, 一个更吸引人的问题是它的反问题. 给定一个平面几何, 它包含两个集合中的元素：一个点的集合和一个直线的集合; 假设几何本身的公理是正确的. 是否有可能找到一个数域 k 使得这个平面几何中的点可以用以 k 为数域的坐标系的坐标来表示并且直线也可以用一个 k 上的线性方程来表示?

这段话表明可以有两种方法来定义几何.

代数方法. 首先定义一个数域 E, 然后我们可以用 Cartesian 积 E^{ν} (在射影几何中是 E^{ν}/E^{*}) 定义几何体和这些几何体之间的关系. 在现代几何中, 特别是在代数几何中, 这个方法占有主导地位. 如果我们采用这个方法, 则使得几何和代数的区别非常显著. 然而, 从几何定理的传统的证明的观点来看, Artin 提到的第二种方法则更吸引人.

几何方法. 这实际上是 Euclid 和 Hilbert 使用的方法. 在 Euclid-Hilbert 的系统中, 数域被发展成几何的一个部分. 对于每一个几何理论的模型来说, 我们可以证明依赖于这个几何的数域的存在性. 这个数域被称为和几何相关联的数域. 然后几何就可以用这个相关联的数域上的 Cartesian 积来表示. 虽然这看起来很漂亮, 但是 Euclid-Hilbert 方法的推导是相当繁琐的.

本章所引用的公理系统是上述两种方法的结合. 首先我们用已有的实数域, 另一方面我们用几何语言来代替代数语言. 这个系统是在由张景中出于几何教育的目的而提出的公理系统的基础之上修订而来的 (张景中, 2009), 它兼具代数和几何的方法的优点.

2.5.1 平面仿射几何

仿射几何是研究关联性和平行性的, 它包含两种几何元素, 即点和线. 仿射几何中唯一的一种几何关系就是关联, 即一个点 A 在直线 l 上, 或者等价地说, 一条直线 l 通过 (包含) 一点 A. 没有公共点的直线称为平行线. 下面就是平面仿射几何的一组公理 (Artin, 1957).

公理 H.1 *给定两个相异的点 P 和 Q, 通过这两个点 P 和 Q 只存在一条直线.*

公理 H.2 *给定一条直线 l 和不在直线 l 上的点 P, 有且仅有一条直线 m 过点 P 且平行于直线 l.*

公理 H.3 *存在三个相异的点 A, B, C, 使得点 C 不在通过点 A 和 B 的直线上.*

公理 H.4 (Desargues 公理) *令 l_1, l_2, l_3 是三条相异的直线, 这三条直线或者平行或者交于一点 S. 令 A, A_1 是直线 l_1 上的两个点, B, B_1 是直线 l_2 上的两个点, C, C_1 是直线 l_3 上的两个点, 这六个点不同于点 S. 如果 $AB \parallel A_1B_1$, $BC \parallel B_1C_1$, 则 $AC \parallel A_1C_1$.*

公理 H.5 (Pascal 公理) *令 l_1, l_2 是两条相异的直线. 令 A, B, C 和 A_1, B_1, C_1 分别是直线 l_1 和 l_2 上相异的点, 如果 $AB_1 \parallel A_1B$, $BC_1 \parallel B_1C$, 则 $AC_1 \parallel A_1C$.*

满足以上所有五个公理的几何被称为仿射几何.

以上是平面仿射几何的几何定义. 下面我们将给出其代数定义.

令 E 是一个数域. 我们可以定义一个结构 $\tilde{L}$ 如下. 令

$$\tilde{L}=\{(a,b,c)|a,b,c\in E,a\neq 0\text{ 或 }b\neq 0\}.$$

我们在 $\tilde{L}$ 中定义一个关系∽: $(a,b,c)\sim(a',b',c')$ 当且仅当存在一个 $k\in E$ 满足 $k\neq 0$ 且 $(a,b,c)=(ka',kb',kc')$. 很明显∽是一个等价关系. 令 L 代表 $\tilde{L}$ 的所有等价类的集合. 定义 $|\Omega|$ 表示 $E^2\cup L$. $|\Omega|$ 中的一个元素 p 是一个点当且仅当 $p\in E^2$, (即 $p=(x,y)$, $x,y\in E$;); $|\Omega|$ 中的一个元素 l 是一条直线当且仅当 $l\in L$. 点 $p=(x,y)$ 在直线 $l=(a,b,c)$ 上当且仅当 $ax+by+c=0$. 两条直线 $l_1=(a,b,c)$ 和 $l_2=(a',b',c')$ 是平行的, 如果存在 $k\in E$ 和 $k\neq 0$ 满足 $a=ka'$ 和 $b=kb'$.

很容易检验下面的定理.

定理 2.5.1　公理 H.1~H.5 在结构 Ω 中是正确的.

证明　很容易检验这五个公理在 Ω 中是正确的. 特别地, 公理 H.4 和 H.5 可以用吴方法自动地证明 ((Chou, 1988) 中的例 121 和例 346).

上述定理的逆定理是一个更深刻的结果.

定理 2.5.2　满足公理 H.1~H.5 的每一个几何 G 都与域 E 上的结构 $\tilde{L}$ 同构.

证明的关键是引进线段算术的概念, 然后再引进依赖于 G 的域 E. 由于是由几何 G 根据同构决定的, 域 E 被称为和几何 G 相关联的域. 利用 Desargues 公理可以引进一个可除环 E, 利用 Pascal 公理可以进一步表明 E 是一个域. 每一个运算的代数规则 (如加法的结合性) 都对应一个几何定理. 以这种方式引进数域的过程就是 Euclid-Hilbert 方法的核心. 细节请参见 (Hilbert, 1971; Artin, 1957; Wu, 1984).

2.5.2　面积法和仿射几何

假设满足公理 A.1~A.6 的数域 E 不是实数域 $\mathbf{R}$ 而是任意的一个域. 我们将证明这六个公理定义了一个仿射几何.

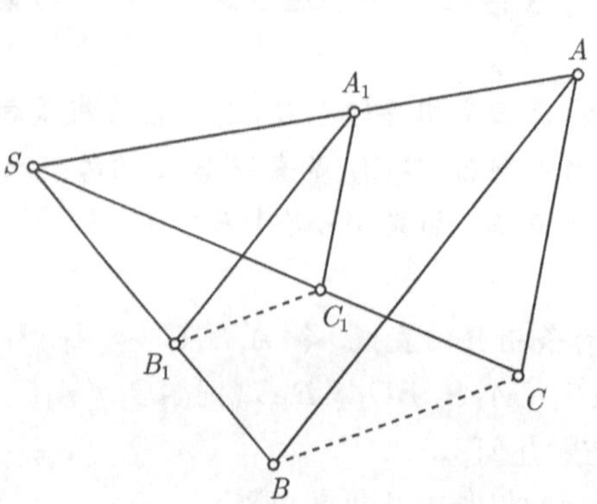

图 2-28

定理 2.5.3　五个公理 H.1~H.5 是公理 A.1~A.6 的结果.

证明　公理 H.1 可以由推论 2.2.3 得到. 公理 H.3 是公理 A.3 和公理 A.4 的结果. 对于公理 H.2, 参见例 2.2.10. 公理 H.4 和 H.5 可以由我们的证明器自动给以证明. 具体的证明请参见下面的例题.

例 2.5.4 (Desargues 公理)　SAA_1, SBB_1 和 SCC_1 是三条相异的直线. 如果 $AB\parallel A_1B_1$ 且 $AC\parallel A_1C_1$, 则 $BC\parallel B_1C_1$ (图 2-28).

构图：

任意取四个点 S, A, B 和 C；

在直线 SA 上取一点 A_1；

取直线 SB 和通过点 A_1 且平行于 AB 的直线的交点 B_1；

取直线 SC 和过点 A_1 且平行于 AC 的直线的交点 C_1 .

求证：$S_{B_1BC} = S_{C_1BC}$.

机器证明

$$\frac{S_{BCB_1}}{S_{BCC_1}}$$

$$\stackrel{C_1}{=} \frac{S_{BCB_1}S_{SAC}}{S_{ACA_1}\cdot S_{SBC}}$$

$$\stackrel{B_1}{=} \frac{S_{ABA_1}\cdot S_{SBC}\cdot S_{SAC}}{S_{ACA_1}\cdot S_{SBC}\cdot S_{SAB}}$$

$$\stackrel{\text{simplify}}{=\!=} \frac{S_{ABA_1}\cdot S_{SAC}}{S_{ACA_1}\cdot S_{SAB}}$$

$$\stackrel{A_1}{=} \frac{\left(-S_{SAB}\cdot \frac{\overline{S_{A_1}}}{\overline{S_A}} + S_{SAB}\right)\cdot S_{SAC}}{\left(-S_{SAC}\cdot \frac{\overline{S_{A_1}}}{\overline{S_A}} + S_{SAC}\right)\cdot S_{SAB}}$$

$$\stackrel{\text{simplify}}{=\!=} 1$$

消元式

$$S_{BCC_1} \stackrel{C_1}{=} \frac{S_{ACA_1}\cdot S_{SBC}}{S_{SAC}}$$

$$S_{BCB_1} \stackrel{B_1}{=} \frac{S_{ABA_1}\cdot S_{SBC}}{S_{SAB}}$$

$$S_{ACA_1} \stackrel{A_1}{=} -\left(\left(\frac{\overline{SA_1}}{\overline{SA}} - 1\right)\cdot S_{SAC}\right)$$

$$S_{ABA_1} \stackrel{A_1}{=} -\left(\left(\frac{\overline{SA_1}}{\overline{SA}} - 1\right)\cdot S_{SAB}\right)$$

非退化条件为 $S \neq A$, S, A, B 不共线和 S, A, C 不共线. 这是命题假设的结果.

例 2.5.5 (Pascal 公理)　令 A, B 和 C 是一条直线上的三个点, 并且 A_1, B_1, C_1 是另外一条直线上的三个点. 如果 $AB_1 /\!/ A_1B$ 且 $AC_1 /\!/ A_1C$ 则, $BC_1 /\!/ B_1C$ (图 2-29).

构造性的描述：

任取三个点 A, B 和 A_1；

在直线 AB 上取一点 C；

取一点 B_1 使得 $B_1A /\!/ BA_1$；

取直线 A_1B_1 和过点 A 且平行于 CA_1 的直线的交点 C_1.

求证：$S_{BCB_1} = S_{C_1CB_1}$.

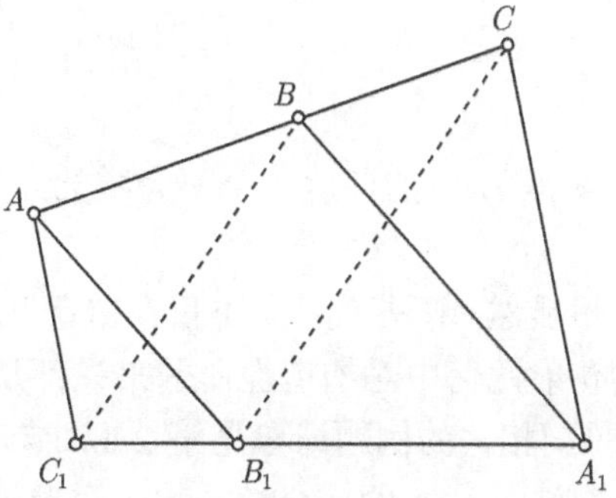

图 2-29

机器证明	消元式
$\dfrac{S_{BCB_1}}{S_{CB_1C_1}}$	$S_{CB_1C_1} \stackrel{C_1}{=} -S_{AA_1B_1C}$
$\stackrel{C_1}{=} \dfrac{S_{BCB_1} \cdot S_{A_1CB_1}}{-S_{AA_1B_1C} \cdot S_{A_1CB_1}}$	$S_{AA_1B_1C} \stackrel{B_1}{=} S_{BA_1C} \cdot \dfrac{\overline{AB_1}}{\overline{BA_1}}$
$\stackrel{\text{simplify}}{=\!=} \dfrac{S_{BCB_1}}{-S_{AA_1B_1C}}$	$S_{BCB_1} \stackrel{B_1}{=} -\left(S_{BA_1C} \cdot \dfrac{\overline{AB_1}}{\overline{BA_1}}\right)$
$\stackrel{B_1}{=} \dfrac{-S_{BA_1C} \cdot \dfrac{\overline{AB_1}}{\overline{BA_1}}}{-S_{BA_1C} \cdot \dfrac{\overline{AB_1}}{\overline{BA_1}}}$	
$\stackrel{\text{simplify}}{=\!=} 1$	

非退化条件是 $A \neq B$, $B \neq A_1$ 和 A_1B_1 不平行于 CA_1. 这些在命题 H.5 中都已提到.

现在我们给出逆定理.

定理 2.5.6　在和域 E 相关联的仿射几何中, 我们可以定义面积和长度比率以使得公理 A.1～A.6 是有效的.

证明　令 $P_i = (x_i, y_i)$, $i = 1, \cdots, 4$ 是直线 l 上的四个点且 $P_3 \neq P_4$, 则

$$\frac{\overline{P_1P_2}}{\overline{P_3P_4}} = \begin{cases} \dfrac{x_1 - x_2}{x_3 - x_4} & (x_3 \neq x_4), \\ \dfrac{y_1 - y_2}{y_3 - y_4} & (y_3 \neq y_4). \end{cases}$$

令 $P_i = (x_i, y_i)$, i=1,2,3 是任意三个点, 则定义

$$S_{p_1p_2p_3} = k \begin{vmatrix} x_1 & y_1 & 1 \\ x_2 & y_2 & 1 \\ x_3 & y_3 & 1 \end{vmatrix},$$

其中 k 是 E 中的任意一个不为零的元素. 则公理 A.1～A.6 可以通过直接的计算来验证.

很显然, 算法 2.4.14 不仅在欧氏几何而且在和任意的域 (甚至是有限域) 相关联的仿射几何中对构造性命题来说都是适用的. 换句话说, 面积法对有限几何也是有效的. 相关的例题请参见第 2.6.2 节.

算法 2.4.14 的完全性依赖于命题 2.4.15. 对于任意一个域 E, 有

命题 2.5.7　令 E 是一个无限域, P 是一个以 $x_1, \cdots, x_n$ 为变元以 E 中元素为系数的非零多项式, 则可以找到 E 中的元素 $e_1, \cdots, e_n$ 使得 $P(e_1, \cdots, e_n) \neq 0$.

证明　用关于 n 的归纳法来证明. 如果 n=1, 令 $P(x_1)$ 的次数是 d, 则 $P(x_1)$ 最多有 d 个不同的根. 由于 E 是包含任意 $d+1$ 个不同的元素的无限域, 则至少存在一个不是 $P(x_1)$ 的根.

假设命题对 $n-1$ 是成立的. 我们将 P 写成如下的形式:

$$P(x_1,\cdots,x_n)=a_s(x_1,\cdots,x_{n-1})x_n^s+\cdots+a_0(x_1,\cdots,x_{n-1}).$$

如果 $s=0$, 则结论是显然的. 如果 $s>0$, 则由归纳假设, 存在 Ω 中的元素 $e_1,\cdots,e_{n-1}$ 使得 $a_s(e_1,\cdots,e_{n-1})\neq 0$.

令 $Q(x_n)=P(e_1,\cdots,e_{n-1},x_n)\neq 0$, 则结论可以用类似于 $n=1$ 的证明方法来证明.

如果 E 是有限域, 则以上的证明不成立. 我们不知道是否存在一个有效的算法可以检查这些元素的存在性. 显然, 存在一个穷举的算法, 我们可以分别检验 E^ν 中的所有可能的元素, 因为 E 是有限的.

在仿射几何中面积不是不变的, 但是由于下列事实, 面积的比率是不变的.

练习 2.5.8　令 M 是一个 2×2 的矩阵, 设 $P_i\in E^2$ 而 $Q_i=P_iM$, $i=1,2,3$, 则 $S_{Q_1Q_2Q_3}=|M|S_{P_1P_2P_3}$, 其中 $|M|$ 是 M 的行列式.

因此, 我们可以用面积的比率代替面积来作为几何量. 另外值得一提的是, 在本章以及前面几章的所有例题的证明中, 面积一直以比率的形式出现. 这不是一个偶然.

令 $C(r_1,\cdots,r_d,a_1,\cdots,a_s)=0$ 是一个几何定理的结论, 其中 r_i 是长度比率, a_i 是三角形的面积. 令 $M=\lambda I$ 是一个未定系数 λ 和一个单位矩阵 I 的乘积. 在将平面上的每一个点 P 转换成 PM 以后, $C=0$ 仍然成立.

由练习 2.5.8, $C=C(r_1,\cdots,r_d,\lambda^2a_1,\cdots,\lambda^2a_s)=0$. 因此, 如果 E 是一个无限域, 以 $a_1,\cdots,a_s$ 为变量的 P 的每一个齐次分量一定等于零, 即不失一般性, 可以假设 P 以面积为变量是齐次的. C 可以表示成长度比率和面积比率的多项式.

2.6 应　用

除了定理证明以外, 面积方法还可以用来处理其他的几何问题, 例如, 自动地求解未知的公式. 在本章我们将说明面积方法在三个方面的应用: 公式推导、n_3 结构的存在性和 Ceva 与 Menelus 定理的推广.

2.6.1　公式推导

下面用一个简单的例题来说明算法 2.4.14 是如何用来推导未知公式的.

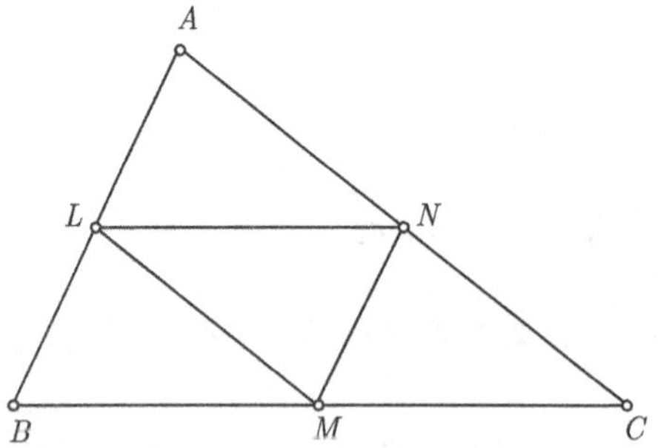

图 2-30

例 2.6.1　令 L, M 和 N 分别是 $\triangle ABC$ 的三个边 AB, BC 和 CA 的中点. 求三角形 LMN 的面积 (图 2-30).

解　由于 N 是 AC 的中点, 由于假设和基本命题 b3, 可得 $S_{LMN} = \frac{1}{2}(S_{CLM} + S_{ALM})$. 由共边定理有

$$S_{ALM} = -\frac{S_{ACL}}{2}, \quad S_{CLM} = \frac{S_{BCL}}{2}.$$

故有

$$S_{LMN} = \frac{1}{2}\left(\frac{S_{BCL}}{2} - \frac{S_{ACL}}{2}\right) = \frac{S_{ABC}}{4}.$$

例 2.6.2　令 A_1, B_1 和 C_1 分别是三角形 ABC 的三个边 BC,CA 和 AB 上的点, 并满足 $\frac{BA_1}{A_1C} = r_1$, $\frac{CB_1}{B_1C} = r_2$ 和 $\frac{AC_1}{C_1B} = r_3$(图 2-31). 求证:

$$\frac{S_{A_1B_1C_1}}{S_{ABC}} = \frac{r_1r_2r_3+1}{(r_1+1)(r_2+1)(r_3+1)}.$$

构造性描述:

任意取三个点 A, B 和 C; 在 BC 上取一个点 A_1 满足 $\frac{BA_1}{A_1C} = r_1$;

在 AC 上取一个点 B_1 满足 $\frac{CB_1}{B_1C} = r_2$;

在 AB 上取一个点 C_1 满足 $\frac{AC_1}{C_1B} = r_3$.

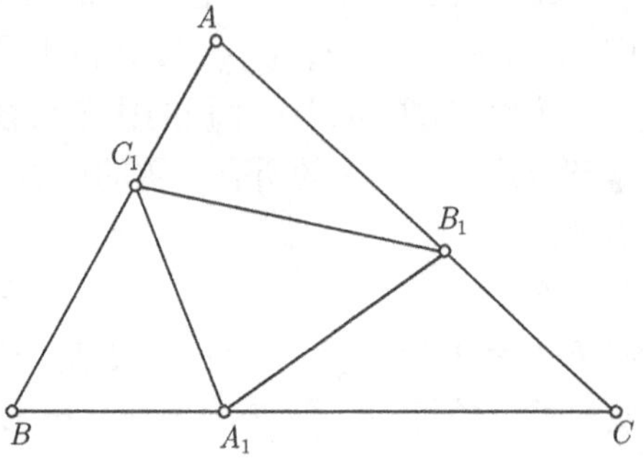

图 2-31

计算 $\frac{S_{A_1B_1C_1}}{S_{ABC}}$.

机器证明

$$\frac{S_{A_1B_1C_1}}{S_{ABC}}$$

$$\stackrel{C_1}{=} \frac{S_{BA_1B_1}\cdot r_3 + S_{AA_1B_1}}{S_{ABC}\cdot(r_3+1)}$$

$$\stackrel{B_1}{=} \frac{-S_{ACA_1}\cdot r_2 - S_{ACA_1} + S_{ABA_1}\cdot r_3\cdot r_2^2 + S_{ABA_1}\cdot r_3\cdot r_2}{S_{ABC}\cdot(r_3+1)\cdot(r_2+1)^2}$$

$$\stackrel{\text{simplify}}{=\!=} \frac{-(S_{ACA_1} - S_{ABA_1}\cdot r_3\cdot r_2)}{S_{ABC}\cdot(r_3+1)\cdot(r_2+1)}$$

$$\stackrel{A_1}{=} \frac{-\left(-S_{ABC}\cdot r_3\cdot r_2\cdot r_1^2 - S_{ABC}\cdot r_3\cdot r_2\cdot r_1 - S_{ABC}\cdot r_1 - S_{ABC}\right)}{S_{ABC}\cdot(r_3+1)\cdot(r_2+1)\cdot(r_1+1)^2}$$

$$\xlongequal{\text{simplify}} \frac{r_3\cdot r_2\cdot r_1\cdot +1}{(r_3+1)\cdot(r_2+1)\cdot(r_1+1)}$$

消元式

$$S_{A_1B_1C_1} \stackrel{C_1}{=} \frac{S_{BA_1B_1}\cdot r_3 + S_{AA_1B_1}}{r_3+1}$$

$$S_{AA_1B_1} \stackrel{B_1}{=} \frac{-S_{ACA_1}}{r_2+1}$$

$$S_{BA_1B_1} \stackrel{B_1}{=} \frac{S_{ABA_1}\cdot r_2}{r_2+1}$$

$$S_{ABA_1} \stackrel{A_1}{=} -\frac{S_{ABC}\cdot r_1}{r_1+1}$$

$$S_{ACA_1} \stackrel{A_1}{=} \frac{-S_{ABC}}{r_1+1}$$

作为例题 2.6.2 的推论, 我们 “发现” 了 Menelaus 定理: A_1, B_1, C_1 是共线的当且仅当 $r_1r_2r_3=-1$.

例 2.6.3 令 A_1, B_1, C_1, D_1 分别是平行四边形 $ABCD$ 的四个边 CD, DA, AB, BC 上的点并满足 $\dfrac{CA_1}{CD}=\dfrac{DB_1}{DA}=\dfrac{AC_1}{AB}=\dfrac{BD_1}{BC}=r$; 再令 $A_2B_2C_2D_2$ 是由直线 AA_1, BB_1, CC_1, DD_1 形成的四边形 (图 2-32). 计算 $\dfrac{S_{ABA_2}}{S_{ABCD}}$ 和 $\dfrac{S_{A_2B_2C_2D_2}}{S_{ABCD}}$.

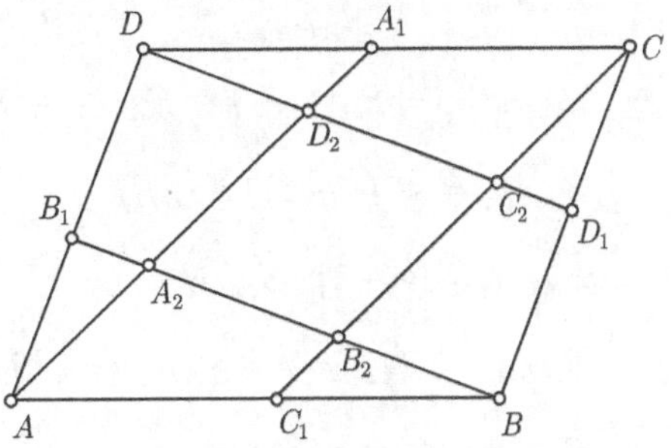

图 2-32

构造性描述:

任意取三个点 A, B 和 C;

取一个点 D 满足 $\dfrac{\overline{AB}}{\overline{DC}}=1$;

取一个点 A_1 满足 $\dfrac{\overline{CA_1}}{\overline{DA}}=r$;

取一个点 B_1 满足 $\dfrac{\overline{DB_1}}{\overline{DA}}=r$;

$A_2=AA_1\cap BB_1$.

计算 $\dfrac{S_{ABA_2}}{S_{ABCD}}$.

机器证明

$$\frac{S_{ABA_2}}{S_{ABCD}}$$

$$\stackrel{A_2}{=}\frac{S_{ABB_1}\cdot S_{ABA_1}}{S_{ABCD}\cdot S_{ABA_1B_1}}$$

$$\stackrel{B_1}{=}\frac{(-S_{ABD}\cdot r+S_{ABD})\cdot S_{ABA_1}}{S_{ABCD}\cdot (S_{ADA_1}\cdot r-S_{ADA_1}S_{ABA_1})}$$

$$\stackrel{\text{simplify}}{=\!=\!=}\frac{-(r-1)\cdot S_{ABD}\cdot S_{ABA_1}}{S_{ABCD}\cdot (S_{ADA_1}\cdot r-S_{ADA_1}+S_{ABA_1})}$$

$$\stackrel{A_1}{=}\frac{-(r-1)\cdot S_{ABD}\cdot (S_{ABD}\cdot r-S_{ABC}\cdot r+S_{ABC})}{S_{ABCD}\cdot (S_{ACD}\cdot r^2-2S_{ACD}\cdot r+S_{ACD}+S_{ABD}\cdot r-S_{ABC}\cdot r+S_{ABC})}$$

$$\stackrel{D}{=}\frac{-(r-1)\cdot (S_{ABC})^2}{(2S_{ABC})\cdot (S_{ABC}\cdot r^2-2S_{ABC}\cdot r+2S_{ABC})}$$

$$\stackrel{\text{simplify}}{=\!=\!=}\frac{-(r-1)}{(2)\cdot (r^2-2r+2)}$$

消元式

$$S_{ABA_2}\stackrel{A_2}{=}\frac{S_{ABB_1}\cdot S_{ABA_1}}{S_{ABA_1B_1}}$$

$$S_{ABA_1B_1}\stackrel{B_1}{=}S_{ADA_1}\cdot r-S_{ADA_1}+S_{ABA_1}$$

$$S_{ABB_1}\stackrel{B_1}{=}-((r-1)\cdot S_{ABD})$$

$$S_{ADA_1}\stackrel{A_1}{=}(r-1)\cdot S_{ACD}$$

$$S_{ABA_1}\stackrel{A_1}{=}S_{ABD}\cdot r-S_{ABC}\cdot r+S_{ABC}$$

$$S_{ACD_1}\stackrel{D}{=}S_{ABC}$$

$$S_{ABCD}\stackrel{D}{=}2(S_{ABC})$$

$$S_{ABD}\stackrel{D}{=}S_{ABC}$$

因此 $\dfrac{S_{ABA_2}}{S_{ABCD}}=\dfrac{1-r}{2(r^2-2r+2)}$. 为了计算 $\dfrac{S_{A_2B_2C_2D_2}}{S_{ABCD}}$, 有

$$\begin{aligned}S_{A_2B_2C_2D_2}&=S_{ABCD}-S_{ABA_2}-S_{BCB_2}-S_{CDC_2}-S_{DAD_2}\\&=\left(1-4\cdot\frac{1-r}{2(r^2-2r+2)}\right)S_{ABCD}=\frac{r^2}{r^2-2r+2}\cdot S_{ABCD}.\end{aligned}$$

例 2.6.4　令 E,F,H,G 分别是 AB,CD,AD 和 BC 上的点并且满足 $\frac{\overline{AE}}{\overline{AB}}=\frac{\overline{DF}}{\overline{DC}}=r_1$ 和 $\frac{\overline{AH}}{\overline{AD}}=\frac{\overline{BG}}{\overline{BC}}=r_2$, 令 EF 和 HG 交于点 I. 计算 $\frac{\overline{EI}}{\overline{EF}}$ 与 $\frac{\overline{HI}}{\overline{HG}}$(图 2-33).

构造性描述:

任意取四个点 A,B,C,D;

取一个点 E 满足 $\frac{\overline{AE}}{\overline{AB}}=r_1$;

取一个点 F 满足 $\frac{\overline{DF}}{\overline{DC}}=r_1$;

取一个点 H 满足 $\frac{\overline{AH}}{\overline{AD}}=r_2$;

取一个点 G 满足 $\frac{\overline{BG}}{\overline{BC}}=r_2$;

$$I=EF\cap HG.$$

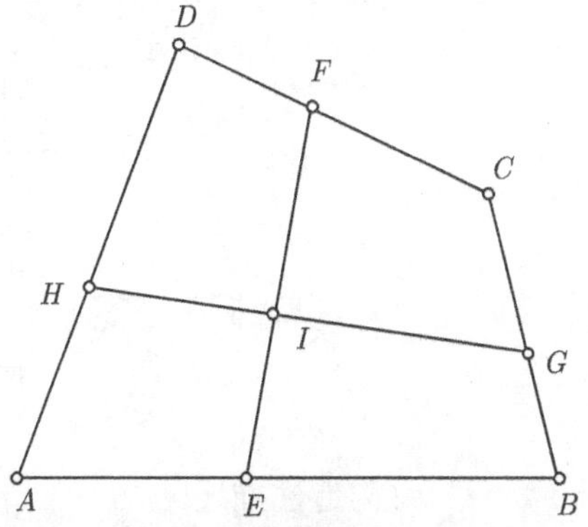

图 2-33

计算 $\frac{\overline{HI}}{\overline{GI}}$.

本例题的机器证明略微有点长, 下面是这个机器证明的一个改进.

$$\begin{aligned}\frac{\overline{HI}}{\overline{GI}}&=\frac{S_{HEF}}{S_{GFE}}(\text{消去点 } I)\\&=\frac{r_2S_{DEF}+(1-r_2)S_{AEF}}{r_2S_{CFE}+(1-r_2)S_{BFE}}(\text{消去点 } H \text{ 和 } G)\\&=\frac{r_2r_1S_{DEC}+(1-r_2)r_1S_{ABF}}{r_2(1-r)S_{DEC}+(1-r_2)(1-r_1)S_{ABF}}(\text{部分消去点 } E \text{ 和 } F)\\&=\frac{r_1}{(1-r_1)}(\text{化简})\end{aligned}$$

因此 $\frac{\overline{HI}}{\overline{HG}}=\frac{\overline{HI}}{\overline{HI}+\overline{IG}}=\frac{\frac{r_1}{1-r_1}}{\frac{r_1}{1-r_1}+1}=r_1$. 同理 $\frac{\overline{EI}}{\overline{EF}}=r_2$.

例 2.6.5　分别用点 $P_1,\cdots,P_{2n}$ 和 $Q_1,\cdots,Q_{2n}$ 将一个四边形的两个边 AB 和 DC 分成 $2n+1$ 个等份. 证明:

(1) $S_{P_nP_{n+1}Q_{n+1}Q_n}=\frac{1}{2n+1}S_{ABCD}$;

(2) 如果分别用点 $R_1,\cdots,R_{2m}$ 和 $S_1,\cdots,S_{2m}$ 将边 BC 和 AD 截成 $2m+1$ 等份, 则由直线 P_nQ_n, $P_{n+1}Q_{n+1}$, R_mS_m 和 $R_{m+1}S_{m+1}$ 形成的四边形的面积是 $\frac{1}{(2m+1)(2n+1)}S_{ABCD}$.

图 2-34 给出了 $m=n=2$ 的情况. 注意到在下面对 (1) 的机器证明中, 我们给点 $P_n, P_{n+1}, Q_n, Q_{n+1}$ 起了一些不同的名字.

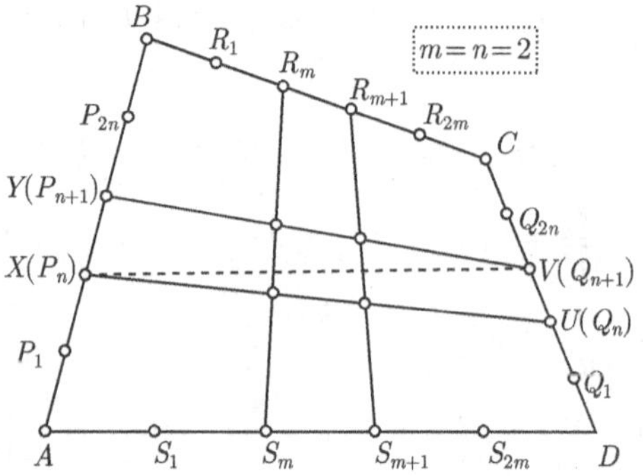

图 2-34

构造性描述

取任意点 A, B, C, D,

取一点 X 使得 $\dfrac{\overline{AX}}{\overline{AB}}=\dfrac{n}{2n+1}$,

取一点 U 使得 $\dfrac{\overline{DU}}{\overline{DC}}=\dfrac{n}{2n+1}$,

取一点 Q 使得 $\dfrac{\overline{DQ}}{\overline{DC}}=\dfrac{n+1}{2n+1}$,

取一点 V 使得 $\dfrac{\overline{UV}}{\overline{DC}}=\dfrac{1}{2n+1}$,

取一点 Y 使得 $\dfrac{\overline{XY}}{\overline{AB}}=\dfrac{1}{2n+1}$,

计算 $\dfrac{(S_{AXY}+S_{UXV})}{S_{ABCD}}$.

消元式

$$S_{XQY}\overset{Y}{=}\frac{-S_{ABQ}}{2n+1}$$

$$S_{XUV}\overset{V}{=}\frac{-S_{CDX}}{2n+1}$$

$$S_{ABQ}\overset{Q}{=}\frac{S_{ABD}\cdot n+S_{ABC}\cdot n+S_{ABC}}{2n+1}$$

$$S_{CDX}\overset{X}{=}\frac{S_{BCD}\cdot n+S_{ACD}\cdot n+S_{ACD}}{2n+1}$$

$$S_{ABCD}=S_{ACD}+S_{ABC}$$

$$S_{BCD}=S_{ACD}-S_{ABD}+S_{ABC}$$

将机器推导略为简化后得到

$$\begin{aligned}\frac{S_{P_nP_{n+1}V_{n+1}V_n}}{S_{ABCD}}&=\frac{S_{XYVU}}{S_{ABCD}}=\frac{S_{XYV}+S_{XVU}}{S_{ABCD}}\text{(四边形分成三角形)}\\&=\frac{S_{ABV}+S_{XCD}}{(2n+1)S_{ABCD}}\text{(消去点 }U\text{ 和 }Y\text{)}\\&=\frac{((n+1)S_{ABC}+nS_{ABD})+((n+1)S_{ACD}+nS_{BCD})}{(2n+1)^2S_{ABCD}}\text{(消去点}V\text{和}X\text{)}\\&=\frac{(n+1)S_{ABCD}+nS_{ABCD}}{(2n+1)^2S_{ABCD}}\text{(三角形合成四边形)}\end{aligned}$$

$$= \frac{1}{2n+1}(\text{化简}).$$

由例题 2.6.4, P_nQ_n 和 $P_{n+1}Q_{n+1}$ 分别被线段 $R_iS_i(i=1,\cdots,2m)$ 分成 $2m+1$ 等份. 可见 (2) 可以直接由 (1) 得到.

在下一节中的例题中将会看到更多的关于公式求解的例子.

2.6.2　n_3 构型的存在性

在平面上一个包含 p 个点和 l 条直线的结构称为一个构型, 如果系统中的每个点恰在 λ 条直线上, 且每条直线恰好经过 π 个点. 我们用符号 (p_λ, l_π) 来代表这样一个结构. 例如, 三角形形成一个结构 $(3_2, 3_2)$, 这里四个数 p, l, λ 和 π 是不能任意选取的. 因为根据我们所制定的条件, 系统中过每个点的直线有 λ 条、p 个点的直线计数为 λp, 然而由于每一条直线经过 π 个点, 故每条直线被计算了 π 次, 因此直线的条数 l 等于 $\lambda p/\pi$. 所以, 对于每一个结构 (p_λ, l_π), 有 $\lambda p = \pi l$.

我们特别关注点的个数和直线的条数相等的结构, 即 $p = l$ 的情形. 这时从关系 $\lambda p = \pi l$ 得 $\lambda = \pi$. 对于这样一个结构, 我们将引入一个更加简单的记号 (p_λ).

我们将进一步限制 λ. 当 $\lambda = 1$ 时, 它代表包含一个点和一条通过这个点的直线的一个简单结构. $\lambda = 2$ 代表平面上一个多边形. 另一方面, $\lambda = 3$ 则包含了投影几何中最重要的结构, 即 Fano 结构、Desargues 结构和 Pappus 结构. 在这种情况, 点的个数 p 一定不小于 7. 因为结构中的任一个给定的点都存在三条直线, 在每一条直线上又都存在结构中的另外两个点. 如果在一个几何中, 存在 p 个点和 p 条直线组成的 (p_3) 结构, 则我们说结构 (p_3) 可以在这个几何中实现.

作为面积法的一个应用, 我们将给出结构 (7_3)、结构 (8_3) 和结构 (9_3) 存在的充分必要条件. 对于更复杂的结构, 参见文献 (Sturmfels, 1987).

例 2.6.6　只存在唯一的一个 (7_3) 结构, 并且这个结构只能在和特征是 2 的域 E 相关联的几何中实现 (Fano 平面).

证明　令七个点是 $P_i, i=1,\cdots,7$. 则 (7_3) 结构中过 P_1 的三条直线上还各有其余 6 个点中的两个, 不妨设这三条直线为 $P_1P_2P_3$, $P_1P_4P_5$ 和 $P_1P_6P_7$, 则过 P_2 的另两条直线不妨记为 $P_2P_4P_6$ 和 $P_2P_5P_7$, 过 P_3 的另两条只能为 $P_3P_5P_6$ 和 $P_3P_4P_7$, 即 (7_3) 结构的组合关系只有如下一种:

$$\begin{matrix} P_1 & P_1 & P_2 & P_2 & P_3 & P_3 & P_1 \\ P_2 & P_4 & P_4 & P_5 & P_4 & P_5 & P_6 \\ P_3 & P_5 & P_6 & P_7 & P_7 & P_6 & P_7 \end{matrix}$$

考虑下面的几何问题:

任取三个点 P_1, P_2, P_4;

在直线 P_1P_2 上取一点 P_3;

在直线 P_1P_4 上取一点 P_5;

$P_6 = P_2P_4 \cap P_3P_5$;

$P_7 = P_2P_5 \cap P_3P_4$.

计算 $S_{P_1P_6P_7}$ (图 2-35).

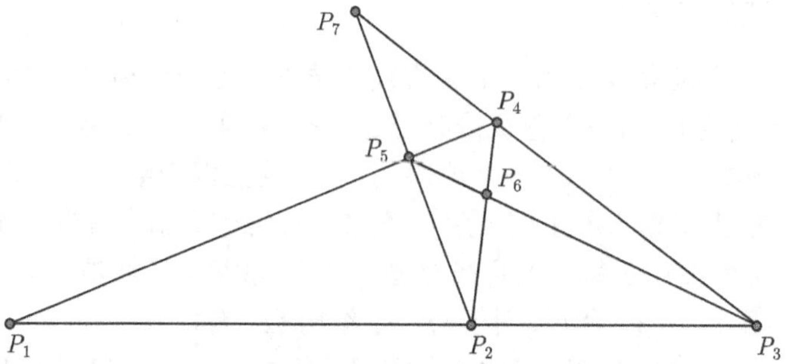

图 2-35

利用算法 2.4.14, 有

$$S_{P_1P_6P_7} = \frac{(2)\cdot\left(\dfrac{\overline{P_1P_5}}{\overline{P_1P_4}}-1\right)\cdot\left(\dfrac{\overline{P_1P_3}}{\overline{P_1P_2}}-1\right)\cdot\dfrac{\overline{P_1P_3}}{\overline{P_1P_2}}\cdot S_{P_1P_2P_4}\cdot\dfrac{\overline{P_1P_5}}{\overline{P_1P_4}}}{\left(\dfrac{\overline{P_1P_5}}{\overline{P_1P_4}}\cdot\dfrac{\overline{P_1P_3}}{\overline{P_1P_2}}-1\right)\cdot\left(\dfrac{\overline{P_1P_5}}{\overline{P_1P_4}}-\dfrac{\overline{P_1P_3}}{\overline{P_1P_2}}\right)}.$$

若 (7_3) 存在, 当且仅当 $S_{P_1P_6P_7} = 0$, 即

$$(2)\cdot\left(\frac{\overline{P_1P_5}}{\overline{P_1P_4}}-1\right)\cdot\left(\frac{\overline{P_1P_3}}{\overline{P_1P_2}}-1\right)\frac{\overline{P_1P_3}}{\overline{P_1P_2}}\cdot S_{P_1P_2P_4}\cdot\frac{\overline{P_1P_5}}{\overline{P_1P_4}} = 0.$$

如果 $\dfrac{\overline{P_1P_5}}{\overline{P_1P_4}} - 1 = 0$, 则有 $P_4 = P_5$; 如果 $\dfrac{\overline{P_1P_3}}{\overline{P_1P_2}} - 1 = 0$, 则有 $P_2 = P_3$; 如果 $\dfrac{\overline{P_1P_3}}{\overline{P_1P_2}} = 0$, 则有 $P_1 = P_3$; 如果 $S_{P_1P_2P_4} = 0$, 则有 P_1, P_2 和 P_4 共线; 如果 $\dfrac{\overline{P_1P_5}}{\overline{P_1P_4}} = 0$, 则有 $P_1 = P_5$. 以上所有情况将导致退化的结构, 则 (7_3) 存在当且仅当 $2 = 0$, 即和几何相关联的域的特征是 2.

类似地, (8_3) 结构也只有唯一一种情况:

$$\begin{array}{cccccccc} P_1 & P_1 & P_1 & P_2 & P_2 & P_3 & P_3 & P_4 \\ P_2 & P_4 & P_6 & P_3 & P_7 & P_4 & P_5 & P_5 \\ P_5 & P_8 & P_7 & P_6 & P_8 & P_7 & P_8 & P_6 \end{array}$$

定理 2.6.7 (8_3) 结构在一个和域 E 相关联的几何中存在当且仅当 $\sqrt{-3}$ 属于 E.

证明 考虑下面的几何问题:

取任意点 P_1, P_2, P_4;

取一个点 P_5 使得 $\dfrac{\overline{P_1P_5}}{\overline{P_1P_2}} = r_1$;

取一个点 P_6 使得 $\dfrac{\overline{P_4P_6}}{\overline{P_4P_5}} = r_2$;

取一个点 P_8 使得 $\dfrac{\overline{P_1P_8}}{\overline{P_1P_4}} = r_3$;

$P_7 = P_2P_8 \cap P_1P_6$, $P_3 = P_2P_6 \cap P_5P_8$.

计算 $S_{P_3P_7P_4}$.

利用算法 2.4.14, 可以得到 $S_{P_3P_7P_4}$ 等于

$$\frac{(r_3^2(r_2r_2 + r_2r_1 - 2r_2 + r_1r_1 - r_1 + 1) - r_3r_1(r_2 - 2r_1 + 1) + r_1^2)S_{P_1P_2P_3}(r_1 - 1)r_2}{(r_3r_2r_1 - r_2r_1 + r_2 - 1)(r_3(r_2r_1 - r_2 - r_1 + 1) + r_1)}.$$

则 $S_{P_3P_7P_4} = 0$ 当且仅当方程

$$(r_3^2(r_2r_2 + r_2r_1 - 2r_2 + r_1r_1 - r_1 + 1) - r_3r_1(r_2 - 2r_1 + 1) + r_1^2) = 0$$

对于 r_3 有解. 此二次方程的判别式是 $-3(r_2-1)^2r_1^2$, 则可得到所要结果.

由此可见, (7_3) 和 (8_3) 结构在 Euclid 平面上是不存在的. 和这两个结构相比, $n = 9$ 的情况对应着三种重要的结构, 所有这三种结构均可以在 Euclid 平面中实现. 第一个 (9_3) 结构和 Pappus 定理相关, 在例 2.4.24 中可以找到 Pappus 定理的证明.

例 2.6.8 证明 (9_3) 结构的存在性.

证明 考虑下面的几何问题:

任意取三个点 P_1, P_3, 和 P_5;

取一个点 P_7 使得 $\dfrac{\overline{P_1P_7}}{\overline{P_1P_3}} = r_1$;

取一个点 P_8 使得 $\dfrac{\overline{P_1P_8}}{\overline{P_1P_5}} = r_2$;

取一个点 P_9 使得 $\dfrac{\overline{P_3P_9}}{\overline{P_3P_5}} = r_3$;

取一个点 P_2 使得 $\dfrac{\overline{P_5P_2}}{\overline{P_5P_7}} = r_4$;

$$P_4 = P_1P_9 \cap P_2P_8,$$

$$P_6 = P_3P_8 \cap P_2P_9.$$

计算 $S_{P_4P_6P_7}$.

利用算法 2.4.14, $S_{P_4P_6P_7}$ 等于

$$\frac{(r_4(r_3r_2+r_3r_1-2r_3-r_2r_1-r_2+2)-2r_3r_2+2r_3+2r_2-2)r_1r_2(1-r_1)r_3r_4S_{P_1P_3P_5}}{(r_4r_2r_1-r_4+r_3r_2-r_3-r_2+1)(r_4r_3r_1-r_4r_3+r_4-r_3r_2+r_3+r_2-1)}.$$

则 $S_{P_4P_6P_7}=0$ 当且仅当

$$r_4(r_3r_2+r_3r_1-2r_3-r_2r_1-r_2+2)-2r_3r_2+2r_3+2r_2-2=0,$$

或者等价地, 当且仅当

$$r_4=\frac{2r_3r_2-2r_3-2r_2+2}{r_3r_2+r_3r_1-2r_3-r_2r_1-r_2+2}.$$

这样得到的 (9_3) 结构如图 2-36.

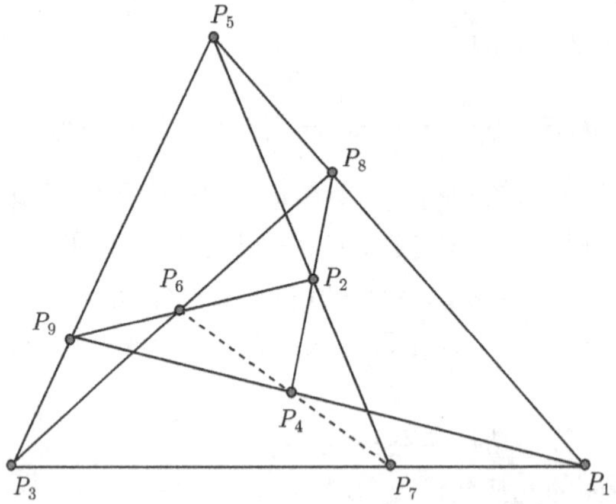

图 2-36

例 2.6.9　用另一种方法证明 (9_3) 结构的存在性.

证明　考虑下面的几何问题:

任意取三个点 P_1, P_4 和 P_7;

取一个点 P_3 使得 $\frac{\overline{P_1P_3}}{\overline{P_1P_7}}=r_1$;

取一个点 P_6 使得 $\frac{\overline{P_1P_6}}{\overline{P_1P_4}}=r_2$;

取一个点 P_8 使得 $\frac{\overline{P_3P_8}}{\overline{P_3P_6}}=r_3$;

取一个点 P_9 使得 $\dfrac{\overline{P_4P_9}}{\overline{P_4P_7}} = r_4$;

$$P_5 = P_1P_8 \cap P_3P_9;$$

$$P_2 = P_4P_8 \cap P_6P_9.$$

计算 $S_{P_2P_5P_7}$.

利用程序, 有 $S_{P_2P_5P_7} = \dfrac{-f_1f_2S_{P_1P_4P_7}}{d_1 \cdot d_2}$, 其中

$$\begin{aligned}
f_1 =& r_4(r_2r_1) - r_2r_1 + r_1,\\
f_2 =& r_4(r_3^2r_2^2 - r_3^2r_2r_1 + r_3^2r_1^2 - r_3^2r_1 + r_3r_2r_1 - r_3r_2 - 2r_3r_1^2 + 2r_3r_1 + r_1^2 - r_1\\
&- r_3^2r_1^2 + r_3^2r_1 + 2r_3r_1^2 - 2r_3r_1 - r_1^2 + r_1,\\
d_1 =& r_4(r_3(r_2 - r_1) + r_1 - 1) - r_3r_1(r_2 + 1) + r_2r_1 - r_1,\\
d_2 =& r_4(r_3(r_2 - r_1) + r_1) - r_3r_1(r_2 + 1) + r_1.
\end{aligned}$$

再利用一次程序, 我们可以证明若 $f_1 = 0$ $\left(\text{即} r_4 = \dfrac{-r_2r_1 + r_1}{r_1 - r_2}\right)$, 则 P_3, P_6 和 P_9 是共线的, 这是退化的情况. 如果 $f_2 = 0$, 即

$$r_4 = \frac{r_3^2r_1^2 - r_3^2r_1 - 2r_3r_1^2 + 2r_3r_1 + r_1^2 - r_1}{r_3^2r_2^2 - r_3^2r_2r_1 + r_3^2r_1^2 - r_3^2r_1 + r_3r_2r_1 - r_3r_2 - 2r_3r_1^2 + 2r_3r_1 + r_1^2 - r_1},$$

则 $S_{P_2P_5P_7} = 0$, 我们得到这个结构的实现 (见图 2-37).

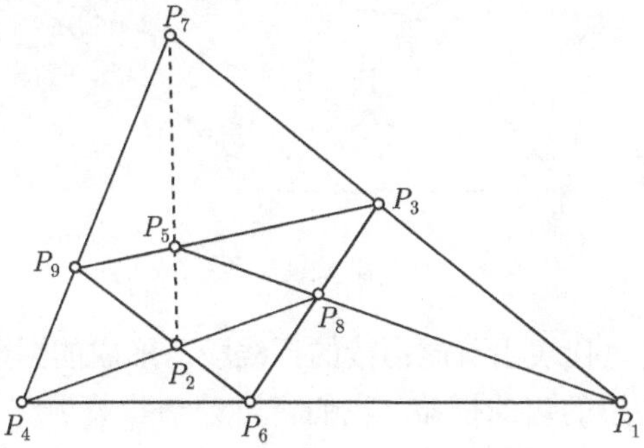

图 2-37

注记 2.6.10　从上面两个例题以及例题 2.4.24, 三个 (9_3) 结构都可以有理地实现, 即它们可以在和有理数域相关联的几何中实现.

2.6.3 Ceva 与 Menelus 定理的推广

Ceva 定理可以推广如下 (注意在这些包含 m 个点的定理中, 脚标应理解为是对 m 求余的余数):

定理 2.6.11 (m-边形的 Ceva 定理)　令 $V_1\cdots V_m$ 是一个 m 边形, O 是一个点. 令 P_i 是直线 OV_i 和边 $V_{i+k}V_{i+k+1}$ 的交点, 则 $C(m,k)=\prod_{i=1}^{m}\frac{\overline{V_{i+k}P_i}}{\overline{P_iV_{i+k+1}}}=1$ 当且仅当 m 是奇数且 $k=\frac{m-1}{2}$.

证明　利用共边定理得

$$\frac{\overline{V_{i+k}P_i}}{\overline{P_iV_{i+k+1}}}=\frac{S_{OV_iV_{i+k}}}{S_{OV_{i+k+1}V_i}},\quad i=1,\cdots,m.$$

将上面所有的方程乘在一起. 可知 $C(m,k)=1$ 当且仅当分子中的元素和分母中的元素是一样的. 假设分子中的第 i 个元素和分母中的第 j 个元素是一样的, 即 $S_{OV_iV_{i+k}}=S_{OV_{j+k+1}V_j}$, 则 $i=j+k+1(\bmod m)$ 且 $i+k=j(\bmod m)$. 这两个方程对 i 和 j 有解当且仅当 $2k+1=0(\bmod m)$, 上面的两个方程导出的唯一合理的解 $2k+1=m$, 证毕.

图 2-38 是定理 2.6.10 的 $m=5$ 的情形.

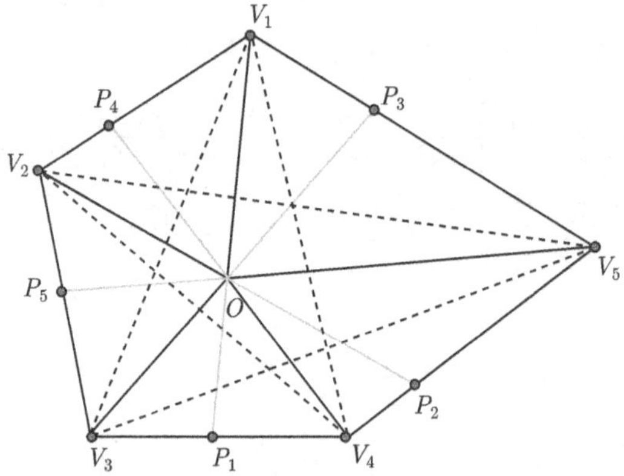

图 2-38

广义多边形在这里代表由首尾衔接的折线段所形成的图形. Menelaus 和 Ceva 型的定理是关于多边形的边的横截. 我们将讨论一些关于广义多边形的横截的结果, 这些结果是被 B. Grunbaum 和 G. C Shephard(1993) 用数值搜索方法发现的. 用面积方法不仅可以很容易地证明这些结果, 而且还可以改进这些结果.

例 2.6.12　令 $ABCD$ 是一个四边形, O 是一个点. 令 E,F,G 和 H 是直线 AO,BO,CO 和 DO 与四边形的对角线的交点 (图 2-39). 求证:

$$\frac{\overline{AH}}{\overline{HC}}\frac{\overline{CF}}{\overline{FA}}\frac{\overline{BE}}{\overline{ED}}\frac{\overline{DG}}{\overline{GB}}=1.$$

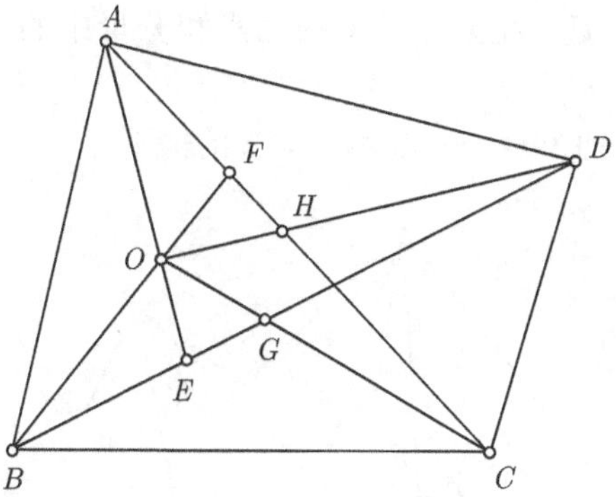

图 2-39

构造性描述	机器证明	消元式
取任意点A,B,C,D,O	$\frac{\overline{DG}}{\overline{BG}}\cdot\frac{\overline{CF}}{\overline{AF}}\cdot\frac{\overline{BE}}{\overline{DE}}\cdot\frac{\overline{AH}}{\overline{CH}}$	$\frac{\overline{AH}}{\overline{CH}}\overset{H}{=}\frac{S_{ADO}}{S_{CDO}}$
$E=BD\cap AO$	$\overset{H}{=}\frac{S_{ADO}}{S_{CDO}}\cdot\frac{\overline{DG}}{\overline{BG}}\cdot\frac{\overline{CF}}{\overline{AF}}\cdot\frac{\overline{BE}}{\overline{DE}}$	$\frac{\overline{DG}}{\overline{BG}}\overset{G}{=}\frac{-S_{CDO}}{S_{BCO}}$
$F=AC\cap BO$	$\overset{G}{=}\frac{(-S_{CDO})\cdot S_{ADO}}{S_{CDO}\cdot S_{BCO}}\cdot\frac{\overline{CF}}{\overline{AF}}\cdot\frac{\overline{BE}}{\overline{DE}}$	$\frac{\overline{CF}}{\overline{AF}}\overset{F}{=}\frac{-S_{BCO}}{S_{ABO}}$
$G=BD\cap CO$	$\overset{\text{simplify}}{=}\frac{-S_{ADO}}{S_{BCO}}\cdot\frac{\overline{CF}}{\overline{AF}}\cdot\frac{\overline{BE}}{\overline{DE}}$	$\frac{\overline{BE}}{\overline{DE}}\overset{E}{=}\frac{-S_{ABO}}{S_{ADO}}$
$H=AC\cap DO$	$\overset{F}{=}\frac{-(-S_{BCO})\cdot S_{ADO}}{S_{BCO}\cdot S_{ABO}}\cdot\frac{\overline{BE}}{\overline{DE}}$	
求证$\frac{\overline{CF}}{\overline{FA}}\cdot\frac{\overline{BE}}{\overline{ED}}\cdot\frac{\overline{AH}}{\overline{HC}}\cdot\frac{\overline{DG}}{\overline{GB}}=1$	$\overset{\text{simplify}}{=}\frac{S_{ADO}}{S_{ABO}}\cdot\frac{\overline{BE}}{\overline{DE}}$	
	$\overset{E}{=}\frac{(-S_{ABO})\cdot S_{ADO}}{S_{ABO}\cdot(-S_{ADO})}$	
	$\overset{\text{simplify}}{=}1$	

例 2.6.12 是下面结果的一个特例.

定理 2.6.13　给定一个多边形 $V_1\cdots V_m$、一个点 O 和一个正整数 k, 并满足 $1\leqslant k\leqslant\frac{m}{2}$, 令 $P_{i,k}$ 是直线 OV_i 和直线 $V_{i-k}V_{i+k}$ 的交点, 则 $\prod_{i=1}^{m}\frac{\overline{V_{i+k}P_{i,k}}}{\overline{P_{i,k}V_{i-k}}}=1$.

证明　利用共边定理得

$$\frac{\overline{V_{i+k}P_{i,k}}}{\overline{P_{i,k}V_{i-k}}}=\frac{S_{OV_iV_{i+k}}}{S_{OV_{i-k}V_i}},\quad i=1,\cdots,m.$$

将这 m 个方程乘在一起, 注意分子中的元素和分母中的元素是一样的, 则结果获证.

图 2-40 是定理 2.6.12 的 $m=7$ 和 $k=2$ 的情形.

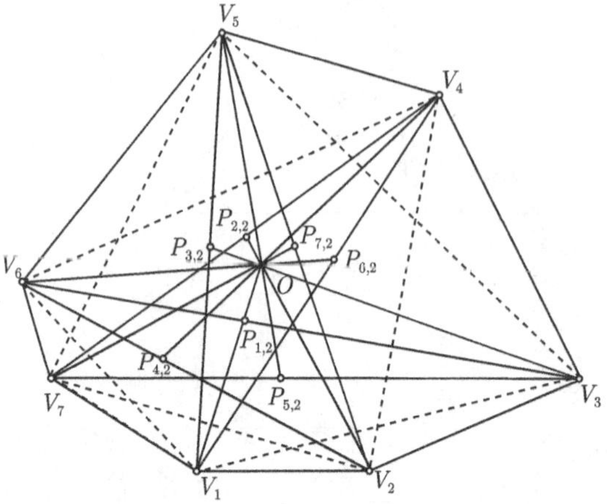

图 2-40

上面的例题又是下面 Ceva 定理的进一步扩展的一个特例 ($j=k$).

定理 2.6.14 给定一个多边形 $V_1\cdots V_m$、一个点 O 和两个整数 j 和 k 满足 $1\leqslant j\leqslant m-2$, $1\leqslant k\leqslant m-2$ 和 $j+k\leqslant m-1$. 令 $P_{j,k,i}$ 为直线 $V_{i+k}V_{i-j}$ 和直线 OV_i 的交点. 令

$$C(m,j,k)=\prod_{i=1}^{m}\frac{\overline{V_{i+k}P_{j,k,i}}}{\overline{P_{j,k,i}V_{i-j}}},$$

则

$$C(m,j,k)=(-1)^m C(m,j,m-k)=\frac{1}{C(m,k,j)}.$$

证明 利用共边定理

$$C(m,j,k,i)=\frac{\overline{V_{i+k}P_{i,k,j}}}{\overline{P_{i,k,j}V_{i-j}}}=\frac{S_{OV_iV_{i+k}}}{S_{OV_{i-j}V_i}},\quad i=1,\cdots,m. \tag{2.1}$$

在 (2.1) 中用 $m-k$ 代替 k, 有

$$C(m,j,m-k,i)=\frac{\overline{V_{i+m-k}P_{i,m-k,j}}}{\overline{P_{i,m-k,j}V_{i-j}}}=\frac{S_{OV_iV_{i+m-k}}}{S_{OV_{i-j}V_i}}=-\frac{S_{OV_{i+m-k}V_i}}{S_{OV_{i-j}V_i}}. \tag{2.2}$$

在 (2.1) 中交换 k 和 j, 有

$$C(m,k,j,i)=\frac{S_{OV_iV_{i+j}}}{S_{OV_{i-k}V_i}}. \tag{2.3}$$

从 (2.1) 和 (2.2) 可以明显得到

$$C(m,j,k)=(-1)^m C(m,j,m-k).$$

从 (2.1) 和 (2.3) 可以得到

$$C(m,j,k)=\frac{1}{C(m,k,j)}.$$

图 2-41 是定理 2.6.13 的 $m=7,\ k=2,\ j=1$ 的情形.

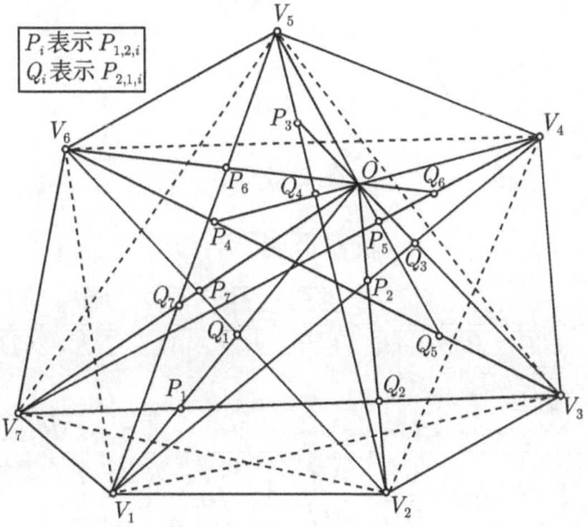

图 2-41

例 2.6.15 (五边形 Ceva 定理)　参见图 2-42, $ABCDE$-$PQRST$ 是一个五边形, 则

$$\frac{\overline{AT}}{\overline{PD}}\cdot\frac{\overline{DR}}{\overline{SB}}\cdot\frac{\overline{BP}}{\overline{QE}}\cdot\frac{\overline{ES}}{\overline{TC}}\cdot\frac{\overline{CQ}}{\overline{RA}}=\frac{\overline{AP}}{\overline{TD}}\cdot\frac{\overline{DS}}{\overline{RB}}\cdot\frac{\overline{BQ}}{\overline{PE}}\cdot\frac{\overline{ET}}{\overline{SC}}\cdot\frac{\overline{CR}}{\overline{QA}}=1.$$

为证明 $\frac{\overline{AT}}{\overline{PD}}\cdot\frac{\overline{DR}}{\overline{SB}}\cdot\frac{\overline{BP}}{\overline{QE}}\cdot\frac{\overline{ES}}{\overline{TC}}\cdot\frac{\overline{CQ}}{\overline{RA}}=1$, 我们将问题描述成如下形式:

构造性描述:

任意取五个点 A,B,C,D 和 E;

$P=AD\cap BE$;

$Q=AC\cap BE$;

$R=BD\cap AC$;

$S=BD\cap CE$;

$T=AD\cap CE$.

求证: $\frac{\overline{AT}}{\overline{AD}}\cdot\frac{\overline{DR}}{\overline{DB}}\cdot\frac{\overline{BP}}{\overline{BE}}\cdot\frac{\overline{ES}}{\overline{EC}}\cdot\frac{\overline{CQ}}{\overline{CA}}=\frac{\overline{PD}}{\overline{AD}}\cdot\frac{\overline{SB}}{\overline{DB}}\cdot\frac{\overline{QE}}{\overline{BE}}\cdot\frac{\overline{TC}}{\overline{EC}}\cdot\frac{\overline{RA}}{\overline{CA}}.$

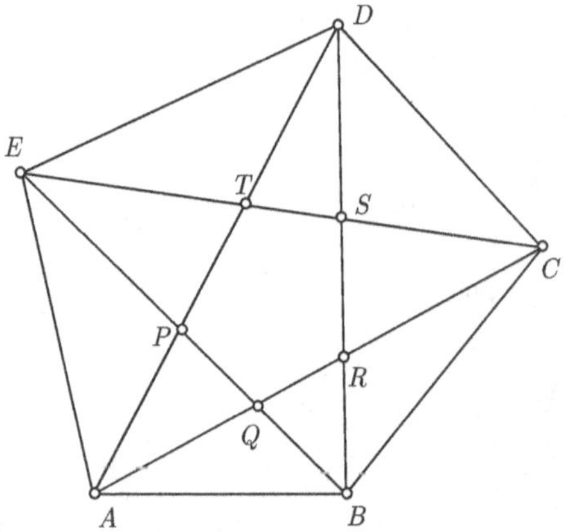

图 2-42

机器证明

$$\frac{-1}{\frac{\overline{EQ}}{\overline{BE}}\cdot\frac{\overline{DP}}{\overline{AD}}\cdot\frac{\overline{CT}}{\overline{CE}}\cdot\frac{\overline{BS}}{\overline{BD}}\cdot\frac{\overline{AR}}{\overline{AC}}}\cdot\frac{\overline{ES}}{\overline{CE}}\cdot\frac{\overline{DR}}{\overline{BD}}\cdot\frac{\overline{CQ}}{\overline{AC}}\cdot\frac{\overline{BP}}{\overline{BE}}\cdot\frac{\overline{AT}}{\overline{AD}}$$

$$\overset{T}{=}\frac{-S_{ACE}\cdot(-S_{ACDE})}{\frac{\overline{EQ}}{\overline{BE}}\cdot\frac{\overline{DP}}{\overline{AD}}\cdot(-S_{ACD})\cdot\frac{\overline{BS}}{\overline{BD}}\cdot\frac{\overline{AR}}{\overline{AC}}\cdot S_{ACDE}}\cdot\frac{\overline{ES}}{\overline{CE}}\cdot\frac{\overline{DR}}{\overline{BD}}\cdot\frac{\overline{CQ}}{\overline{AC}}\cdot\frac{\overline{BP}}{\overline{BE}}$$

$$\overset{\text{simplify}}{=}\frac{-S_{ACE}}{\frac{\overline{EQ}}{\overline{BE}}\cdot\frac{\overline{DP}}{\overline{AD}}\cdot S_{ACD}\cdot\frac{\overline{BS}}{\overline{BD}}\cdot\frac{\overline{AR}}{\overline{AC}}}\cdot\frac{\overline{ES}}{\overline{CE}}\cdot\frac{\overline{DR}}{\overline{BD}}\cdot\frac{\overline{CQ}}{\overline{AC}}\cdot\frac{\overline{BP}}{\overline{BE}}$$

$$\overset{S}{=}\frac{-S_{BDE}\cdot S_{ACE}\cdot S_{BCDE}}{\frac{\overline{EQ}}{\overline{BE}}\cdot\frac{\overline{DP}}{\overline{AD}}\cdot S_{ACD}\cdot S_{BCE}\cdot\frac{\overline{AR}}{\overline{AC}}\cdot(-S_{BCDE})}\cdot\frac{\overline{DR}}{\overline{BD}}\cdot\frac{\overline{CQ}}{\overline{AC}}\cdot\frac{\overline{BP}}{\overline{BE}}$$

$$\overset{\text{simplify}}{=}\frac{S_{BDE}\cdot S_{ACE}}{\frac{\overline{EQ}}{\overline{BE}}\cdot\frac{\overline{DP}}{\overline{AD}}\cdot S_{ACD}\cdot S_{BCE}\cdot\frac{\overline{AR}}{\overline{AC}}}\cdot\frac{\overline{DR}}{\overline{BD}}\cdot\frac{\overline{CQ}}{\overline{AC}}\cdot\frac{\overline{BP}}{\overline{BE}}$$

$$\overset{R}{=}\frac{S_{BDE}\cdot S_{ACD}\cdot S_{ACE}\cdot S_{ABCD}}{\frac{\overline{EQ}}{\overline{BE}}\cdot\frac{\overline{DP}}{\overline{AD}}\cdot S_{ACD}\cdot S_{BCE}\cdot S_{ABD}\cdot(-S_{ABCD})}\cdot\frac{\overline{CQ}}{\overline{AC}}\cdot\frac{\overline{BP}}{\overline{BE}}$$

$$\overset{\text{simplify}}{=}\frac{S_{BDE}\cdot S_{ACE}}{-\frac{\overline{EQ}}{\overline{BE}}\cdot\frac{\overline{DP}}{\overline{AD}}\cdot S_{BCE}\cdot S_{ABD}}\cdot\frac{\overline{CQ}}{\overline{AC}}\cdot\frac{\overline{BP}}{\overline{BE}}$$

$$\overset{Q}{=}\frac{S_{BDE}\cdot(-S_{BCE})\cdot S_{ACE}\cdot(-S_{ABCE})}{-S_{ACE}\cdot\frac{\overline{DP}}{\overline{AD}}\cdot S_{BCE}\cdot S_{ABD}\cdot S_{ABCE}}\cdot\frac{\overline{BP}}{\overline{BE}}$$

$$\stackrel{\text{simplify}}{=\!=} \frac{-S_{BDE}}{\frac{\overline{DP}}{\overline{AD}} \cdot S_{ABD}} \cdot \frac{\overline{BP}}{\overline{BE}}$$

$$\stackrel{P}{=} \frac{-S_{BDE} \cdot (-S_{ABD}) \cdot S_{ABDE}}{(-S_{BDE}) \cdot S_{ABD} \cdot (-S_{ABDE})}$$

$$\stackrel{\text{simplify}}{=\!=} 1$$

消元式

$$\frac{\overline{CT}}{\overline{CE}} \stackrel{T}{=} \frac{S_{ACD}}{S_{ACDE}}$$

$$\frac{\overline{AT}}{\overline{AD}} \stackrel{T}{=} \frac{S_{ACE}}{S_{ACDE}}$$

$$\frac{\overline{BS}}{\overline{BD}} \stackrel{S}{=} \frac{S_{BCE}}{S_{BCDE}}$$

$$\frac{\overline{ES}}{\overline{CE}} \stackrel{S}{=} \frac{S_{BDE}}{-S_{BCDE}}$$

$$\frac{\overline{AR}}{\overline{AC}} \stackrel{R}{=} \frac{S_{ABD}}{S_{ABCD}}$$

$$\frac{\overline{DR}}{\overline{BD}} \stackrel{R}{=} \frac{S_{ACD}}{-S_{ABCD}}$$

$$\frac{\overline{EQ}}{\overline{BE}} \stackrel{Q}{=} \frac{S_{ACE}}{-S_{ABCE}}$$

$$\frac{\overline{CQ}}{\overline{AC}} \stackrel{Q}{=} \frac{-S_{BCE}}{S_{ABCE}}$$

$$\frac{\overline{DP}}{\overline{AD}} \stackrel{P}{=} \frac{-S_{BDE}}{S_{ABDE}}$$

$$\frac{\overline{BP}}{\overline{BE}} \stackrel{P}{=} \frac{S_{ABD}}{S_{ABDE}}$$

例题 2.6.15 中的第二个结果和下面的命题是等价的.

例 2.6.16 (Pratt-Kasapi 定理)　令 $ABCDE$ 是一个五边形, 分别过各顶点作直线使得过相邻顶点的直线交于 A_1, B_1, C_1, D_1, E_1; 且 $A_1B_1 \parallel AC, B_1C_1 \parallel BD$, $C_1D_1 \parallel CE$, $D_1E_1 \parallel DA$, $E_1A_1 \parallel EB$ (如图 2-43), 求证: $A_1B \cdot B_1C \cdot C_1D \cdot D_1E \cdot E_1A = BB_1 \cdot CC_1 \cdot DD_1 \cdot EE_1 \cdot AA_1$.

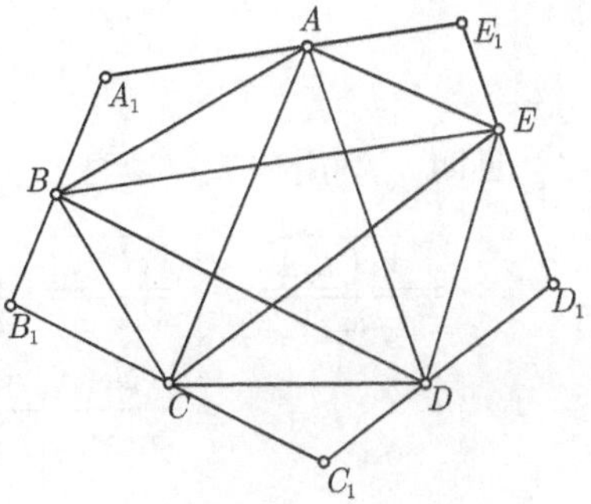

图 2-43

构造性描述：
任意取五个点 A, B, C, D, E;
取过点 B 且平行于 AC 和过 A 且平行于 BE 的两直线的交点 A_1;
取过点 C 且平行于 BD 和过 B 且平行于 AC 的两直线的交点 B_1;
取过点 D 且平行于 CE 和过 C 且平行于 BD 的两直线的交点 C_1;
取过点 E 且平行于 AD 和过 D 且平行于 CE 的两直线的交点 D_1;
取过点 A 且平行于 BE 和过 E 且平行于 AD 的两直线的交点 E_1.
求证：$\dfrac{\overline{A_1B}}{\overline{BB_1}} \cdot \dfrac{\overline{B_1C}}{\overline{CC_1}} \cdot \dfrac{\overline{C_1D}}{\overline{DD_1}} \cdot \dfrac{\overline{D_1E}}{\overline{EE_1}} \cdot \dfrac{\overline{E_1A}}{\overline{AA_1}} = 1.$

机器证明

$$\frac{\overline{A_1B}}{\overline{BB_1}} \cdot \frac{\overline{B_1C}}{\overline{CC_1}} \cdot \frac{\overline{C_1D}}{\overline{DD_1}} \cdot \frac{\overline{D_1E}}{\overline{EE_1}} \cdot \frac{\overline{E_1A}}{\overline{AA_1}} = \frac{S_{AA_1B}}{S_{BB_1C}} \cdot \frac{S_{BB_1C}}{S_{CC_1D}} \cdot \frac{S_{CC_1D}}{S_{DD_1E}} \cdot \frac{S_{DD_1E}}{S_{EE_1A}} \cdot \frac{S_{EE_1A}}{S_{AA_1B}} = 1.$$

上面的例题 (例 2.6.15 和例 2.6.16) 是下面一般结果的特例. 注意这些一般结果的证明是这两个例题的机器证明的一个自然扩展.

令 $V_1 \cdots V_m$ 是一个多边形, $1 \leqslant d \leqslant \dfrac{m}{2}$, $1 \leqslant j \leqslant \dfrac{m}{2}$, d 和 j 是整数. 我们用 $P_{d,j,i}$ 代表直线 V_iV_{i+d} 和直线 $V_{i+j}V_{i+j+d}$ 的交点, $i = 1, \cdots, m$. 则 $P_{d,j,i-j}$ 是直线 $V_{i-j}V_{i-j+d}$ 和直线 V_iV_{i+d} 的交点. 令

$$T(m,d,j) = \prod_{i=1}^{m} \frac{\overline{V_iP_{d,j,i}}}{\overline{P_{d,j,i-j}V_{i+d}}}; \quad S(m,d,j) = \prod_{i=1}^{m} \frac{\overline{V_iP_{d,j,i-j}}}{\overline{P_{d,j,i}V_{i+d}}}.$$

则例题 2.6.15 中的结果是 $T(5,2,1) = S(5,2,1) = 1$. 一般地有

定理 2.6.17　$T(m,d,j) = 1$ 当且仅当下面两情况之一是成立的:

$$d + 2j = m;$$

$$2d + j = m.$$

证明　利用共边定理有

$$\begin{aligned}\frac{\overline{V_iP_{d,j,i}}}{\overline{P_{d,j,i-j}V_{i+d}}} &= \frac{\overline{V_iP_{d,j,i}}}{\overline{V_iV_{i+d}}} \cdot \frac{\overline{V_iP_{i+d}}}{\overline{P_{d,j,i-j}V_{i+d}}} \\ &= \frac{S_{V_iV_{i+j}V_{i+j+d}}}{S_{V_iV_{i+j}V_{i+d}V_{i+j+d}}} \cdot \frac{S_{V_{i-j}V_iV_{i-j+d}V_{i+d}}}{S_{V_{i-j}V_{i-j+d}V_{i+d}}}, \quad i = 1, \cdots, m.\end{aligned}$$

将这 m 个方程乘在一起, 我们看到 $T(m,d,j) = 1$ 当且仅当分子中的三角形的面积和四边形面积分别和分母中的三角形的面积和四边形面积是相同的. 假设分子

中的第i个面积和分母中的第x个面积是相同的, 即$S_{V_iV_{i+j}V_{i+j+d}} = \pm S_{V_{x-j}V_{x-j+d}V_{i+d}}$. 则点集 $\{V_i, V_{i+j}, V_{i+j+d}\}$ 和 $\{V_{x-j}, V_{x-j+d}, V_{x+d}\}$ 应该是相同的. 如果考虑次序, 则存在六种可能的匹配, 其中之一是

$$i+j=x+d;\quad i+j+d=x-j;\quad i=x-j+d,$$

其中, "=" 应理解成是 mod (m), 则很容易看出这三个方程对于所有的 i 和 x 都正确当且仅当 $2d+j=0(\mathrm{mod}\ m)$. 由于 $1\leqslant d\leqslant \dfrac{m}{2}$ 且 $1\leqslant j\leqslant \dfrac{m}{2}$, 唯一可能的解就是 $2d+j=m$. 其他五种情况可以类似处理, 只有 $d+2j=m$ 的情况是唯一合理的解.

定理 2.6.18 $S(m,d,j)=1$ 当且仅当下面其中之一是成立的:

$$d+2j=m;$$

$$2d=j;$$

$$2j=d.$$

证明 利用共边定理得

$$\frac{\overline{V_iP_{d,j,i-j}}}{\overline{P_{d,j,i}V_{i+d}}} = \frac{\overline{V_iP_{d,j,i-j}}}{\overline{V_iV_{i+d}}}\cdot\frac{\overline{V_iP_{i+d}}}{\overline{P_{d,j,i}V_{i+d}}} = \frac{S_{V_iV_{i-j}V_{i-j+d}}}{S_{V_{i+j}V_{i+j+d}V_{i+d}}}\cdot\frac{S_{V_{i+j}V_iV_{i+j+d}V_{i+d}}}{S_{V_iV_{i-j}V_{i+d}V_{i-j+d}}},$$

我们可以用类似于定理 2.6.17 的证明方法来完成证明.

第 2 章小结

- 下面的基本命题是面积法的推理基础:

1. 点 C 和 D 在直线 AB 上而 P 是不在直线 AB 上, 则

$$\frac{S_{PCD}}{S_{PAB}} = \frac{\overline{CD}}{\overline{AB}}.$$

2. (共边定理) 令 M 是两条直线 AB 和 PQ 的交点并且 $M\neq Q$. 则

$$\frac{\overline{PM}}{\overline{QM}} = \frac{S_{PAB}}{S_{QAB}};\quad \frac{\overline{PM}}{\overline{PQ}} = \frac{S_{PAB}}{S_{AQB}};\quad \frac{\overline{QM}}{\overline{PQ}} = \frac{S_{QAB}}{S_{PAQB}}.$$

3. 令 R 是直线 PQ 上的点, 则

$$S_{RAB} = \frac{\overline{PR}}{\overline{PQ}}S_{QAB} + \frac{\overline{RQ}}{\overline{PQ}}S_{PAB}.$$

4. $PQ \parallel AB$ 当且仅当

$$S_{PAQB} = S_{PAB} - S_{QAB} = S_{BPQ} - S_{APQ} = 0.$$

5. 令 $ABCD$ 是一个平行四边形, P 和 Q 是两个点, 则

$$S_{APQ} + S_{CPQ} = S_{BPQ} + S_{DPQ} \text{或} S_{PAQB} = S_{PDQC}.$$

6. 令 $ABCD$ 是一个平行四边形, P 是任意一个点, 则

$$S_{PAB} = S_{PDC} - S_{ADC} = S_{PDAC}.$$

• Hilbert 交点定理中的假设可以构造性地表示, Hilbert 交点定理中的结论可以表示成两个几何量的多项式. 这两个几何量是: 共线或者平行线段的比率和三角形或者四边形的带号面积.

• 面积方法可以有效地产生 Hilbert 交点定理的简短可读的证明, 证明过程是用 11 个引理 (引理 2.4.1~2.4.10 和 2.4.13) 从几何量中消去点.

• 面积方法对于和任意数域相关联的仿射几何中的命题同样有效.

第3章　平面几何机器证明

在第 2 章我们提出了一种关于包含共线和平行的构造型命题的定理自动证明方法. 这一章将讨论包含垂直线和圆的构造型命题. 处理垂直的关键工具是勾股差, 本质上类似于内积. 因此, 这种方法实际上是针对于度量几何上的构造型命题.

3.1 勾　股　差

对三点 A, B, C, 勾股差 P_{ABC} 定义为 $P_{ABC} = \overline{AB}^2 + \overline{BC}^2 - \overline{AC}^2$, 其中 $\overline{AB}^2$ 代表 A, B 两点之间距离的平方. 对四点 A, B, C, D, 勾股差 P_{ABCD} 定义为 $P_{ABCD} = \overline{AB}^2 + \overline{CD}^2 - \overline{BC}^2 - \overline{DA}^2$.

3.1.1　勾股差和垂直

除了第 2 章考虑的共线和平行之外, 这里考虑另一个基本几何关系: 直线 l 垂直于直线 m, 记为 $l \perp m$. 下面是有关垂直的一些基本性质:

(1) 如果 $l \perp m$, 则 $m \perp l$.

(2) 设 P 是一点, l 是一直线, 则存在唯一一条经过 P 且垂直于 l 的直线.

(3) 如果两不同直线 l_1 和 l_2 都垂直于直线 l, 则 l_1 和 l_2 平行.

(4) (勾股定理) $AB \perp BC$ 当且仅当 $\overline{AC}^2 = \overline{AB}^2 + \overline{BC}^2$, 即

$$P_{ABC} = 0.$$

在这里我们把勾股定理作为勾股差的基本性质之一, 这一小节中的其他性质可从它推出. 更一般地, 由余弦定理可知

$$P_{ABC} = 2|AB||BC|\cos\angle ABC,$$

而对于四点 A, B, C, D 的勾股差则有

$$P_{ABCD} = 2|AC||BD|\cos V,$$

这里 V 是向量 $\overrightarrow{AC}, \overrightarrow{BD}$ 之间的夹角. 利用这些关系, 容易证明后面的一些有关勾股差的命题.

记号 $AB \perp CD$ 意味着下面条件之一成立: $A = B$, 或者 $C = D$, 或者直线 AB 垂直于直线 CD. 利用勾股定理容易推出:

命题 3.1.1　$AC\perp BD$ 当且仅当 $P_{ABD}=P_{CBD}$ 或 $P_{ABCD}=0$.

证明　设 M 和 N 分别是 A 和 C 到 BD 的垂足, 则由勾股定理得

$$\begin{aligned}P_{ABD}&=\overline{AB}^2+\overline{BD}^2-\overline{AD}^2\\&=\overline{AM}^2+\overline{BM}^2-\overline{BD}^2-\overline{AM}^2-\overline{MD}^2\\&=\overline{BM}^2+\overline{BD}^2-\left(\overline{BD}^2-\overline{BM}^2\right)^2\\&=2\overline{BM}^2\cdot\overline{BD}.\end{aligned}$$

同理有 $P_{CBD}=2\overline{BN}\cdot\overline{BD}$, 于是 $P_{ABD}=P_{CBD}$ 当且仅当 $\overline{BM}=\overline{BN}$, 即 M 与 N 重合, 也就是 $AC\perp BD$. 注意到 $P_{ABCD}=P_{ABD}-P_{CBD}$, 命题证毕.

上述的勾股差性质是我们的机械化定理证明方法的有力工具之一.

命题 3.1.2　设 D 是从 P 点到直线 AB 的垂足, 则

$$\frac{\overline{AD}}{\overline{DB}}=\frac{P_{PAB}}{P_{PBA}},\quad\frac{\overline{AD}}{\overline{AB}}=\frac{P_{PAB}}{2\overline{AB}^2},\quad\frac{\overline{DB}}{\overline{AB}}=\frac{P_{PBA}}{2\overline{AB}^2}.$$

证明　从上一个命题的证明可知

$$P_{PAB}=P_{DAB}=2\overline{AB}\cdot\overline{AD},\quad P_{PBA}=P_{DBA}=2\overline{BA}\cdot\overline{BD}.$$

欲证的等式成为显然.

命题 3.1.3　设 AB 和 PQ 是两条互不垂直的直线, Y 是直线 PQ 与经过点 A 且垂直于 AB 的直线的交点, 则

$$\frac{\overline{PY}}{\overline{QY}}=\frac{P_{PAB}}{P_{QAB}},\quad\frac{\overline{PY}}{\overline{PQ}}=\frac{P_{PAB}}{P_{PAQB}},\quad\frac{\overline{QY}}{\overline{PQ}}=\frac{P_{QAB}}{P_{PAQB}}.$$

证明　设 P 和 Q 到 AB 的垂足分别为 P_1 和 Q_1, 从命题 3.1.1 的证明可知

$$\frac{P_{PAB}}{P_{QAB}}=\frac{P_{P_1AB}}{P_{Q_1AB}}=\frac{\overline{AP_1}\cdot\overline{AB}}{\overline{AQ_1}\cdot\overline{AB}}=\frac{\overline{AP_1}}{\overline{AQ_1}}=\frac{\overline{PY}}{\overline{QY}},$$

再由三点勾股差与四点勾股差的关系得另两个等式.

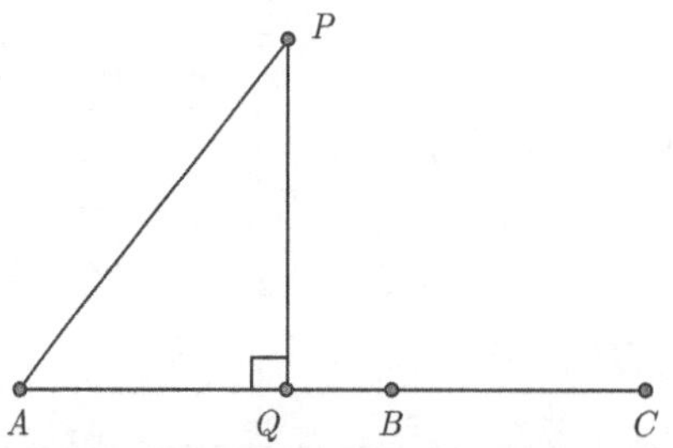

图 3-1

命题 3.1.4　设 A, B, C 是两两不同的共线点, 对任意点 P, 如果 $P_{PAC}\neq 0$, 则有

$$\frac{P_{PAB}}{P_{PAC}}=\frac{\overline{AB}}{\overline{AC}}.$$

证明　如图 3-1, 设 Q 是 P 到 AB 的垂足, 由命题 3.1.1 可得

$$P_{PAB}=P_{QAB}=2\overline{AQ}\cdot\overline{AB},\quad P_{PAC}=P_{QAC}=2\overline{AQ}\cdot\overline{AC},$$

由此命题成立.

命题 3.1.5 设 R 是直线 PQ 上一点, 且相对于 PQ 有位置比例

$$r_1 = \frac{\overline{PR}}{\overline{PQ}}, \quad r_2 = \frac{\overline{RQ}}{\overline{PQ}}.$$

则对任意点 A 和 B 有

$$P_{RAB} = r_1 P_{QAB} + r_2 P_{PAB},$$

$$P_{ARB} = r_1 P_{AQB} + r_2 P_{APB} - r_1 r_2 P_{PQP}.$$

证明 参看图 3-2. 首先根据命题 3.1.4 有

$$\frac{P_{APR}}{P_{APQ}} = \frac{\overline{PR}}{\overline{PQ}} = r_1,$$

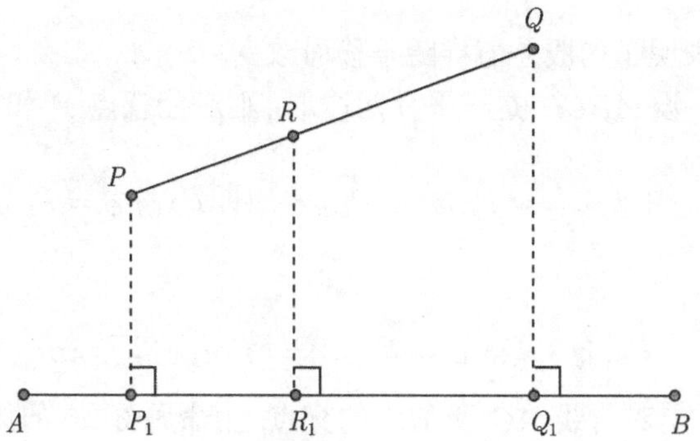

图 3-2

于是可得

$$\begin{aligned} r_1\overline{QA}^2 + r_2\overline{PA}^2 - r_1 r_2 \overline{PQ}^2 &= r_1\overline{QA}^2 + (1-r_1)\overline{PA}^2 - r_1(1-r_1)\overline{PQ}^2 \\ &= \overline{PA}^2 + r_1\left(\overline{QA}^2 - \overline{PA}^2 - \overline{PQ}\right) + r_1^2\overline{PQ}^2 \\ &= \overline{PA}^2 + \overline{PR}^2 - r_1 P_{APQ} \\ &= \overline{PA}^2 + \overline{PR}^2 - P_{APR} = \overline{AR}^2, \end{aligned}$$

也就是

$$\overline{RA}^2 = r_1\overline{QA}^2 + r_2\overline{PA}^2 - r_1 r_2\overline{PQ}^2,$$

$$\overline{RB}^2 = r_1\overline{QB}^2 + r_2\overline{PB}^2 - r_1 r_2\overline{PQ}^2.$$

则得

$$P_{RAB}=\overline{RA}^2+\overline{AB}^2-\overline{RB}^2=r_1(\overline{QA}^2+\overline{AB}^2-\overline{QB}^2)+r_2(\overline{PA}^2+\overline{AB}^2-\overline{PB}^2)$$
$$=r_1P_{QAB}+r_2P_{PAB}.$$

后一等式证明类似.

3.1.2　勾股差和平行

命题 3.1.6　对平行四边形 $ABCD$, 有 $\overline{AC}^2+\overline{BD}^2=2\overline{AB}^2+2\overline{BC}^2$, 也就是说 $P_{ABC}=-P_{BAD}$.

证明　设 O 是对角线 AC 和 BD 的交点, 由命题 3.1.5, 有

$$\overline{AC}^2=4\overline{AO}^2=4\left(\frac{1}{2}\overline{AB}^2+\frac{1}{2}\overline{AD}^2-\frac{1}{4}\overline{BD}^2\right)=2\overline{AB}^2+2\overline{AD}^2-\overline{BD}^2.$$

命题得证.

下面的命题表明了勾股差怎样随平移而改变.

命题 3.1.7　设 $ABCD$ 是一平行四边形. 则对任意点 P 和 Q, 有

$$P_{APQ}+P_{CPQ}=P_{BPQ}+P_{DPQ}\quad(\text{即}P_{APBQ}=P_{DPCQ})$$

和

$$P_{APQ}+P_{PCQ}=P_{PBQ}+P_{PDQ}+2P_{BAD}.$$

证明　设 O 是对角线 AC 和 BD 的交点, 由命题 3.1.5 的第一个方程得

$$2P_{OPQ}=P_{APQ}+P_{CPQ}=P_{BPQ}+P_{DPQ};$$

再由命题 3.1.5 的第二个方程有

$$2P_{POQ}=P_{PAQ}+P_{PCQ}-\frac{1}{2}P_{ACA}=P_{PBQ}+P_{PDQ}-\frac{1}{2}P_{BDB}.$$

现在仅仅需要指出

$$2P_{BAD}=\frac{1}{2}(P_{ACA}-P_{BDB}),$$

而这是命题 3.1.6 的推论.

命题 3.1.8　设 $ABCD$ 是一个平行四边形, P 是任意一点, 则

$$P_{PAB}=P_{PDC}-P_{ADC}=P_{PDAC},$$
$$P_{APB}=P_{APA}-P_{PDAC}.$$

证明 由命题 3.1.7, 有

$$P_{PAB}=P_{PAC}-P_{PAD}=P_{CADP}=P_{PDAC}=P_{PDC}-P_{ADC};$$

另一方面,

$$P_{APB}=P_{APA}+P_{APC}-P_{APD}=P_{APA}+P_{CPDA}=P_{APA}-P_{PDAC}.$$

这就证明了第二个等式.

命题 3.1.9 如果 $PR \parallel AC$ 且 $QS \parallel BD$, 则

$$\frac{P_{PQRS}}{P_{ABCD}}=\frac{\overline{PR}}{\overline{AC}}\cdot\frac{\overline{QS}}{\overline{BD}}.$$

证明 设 X 和 Y 是满足 $\overline{PR}=\overline{AX}, \overline{QS}=\overline{BY}$ 的点, 由命题 3.1.7 与 3.1.4 得

$$P_{PQRS}=P_{PBRY}=P_{PBY}-P_{RBY}=\frac{\overline{QS}}{\overline{BD}}(P_{PBD}-P_{RBD})=\frac{\overline{QS}}{\overline{BD}}P_{PBRD},$$

类似地有

$$P_{PBRD}=\frac{\overline{PR}}{\overline{AC}}P_{ABCD}.$$

命题 3.1.10 设 $AB \parallel CD$, 则

$$\frac{\overline{AB}}{\overline{CD}}=\frac{P_{ADBC}}{2\overline{CD}^2}.$$

证明 由命题 3.1.9, 有

$$\frac{\overline{AB}}{\overline{CD}}=\frac{\overline{AB}}{\overline{CD}}\cdot\frac{\overline{CD}}{\overline{CD}}=\frac{P_{ACBD}}{P_{CCDD}}=\frac{P_{ADBC}}{2\overline{CD}^2}.$$

练习 3.1.11

1. 设 $ABCD$ 是一平行四边形, 则

(1) $P_{ABC}=P_{ADC}=-P_{BAD}=-P_{BCD}$.

(2) $P_{ABD}=P_{BDC}; P_{CBD}=P_{ADB}$.

(3) $P_{ADB}-P_{ADC}=2\overline{AD}^2$.

2. 设 $ABCD$ 是一平行四边形, O 是其对角线的交点, 则对任意点 P, 有

(1) $P_{PAB}+P_{PBC}+P_{PCD}+P_{PDA}=2(\overline{AB}^2+\overline{BC}^2)$.

(2) $P_{APD}+P_{BPC}-P_{CPD}-P_{DPD}=2(\overline{AB}^2-\overline{BC}^2)$.

(3) $P_{APD}+P_{BPC}+P_{CPD}+P_{DPD}=8\overline{PO}^2$.

3.1.3 勾股差和面积

在这一小节里, 我们将证明把面积和三角形的勾股差联系起来的 Herron-秦公式.

定义 3.1.12　设 F 是从点 R 到直线 PQ 的垂足, 定义点 R 到线 PQ 的有向距离, 记为 $h_{R,PQ}$, 是符号和 S_{RPQ} 相同且大小为 $|RF|$ 的一个实数.

命题 3.1.13　对任意两三角形 $\triangle ABC$ 和 $\triangle RPQ$, 设

$$h_A = h_{A,BC}, \quad h_R = h_{R,PQ},$$

则有

$$\frac{S_{ABC}}{|BC|h_A} = \frac{S_{RPQ}}{|PQ|h_R}.$$

证明　不失一般性, 可以假定 B, C, P 和 Q 在同一直线上. 如图 3-3 所示, 设 RF 是 $\triangle RPQ$ 的高, M 是 RF 上一点且满足 $AM \parallel BC$, 则 $S_{ABC} = S_{MBC}$. 于是

$$\frac{S_{ABC}}{S_{APQ}} = \frac{\overline{BC}}{\overline{PQ}}; \quad \frac{S_{MPQ}}{S_{RPQ}} = \frac{\overline{MF}}{\overline{RF}}.$$

把两等式相乘, 注意到 h_A 和 h_R 分别与 S_{ABC} 和 S_{RPQ} 有相同的符号, 所以

$$\frac{S_{ABC}}{|BC|h_A} = \frac{S_{RPQ}}{|PQ|h_R}.$$

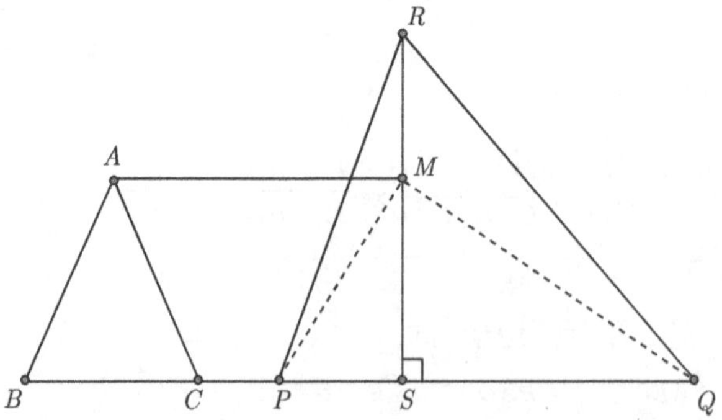

图 3-3

推论 3.1.14　对 $\triangle ABC$, 有

$$h_{A,BC}|BC| = h_{B,CA}|AC| = h_{C,AB}|AB|.$$

证明　在命题 3.1.13 中分别把 $\triangle RPQ$ 替换成 $\triangle BCA$ 和 $\triangle CAB$ 即得.

由命题 3.1.13, 有

$$S_{ABC} = kh_A|BC| = kh_B|AC| = kh_C|AB|,$$

这里 k 是一个独立于 $\triangle ABC$ 的常数. 设 $k = \dfrac{1}{2}$, 我们就得到通常的三角形面积公式.

命题 3.1.15 对 $\triangle ABC$, 有

$$S_{ABC} = \frac{1}{2}h_A|BC| = \frac{1}{2}h_B|AC| = \frac{1}{2}h_C|AB|.$$

命题 3.1.16 (Herron-秦公式) 对任意三角形 ABC, 有

$$16S_{ABC}^2 = 4\overline{AB}^2\overline{AC}^2 - P_{ABC}^2.$$

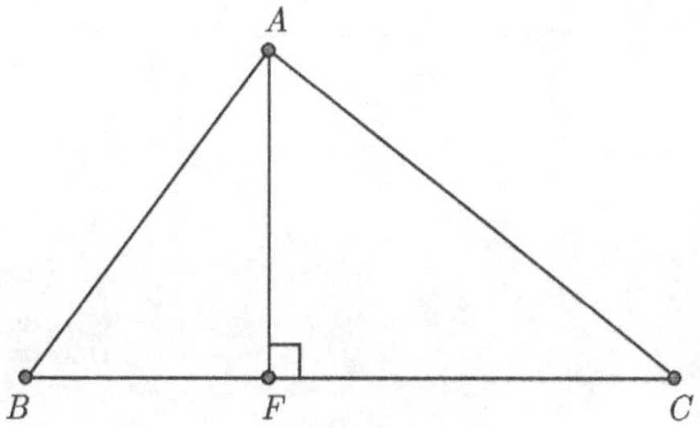

图 3-4

证明 如图 3-4, 设 F 是点 A 到线 BC 的垂足, 由命题 3.1.4, 有

$$\frac{P_{ABC}}{P_{ABF}} = \frac{\overline{BC}}{\overline{BF}}.$$

所以

$$P_{ABC} = \frac{\overline{BC}}{\overline{BF}}P_{ABF} = \frac{\overline{BC}}{\overline{BF}}P_{FBF} = 2\overline{BC}\cdot\overline{BF}.$$

因此得到

$$16S_{ABC}^2 = 4\overline{AF}^2\cdot\overline{BC}^2 = 4(\overline{AB}^2 - \overline{BF}^2)\overline{BC}^2 = 4\overline{AB}^2\cdot\overline{AC}^2 - P_{BAC}^2.$$

命题 3.1.17 (四边形的 Herron-秦公式) 对任意四边形 $ABCD$, 有

$$16S_{ABCD}^2 = 4\overline{AC}^2\overline{BD}^2 - P_{ABCD}^2.$$

证明 取一点 X 使得 $CXDB$ 是一平行四边形, 所以 $\overline{CX} = \overline{BD}$. 由命题 2.2.8、命题 3.1.7 和三角形的 Herron-秦公式, 得到

$$\begin{aligned}S_{ABCD}^2 &= S_{AACX}^2 = S_{XAC}^2\\&= \frac{1}{16}(4\overline{AX}^2\cdot\overline{AC}^2 - P_{XAC}^2)\\&= \frac{1}{16}(4\overline{BD}^2\cdot\overline{AC}^2 - P_{XAAC}^2)\end{aligned}$$

$$= \frac{1}{16}(4\overline{BD}^2 \cdot \overline{AC}^2 - P_{BADC}^2).$$

注意, 这里的证明是与角的概念无关的.

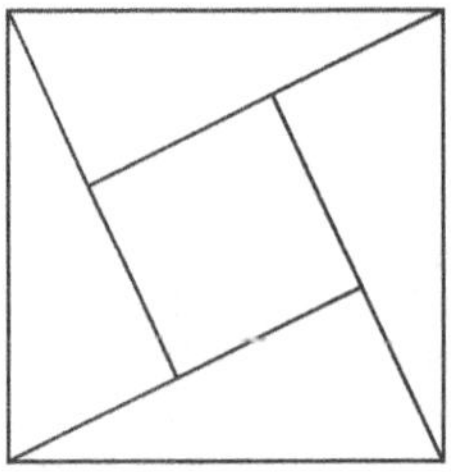

图 3-5

练习 3.1.18

1. 证明 Herron-秦公式的下面几种形式:

- $16S_{ABC}^2 = P_{ACB}P_{ABC} + P_{BCB}P_{BAC}$.
- $16S_{ABC}^2 = P_{BAC}P_{ACB} + P_{ACA}P_{ABC}$.
- $16S_{ABC}^2 = P_{CAB}P_{CBA} + P_{ABA}P_{ACB}$.

2. 正方形的面积的绝对值等于其边长的平方. 用这个事实并参看图 3-5 证明勾股定理.

3.2　构造型几何命题

构造型几何命题是指该命题的几何图形能用关于直线和圆的作图语句来描述. 更精确地说, 几何图形能这样作出: 首先任意取一些点、线、圆, 然后按说明取两线或线与圆的交. 从这些被构造出来的点, 又能形成新的线和圆, 这样又能得到新的点. 最后得到由点、线、圆组成的几何图形. 构造型命题的类记为 C.

显然 Hilbert 交点型命题属于类 C. 这一节, 我们要引入一个比 C_H 大的类 C 的新子集, 就是线性构造型几何命题 C_L, 它的优点一方面是它包括大多数通常用的几何定理, 另一方面是有一种机械方法能有效获得它的可读证明.

3.2.1　线性构造型几何命题

现在我们有三种基本的几何量:

- 三角形或四边形的面积;
- 三角形或四边形的勾股差;
- 平行线段的比例.

由命题 3.1.10, 平行线段的比例能由勾股差来表示.

点是基本的几何对象. 由点我们能引入另两种基本几何对象: 直线和圆. 一条直线能由下面四种形式之一给出:

(LINE U V) 是经过点 U 和点 V 的直线.

(PLINE W U V) 是经过点 W 且平行于 (LINE U V) 的直线.

(TLINE W U V) 是经过点 W 且垂直于 (LINE U V) 的直线.

(BLINE U V) 是 UV 的垂直平分线.

为了使上述四种直线有意义, 需要假定相应的非退化条件 $U \neq V$.

以点 O 为圆心且经过点 U 的圆记为 (CIR O U).

构造是下面的引入新点方式之一. 对每一步构造, 我们也给出它的非退化条件和被构造点的自由度.

(C1) (POINTS $Y_1, \cdots, Y_n$). 取平面上任意点 $Y_1, \cdots, Y_n$, 每一 Y_i 有两个自由度.

(C2) (ON Y ln). 在直线 ln 上取点 Y, 其非退化条件就是 ln 的非退化条件, 点 Y 有一个自由度.

(C3) (ON Y(CIR O P)). 在圆 (CIR O P) 上取点 Y, 非退化条件是 $O \neq P$, 点 Y 有一个自由度.

(C4) (INTER Y $ln1$ $ln2$). 点 Y 是直线 $ln1$ 与直线 $ln2$ 的交点, 点 Y 是一固定点. 非退化条件是 $ln1$ 不平行于 $ln2$. 更精确地说, 有

(1) 如果 $ln1$ 是 (LINE U V) 或 (PLINE W U V) 且 $ln2$ 是 (LINE P Q) 或 (PLINE R P Q), 则非退化条件是 UV 不平行于 PQ.

(2) 如果 $ln1$ 是 (LINE U V) 或 (PLINE W U V) 且 $ln2$ 是 (BLINE P Q) 或 (TLINE R P Q), 则非退化条件是 UV 不垂直于 PQ.

(3) 如果 $ln1$ 是 (BLINE U V) 或 (TLINE W U V) 且 $ln2$ 是 (BLINE P Q) 或 (TLINE R P Q), 则非退化条件是 UV 不平行于 PQ.

(C5) (INTER Y ln (CIR O P)). 点 Y 是直线 ln 与圆 (CIR O P) 的非点 P 之交点, 其中 ln 是 (LINE P U), (PLINE P U V) 或 (TLINE P U V), 非退化条件是 $O \neq P$, $Y \neq P$, 且直线 ln 非退化, 点 Y 是一固定点.

(C6) (INTER Y (CIR O_1 P) (CIR O_2 P)). 点 Y 是圆 (CIR O_1 P) 与圆 (CIR O_2 P)) 的非点 P 之交点, 非退化条件是 O_1, O_2 和 P 不共线, 点 Y 是一固定点.

(C7) (PRATIO Y W U V r). 在经过 W 点且平行于直线 UV 的直线上取点 Y, 使得 $\overline{WY} = r\overline{UV}$, 这里 r 是一有理数, 或者关于几何量的有理表达式, 或者一个变量. 如果 r 是一固定量, 则 Y 是一固定点; 如果 r 是一变量, 则 Y 有一个自由度. 非退化条件是 $U \neq V$. 如果 r 是一关于几何量的有理表达式, 我们可进一步假定 r 的分母不为 0.

(C8) (TRATIO Y W U V r). 在直线 (TLINE U U V) 上取一点 Y 使得 $r = \dfrac{4S_{UVY}}{P_{UVU}} \left(= \dfrac{\overline{UY}}{\overline{UV}} \right)$, 这里 r 是一有理数, 或者关于几何量的有理表达式, 或者一个变量. 如果 r 是一固定量, 则 Y 是一固定点; 如果 r 是一变量, 则 Y 有一个自由度. 非退化条件 (C7) 相同.

在上述每一构造中的点 Y 看作是由该构造引入.

因为有四种不同的线, 构造 (C2), (C4) 和 (C5) 分别有 4, 10 和 3 种可能的形式, 这样总共有 22 种不同形式的构造.

线性构造型几何命题类 C_L 可以类似 C_H 定义, 也就是说, 类 C_L 中的一个命题是一列表

$$S = (C_1, C_2, \cdots, C_k, G),$$

这里 $C_i, i = 1, \cdots, k$ 是从前面被引入的点建构新点的构造; $G = (E_1, E_2)$, E_1 和 E_2 是关于由 C_i 引入点的几何量的多项式, $E_1 = E_2$ 是命题的结论.

设 $S = (C_1, C_2, \cdots, C_k, (E_1, E_2))$ 是 C_L 中的一个命题. S 的非退化条件是 C_i 的非退化条件集合加上 E_1, E_2 中的长度比例的分母不等于 0.

我们把 C_L 中的命题叫线性, 是因为每一步构造 (C1)~(C8) 引入唯一点. 关于包括圆的构造, 下一节有详细讨论.

例 3.2.1 垂心定理可以用下述的构造来描述:

((POINTS $A\,B\,C$),
(INTER E(LINE $A\,C$)(TLINE $B\,A\,C$)),
(INTER F(LINE $C\,B$)(TLINE $A\,C\,B$)),
(INTER H(LINE $A\,F$)(LINE $B\,E$)),
$(P_{ACH} = P_{BCH}))AB \perp CH$.

非退化条件:

$$A \neq C, \quad C \neq B, \quad AF \nparallel BE.$$

3.2.2 最小构造集合

我们总共有 22 种构造和 3 种几何量, 所以为了为每一步构造和每一个几何量提供消去方法, 要考虑 $22 * 3 = 66$ 种情形. 为了避免这种过多的情况, 我们引入和所有 22 种构造等价但数量更少的一个最小构造集合.

一种最小构造集合由 (C1), (C7), (C8) 和下述的两种构造组成:

(C41) (INTER Y(LINE $U\ V$)(LINE $P\ Q$)).

(C42) (FOOT $Y\ P\ U\ V$),

或等价地

(INTER Y(LINE $U\ V$)(TLINE $P\ U\ V$)).

非退化条件是 $U \neq V$.

我们首先说明怎样只用直线 (LINE $U\ V$) 来表示四种直线.

对 $ln=$ (PLINE W U V), 首先用 (PRATIO N W U V 1) 引入一新点 N, 则 $ln=$ (LINE W N).

对 $ln=$ (TLINE W U V), 有两种情形: 如果 W,U,V 共线, $ln=$ (LINE N W), 这里 N 由 (TRATIO N W U 1) 引入; 如果 W,U,V 不共线, $ln=$ (LINE N W), 这里 N 由 (FOOT N W U V) 给出.

(BLINE U V) 能被写成 (LINE N M), 这里 N 与 M 可如下构造:

(MIDPOINT M U V) (即 (PRATIO M U U V 1/2)), (TRATIO N M U 1).

因为用最小构造集合表示所有 22 种构造中仅用一种直线, 所以现在我们只需要考虑下面的情形:

- (ON Y (LINE U V)) 等价于 (PRATIO Y U U V r), 这里 r 是变量.
- (INTER Y (LINE U V) (CIR O U)) 等价于两步构造:

(FOOT N O U V) 和 (PRATIO Y N N U -1).

- (C6) 能约化成 (FOOT N P O_1 O_2) 和 (PRATIO Y N N P -1).
- 关于 (C3), 也就是在圆 (CIR O P) 上任取一点 Y, 首先任取一点 Q, 则 Y 由 (INTER Y (LINE P Q) (CIR O P)) 所引入.

命题 3.2.2 所有从 22 种构造中引入的点的存在性都可由前述的公理 A.2 推出.

证明 我们可以仅讨论五个最小的构造. 构造 (C1), (C7), (C41) 已经在前面讨论过. 设 Y 由 (FOOT Y P U V) 引入, 则由命题 3.1.2, 点 Y 在 UV 上且有位置比例 $\frac{P_{PUV}}{P_{UVU}}$, 因此由公理 A.2, Y 存在. 假设 Y 由 (TRATIO Y U V r) 引入, 则 Y 也可这样引入:

$$\text{(POINT}\,M\text{); (FOOT}\,N\ M\ U\ V\text{); (PRATIO}\,B\ U\ M\ N\ 1\text{); }\left(\text{PRATIO}\,Y\ U\ U\ B\ \frac{rP_{UVU}}{4S_{UVB}}\right).$$

所以 Y 也存在.

练习 3.2.3

1. 证明构造 (C1), (C7), (C8) 也能作为最小构造集合.

我们使用大一点的构造集合的原因是构造 (C41) 和 (C42) 经常使用且它们能产生比较短的证明.

2. 我们引入一个新的构造 (LRATIO Y U V r), 它是在 UV 上取一点使得 $\overline{UY}=r\overline{UV}$. 证明 (C1), (C8) 和此构造也形成一个最小构造集合.

3. 证明构造 (C1), (C7) 和 (C42) 能形成一个最小构造集合.

3.2.3 谓词形式

几何命题的构造性描述能转换成通常所用的谓词形式. 除了 2.3.2 节引入的三

种谓词 POINT, COLL 和 PARA 外, 这里再引入两种新的谓词.

(1) 垂直 (PERP P_1 P_2 P_3 P_4): $[(P_1=P_2)\vee(P_3=P_4)\vee(P_1P_2$ 与 P_3P_4 垂直$)]$; 等价于 $P_{P_1P_3P_2P_4}=0$.

(2) 全等 (CONG P_1 P_2 P_3 P_4): 线段 P_1P_2 与线段 P_3P_4 全等; 等价于 $P_{P_1P_2P_1}=P_{P_3P_4P_3}$.

为了把构造转换成谓词形式, 我们仅需要考虑前节的最小构造集合. 构造 (C1), (C4), (C7) 在 2.3.2 节已讨论过, 这样我们只需要考虑 (C42) 和 (C8).

(C42) (FOOT Y P U V) 等价于 (COLL Y U V), (PERP Y P U V) 且 $U\neq V$.

(C8) (TRATIO Y U V r) 等价于 (PERP Y U U V), $r=\dfrac{4S_{UVY}}{P_{UVU}}$ 且 $U\neq V$.

现在一个构造型命题 S=$(C_1,C_2,\cdots,C_k,(E_1,E_2))$ 能转换成下面的谓词形式:

$$\forall P_i[(P(C_1)\wedge\cdots\wedge P(C_k))\Rightarrow(E=F)],$$

这里 $P(C_i)$ 是关于 C_i 的谓词形式且 P_i 是由 C_i 引入的点.

我们现在讨论什么几何性质可以作为 $\mathrm{C_L}$ 中几何命题的结论, 也就是什么几何性质能由几何量的多项式方程表示. 设 A,B,C,D 是欧氏平面上的四点, 则 S_{ABCD} 和 P_{ABCD} 分别表示四边形 $ABCD$ 的对角线 AC 和 BD 的外积和内积 (具体的请参看第 5 章):

$$S_{ABCD}=\frac{1}{2}[\overrightarrow{AC},\overrightarrow{BD}],\quad P_{ABCD}=2\langle\overrightarrow{AC},\overrightarrow{BD}\rangle.$$

所以任意能用关于内积和外积的方程来表示的几何性质就一定可以作为几何命题的结论. 如例所示, 我们说明如何用几何量来表示几个经常用的几何性质.

(COLL A B C). 点 A,B,C 共线当且仅当 $S_{ABC}=0$;

(PARA A B C D). AB 平行于 CD 当且仅当 $S_{ACD}=S_{BCD}$;

(PERP A B C D). AB 垂直于 CD 当且仅当 $P_{ACD}=P_{BCD}$;

(MIDPOINT M A B). M 是 AB 的中点当且仅当 $\dfrac{\overline{AM}}{\overline{MB}}=1$;

(EQDISTANCE A B C D). AB 和 CD 全等当且仅当 $P_{ABA}=P_{CDC}$;

(HARMONIC A B C D). A, B 和 C, D 构成调和点对当且仅当 $\dfrac{\overline{AC}}{\overline{CB}}=\dfrac{\overline{DA}}{\overline{DB}}$;

(EQ-PRODUCT A B C D P Q R S). AB 与 CD 的乘积和 PQ 与 RS 的乘积相等, 如果 $AB\parallel PQ$ 且 $RS\parallel CD$, 等价于 $\dfrac{\overline{AB}}{\overline{PQ}}=\pm\dfrac{\overline{RS}}{\overline{CD}}$; 如果 $AB\parallel CD\parallel$ 且 $PQ\parallel RS$, 等价于 $P_{ACBD}=\pm P_{PRQS}$; 否则等价于 $P_{ABA}P_{CDC}=P_{PQP}P_{RSR}$;

(TANGENT $O1$ A $O2$ B). 圆 (CIR $O1$ A) 与圆 (CIR $O2$ B) 相切当且仅当

$$d^2+r_1^2+r_2^2-2dr_1-2dr_2-2r_1r_2=0,$$

其中

$$d=\overline{O_1O_2}^2,\quad r_1=\overline{O_1A}^2,\quad r_2=\overline{O_2B}^2.$$

3.3　线性可构型几何命题的机器证明

3.3.1　算法

在第 2 章, 我们已经知道用面积法证明几何定理的过程. 为了证明类 C_L 中的几何定理, 我们需要从三个几何量：面积、勾股差、长度比例中消去由构造 (C1), (C7), (C8), (C41), (C42) 所引入的点.

设 $G(Y)$ 是关于不同点 A, B, C, Y 的几何量 $S_{ABY}, S_{ABCY}, P_{ABY}, P_{ABCY}$ 中之一. 对三个共线点 Y, U, V, 由基本命题 b3(命题 2.2.6) 与命题 3.1.5 有

(I) $G(Y)=\dfrac{\overline{UY}}{\overline{UV}}G(V)+\dfrac{\overline{YV}}{\overline{UV}}G(U).$

称 $G(Y)$ 为变量 Y 的线性几何量.

所有线性几何量的消去过程类似于构造 (C7), (C41) 和 (C42).

引理 3.3.1　设 $G(Y)$ 是线性几何量, 点 Y 由构造 (PRATIO $Y\ W\ U\ V\ r$) 引入, 则有

$$G(Y)=\begin{cases}\left(\dfrac{\overline{UW}}{\overline{UV}}+r\right)G(V)+\left(\dfrac{\overline{WV}}{\overline{UV}}-r\right)G(U) & (\text{若 } W \text{ 在直线 } UV \text{ 上}),\\ G(W)+r(G(V)-G(U)) & (\text{其他情形}).\end{cases}$$

证明　如果 W,U,V 共线, 有 $\dfrac{\overline{UY}}{\overline{UV}}=\dfrac{\overline{UW}}{\overline{UV}}+r$, $\dfrac{\overline{YV}}{\overline{UV}}=\dfrac{\overline{WV}}{\overline{UV}}-r$. 把两式代入 (I), 就得到第一个公式. 为了得到第二个, 取一点 S 使得 $\overline{WS}=\overline{UV}$. 由 (I) 得

$$G(Y)=\frac{\overline{WY}}{\overline{WS}}G(S)+\frac{\overline{YS}}{\overline{WS}}G(W)=rG(S)+(1-r)G(W).$$

由命题 2.2.8 和 3.1.7, $G(S)=G(W)+G(V)-G(U)$. 把此式代入上面的方程, 就得到结果. 注意, 这两种情形都需要非退化条件 $U\neq V$.

引理 3.3.2　设 $G(Y)$ 是一线性几何量, Y 由构造

$$(\text{INTER}\,Y(\text{LINE}\,U\ V)(\text{LINE}\,P\ Q))$$

引入. 则

$$G(Y)=\frac{S_{UPQ}G(V)-S_{VPQ}G(U)}{S_{UPVQ}}.$$

证明　由共边定理, 有

$$\frac{\overline{UY}}{\overline{UV}}=\frac{S_{UPQ}}{S_{UPVQ}},\quad \frac{\overline{YV}}{\overline{UV}}=-\frac{S_{VPQ}}{S_{UPVQ}}.$$

代入 (I) 就可证明结论.

引理 3.3.3　设 $G(Y)$ 是一线性几何量, Y 由构造 (FOOT $Y\ P\ U\ V$) 引入, 则

$$G(Y)=\frac{P_{PUV}G(V)+P_{PVU}G(U)}{2\overline{UV}^2}.$$

证明　由命题 3.1.2, 有

$$\frac{\overline{UY}}{\overline{UV}}=\frac{P_{PUV}}{P_{UVU}},\quad \frac{\overline{YV}}{\overline{UV}}=\frac{P_{PVU}}{P_{UVU}}.$$

代入 (I) 就可证明结论.

设 $G(Y)=P_{AYB}$, 由命题 3.1.5, 对三个共线点 Y,U,V 有

(II) $G(Y)=\dfrac{\overline{UY}}{\overline{UV}}G(V)+\dfrac{\overline{YV}}{\overline{UV}}G(U)-\dfrac{\overline{UY}}{\overline{UV}}\cdot\dfrac{\overline{YV}}{\overline{UV}}P_{UVU}.$

称 P_{AYB} 为关于变量 Y 的二次几何量. 因为在上面的三个引理中, 当 Y 由构造 (C7), (C41), (C42) 引入时, 我们已得到确定 Y 的位置的比值 $\dfrac{\overline{UY}}{\overline{UV}}$ 和 $\dfrac{\overline{YV}}{\overline{UV}}$, 代入 (II) 即可从 $G(Y)$ 中消去 Y. 注意在 (C7) 的情形, 我们需要使用命题 3.1.7 的第二个公式, 其结论如下:

引理 3.3.4　设 Y 由 (PRATIO $Y\ W\ U\ V\ r$) 引入, 则有

$$P_{AYB}=P_{AWB}+r(P_{AVB}-P_{AUB}+P_{WUV})-r(1-r)P_{UVU}.$$

至于构造 (C8), 则需要单独处理如下:

引理 3.3.5　设 Y 由 (TRATIO $Y\ P\ Q\ r$) 引入, 则有

$$S_{ABY}=S_{ABP}-\frac{r}{4}P_{PAQB}.$$

证明　如图 3-6, 设 A_1 是 A 到 PQ 的垂足, 则由命题 2.2.7 和 3.1.2 得

$$\frac{S_{PAY}}{S_{PQY}}=\frac{S_{PA_1Y}}{S_{PQY}}=\frac{\overline{PA_1}}{\overline{PQ}}=\frac{P_{A_1PQ}}{P_{QPQ}}=\frac{P_{APQ}}{P_{QPQ}}.$$

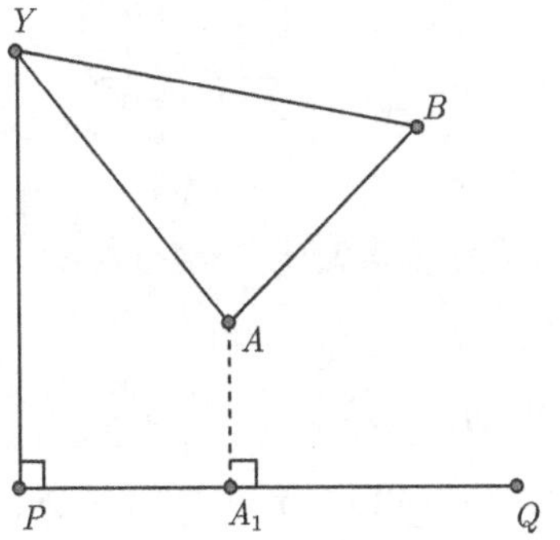

图 3-6

这样就有

$$S_{PAY} = \frac{P_{APQ}}{P_{QPQ}} S_{PQY} = \frac{r}{4} P_{APQ}.$$

类似地,

$$S_{PBY} = \frac{P_{BPQ}}{P_{QPQ}} S_{PQY} = \frac{r}{4} P_{BPQ}.$$

于是现在可得

$$S_{ABY} = P_{ABP} + P_{PBY} - S_{PAY} = S_{ABP} - \frac{r}{4} P_{PAQB}.$$

引理 3.3.6 设 Y 是由 (TRATIO $Y\ P\ Q\ r$) 引入, 则有

$$P_{ABY} = P_{ABP} - 4r S_{PAQB}.$$

证明 如图 3-7, 设 A 和 B 到直线 PY 的垂足分别是 A_1 和 B_1, 则

$$\frac{P_{BPAY}}{P_{YPY}} = \frac{P_{B_1PA_1Y}}{P_{YPY}} = \frac{\overline{A_1B_1}}{\overline{PY}} = \frac{S_{PA_1QB_1}}{S_{PQY}} = \frac{S_{PAQB}}{S_{PQY}}.$$

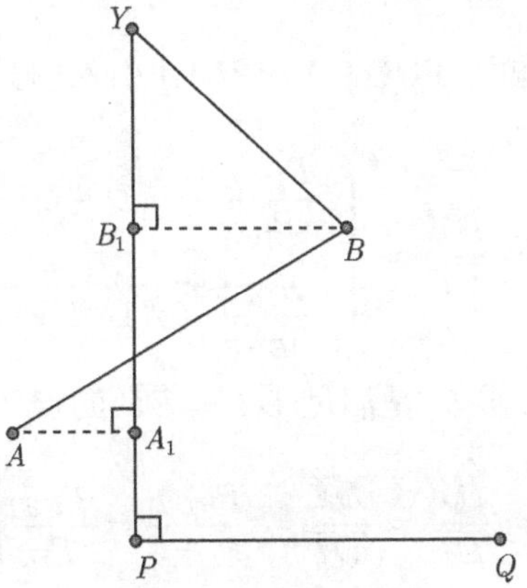

图 3-7

由面积公式, 有

$$S_{PQY}^2 = \frac{1}{4}\overline{PQ}^2 \cdot \overline{PY}^2.$$

于是有

$$P_{YPY} = 2\overline{PY}^2 = 4rS_{PQY}.$$

因此

$$P_{ABY} = P_{ABP} - P_{BPAY} = P_{ABP} - 4rS_{PAQB}.$$

引理 3.3.7　设 Y 是由 (TRATIO $Y\ P\ Q\ r$) 引入, 则有

$$P_{AYB} = P_{APB} + r^2 P_{PQP} - 4r(S_{APQ} + S_{BPQ}).$$

证明　由引理 3.3.6, 有

$$P_{APY} = 4rS_{APQ}, \quad P_{BPY} = 4rS_{BPQ}.$$

再由勾股差定义和面积公式得

$$P_{YPY} = 2\overline{PY}^2 = 4rS_{PQY} = r^2 P_{PQP}.$$

所以

$$P_{AYB} = P_{APB} - P_{APY} - P_{BPY} + P_{YPY} = P_{APB} + r^2 P_{PQP} - 4r(S_{APQ} + S_{BPQ}).$$

由命题 3.1.10, 平行线段的比例能由勾股差来表示, 这样就有了一个从几何量消去点的完全的方法. 但是一般情形下, 我们考虑长度比例是为了得到简短的证明. 事实上, 从长度比例中消去由 (C41) 和 (C7) 引入的点 Y 的方法已由引理 2.4.7 和 2.4.8 给出. 对另外的构造, 有

引理 3.3.8　设 Y 是由 (FOOT $Y\ P\ U\ V$) 引入. 假定 $D \neq U$, 否则交换 U 和 V, 则有

$$G = \frac{\overline{DY}}{\overline{EF}} = \begin{cases} \dfrac{P_{PEDF}}{P_{EFE}} & (D \in UV), \\[2ex] \dfrac{S_{DUV}}{S_{EUFV}} & (D \notin UV). \end{cases}$$

证明　如果 $D \in UV$, 设 T 是满足 $\overline{DT} = \overline{EF}$ 的点. 由命题 3.1.2 与 3.1.8 有

$$G = \frac{\overline{DY}}{\overline{EF}} = \frac{\overline{DY}}{\overline{DT}} = \frac{P_{PDT}}{P_{DTD}} = \frac{P_{PEDF}}{P_{EFE}}.$$

而另一个等式是共边定理的直接推论.

引理 3.3.9　设 Y 是由 (TRATIO $Y\ P\ Q\ r$) 引入. 则有

$$G=\frac{\overline{DY}}{\overline{EF}}=\begin{cases}\dfrac{P_{DPQ}}{P_{EPFQ}} & (D\notin PY),\\[2ex] \dfrac{S_{DPQ}-\dfrac{r}{4}P_{PQP}}{S_{EPFQ}} & (D\in PY).\end{cases}$$

证明 第一种情形是命题 3.1.3 的直接推论, 如果 $D\in PY$, 则

$$\frac{\overline{DY}}{\overline{EF}}=\frac{\overline{DP}}{\overline{EF}}-\frac{\overline{YP}}{\overline{EF}}.$$

由共边定理, 有

$$\frac{\overline{DP}}{\overline{EF}}=\frac{S_{DPQ}}{S_{EPFQ}};\quad \frac{\overline{YP}}{\overline{EF}}=\frac{S_{YPQ}}{S_{EPFQ}}=\frac{rP_{PQP}}{4S_{EPFQ}}.$$

于是第二个结论也成立.

对一个几何命题 $S=(C_1,C_2,\cdots,C_k,(E,F))$, 用上述引理从 E 和 F 中消去所有的由 C_i 引入的非自由点后, 我们得到两个关于独立变量、自由点的面积和勾股差的有理表达式 E' 和 F'. 这些几何量一般不是相互独立的. 例如, 对三个点 A, B 和 C, 有 Herron-秦公式 (命题 3.1.16):

$$16S_{ABC}^2=4\overline{AB}^2\overline{AC}^2-(\overline{AC}^2+\overline{AB}^2-\overline{BC}^2)^2.$$

这样我们需要将 E' 和 F' 约化为关于独立变量的表达式. 为了做到这一点, 首先引进三个新点 O, U, V 使得 $UO\perp OV$, 我们将 E' 和 F' 约化为相对于 OUV 的面积坐标的表达式.

引理 3.3.10 对三点 A, B, C, 有

(1) $S_{ABC}=\dfrac{1}{S_{OUV}}\begin{vmatrix}S_{OUA} & S_{OVA} & 1\\ S_{OUB} & S_{OVB} & 1\\ S_{OUC} & S_{OVC} & 1\end{vmatrix}$;

(2) $P_{ABC}=\overline{AB}^2+\overline{CB}^2-\overline{AC}^2$;

(3) $\overline{AB}^2=\dfrac{\overline{OU}^2(S_{OVA}-S_{OVB})^2}{S_{OUV}^2}+\dfrac{\overline{OV}^2(S_{OUA}-S_{OUB})^2}{S_{OUV}^2}$;

(4) $S_{OUV}^2=\dfrac{1}{4}\overline{OU}^2\overline{OV}^2$.

证明 情形 (1) 是引理 2.4.13; 情形 (2) 是勾股差的定义; 关于情形 (3), 由构造 (INTER M (PLINE A O U) (PLINE B O V)) 引入一新点 M, 如图 3-8.

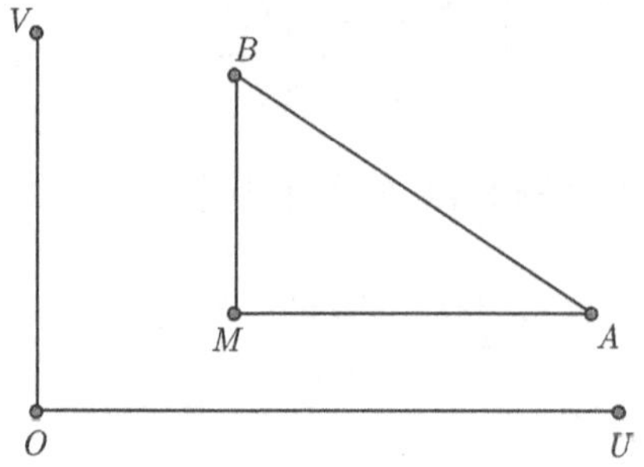

图 3-8

然后由勾股定理得到 $\overline{AB}^2 = \overline{AM}^2 + \overline{MB}^2$; 再由引理 2.4.8 的第二种情形得

$$\frac{\overline{AM}}{\overline{OU}} = \frac{S_{AOBV}}{S_{OOUV}} = \frac{S_{AOV} - S_{BOV}}{S_{OUV}},$$

$$\frac{\overline{BM}}{\overline{OV}} = \frac{S_{AOU} - S_{BOU}}{S_{OUV}}.$$

这样就证明了情形 (3). 情形 (4) 是命题 3.1.13 的推论.

根据上述引理, E 和 F 能写成 $\overline{OU}, \overline{OV}$ 和自由点的面积坐标的表达式.

注记 3.3.11 在引理 3.3.10 中, 实际上使用了点的 Descartes 坐标来表示面积和勾股差. 对任意点 P, 设

$$x_P = \frac{2S_{OUP}}{|\overline{OU}|}, \quad y_P = \frac{2S_{OVP}}{|\overline{OV}|}.$$

则在引理 3.3.10 中的公式变成

$$(1)' \ S_{ABY} = \frac{1}{2}\begin{vmatrix} x_A & y_A & 1 \\ x_B & y_B & 1 \\ x_Y & y_Y & 1 \end{vmatrix};$$

$(2)'$ $\overline{AB}^2 = (x_A - x_B)^2 + (y_A - y_B)^2$.

算法 3.3.12 (平面几何)

输入: $S = (C_1, C_2, \cdots, C_k, (E, F))$ 是 C_L 中的一个命题.

输出: 算法说明 S 是否为真; 如果命题真, 则产生 S 的一个证明.

S1. 对 $i = k, \cdots, 1$, 作 S2, S3, S4, 最后作 S5.

S2. 检查 C_i 的非退化条件是否满足. 一个构造的非退化条件有三种形式: $A \neq B$, PQ 不平行于 UV, 或 PQ 不垂直于 UV. 对第一种情形, 检查是否 $P_{ABA} = 2\overline{AB}^2 = 0$; 对第二种情形, 检查是否 $S_{PUV} = S_{QUV}$; 对第三种情形, 检查是否 $P_{PUV} = P_{QUV}$. 如果一个几何命题的非退化条件不满足, 则此命题就是成立的. 算法中止.

S3. 设 $G1, \cdots, G_s$ 是 E, F 中的几何量. 对 $j = 1, \cdots, s$ 作 S4.

S4. 设 H_j 是用本节引理从 G_j 消去由构造 C_i 引入的点所得到的结果, 在 E 和 F 中用 H_j 替换 G_j 后得到新的 E 和 F.

S5. 现在 E 和 F 是关于相互独立变量的有理表达式. 因此, 如果 $E = F$, 则 S 成立; 否则 S 不成立.

正确性证明 只有最后一步需要解释. 如果 $E = F$, 命题显然成立. 否则, 由命题 2.4.15, 我们能在 E 和 F 中为自由参数找到特定值, 使得当把它们代入 E 和 F 时得到两不同值, 也就是说找到了反例.

下面考虑算法的复杂度. 设 n 是用构造 (C1)~(C8) 描述的一个命题的非自由点的数目. 由 3.2 节中的分析, 用最小集合表示假设, 可用至多 $5n$ 种构造 (需要用最小构造集中的五种来表示构造 (INTER A (BLINE U V) (BLINE P Q))). 所以我们可以用至多 $5n$ 种最小构造来描述命题. 注意到每一个引理可以用一个次数不超过 3 的有理表达式代换一个几何量, 所以如果几何命题的结论次数为 d 的话, 我们的算法的输出次数最多为 $3^{5n}d$. 在最后一步, 需要用面积坐标来表示面积和勾股差. 在最坏情况, 一个几何量 (勾股差) 用次数为 5 的表达式来替换, 最后多项式的次数至多为 $5d3^{5n}$.

注记 3.3.13 在第 2.5 节已经给出了任意域上的仿射几何的面积法, 算法 3.3.12 实际上可用于特征不为 2 的任意域上的度量几何. 这里必须排除特征为 2 的域, 否则, 对共线点 A, B, C 有 $P_{ABC} = 2\overline{AB} \cdot \overline{CB} = 0$, 也就是 $AB \perp BC$.

3.3.2 优化的消去技巧

我们已经给出了基于最小构造集合来证明类 $C_{\rm L}$ 中的几何命题的完全方法. 但是, 如果仅用那五个构造, 我们必须在几何命题的描述中引入许多辅助点, 更多的点意味着更长的证明. 在本节, 我们将引进更多的构造和消去技巧以获得更短的证明.

3.3.1 节的消去引理能用两种方式优化: 第一种是考虑用更多的构造代替最小集合, 第二种就是对每一个消去引理给出特殊情况下的消去结果. 下面举一个第二种优化的例子.

练习 3.3.14 设点 Y 由构造 (FOOT Y P U V) 引入, 证明下述结论:

$$S_{ABY}=\begin{cases} S_{ABU} & (AB\|UV),\\ S_{ABP} & (AB\perp UV),\\ \dfrac{S_{UBV}P_{PUAV}}{P_{UVU}} & (U,V,A\text{ 共线}),\\ \dfrac{S_{AUV}P_{PUBV}}{P_{UVU}} & (U,V,B\text{ 共线}),\end{cases}$$

$$P_{ABY}=\begin{cases} P_{ABP} & (AB\|UV),\\ P_{ABU} & (AB\perp UV),\\ \dfrac{P_{ABU}P_{PBU}}{P_{UBU}} & (U,V,B\text{ 共线}),\end{cases}$$

$$P_{AYB}=\begin{cases} \dfrac{16S_{PUV}^2}{P_{UVU}} & (A=B=P),\\ \dfrac{P_{PUV}^2}{P_{UVU}} & (A=B=U),\\ \dfrac{P_{PVU}^2}{P_{UVU}} & (A=B=V),\\ \dfrac{-P_{PVU}P_{PUV}}{P_{UVU}} & (A=U,B=V).\end{cases}$$

为了使用上述消去技巧, 类似第 2.4.5 节, 我们需要寻找几何命题中明显的共线点集合、平行线和垂直线. 参看下面的例子.

例 3.3.15　下面给垂心定理 (例 1.3.2) 一个新的机器证明, 其中使用了上面的练习.

机器证明

作图过程	机器证明	消点说明
((POINTS A B C)	$\dfrac{P_{ACH}}{P_{BCH}}$	$P_{BCH}\overset{H}{=}P_{ACB}$
(FOOT E B A C)	$\overset{H}{=}\dfrac{P_{ACB}}{P_{ACB}}$	$P_{ACH}\overset{H}{=}P_{ACB}$
(FOOT F A B C)	$\overset{\text{simplify}}{=\!=\!=}1$	
(INTER H (LINE A F)(LINE B E))		
(PERPENDICULAR A B C H))		

从命题的描述中, 我们能找到共线点集合:

$$\{H,A,F\},\quad \{F,C,B\},\quad \{H,E,B\},\quad \{E,A,C\}$$

和垂直线集合:

$$HAF\perp BCF,\quad HEB\perp EAC.$$

然后由练习 3.3.14 得 $P_{BCH}=\mathrm{P}_{ACB}$ 和 $P_{ACH}=P_{ACB}$, 故 $AB\perp CH$ 和 $CA\perp BH$.

练习 3.3.16 设 $G(Y)$ 是一个关于 Y 的线性几何量, $Q(Y)$ 是一个关于 Y 的二次几何量. 如果 Y 在线 UV 上, 则

$$G(Y)=\frac{\overline{UY}}{\overline{\overline{UV}}}G(V)+\frac{\overline{YV}}{\overline{\overline{UV}}}G(U),$$

$$Q(Y)=\frac{\overline{UY}}{\overline{\overline{UV}}}Q(V)+\frac{\overline{YV}}{\overline{\overline{UV}}}Q(U)-2\cdot\frac{\overline{UY}}{\overline{\overline{UV}}}\cdot\frac{\overline{YV}}{\overline{\overline{UV}}}\cdot\overline{UV}^2,$$

$$\frac{\overline{DY}}{\overline{\overline{EF}}}=\begin{cases}\dfrac{S_{DUV}}{S_{EUFV}} & (D\notin UV),\\[2ex] \dfrac{\dfrac{\overline{DU}}{\overline{\overline{UV}}}+\dfrac{\overline{UY}}{\overline{\overline{UV}}}}{\dfrac{\overline{EF}}{\overline{\overline{UV}}}} & (D\in UV).\end{cases}$$

对其中几个构造, 我们需要计算 Y 相对于 UV 的比例并代入上述公式以消去 Y. 具体地有

(1) 如果 Y 由 (INTER Y (LINE U V) (PLINE R P Q)) 引入, 则

$$\frac{\overline{UY}}{\overline{\overline{UV}}}=\frac{S_{UPRQ}}{S_{UPVQ}},\quad \frac{\overline{YV}}{\overline{\overline{UV}}}=\frac{S_{VPRQ}}{S_{UPVQ}}.$$

(2) 如果 Y 由 (INTER Y (LINE U V) (TLINE R P Q)) 引入, 则

$$\frac{\overline{UY}}{\overline{\overline{UV}}}=\frac{P_{UPQ}}{P_{UPVQ}},\quad \frac{\overline{YV}}{\overline{\overline{UV}}}=-\frac{P_{VPQ}}{P_{UPVQ}}.$$

(3) 如果 Y 由 (INTER Y (LINE U V) (BLINE P Q)) 引入, 则

$$\frac{\overline{UY}}{\overline{\overline{UV}}}=\frac{P_{UPQ}-\overline{PQ}^2}{P_{UPVQ}},\quad \frac{\overline{YV}}{\overline{\overline{UV}}}=-\frac{P_{VPQ}-\overline{PQ}^2}{P_{UPVQ}}.$$

(4) 如果 Y 由 (INTER Y (LINE U V) (CIR O U)) 引入, 则

$$\frac{\overline{UY}}{\overline{\overline{UV}}}=2\cdot\frac{P_{OUV}}{P_{UVU}},\quad \frac{\overline{YV}}{\overline{\overline{UV}}}=\frac{P_{OVQ}-P_{OUO}}{P_{UVU}}.$$

练习 3.3.17 如果 Y 由 (INTER Y (PLINE W U V) (PLINE R P Q)) 引入, 则

$$G(Y)=G(W)+rG(V)-G(U);$$

$$Q(Y)=Q(W)+r(G(V)-G(U))-2r(1-r)\overline{UV}^2,$$

这里 $r=\dfrac{S_{WPRQ}}{S_{UPVQ}}$.

练习 3.3.18　在 22 种构造中, 有 8 种没被讨论 (在 BLINE, PLINE 或 TLINE 上取一点; 取两 TLINE、两 BLINE、一 TLINE 和一 PLINE、一 TLINE 和一 BLINE, 或一 PLINE 和一 BLINE 之交; 取一圆和一 PLINE 或一 TLINE 之交). 试从几何量中消去由这 8 种构造引入的点.

3.4　比率构造

比率构造是指构造 PRATIO, TRATIO 和别的可以化为这两种构造的构造, 对几何命题适当使用比率构造可以产生很好的证明.

3.4.1　更多的比率构造

为了方便起见, 我们首先引进下面的构造:

(C9) (MIDPOINT $Y\ U\ V$). Y 是 UV 的中点, 等价于 (PRATIO $Y\ U\ U\ V$ 1/2).

(C10) (SYMMETRY $Y\ U\ V$). Y 是点 V 关于 U 的对称点, 等价于 (PRATIO $Y\ U\ U\ V$ -1).

(C11) (LRATIO $Y\ U\ V\ r$). Y 是 UV 上一点使得 $\dfrac{\overline{UY}}{\overline{UV}}=r$, 等价于 (PRATIO $Y\ U\ U\ V\ r$).

(C12) (MRATIO $Y\ U\ V\ r$). Y 是 UV 上一点使 $\dfrac{\overline{UY}}{\overline{YV}}=r$, 等价于 $\left(\text{PRATIO } Y\ U\ U\ V\ \dfrac{r}{1+r}\right)$. 四个共线点 A, B, C, D 被称为调和点列, 如果 $\dfrac{\overline{CA}}{\overline{CB}}=-\dfrac{\overline{DA}}{\overline{DB}}$. 已知两点 A 和 B, 有下述方式引进点 C, D 使得 A, B, C, D 形成一个调和序列:

$$(\text{ON}\,C(\text{LINE}\,A\ B)),\qquad \left(\text{LRATIO}\ D\ A\ B\ \frac{\overline{CA}}{\overline{CA}+\overline{CB}}\right);$$

$$(\text{MRATIO}\ C\ A\ B\ r),\quad (\text{MRATIO}\ D\ A\ B\ \ -r).$$

为了方便起见, 我们引进一个新的构造:

(C13) (HARMONIC $D\ C\ A\ B$). 已知三共线点 A, B, C, 引进一点 D 使得 A, B, C, D 形成一个调和序列.

另一个和比率相关的重要几何概念就是反演. 已知一个以 O 为圆心以 $r\neq 0$ 为半径的圆, 若 P, Q 和 O 三点共线, 且 $\overline{OP}\cdot\overline{OQ}=r^2$, 则称 P 是 Q 相对于 $\odot O$ 的反演点, O 称为反演中心. 对此我们引进一个新的构造:

(C14) (INVERSION P Q O A). 这里 P 是 Q 相对于圆 (CIR O A) 的反演点. 如果 $Q \in OA$, 构造 (C14) 等价于 $\left(\text{LRATIO } P\ O\ A\ \dfrac{\overline{OA}}{\overline{OQ}}\right)$;

否则 (C14) 等价于 $\left(\text{LRATIO } P\ O\ Q\ \dfrac{P_{OAO}}{P_{OQO}}\right)$.

在比率构造中的比率 r 可以是有理数、变量或关于几何量的表达式, 现在我们附加一个新的特殊构造后允许 r 是任意代数数.

(C15) (CONSTANT $p(r)$) 这里 $p(r)$ 是一个关于变量 r 的不可约多项式. 这种构造就引进了一个代数数 r 满足 $p(r)=0$.

有了构造 CONSTANT, 我们能处理包含特殊角例如 30°, 45°, 60° 等的命题, 在本节的剩下部分, 我们将用几个例子来说明怎样用比率构造解决几何问题.

构造 TRATIO 能用来表达包含正方形的几何命题.

例 3.4.1 在三角形 ABC 两边 AB 和 AC 上分别向外作正方形 $ABDE$ 和 $ACFG$, 如图 3-9. 求证 $BG \perp CE$.

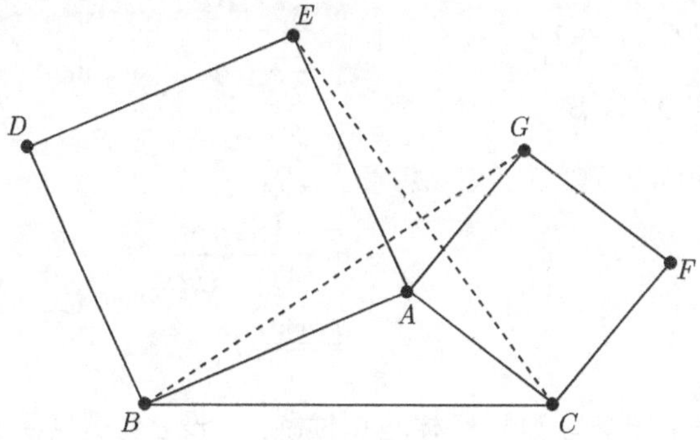

图 3-9

机器证明

构造性描述	机器证明
((POINTS A B C)	$\dfrac{P_{BGE}}{P_{BGC}}$
(TRATIO E A B 1)	$\stackrel{G}{=} \dfrac{P_{ACA}+4S_{ACE}-4S_{ABC}}{P_{BAC}+P_{ACA}-4S_{ABC}}$
(TRATIO G A C -1)	
(PERPENDICULAR E C G B))	$\stackrel{E}{=} \dfrac{P_{BAC}+P_{ACA}-4S_{ABC}}{P_{BAC}+P_{ACA}-4S_{ABC}}$
	$\stackrel{\text{simplify}}{=\!=} 1$

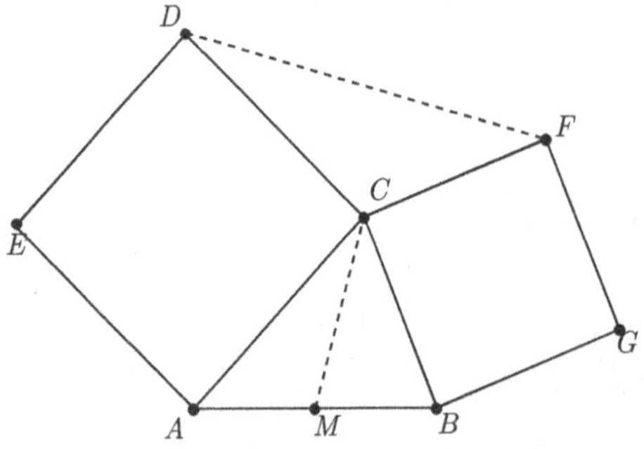

图 3-10

消元式

$$P_{BGC} \stackrel{G}{=} P_{BAC} + P_{ACA} - 4S_{ABC}$$

$$P_{BGE} \stackrel{G}{=} P_{ACA} + 4S_{ACE} - 4S_{ABC}$$

$$S_{ACE} \stackrel{E}{=} \frac{1}{4}(P_{BAC})$$

例 3.4.2　在三角形 ABC 两边 AC 和 BC 上各有一正方形 $ACDE$ 和 $BCFG$, M 是 AB 的中点, 如图 3-10. 求证 $CM \perp DF$.

机器证明

构造性描述	机器证明	消元式
((POINTS A B C)	$\dfrac{P_{DCM}}{P_{FCM}}$	$P_{FCM} \stackrel{M}{=} \dfrac{1}{2}(P_{ACF})$
(TRATIO D C A 1)	$\stackrel{M}{=} \dfrac{\frac{1}{2}P_{BCD}}{\frac{1}{2}P_{ACF}}$	$P_{DCM} \stackrel{M}{=} \dfrac{1}{2}(P_{BCD})$
(TRATIO F C B -1)		$P_{ACF} \stackrel{F}{=} 4(S_{ABC})$
(MIDPOINT M A B)	$\stackrel{F}{=} \dfrac{P_{BCD}}{4S_{ABC}}$	$P_{BCD} \stackrel{D}{=} 4(S_{ABC})$
(PERPENDICULAR D F C M))	$\stackrel{D}{=} \dfrac{4S_{ABC}}{(4) \cdot S_{ABC}}$	
	$\stackrel{\text{simplify}}{=\!=} 1$	

例 3.4.3 (1959 年国际数学奥林匹克试题)　设 M 是直线 AB 上的一点, 两正方形 $AMCD$ 和 $BMEF$ 在 AB 的同侧, 设 V 是正方形 $BMEF$ 的中心, BC 交圆 $C(V,B)$ 于 N. 证明 A, E, N 共线 (图 3-11) .

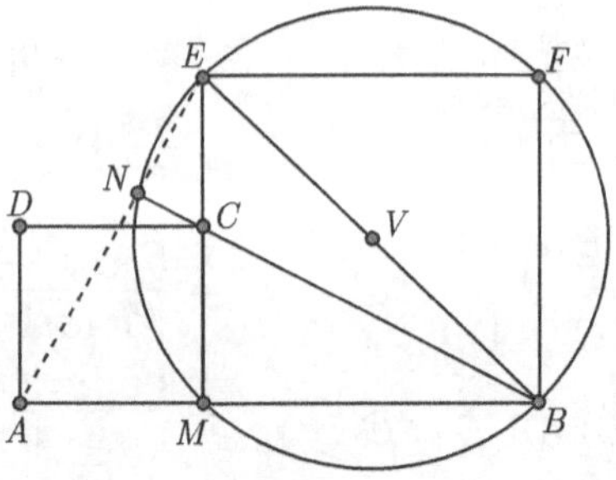

图 3-11

机器证明

构造性描述

((POINTS A B)

(ON M(LINE A B))

(TRATIO C M A 1)

(TRATIO E M B -1)

(MIDPOINT V E B)

(INTER N(LINE B C)

(CIR V B))

(INTER T(LINE B C)

(LINE A E))

$\left(\frac{\overline{BN}}{\overline{CN}}=\frac{\overline{BT}}{\overline{CT}}\right)$))

机器证明

$$\left(\frac{\overline{BN}}{\overline{CN}}\right)\Big/\left(\frac{\overline{BT}}{\overline{CT}}\right)$$

$$\stackrel{T}{=}\frac{-S_{ACE}}{-S_{ABE}}\cdot\frac{\overline{BN}}{\overline{CN}}$$

$$\stackrel{N}{=}\frac{P_{CBV}\cdot S_{ACE}}{S_{ABE}\cdot\left(P_{CBV}-\frac{1}{2}P_{BCB}\right)}$$

$$\stackrel{V}{=}\frac{\left(\frac{1}{2}P_{CBE}\right)\cdot S_{ACE}}{S_{ABE}\cdot\left(\frac{1}{2}P_{CBE}-\frac{1}{2}P_{BCB}\right)}$$

$$\stackrel{E}{=}\frac{(P_{MBC}+4S_{BMC})\cdot\left(\frac{1}{4}P_{MABC}-S_{AMC}\right)}{\left(-\frac{1}{4}P_{ABM}\right)(P_{MBC}-P_{BCB}+4S_{BMC})}$$

$$\stackrel{C}{=}\frac{-(P_{BMB}-P_{AMB})\cdot(P_{BMB}+P_{AMA}-P_{ABM})}{P_{ABM}\cdot(-P_{AMB}-P_{AMA})}$$

$$\stackrel{M}{=}\frac{\left(-P_{ABA}\cdot\frac{\overline{AM}}{\overline{AB}}+P_{ABA}\right)\cdot\left(2P_{ABA}\cdot\left(\frac{\overline{AM}}{\overline{AB}}\right)^2-P_{ABA}\cdot\frac{\overline{AM}}{\overline{AB}}\right)}{\left(-P_{ABA}\cdot\frac{\overline{AM}}{\overline{AB}}+P_{ABA}\right)\cdot\left(2P_{ABA}\cdot\left(\frac{\overline{AM}}{\overline{AB}}\right)^2-P_{ABA}\cdot\frac{\overline{AM}}{\overline{AB}}\right)}$$

$$\stackrel{\text{simplify}}{=\!=}1$$

消元式

$$\frac{\overline{BT}}{\overline{CT}}\stackrel{T}{=}\frac{S_{ABE}}{S_{ACE}}$$

$$\frac{\overline{BN}}{\overline{CN}}\stackrel{N}{=}\frac{P_{CBV}}{\left(\frac{1}{2}\right)\cdot(2P_{CBV}-P_{BCB})}$$

$$P_{CBV}\stackrel{V}{=}\frac{1}{2}(P_{CBE})$$

$$S_{ABE}\stackrel{E}{=}\frac{1}{4}(P_{ABM})$$

$$S_{ACE}\overset{E}{=}\frac{1}{4}(P_{MABC}-4S_{AMC})$$

$$P_{CBE}\overset{E}{=}P_{MBC}+4S_{BMC}$$

$$P_{BCB}\overset{C}{=}P_{BMB}+P_{AMA}$$

$$S_{AMC}\overset{C}{=}-\frac{1}{4}(P_{AMA})$$

$$P_{MABC}\overset{C}{=}P_{BMB}-P_{ABM}$$

$$S_{BMC}\overset{C}{=}-\frac{1}{4}(P_{AMB})$$

$$P_{MBC}\overset{C}{=}P_{BMB}$$

$$P_{ABM}\overset{M}{=}-\left(\left(\frac{\overline{AM}}{\overline{AB}}-1\right)\cdot P_{ABA}\right)$$

$$P_{AMA}\overset{M}{=}P_{ABA}\cdot\left(\frac{\overline{AM}}{\overline{AB}}\right)^2$$

$$P_{AMB}\overset{M}{=}-\left(\frac{\overline{AM}}{\overline{AB}}-1\right)\cdot P_{ABA}\cdot\frac{\overline{AM}}{\overline{AB}}$$

$$P_{BMB}\overset{M}{=}-\left(\frac{\overline{AM}}{\overline{AB}}-1\right)^2\cdot P_{ABA}$$

例 3.4.4　已知四点 A, B, C, D 形成一个调和序列, 点 O 不在直线 AB 上, 求证任意直线截 OA, OB, OC, OD 的交点形成一调和序列.

机器证明

构造性描述

((POINTS O A B X Y)

(MRATIO C A B r)

(MRATIO D A B $-r$)

(INTER P(LINE O A)(LINE X Y))

(INTER Q(LINE O B)(LINE X Y))

(INTER R(LINE O C)(LINE X Y))

(INTER S(LINE O D)(LINE X Y))

(HARMONIC P Q S R))

机器证明

$$\left(-\frac{\overline{PS}}{\overline{QS}}\right)\bigg/\left(\frac{\overline{PR}}{\overline{QR}}\right)$$

$$\stackrel{S}{=}\frac{-S_{ODP}}{\frac{\overline{PR}}{\overline{QR}}\cdot S_{ODQ}}$$

$$\stackrel{R}{=}\frac{-S_{ODP}\cdot S_{OCQ}}{S_{OCP}\cdot S_{ODQ}}$$

$$\stackrel{Q}{=}\frac{-S_{ODP}\cdot(-S_{OXY}\cdot S_{OBC})\cdot S_{OXBY}}{S_{OCP}\cdot(-S_{OXY}\cdot S_{OBD})\cdot S_{OXBY}}$$

$$\stackrel{\text{simplify}}{=\!=}\frac{-S_{ODP}\cdot S_{OBC}}{S_{OCP}\cdot S_{OBD}}$$

$$\stackrel{P}{=}\frac{-(-S_{OXY}\cdot S_{OAD})\cdot S_{OBC}\cdot S_{OXAY}}{(-S_{OXY}\cdot S_{OAC})\cdot S_{OBD}\cdot S_{OXAY}}$$

$$\stackrel{\text{simplify}}{=\!=}\frac{-S_{OAD}\cdot S_{OBC}}{S_{OAC}\cdot S_{OBD}}$$

$$\stackrel{D}{=}\frac{-(-S_{OAB}\cdot r)\cdot S_{OBC}\cdot(-r+1)}{S_{OAC}\cdot(-S_{OAB})\cdot(-r+1)}$$

$$\stackrel{\text{simplify}}{=\!=}\frac{-r\cdot S_{OBC}}{S_{OAC}}$$

$$\stackrel{C}{=}\frac{-r\cdot(-S_{OAB})\cdot(r+1)}{S_{OAB}\cdot r\cdot(r+1)}\stackrel{\text{simplify}}{=\!=}1$$

消元式

$$\frac{\overline{PS}}{\overline{QS}}\stackrel{S}{=}\frac{S_{ODP}}{S_{ODQ}}$$

$$\frac{\overline{PR}}{\overline{QR}}\stackrel{R}{=}\frac{S_{OCP}}{S_{OCQ}}$$

$$S_{ODQ}\stackrel{Q}{=}\frac{-S_{OXY}\cdot S_{OBD}}{S_{OXBY}}$$

$$S_{OCQ}\stackrel{Q}{=}\frac{-S_{OXY}\cdot S_{OBC}}{S_{OXBY}}$$

$$S_{OCP}\stackrel{P}{=}\frac{-S_{OXY}\cdot S_{OAC}}{S_{OXAY}}$$

$$S_{ODP}\stackrel{P}{=}\frac{-S_{OXY}\cdot S_{OAD}}{S_{OXAY}}$$

$$S_{OBD}\stackrel{D}{=}\frac{S_{OAB}}{r-1}$$

$$S_{OAD}\stackrel{D}{=}\frac{S_{OAB}\cdot r}{r-1}$$

$$S_{OAC}\stackrel{C}{=}\frac{S_{OAB}\cdot r}{r+1}$$

$$S_{OBC}\stackrel{C}{=}\frac{-S_{OAB}}{r+1}$$

例 3.4.5 经过反演中心的圆经反演变换后是一直线.

机器证明 其中构造性描述见图 3-12.

构造性描述

((points O A X)

(lratio P O A r_1)

(inversion Q P O A)

(midpoint U P O)

(inter R(line O X)(cir U O))

(inversion G R O A)

(perpendicular G Q O A))

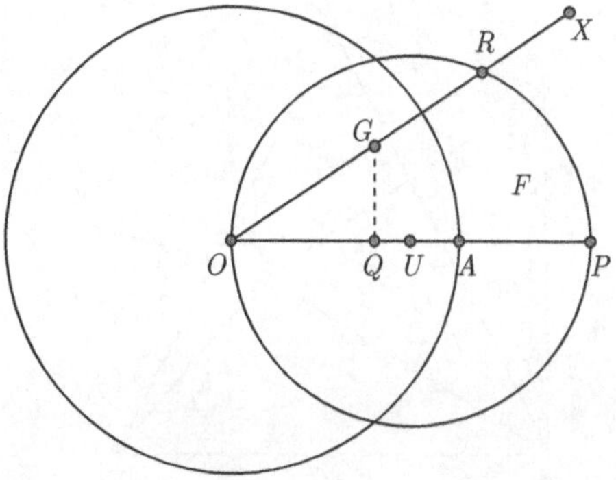

图 3-12

机器证明

$$\frac{P_{AOG}}{P_{AOQ}}$$

$$=\frac{P_{AOR}\cdot P_{OAO}}{P_{AOQ}\cdot P_{ORO}}$$

$$\stackrel{R}{=}\frac{(2P_{XOU}\cdot P_{AOX})\cdot P_{OAO}\cdot P_{OXO}}{P_{AOQ}\cdot(4P_{XOU}^2)\cdot P_{OXO}}$$

$$\stackrel{\text{simplify}}{=\!=\!=}\frac{P_{AOX}\cdot P_{OAO}}{(2)\cdot P_{AOQ}\cdot P_{XOU}}$$

$$\stackrel{U}{=}\frac{P_{AOX}\cdot P_{OAO}}{(2)\cdot P_{AOQ}\cdot\left(\frac{1}{2}P_{XOP}\right)}$$

$$=\frac{P_{AOX}\cdot P_{OAO}}{\frac{\overline{OA}}{\overline{OP}}\cdot P_{OAO}\cdot P_{XOP}}$$

$$\stackrel{\text{simplify}}{=\!=\!=}\frac{P_{AOX}}{\frac{\overline{OA}}{\overline{OP}}\cdot P_{XOP}}$$

$$\stackrel{P}{=}\frac{P_{AOX}\cdot r_1}{P_{AOX}\cdot r_1}\stackrel{\text{simplify}}{=\!=\!=}1$$

消元式

$$P_{AOG}=\frac{P_{AOR}\cdot P_{OAO}}{P_{ORO}}$$

$$P_{ORO}\stackrel{R}{=}\frac{(4)\cdot(P_{XOU})^2}{P_{OXO}}$$

$$P_{AOR}\stackrel{R}{=}\frac{(2)\cdot P_{XOU}\cdot P_{AOX}}{P_{OXO}}$$

$$P_{XOU}\stackrel{U}{=}\frac{1}{2}(P_{XOP})$$

$$P_{AOQ}=\frac{\overline{OA}}{\overline{OP}}\cdot P_{OAO}$$

$$P_{XOP}\stackrel{P}{=}P_{AOX}\cdot r_1$$

$$\frac{\overline{OA}}{\overline{OP}}\stackrel{P}{=}\frac{1}{r_1}$$

从下面的例子可以看到比率构造的应用是多方面的. 构造 CONSTANT 可以用来描述等边三角形.

例 3.4.6　在 $\triangle ABC$ 的三边上各做等边三角形 A_1BC, AB_1C, ABC_1, 如图 3-13. 求证 $CA_1C_1B_1$ 是一平行四边形.

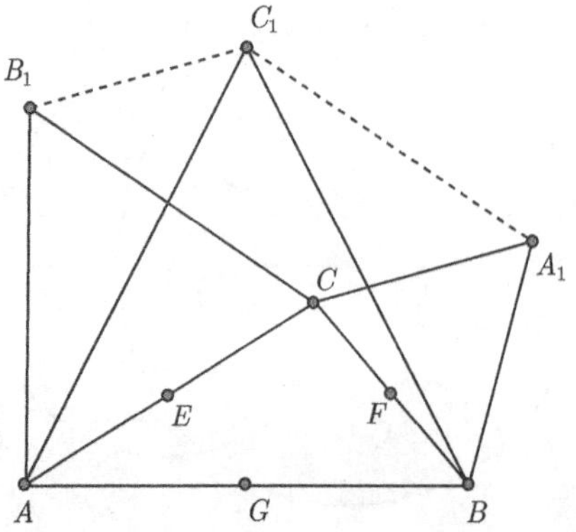

图 3-13

机器证明

构造性描述

((points A B C)
(constant t^2 -3)
(midpoint E A C)
(tratio B_1 E A r)
(midpoint F B C)
(tratio A_1 F C r)
(midpoint G A B)
(tratio C_1 G B $-r$)
(parallel A_1 C_1 C B_1))

机器证明

$$\frac{S_{CB_1A_1}}{S_{CB_1C_1}}$$

$$\stackrel{C_1}{=}\frac{S_{CB_1A_1}}{\frac{1}{4}P_{B_1BCG}\cdot r+S_{CB_1G}}$$

$$\stackrel{G}{=}\frac{(4)\cdot S_{CB_1A_1}}{-\frac{1}{2}P_{BCB_1}\cdot r+\frac{1}{2}P_{ACB_1}\cdot r+2S_{BCB_1}+2S_{ACB_1}}$$

$$\stackrel{A_1}{=}\frac{(-8)\cdot\left(-\frac{1}{4}P_{B_1CF}\cdot r+S_{CB_1F}\right)}{P_{BCB_1}\cdot r-P_{ACB_1}\cdot r-4S_{BCB_1}-4S_{ACB_1}}$$

$$\stackrel{F}{=}\frac{(2)\cdot\left(\frac{1}{2}P_{BCB_1}\cdot r-2S_{BCB_1}\right)}{P_{BCB_1}\cdot r-P_{ACB_1}\cdot r-4S_{BCB_1}-4S_{ACB_1}}$$

$$\stackrel{B_1}{=}\frac{P_{CABE}\cdot r+P_{BCE}\cdot r-4S_{BCE}+4S_{ABE}\cdot r^2}{P_{CABE}\cdot r+P_{CAE}\cdot r+P_{BCE}\cdot r-P_{ACE}\cdot r-4S_{BCE}+4S_{ABE}\cdot r^2}$$

$$\stackrel{E}{=}\frac{\frac{1}{2}P_{BCB}\cdot r+\frac{1}{2}P_{ACB}\cdot r-\frac{1}{2}P_{ABC}\cdot r+2S_{ABC}\cdot r^2-2S_{ABC}}{\frac{1}{2}P_{BCB}\cdot r+\frac{1}{2}P_{ACB}\cdot r-\frac{1}{2}P_{ABC}\cdot r+2S_{ABC}\cdot r^2-2S_{ABC}}$$

$$\stackrel{\text{simplify}}{=\!=}1$$

消元式

$$S_{CB_1C_1}\stackrel{C_1}{=}\frac{1}{4}(P_{B_1BCG}\cdot r+4S_{CB_1G})$$

$$S_{CB_1G}\stackrel{G}{=}\frac{1}{2}(S_{BCB_1}+S_{ACB_1})$$

$$P_{B_1BCG}\stackrel{G}{=}-\frac{1}{2}(P_{BCB_1}-P_{ACB_1})$$

$$S_{CB_1A_1}\stackrel{A_1}{=}\frac{1}{4}(P_{B_1CF}\cdot r-4S_{CB_1F})$$

$$S_{CB_1F}\stackrel{F}{=}\frac{1}{2}(S_{BCB_1})$$

$$P_{B_1CF}\stackrel{F}{=}\frac{1}{2}(P_{BCB_1})$$

$$S_{ACB_1}\stackrel{B_1}{=}-\frac{1}{4}(P_{CAE}\cdot r)$$

$$P_{ACB_1}\stackrel{B_1}{=}P_{ACE}$$

$$S_{BCB_1} \overset{B_1}{=} -\frac{1}{4}(P_{CABE} \cdot r - 4S_{BCE})$$

$$P_{BCB_1} \overset{B_1}{=} P_{BCE} + 4S_{ABE} \cdot r$$

$$P_{ACE} \overset{E}{=} \frac{1}{2}(P_{ACA})$$

$$P_{CAE} \overset{E}{=} \frac{1}{2}(P_{ACA})$$

$$S_{ABE} \overset{E}{=} \frac{1}{2}(S_{ABC})$$

$$S_{BCE} \overset{E}{=} \frac{1}{2}(S_{ABC})$$

$$P_{BCE} \overset{E}{=} \frac{1}{2}(P_{ACB})$$

$$P_{CABE} \overset{E}{=} \frac{1}{2}(P_{BCB} - P_{ABC})$$

注意条件 $r^2=3$ 在证明中并不需要, 实际上, 当三角形 B_1AC, A_1CB 和 C_1AB 是相似三角形时结论即为真.

3.4.2 全角法的机械化

作为构造 TRATIO 的一个应用, 我们将给出一种包含全角的几何定理自动证明方法. 全角的正式定义如下:

定义 3.4.7 一个有序直线对 AB, CD 形成一全角, 记为 $\angle[AB,CD]$, 满足:

(1) $\angle[AB,CD] = \angle[PQ,UV]$ 当且仅当 $S_{ACBD}P_{PUQV} = S_{PUQV}P_{ACBD}$. 这样全角的正切函数

$$\tan(\angle[AB,CD]) = \frac{4S_{ACBD}}{P_{ADBC}}$$

就是一个可以定义的几何量.

(2) 对所有的平行线 $AB \parallel PQ, \angle[0] = \angle[AB,PQ]$ 是一常量.

(3) 对所有的垂直线 $AB \perp PQ, \angle[1] = \angle[AB,PQ]$ 是一常量.

(4) 存在一个满足结合律和交换律的运算 "+", 且有

(i) $\angle[1] + \angle[1] = \angle[0]$.

(ii) 如果 $PQ \parallel UV$, 则 $\angle[AB,PQ] + \angle[UV,CD] = \angle[AB,CD]$.

(iii) 两个全角和的正切函数定义如下:

$$\tan(\angle[AB,CD] + \angle[PQ,UV]) = \frac{\tan(\angle[AB,CD]) + \tan(\angle[PQ,UV])}{1 - \tan(\angle[AB,CD])\tan(\angle[PQ,UV])}.$$

此外, 约定对三点 A, B, C, 设 $\angle[ABC] = \angle[AB,BC]$. 在本章最后一节相关部分可以找到上述定义的几何背景.

注记 3.4.8 按照上面定义, $\angle[AB,CD]=\angle[PQ,UV]$ 当且仅当下面条件之一成立:

(1) (PARA $A\ B\ C\ D$) 且 (PARA $P\ Q\ U\ V$);

(2) (PERP $A\ B\ C\ D$) 且 (PERP $P\ Q\ U\ V$);

(3) $A\neq B, C\neq D, P\neq Q, U\neq V$ 且全角 $\angle[AB,CD]$ 等于全角 $\angle[PQ,UV]$.

命题 3.4.9 (共角定理) 对三角形 ABC 和 XYZ, 如果 $\angle[ABC]=\angle[XYZ]$, $\angle[ABC]\neq\angle[1]$ 且 $\angle[ABC]\neq\angle[0]$, 则

$$\frac{S_{ABC}}{S_{XYZ}}=\frac{P_{ABC}}{P_{XYZ}}=\lambda,\quad 此处\ \lambda^2=\frac{\overline{AB}^2\cdot\overline{BC}^2}{\overline{XY}^2\cdot\overline{ZY}^2}.$$

证明 由定义 3.4.7, 如果 $\angle[ABC]=\angle[XYZ]$, 则 $\dfrac{S_{ABC}}{S_{XYZ}}=\dfrac{P_{ABC}}{P_{XYZ}}=\lambda$. 再由 Herron-秦公式有

$$16S_{ABC}^2+P_{ABC}^2=4\overline{AB}^2\cdot\overline{CB}^2,\quad 16S_{XYZ}^2+P_{XYZ}^2=4\overline{XY}^2\cdot\overline{ZY}^2.$$

在第一个方程中令 $S_{ABC}=\lambda S_{XYZ}, P_{ABC}=\lambda P_{XYZ}$, 则有

$$\lambda^2=\frac{4\overline{AB}^2\cdot\overline{CB}^2}{16S_{AYX}^2+P_{AYZ}^2}=\frac{4\overline{AB}^2\cdot\overline{CB}^2}{4\overline{XY}^2\cdot\overline{ZY}^2}.$$

有了全角的概念, 构造性几何命题能扩充如下. 首先我们有一新的几何量: 全角的正切函数. 因为正切函数能用面积和勾股差来表示, 我们不需要引入新的消去技术. 它的主要贡献是我们可以证明像 $\angle[AB,CD]=\angle[PQ,UV]$ 和 $\angle[AB,CD]=\angle[PQ,UV]+\angle[XY,WZ]$ 这样的命题.

第二个延伸更有趣: 我们能引入一个新的直线表示法.

(ALINE $P\ Q\ U\ W\ V$) 是经过点 P 的直线 l 且满足 $\angle[PQ,l]=\angle[UW,WV]$. 由这种新的类型的直线, 我们能引入 7 种新的构造:

(1) (ON Y (ALINE $P\ Q\ L\ M\ N$)). 取一 ALINE 上任意一点; 非退化条件是

$$P\neq Q, L\neq M,\quad N\neq M.$$

(2) (INTER Y ln (ALINE $P\ Q\ L\ M\ N$)). 取 ln 和 (ALINE $P\ Q\ L\ M\ N$) 的交.

- 如果 $ln=$ (LINE $U\ V$) 或 $ln=$ (PLINE $W\ U\ V$), 则非退化条件是

$$\angle[PQ,UV]\neq\angle[LM,MN].$$

- 如果 $ln=$ (BLINE $U\ V$) 或 $ln=$ (TLINE $W\ U\ V$), 则非退化条件是

$$\angle[UV,PQ]+\angle[LM,MN]\neq\angle[1].$$

• 如果 $ln = (\text{ALINE } U\ V\ X\ Y\ Z)$, 则非退化条件是

$$\angle[UV, PQ] \neq \angle[NM, ML] + \angle[XY, YZ].$$

(3) (INTER Y (CIR O P) (ALINE P Q L M N)). 非退化条件是

$$Y \neq P, P \neq O, P \neq Q, L \neq M \text{和} N \neq M.$$

为了提供从几何量中消去由这些新的构造引入的点的方法, 我们只需要将 ALINE 约化为 LINE.

命题 3.4.10 如果 UW 不垂直于 WV, 直线 $ln = (\text{ALINE } P\ Q\ U\ W\ V)$ 和 (LINE P R) 相同, 这里 R 由构造 $\left(\text{TRATIO } R\ Q\ P\ \dfrac{4S_{UWV}}{P_{UWV}}\right)$ 引入; 如果 $UW \perp WV$, 直线 ln 就是 (TLINE P P Q).

证明 设经过点 Q 且垂直于 PQ 的直线交直线 ln 于 R, 如图 3-14. 则 R 是由构造 (TRATIO R Q P r) 引入, 这里

$$r = \frac{4S_{RQP}}{P_{QPQ}} = \frac{4S_{QPR}}{P_{QPR}} = \tan(\angle[RPQ]) = \tan(\angle[VWU]) = \frac{4S_{UWV}}{P_{UWV}}.$$

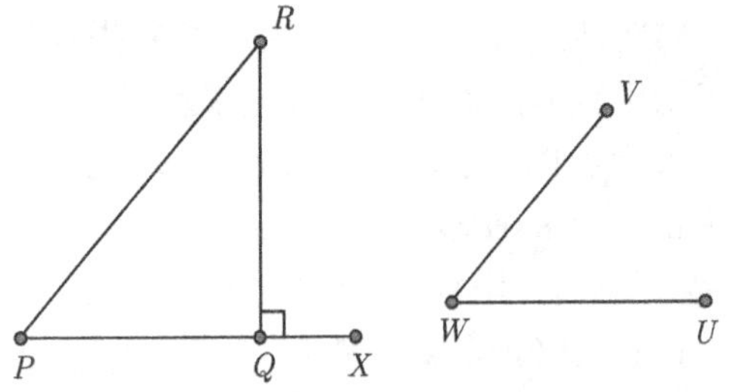

图 3-14

注记 3.4.11 从上面的命题, 我们可以看到构造 (TRATIO Y P Q r) 实际上是取一点 Y 使得 $YP \perp PQ$ 且 $\tan(\angle[UV, PQ]) = r$.

现在, 我们引进下述谓词:

(EQANGLE A B C D E F). $\angle[ABC] = \angle[DEF]$, 当且仅当 $S_{ABC}P_{DEF} = S_{DEF}P_{ABC}$.

(COCIRCLE A B C D). 点 A B C D 共圆, 当且仅当 $\angle[CAD] = \angle[CBD]$, 或等价地, $S_{CAD}P_{CBD} = S_{CBD}P_{CAD}$.

例 3.4.12 如果 N, M 是在三角形 ABC 的边 AC, AB 上的点, 直线 BN, CM 的交点 J 在高 AD 上, 求证 AD 平分角 $\angle MDN$.

机器证明 构造性描述如图 3-15.

构造性描述

((POINTS A B C)

(FOOT D A B C)

(ON J (LINE A D))

(INTER M (LINE A B)(LINE C J))

(INTER N (LINE A C)(LINE B J))

(EQANGLE M D A A D N))

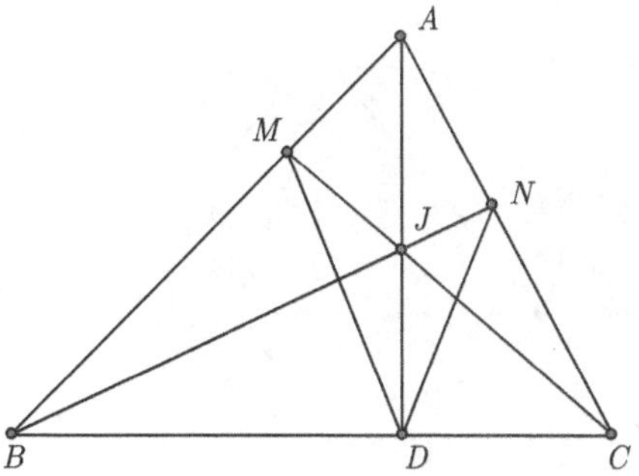

图 3-15

非退化条件：

$B \neq C, A \neq D, AB \nparallel CJ, AC \nparallel BJ$

机器证明

$$\frac{-(S_{ADM})\cdot P_{ADN}}{S_{ADN}\cdot P_{ADM}}$$

$$\stackrel{N}{=}\frac{(-S_{ADM})\cdot(-P_{ADJ}\cdot S_{ABC})\cdot S_{ABCJ}}{(-S_{ACD}\cdot S_{ABJ})\cdot P_{ADM}\cdot(-S_{ABCJ})}$$

$$\stackrel{\text{simplify}}{=\!=}\frac{S_{ADM}\cdot P_{ADJ}\cdot S_{ABC}}{S_{ACD}\cdot S_{ABJ}\cdot P_{ADM}}$$

$$\stackrel{M}{=}\frac{(-S_{ACJ}\cdot S_{ABD})\cdot P_{ADJ}\cdot S_{ABC}\cdot(-S_{ACBJ})}{S_{ACD}\cdot S_{ABJ}\cdot P_{ADJ}\cdot S_{ABC}\cdot S_{ACBJ}}$$

$$\stackrel{\text{simplify}}{=\!=}\frac{S_{ACJ}\cdot S_{ABD}}{S_{ACD}\cdot S_{ABJ}}$$

$$\stackrel{J}{=}\frac{S_{ACD}\cdot\frac{\overline{AJ}}{\overline{AD}}\cdot S_{ABD}}{S_{ACD}\cdot S_{ABD}\cdot\frac{\overline{AJ}}{\overline{AD}}}$$

$$\stackrel{\text{simplify}}{=\!=}1$$

消元式

$$S_{ADN}\stackrel{N}{=}\frac{-S_{ACD}\cdot S_{ABJ}}{S_{ABCJ}}$$

$$P_{ADN}\stackrel{N}{=}\frac{P_{ADJ}\cdot S_{ABC}}{S_{ABCJ}}$$

$$P_{ADM}\stackrel{M}{=}\frac{P_{ADJ}\cdot S_{ABC}}{-S_{ACBJ}}$$

$$S_{ADM}\stackrel{M}{=}\frac{-S_{ACJ}\cdot S_{ABD}}{S_{ACBJ}}$$

$$S_{ABJ}\stackrel{J}{=}S_{ABD}\cdot\frac{\overline{AJ}}{\overline{AD}}$$

$$S_{ACJ}\stackrel{J}{=}S_{ACD}\cdot\frac{\overline{AJ}}{\overline{AD}}$$

例 3.4.13 (圆周角定理) 设 A, B, C, D 是以 O 为圆心的圆上四点, 则

$$\angle[ACB]=\angle[ADB],\quad \angle[AOB]=2\angle[ACB].$$

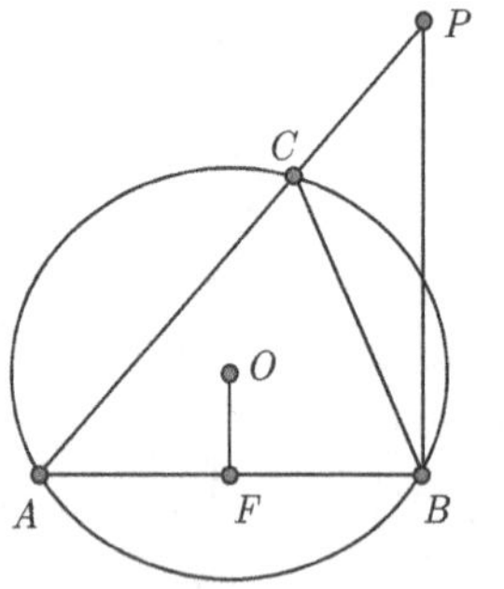

图 3-16

证明　首先用我们的程序计算 $\tan(\angle[ACB])$, 其构造性描述如图 3-16.

构造性描述

((POINTS A B)

(ON O(BLINE A B))

(TRATIO P B A r)

(INTER C(LINE A P)(CIR O A))

((TANGENT A C B)))

机器证明

$$\frac{(-4)\cdot S_{ABC}}{P_{ACB}}$$

$$\stackrel{C}{=}\frac{(-4)\cdot(2P_{OAP}\cdot S_{ABP})\cdot P_{APA}}{(-2P_{OPO}\cdot P_{OAP}+2P_{OAP}\cdot P_{APB}+2P_{OAP}\cdot P_{AOA})\cdot P_{APA}}$$

$$\underline{\underline{\text{simplify}}}\ \frac{(4)\cdot S_{ABP}}{P_{OPO}-P_{APB}-P_{AOA}}$$

$$\stackrel{P}{=}\frac{(4)\cdot(-\frac{1}{4}P_{ABA}\cdot r)}{P_{BOB}-P_{AOA}+8S_{ABO}\cdot r}$$

$$\stackrel{O}{=}\frac{-P_{ABA}\cdot r}{8S_{ABO}\cdot r}$$

$$\underline{\underline{\text{simplify}}}\ \frac{-P_{ABA}}{(8)\cdot S_{ABO}}$$

消元式

$$P_{ACB}\stackrel{C}{=}\frac{(-2)\cdot(P_{OPO}-P_{APB}-P_{AOA})\cdot P_{OAP}}{P_{APA}}$$

$$S_{ABC}\stackrel{C}{=}\frac{(2)\cdot P_{OAP}\cdot S_{ABP}}{P_{APA}}$$

$$P_{APB}\stackrel{P}{=}P_{ABA}\cdot(r)^2$$

$$P_{OPO}\stackrel{P}{=}P_{BOB}+P_{ABA}\cdot r^2+8S_{ABO}\cdot r$$

$$S_{ABP}\stackrel{P}{=}\frac{1}{4}(P_{ABA}\cdot r)$$

从上面的计算, 很明显$\tan(\angle[ACB])$是独立于点 P 和 C 的, 也就是$\tan(\angle[ACB])$

$= \tan(\angle[ADB])$. 由于

$$\begin{aligned}\tan(2\angle[ACB]) &= \frac{2\tan(\angle[ACB])}{1-\tan(\angle[ACB])^2} = \frac{8\overline{AB}^2 S_{AOB}}{16S_{AOB}^2 - \overline{AB}^4} \\ &= \frac{8\overline{AB}^2 S_{AOB}}{4\overline{OA}^2 \cdot \overline{OB}^2 - P_{AOB}^2 - \overline{AB}^4} \\ &= \frac{4S_{AOB}}{2\overline{AO}^2 - \overline{AB}^2} = \frac{4S_{AOB}}{P_{AOB}} = \tan(\angle[AOB]),\end{aligned}$$

也就是 $2\angle[ACB] = \angle[AOB]$.

例 3.4.14 (Morley 定理) 任意三角形的相邻角的三等分线的三个交点形成一等边三角形.

证明 构造性描述如图 3-17.

构造性描述

((POINTS B C L)
(ON X (ALINE B L L B C))
(ON Y (ALINE B X L B C))
(ON Z (ALINE C L L C B))
(ON W (ALINE C Z L C B))
(INTER A (LINE B Y)(LINE C W))
(MIDPOINT O L C)
(CONSTANT r^2 3)
(TRATIO T O C r)
(INTER Q(LINE B L)(LINE T C))
(ON H (ALINE A B T L Q))
(INTER M (LINE B X)(LINE A H))(ON G (ALINE A C Q L T))
(INTER N (LINE C Z)(LINE A G))(TANGENT M L N) = r))

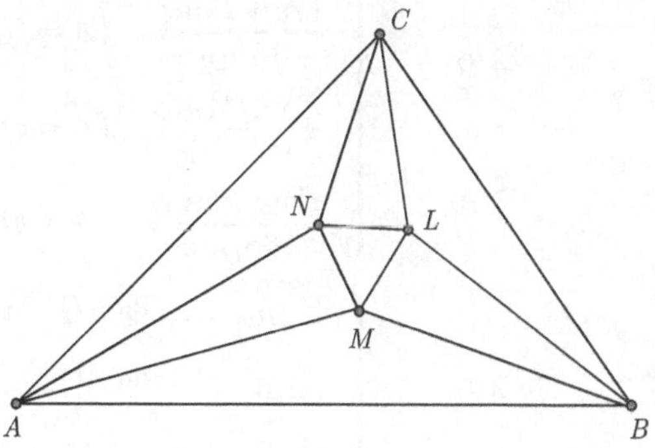

图 3-17

Morley 定理按上面构造过程用这里的方法所产生的证明太长, 不可读. 我们的方法需要进一步的改善来产生这个定理的可读性证明.

练习 3.4.15

1. 注意全角的 sine 和 cosine 函数是无意义的, 但是我们能定义它们的平方. 对一个全角 α, 设

$$\sin^2(\alpha) = \frac{\tan^2(\alpha)}{1+\tan^2(\alpha)}, \quad \cos^2(\alpha) = \frac{1}{1+\tan^2(\alpha)}.$$

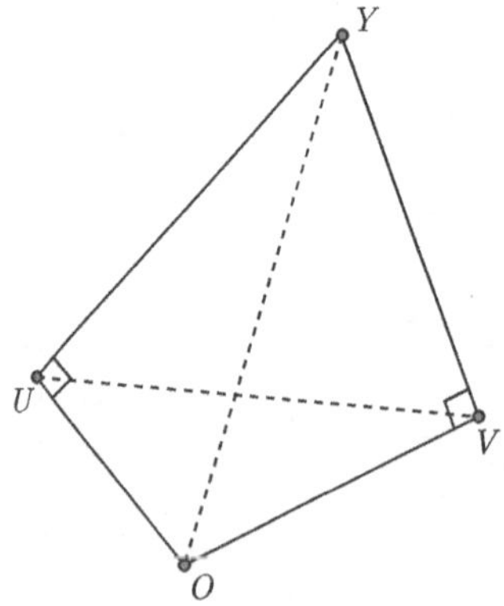

图 3-18

则有 (用 Herron-秦公式)

$$S_{ABCD}^2=\frac{1}{4}\overline{AC}^2\cdot\overline{BD}^2\sin^2(\angle[AC,BD]),$$

$$P_{ABCD}^2=4\overline{AC}^2\cdot\overline{BD}^2\cos^2(\angle[AC,BD]).$$

2. 如果 Y 由 (INTER Y (LINE U V) (ALINE P Q L M N)) 引入, 试从 S_{ABY} 中消去 Y, 列出使在消去过程中出现的所有几何量有意义的非退化条件.

3. 如果 Y 由 (INTER Y (TLINE U U O) (TLINE V V O))引入, 如图3-18, 则

$$S_{ABY}=\begin{cases}S_{ABU} & (AB\perp OU),\\ S_{ABV} & (AB\perp OV),\\ \dfrac{P_{OUV}P_{OVU}}{-16S_{OUV}} & (A=U,B=V),\\ \dfrac{P_{OVU}P_{OUO}}{16S_{OUV}} & (A=O,B=U),\\ \dfrac{P_{OUV}P_{OVO}}{16S_{OVU}} & (A=O,B=V),\end{cases}$$

$$P_{ABY}=\begin{cases}P_{ABU} & (AB\|OU),\\ P_{ABV} & (AB\|OV),\\ P_{OUV} & (A=U,B=V),\end{cases}$$

$$P_{AYB}=\begin{cases}\dfrac{-P_{UOV}P_{OVU}P_{OUV}}{16S_{OUV}^2} & (A=U,B=V),\\ \dfrac{P_{OUO}P_{OVU}^2}{16S_{OUV}^2} & (A=O,B=U\text{或}A=B=U),\\ \dfrac{P_{OVO}P_{OUV}^2}{16S_{OUV}^2} & (A=O,B=V\text{或}A=B=V),\\ \dfrac{P_{OUO}P_{OVO}P_{UVU}}{16S_{OUV}^2} & (A=B=O).\end{cases}$$

一般情况下, 这种构造能约化成下面的构造:

$$\left(\text{TRATIO } Y\ U\ O\ \frac{P_{OVU}}{4S_{OVU}}\right).$$

注意, 这种构造实际上是引入 O 关于三角形 OUV 的外接圆的对径点.

3.5 面 积 坐 标

3.5.1 面积坐标系

在引理 3.3.10 中, 我们使用的是直角坐标系. 为了做到这一点, 我们不得不引进辅助点 O, U, V. 这一节, 我们将发展一种斜角面积坐标系统, 使得任意三个不共线的点都能作为参考点. 我们也将证明斜角面积坐标系统的一些有趣的特性.

设 O, U, V 是三个非共线点, 对任意点 A, 设

$$x_A = \frac{S_{OUA}}{S_{OUV}}, \quad y_A = \frac{S_{VOA}}{S_{OUV}}, \quad z_A = \frac{S_{UVA}}{S_{OUV}}$$

是 A 相对于 OUV 的面积坐标. 很明显 $x_A + y_A + z_A = 1$. 下面是一些以前证明过的结果.

命题 3.5.1 平面上的点与满足 $x + y + z = 1$ 的三元组 (x, y, z) 之间存在一个一一映射.

命题 3.5.2 对任意 3 点 A, B, C, 有

$$S_{ABC} = -S_{OUV}\begin{vmatrix} x_A & y_A & 1 \\ x_B & y_B & 1 \\ x_C & y_C & 1 \end{vmatrix} = -S_{OUV}\begin{vmatrix} x_A & y_A & z_A \\ x_B & y_B & z_B \\ x_C & y_C & z_C \end{vmatrix}.$$

作为命题 3.5.2 的推论, 可给出面积坐标系下的直线方程. 设 P 是直线 AB 上一点, 则 P 的面积坐标 x_P, y_P 必须满足

$$\begin{vmatrix} x_A & y_A & 1 \\ x_B & y_B & 1 \\ x_P & y_P & 1 \end{vmatrix} = 0.$$

这就是直线 AB 的方程, 它同 Descartes 坐标系下的直线方程相同. 另一个有趣的事实就是定比分点公式:

命题 3.5.3 设 R 是直线 PQ 上一点, $r_1 = \frac{\overline{PR}}{\overline{PQ}}, r_2 = \frac{\overline{RQ}}{\overline{PQ}}$, 则

$$x_R = r_1 x_Q + r_2 x_P, \quad y_R = r_1 y_Q + r_2 y_P, \quad z_R = r_1 z_Q + r_2 z_P.$$

显然, 这是命题 2.2.6(基本命题 b3) 的推论.

下面, 我们将导出两点之间的距离公式.

命题 3.5.4 对任两点 A 和 B, 有

$$\overline{AB}^2=\overline{OV}^2(x_B-x_A)^2+\overline{OU}^2(y_B-y_A)^2+(x_B-x_A)(y_B-y_A)P_{UOV}.$$

证明　设 M 和 N 是满足 $MA\parallel OU$, $MB\parallel OV$, $NA\parallel OV$ 和 $NB\parallel OU$ 的点, 如图 3-19, 则由命题 3.1.6 有

$$\overline{AB}^2=\overline{AM}^2+\overline{BM}^2-P_{AMB}=\overline{OU}^2\left(\frac{\overline{AM}}{\overline{OU}}\right)^2+\overline{OV}^2\left(\frac{\overline{BM}}{\overline{OV}}\right)^2+P_{NAM}.\qquad(*)$$

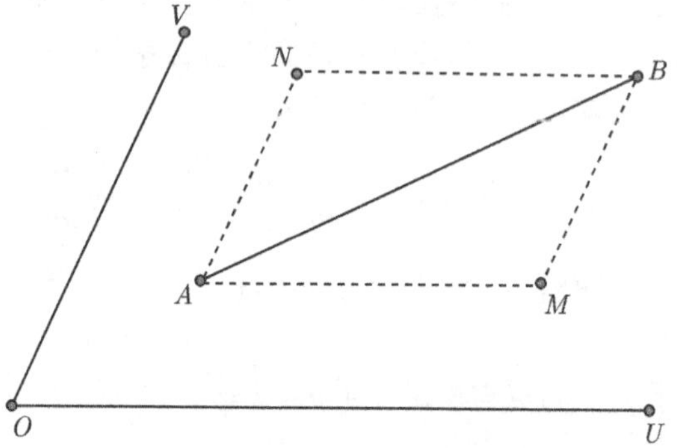

图 3-19

由引理 2.4.10 有

$$\frac{\overline{AM}}{\overline{OU}}=\frac{S_{BOAV}}{S_{UOV}}=y_B-y_A,\qquad\frac{\overline{BM}}{\overline{OV}}=\frac{S_{BOAU}}{S_{OVU}}=x_A-x_B.$$

再由例 3.1.9 有

$$P_{NAM}=\frac{\overline{AN}}{\overline{OV}}\cdot\frac{\overline{AM}}{\overline{OU}}\cdot P_{UOV}=(y_B-y_A)(x_B-x_A)P_{UOV}.$$

上两式代入 (*) 就证明了所要结果.

推论 3.5.5　对任两点 A 和 B, 有

$$2\overline{AB}^2=P_{OVU}(x_B-x_A)^2+P_{OUV}(y_B-y_A)^2+P_{UOV}(z_B-z_A)^2.$$

证明　我们只需要注意有

$$z_A-z_B=(x_B-x_A)+(y_B-y_A)$$

就可以了.

在算法 3.3.12 中, 设 E 是关于自由点面积和勾股差的表达式. 我们也能使用下面的过程来将 E 转换为关于独立变量的表达式. 如果 E 中的点少于三个, 则已完成; 如果超过两个点, 从 E 中选择三个自由点 O, U, V 且应用命题 3.5.2~3.5.4,

相对于参考系 OUV 将面积和勾股差转换成面积坐标. 于是, 现在新的 E 是一个关于自由点的面积坐标 $\overline{OU}^2,\overline{OV}^2,\overline{UV}^2$ 和 S_{OUV} 的表达式. 在这些量之间唯一的代数关系是 Herron-秦公式 (命题 3.1.6 等):

$$16S_{OUV}^2 = 4\overline{OU}^2\overline{OV}^2 - (\overline{OV}^2 + \overline{OU}^2 - \overline{OV}^2)^2 = 4\overline{OU}^2\overline{OV}^2 - P_{UOV}^2.$$

代入 S_{OUV}^2 到 E, 我们就获得一个关于独立变量的表达式.

如果假定 $OU \perp OV$ 和 $|OU| = |OV| = 1$, 则面积坐标系统成为 Descartes 坐标系统.

练习 3.5.6

1. 如果在一个几何命题中仅仅有三个自由点, 则本节提出的把自由点的面积和勾股差转换成关于独立变量的表达式的过程就特别简单. 设三个自由点为 O, U, V, 可证任意包含 O, U, V 关于面积和勾股差的多项式 g 能转换成形如 $g* = f + S_{OUV}h$ 的一个多项式, 这里 f 和 h 是 $\overline{OU}^2,\overline{OV}^2,\overline{UV}^2$ 的多项式, 且 $g = 0$ 当且仅当 $h = f = 0$.

2. 如果在一个几何命题中仅有两自由点 U 和 V, 而第三点由构造 (ON O (BLINE U V)) 或 (ON O (TLINE U V)) 引入, 试设计一简单方法把包含点 O, U, V 关于面积和勾股差的多项式转换成关于独立变量的多项式 (提示: 可选择 $\overline{OU}^2$ 和 $\overline{UV}^2$ 为独立变量).

3.5.2 面积坐标和三角形的特殊点

我们引进一个新的构造:

(C16) (ARATIO A O U V r_O r_U r_V). 取一点 A 使得

$$r_O = \frac{S_{AUV}}{S_{OUV}}, \quad r_U = \frac{S_{OAV}}{S_{OUV}}, \quad r_V = \frac{S_{OUA}}{S_{OUV}}$$

是 A 相对于 OUV 的面积坐标. r_O, r_U, r_V 可以是有理数、关于几何量的有理表达式、未定元, 或代数数. 非退化条件是 O, U, V 不共线. A 的自由度基于 $\{r_O, r_U, r_V\}$ 中的未定元个数.

引理 3.5.7 设 $G(Y)$ 是一线性几何量, Y 由 (ARATIO Y O U V r_O r_U r_V) 引入. 则

$$G(Y) = r_O G(O) + r_U G(U) + r_V G(V).$$

证明 不失一般性, 设 OY 交 UV 于 T. 如果 OY 平行于 UV, 我们可以考虑 UY 和 OV 的交或 VY 和 OU 的交, 因为它们之一肯定存在. 如图 3-20, 由命题 2.2.7(基本命题 b4) 得

$$G(Y) = \frac{\overline{OY}}{\overline{OT}}G(T) + \frac{\overline{YT}}{\overline{OT}}G(O) = \frac{\overline{OY}}{\overline{OT}}\left(\frac{\overline{UT}}{\overline{UV}}G(V) + \frac{\overline{TV}}{\overline{UV}}G(U)\right) + \frac{\overline{YT}}{\overline{OT}}G(O).$$

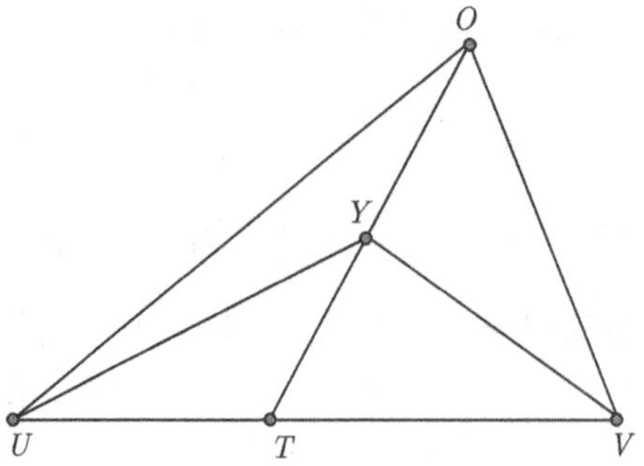

图 3-20

由共边定理, 有

$$\frac{\overline{YT}}{\overline{OT}} = r_O, \quad \frac{\overline{OY}}{\overline{OT}} = \frac{S_{OUYV}}{S_{OUV}}, \quad \frac{\overline{UT}}{\overline{UV}} = \frac{S_{OUY}}{S_{OUYV}}, \quad \frac{\overline{TV}}{\overline{UV}} = \frac{S_{OYV}}{S_{OUYV}}.$$

代入这些到上面的公式, 我们就获得预期的结果.

引理 3.5.8　设 $G(Y)$ 是二次几何量, Y 由 (ARATIO $Y\ O\ U\ V\ r_O\ r_U\ r_V$) 引入, 则

$$G(Y) = r_O G(O) + r_U G(U) + r_V G(V) - 2\left(r_O r_U \overline{OU}^2 + r_O r_V \overline{OV}^2 + r_U r_V \overline{UV}^2\right).$$

证明　延续引理 3.5.7 的证明, 由引理 3.3.3 证明中的 (II) 式, 有

$$G(Y) = \frac{\overline{OY}}{\overline{OT}} G(T) + \frac{\overline{YT}}{\overline{OT}} G(O) - \frac{\overline{OY}}{\overline{OT}} \frac{\overline{YT}}{\overline{OT}} P_{OTO},$$

$$G(T) = \frac{\overline{UT}}{\overline{UV}} G(V) + \frac{\overline{TV}}{\overline{UV}} G(U) - \frac{\overline{UT}}{\overline{UV}} \frac{\overline{TV}}{\overline{UV}} P_{UVU}.$$

代入 $G(T)$ 到 $G(Y)$, 有

$$G(Y) - r = -\frac{\overline{OY}}{\overline{OT}} \frac{\overline{UT}}{\overline{UV}} \frac{\overline{TV}}{\overline{UV}} P_{UVU} - \frac{\overline{OY}}{\overline{OT}} \frac{\overline{YT}}{\overline{OT}} P_{OTO} = -r_V \frac{\overline{TV}}{\overline{UV}} P_{UVU} - r_A \frac{\overline{OY}}{\overline{OT}} P_{OTO},$$

这里

$$r = r_O G(O) + r_U G(U) + r_V G(V).$$

由 (II), 有

$$P_{OTO} = \frac{\overline{UT}}{\overline{UV}} P_{OVO} + \frac{\overline{TV}}{\overline{UV}} P_{OUO} - \frac{\overline{UT}}{\overline{UV}} \frac{\overline{TV}}{\overline{UV}} P_{UVU}.$$

则

$$G(Y) - r$$

$$= -r_V\frac{\overline{TV}}{\overline{UV}}P_{UVU} - r_O\frac{\overline{OY}}{\overline{OT}}\frac{\overline{UT}}{\overline{UV}}P_{OVO} - r_O\frac{\overline{OY}}{\overline{OT}}\frac{\overline{TV}}{\overline{UV}}P_{OUO} + r_O\frac{\overline{OY}}{\overline{OT}}\frac{\overline{UT}}{\overline{UV}}\frac{\overline{TV}}{\overline{UV}}P_{UVU}$$

$$= -r_Or_VP_{OVO} - r_Or_UP_{OUO} - r_Ur_V\left(-\frac{S_{YUV}}{S_{OUYV}} + \frac{S_{OUV}}{S_{OUYV}}\right)P_{UVU}$$

$$= -r_Or_VP_{OVO} - r_Or_UP_{OUO} - r_Ur_VP_{UVU}.$$

如果 Y 由构造 ARATIO 引入, 则我们很少需要从 $G = \frac{\overline{DY}}{\overline{EF}}$ 中消去 Y. 因为点 D, E, F 在点 Y 之前被引入, 我们一般不知道 DY 是否平行于 EF. 但是在某些特殊情况下, 我们仍需要从 G 中消去 Y. 这能由如下方式所完成: 设 O, U, V 之一, 比如说 O, 满足 D, Y, O 不共线的条件, 则 $G = \frac{S_{ODY}}{S_{OEDF}}$. 现在, 我们能用引理 3.5.7 来消去 Y.

通过使用构造 ARATIO, 我们能很容易地处理三角形的某些特殊点.

命题 3.5.9 三角形 ABC 的重心的面积坐标是 $\left(\frac{1}{3}, \frac{1}{3}, \frac{1}{3}\right)$.

证明 设 G 是 $\triangle ABC$ 的重心, M 是 BC 的中点. 因为 M 是 BC 的中点, 故有 $S_{ABM} = S_{AMC}$ 和 $S_{GBM} = S_{GMC}$, 则

$$S_{GAB} = S_{ABM} - S_{GBM} = S_{AMC} - S_{GMC} = S_{GCA}.$$

类似地有

$$S_{GBC} = S_{GAB} = S_{GCA} = \frac{1}{3}S_{ABC}.$$

命题 3.5.10 三角形 ABC 的垂心的面积坐标是

$$\left(\frac{P_{ABC}P_{ACB}}{16S_{ABC}^2}, \frac{P_{BAC}P_{BCA}}{16S_{ABC}^2}, \frac{P_{CAB}P_{CBA}}{16S_{ABC}^2}\right).$$

证明 如图 3-21 所示, 设 H 是高 CD 和 AE 的交, 则

$$\frac{r_B}{r_A} = \frac{S_{AHC}}{S_{HBC}} = \frac{\overline{AD}}{\overline{DB}} = \frac{P_{CAB}}{P_{ABC}},$$

$$\frac{r_B}{r_C} = \frac{S_{AHC}}{S_{ABH}} = \frac{\overline{CE}}{\overline{EB}} = \frac{P_{BCA}}{P_{ABC}}.$$

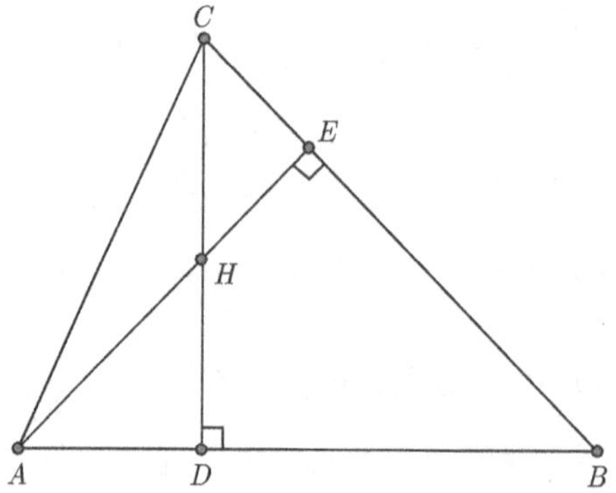

图 3-21

于是

$$r_A : r_B : r_C = P_{ABC}P_{BCA} : P_{CAB}P_{BCA} : P_{ABC}P_{CAB}.$$

由 Herron- 秦定理 (参看练习 3.1.18), 有

$$P_{ABC}P_{BCA} + P_{CAB}P_{BCA} + P_{ABC}P_{CAB} = 2\overline{AB}^2 P_{BCA} + P_{ABC}P_{CAB} = 16S_{ABC}^2.$$

现在结论就很显然了.

练习 3.5.11 试导出下列结果:

1. 三角形 ABC 的外心的面积坐标是 (提示: 用全角)

$$\left(\frac{P_{BCB}P_{BAC}}{32S_{ABC}^2}, \frac{P_{ACA}P_{ABC}}{32S_{ABC}^2}, \frac{P_{ABA}P_{ACB}}{32S_{ABC}^2}\right).$$

2. 设 I 是 $\triangle ABC$ 的内心或旁心, 则 C 相对于 IBC 的面积坐标是 (提示: 用全角)

$$\left(-\frac{2P_{IAB}P_{IBA}}{P_{AIB}P_{ABA}}, \frac{P_{IAB}P_{IBI}}{P_{AIB}P_{ABA}}, \frac{P_{IBA}P_{IAI}}{P_{AIB}P_{ABA}}\right).$$

3. 在 3.2.1 节中引入的构造 (C6) 等价于

$$\left(\text{ARATIO } Y\ P\ O_1\ O_2\ \ -1\ \frac{2P_{PO_2O_1}}{P_{O_1O_2O_1}}\ \frac{2P_{PO_1O_2}}{P_{O_1O_2O_1}}\right).$$

现在我们可以使用下述更多的新的构造了:

(C17) (CENTROID $G\ A\ B\ C$). G 是三角形 ABC 的重心.

(C18) (ORTHOCENTER $H\ A\ B\ C$). H 是三角形 ABC 的垂心.

(C19) (CIRCUMCENTER $O\ A\ B\ C$). O 是三角形 ABC 外心.

(C20) (INCENTER $C\ I\ A\ B$). I 是三角形 ABC 的内心, 但这种构造是为了从点 A, B, I 构造点 C.

构造 (C20) 需要一些解释. 如果三角形的三个顶点给定, 需要找出内心的坐标, 我们一般得到一个关于内心坐标的次数为 4 的方程. 原因是不用不等式我们不能区分内心和旁心. 这里所做的是把问题反过来: 当内心 (或旁心) 和三角形的两个顶点给定时, 第三个顶点就唯一确定了, 且能由上面的构造引入.

注记 3.5.12 在这一节, 我们事实上在更复杂的定理证明中用了重心定理、垂心定理、外心定理和内心定理. 这四个定理本身能用基本性质来证明. 一般情况下, 我们能用不同的构造来描述相同的几何命题, 在定理的证明中, 用的构造越基本, 证明就越长. 相反地, 用的构造越复杂, 一般说来证明就越短.

对构造 (C17)~(C20), 某些特殊情形下的消去结果是非常简单的. 举例如下.

练习 3.5.13 对 (CIRCUMCENTER O A B C), 有

(1) $P_{OAO}=\dfrac{P_{ABA}P_{ACA}P_{BCB}}{64S_{ABC}^2}$.

(2) $P_{ABO}=\overline{AB}^2$.

(3) $P_{AOB}=\dfrac{P_{ABA}(P_{ACA}P_{BCB}-32S_{ABC}^2)}{64S_{ABC}^2}$.

(4) $S_{PQO}=\dfrac{S_{PQA}}{2}+\dfrac{S_{PQB}}{2}$ (当$PQ\perp AB$).

例 3.5.14 设 H 是三角形 ABC 的垂心, 则四个三角形 ABC, ABH, ACH, BCH 中一个的外心是另外三个三角形的外心形成的三角形的垂心.

机器证明 构造性描述如图 3-22.

构造性描述

((points A B C)

(orthocenter H A B C)

(circumcenter O A B C)

(circumcenter A_1 B C H)

(circumcenter B_1 A C H)

(circumcenter C_1 A B H)

(parallel B_1 C_1 B C))

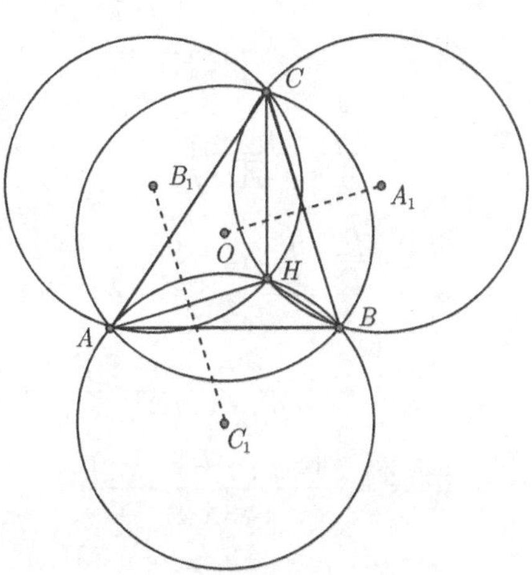

图 3-22

机器证明

$$\frac{S_{BCB_1}}{S_{BCC_1}}$$

$$\overset{C_1}{=}\frac{S_{BCB_1}\cdot(2)}{S_{BCH}+S_{ABC}}$$

$$\overset{B_1}{=} \frac{(2)\cdot(S_{BCH}+S_{ABC})}{(S_{BCH}+S_{ABC})\cdot(2)}$$

$$\overset{\text{simplify}}{=\!=} 1$$

消元式

$$S_{BCC_1} \overset{C_1}{=} \frac{1}{2}(S_{BCH}+S_{ABC})$$

$$S_{BCB_1} \overset{B_1}{=} \frac{1}{2}(S_{BCH}+S_{ABC})$$

上面的机器证明使用了练习 3.5.13 中的第四个结论.

例 3.5.15　一直线经过三角形的重心, 求证从位于直线同一边的两个顶点到直线的距离之和等于第三个顶点到直线的距离.

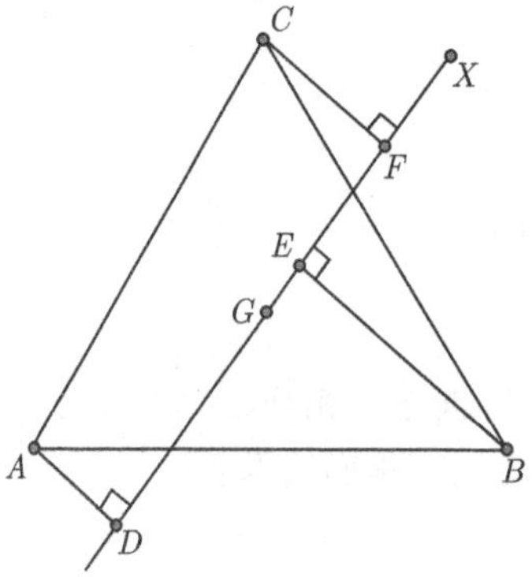

图 3-23

机器证明　构造性描述如图 3-23.

构造性描述

$\Big($(points $A\ B\ C\ X$)

(centroid $G\ A\ B\ C$)

(foot $D\ A\ G\ X$)

(foot $E\ B\ G\ X$)

(foot $F\ C\ G\ X$)

$\left(\dfrac{\overline{EB}}{\overline{DA}}+\dfrac{\overline{FC}}{\overline{DA}}=1\right)\Big)$

机器证明

$$-\left(\frac{\overline{CF}}{\overline{AD}}+\frac{\overline{BE}}{\overline{AD}}\right)$$

$$\overset{F}{=} \frac{-\dfrac{\overline{BE}}{\overline{AD}}\cdot S_{AXG}-S_{CXG}}{-(-S_{AXG})}$$

$$\overset{E}{=} \frac{-(-S_{CXG}\cdot S_{AXG}-S_{BXG}\cdot S_{AXG})}{S_{AXG}\cdot(-S_{AXG})}$$

$$\overset{\text{simplify}}{=\!=} \frac{-(S_{CXG}+S_{BXG})}{S_{AXG}}$$

$$\overset{G}{=} \frac{-(3S_{ACX}+3S_{ABX})\cdot(3)}{(-S_{ACX}-S_{ABX})\cdot((3))^2}$$

$$\overset{\text{simplify}}{=\!=} 1$$

消元式

$$\frac{\overline{CF}}{\overline{AD}} \overset{F}{=} \frac{S_{CXG}}{S_{AXG}}$$

$$\frac{\overline{BE}}{\overline{AD}} \overset{E}{=} \frac{S_{BXG}}{S_{AXG}}$$

$$S_{AXG} \overset{G}{=} -\frac{1}{3}(S_{ACX}+S_{ABX})$$

$$S_{BXG} \overset{G}{=} -\frac{1}{3}(S_{BCX}-S_{ABX})$$

$$S_{CXG} \overset{G}{=} -\frac{1}{3}(S_{BCX}+S_{ACX})$$

例 3.5.16 三角形的内心和一个旁心分所在的角分线成调和比.

机器证明 构造性描述如图 3-24.

构造性描述

((POINTS B C I)
(INCENTER A I C B)
(INTER D (LINE A I) (LINE B C))
(INTER I_A (LINE A I)(TLINE B B I))
(HARMONIC A D I I_A))

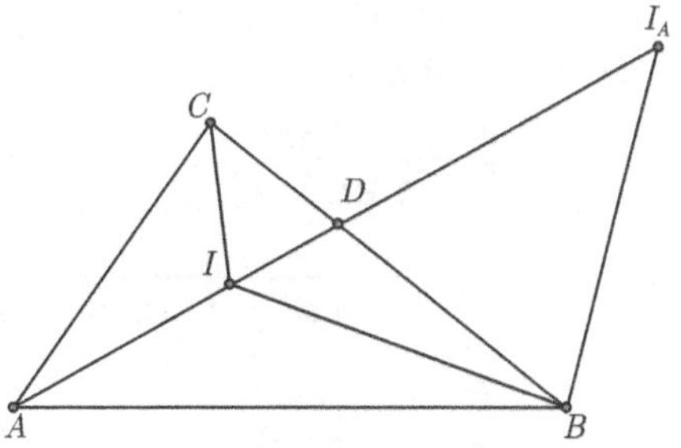

图 3-24

机器证明

$$\left(-\frac{\overline{IA}}{\overline{ID}}\bigg/\frac{\overline{AI_A}}{\overline{DI_A}}\right)$$

$$\overset{I_A}{=} \frac{P_{IBD}}{P_{IBA}} \cdot -\frac{\overline{IA}}{\overline{ID}}$$

$$\overset{D}{=} \frac{-(-S_{BICA}) \cdot P_{CBI} \cdot S_{BIA}}{P_{IBA} \cdot S_{BICA} \cdot S_{BCI}}$$

$$\overset{\text{simplify}}{=\!=} \frac{P_{CBI} \cdot S_{BIA}}{P_{IBA} \cdot S_{BCI}}$$

$$\overset{A}{=} \frac{P_{CBI} \cdot (-P_{BIB} \cdot P_{BCI} \cdot S_{BCI}) P_{BIC} \cdot P_{BCB}}{(-P_{CBI} \cdot P_{BIB} \cdot P_{BCI}) \cdot S_{BCI} \cdot P_{BIC} \cdot P_{BCB}}$$

$$\overset{\text{simplify}}{=\!=} 1$$

消元式

$$\frac{\overline{AI_A}}{\overline{DI_A}} \overset{I_A}{=} \frac{P_{IBA}}{P_{IBD}}$$

$$P_{IBD} \overset{D}{=} \frac{P_{CBI} \cdot S_{BIA}}{S_{BICA}}$$

$$\frac{\overline{IA}}{\overline{ID}} \overset{D}{=} \frac{-S_{BICA}}{S_{BCI}}$$

$$P_{IBA} \overset{A}{=} \frac{-P_{CBI} \cdot P_{BIB} \cdot P_{BCI}}{P_{BIC} \cdot P_{BCB}}$$

$$S_{BIA} \overset{A}{=} \frac{-P_{BIB} \cdot P_{BCI} \cdot S_{BCI}}{P_{BIC} \cdot P_{BCB}}$$

例 3.5.17 (Euler 定理) 三角形的重心在外心 O 和垂心 H 所决定的直线上, 且按 1:2 的比例分割 OH.

机器证明 构造性描述如图 3-25.

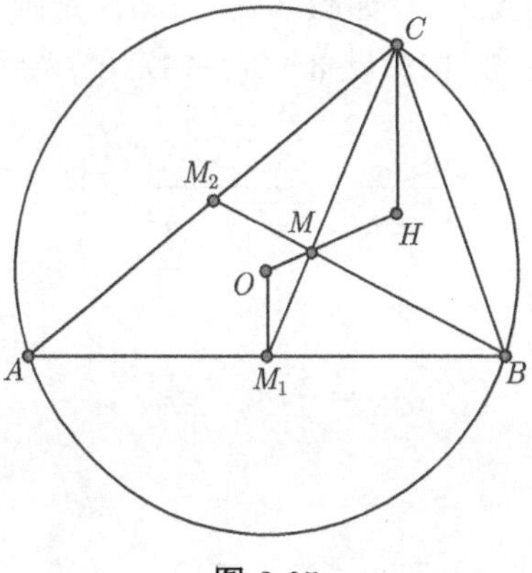

图 3-25

构造性描述

((POINTS A B C)
(CIRCUMCENTER O A B C)
(CENTROID M A B C)
(LRATIO H M O -2)
(PERENDICULAR A H B C))

机器证明	消元式
$\frac{P_{ABC}}{P_{CBH}}$	$P_{CBH} \overset{H}{=} 3P_{CBM} - 2P_{CBO}$
$\overset{H}{=} \frac{P_{ABC}}{3P_{CBM} - 2P_{CBO}}$	$P_{CBM} \overset{M}{=} \frac{1}{3}(P_{BCB} + P_{ABC})$
$\overset{M}{=} \frac{P_{ABC} \cdot (3)}{-6P_{CBO} + 3P_{BCB} + 3P_{ABC}}$	$P_{CBO} \overset{O}{=} \frac{1}{2}(P_{BCB})$
$\overset{O}{=} \frac{-P_{ABC} \cdot (2)}{-2P_{ABC}}$	
$\overset{\text{simplify}}{=\!=} 1$	

3.6　三角函数和共圆点

这一节的目标是提供一个处理共圆点的有效方法. 我们将仅用面积和勾股差来发展三角函数的性质. 仅对机器证明感兴趣的读者可以跳过下面一小节而直接看 3.6.2 小节.

3.6.1　共圆定理

设 J, A, B 是以 O 为圆心的圆上三点, 固定 J 为参考点, 有向弦 $\widetilde{AB}$ 是一有向线段使得 $\widetilde{JA}(A \neq J)$ 总是正的且 $\widetilde{AB} > 0$ 当且仅当 $S_{JAB} > 0$.

命题 3.6.1　设 δ 是三角形 ABC 的外接圆的直径, 则

$$S_{ABC} = \frac{\widetilde{AB} \cdot \widetilde{CB} \cdot \widetilde{CA}}{2\delta}.$$

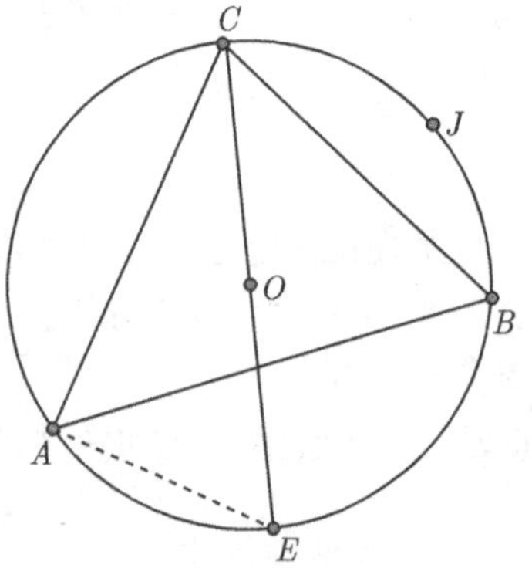

图 3-26

证明　如图 3-26, 设 CE 是圆 O 的直径. 由命题 3.4.9(共角定理) 得到

$$\frac{S_{ABC}^2}{S_{ACE}^2} = \frac{\overline{AB}^2 \cdot \overline{CB}^2}{\overline{AE}^2 \cdot \delta^2}.$$

因为

$$S_{ACE}^2 = \frac{1}{4}\overline{AC}^2 \cdot \overline{AE}^2,$$

故有

$$S_{ABC}^2 = \frac{\overline{AB}^2 \cdot \overline{BC}^2 \cdot \overline{AC}^2}{4\delta^2}, \quad \text{即} |S_{ABC}| = \frac{|\widetilde{AB}| \cdot |\widetilde{CB}| \cdot |\widetilde{CA}|}{2\delta}.$$

我们仍然需要检查等式的两边符号是否相等. 首先, 很容易看出当我们交换三角形 ABC 的两个顶点时, 等式两边的符号将同时改变. 因此, 我们只需要检查 A, B, C 的一个特殊位置, 例如, 图 3-26 所示, 在这种情形, 有

$$S_{ABC} > 0,\quad \widetilde{AB} > 0,\quad \widetilde{CB} > 0,\quad \widetilde{CA} > 0.$$

设 $\widetilde{BC}$ 是圆 O 上有向弦, BB' 是直径. 定义 $\widetilde{BC}$ 的对偶弦 $\widehat{BC}$, 其绝对值等于 $|CB'|$ 且和 P_{BJC} 有相同的符号. 显然有

$$\widetilde{BC}^2 + \widehat{BC}^2 = \delta^2.$$

命题 3.6.2 对圆上 A, B, C 三点, 有

$$P_{ABC} = \frac{2\widetilde{AB} \cdot \widetilde{CB} \cdot \widehat{CA}}{\delta}.$$

证明 由 Herron-秦公式和命题 3.6.1, 有

$$P_{ABC}^2 = 4\widetilde{AB}^2 \cdot \widetilde{CB}^2 - 16S_{ABC}^2 = \frac{4\widetilde{AB}^2 \cdot \widetilde{CB}^2(\delta^2 - \widetilde{AC}^2)}{\delta^2}.$$

所以

$$|P_{ABC}| = \frac{2|\widetilde{AB}| \cdot |\widetilde{CB}| \cdot |\widehat{CA}|}{\delta}.$$

同前一命题, 我们能够检查确认方程的两边的符号是相等的.

命题 3.6.3 设 A, B, C,D 四点共圆, 此圆和经过 D 且平行于 AC 的直线交于 E, 则

$$S_{ABCD} = \frac{\widetilde{AC} \cdot \widetilde{BD} \cdot \widetilde{EB}}{2\delta},$$

这里 δ 是圆的直径 (图 3-27).

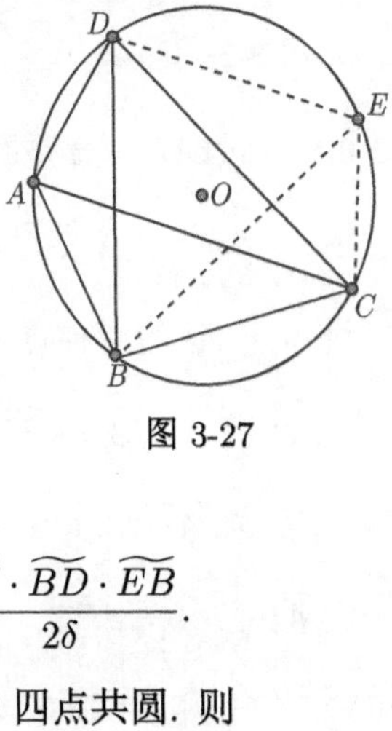

图 3-27

证明 如果 $AC \parallel BD$, 则有 $E = B$ 和 $S_{ABCD} = 0$, 结果显然成立. 否则, 因为 $DE \parallel AC$, 故有

$$S_{ABCD} = \frac{\widetilde{AC}}{\widetilde{ED}} S_{EBD} = \frac{\widetilde{AC} \cdot \widetilde{BD} \cdot \widetilde{EB}}{2\delta}.$$

命题 3.6.4 (Ptolemy 定理) 设 A, B, C, D 四点共圆. 则

$$\widetilde{AB} \cdot \widetilde{CD} + \widetilde{BC} \cdot \widetilde{AD} = \widetilde{AC} \cdot \widetilde{BD}.$$

证明　设 E 是圆和经过 D 且平行于 AC 的直线的交点 (图 3-27). 由命题 3.6.3 与 3.6.1 可得

$$\frac{\widetilde{AC}\cdot\widetilde{BD}\cdot\widetilde{EB}}{2\delta}=S_{ABCD}=S_{BCE}+S_{EAB}=\frac{\widetilde{BC}\cdot\widetilde{EC}\cdot\widetilde{EB}+\widetilde{EA}\cdot\widetilde{BA}\cdot\widetilde{BE}}{2\delta}.$$

设 B 是参考点. 注意有

$$\widetilde{EB}=-\widetilde{BE},\quad \widetilde{AE}=-\widetilde{CD},\quad \widetilde{CE}=-\widetilde{AD},$$

于是就证明了结论.

命题 3.6.5　设 $AB=d$ 是圆的直径, P 和 Q 是圆上两点. 则

$$d\cdot\widetilde{PQ}=\widetilde{AQ}\cdot\widetilde{AP}-\widetilde{AP}\cdot\widetilde{AQ}.$$

证明　应用 Ptolemy 定理到 A, P, B, Q 得

$$\widetilde{AB}\cdot\widetilde{PQ}=\widetilde{AP}\cdot\widetilde{BQ}+\widetilde{AQ}\cdot\widetilde{PB}.$$

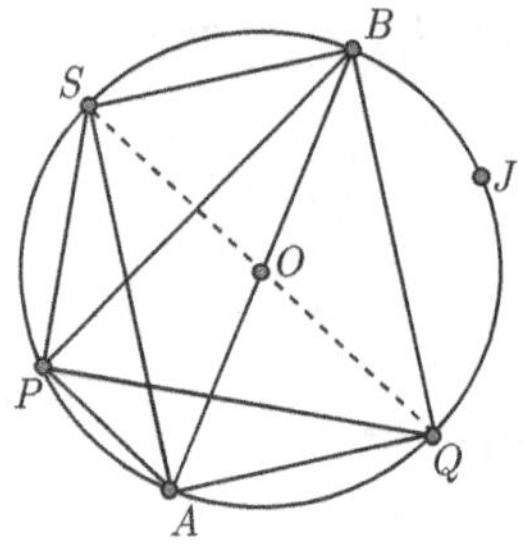

图 3-28

设 J 是参考点如果 $S_{JAB}<0$ (图 3-28), 则有

$$\widetilde{AB}=-d,\quad \widetilde{AQ}=\widetilde{BQ},\quad \widetilde{AP}=\widetilde{BP}.$$

如果 $S_{JAB}>0$ 或 $J=A$, 则有

$$\widetilde{AB}=d\quad ,\widetilde{AQ}=\widetilde{QB},\quad \widetilde{AP}=\widetilde{PB}.$$

结果总是成立的.

命题 3.6.6　设 $AB=d$ 是圆的直径, P 和 Q 是圆上两点. 则

$$d\cdot\widetilde{PQ}=\widetilde{AP}\cdot\widetilde{AQ}+\widetilde{AP}\cdot\widetilde{AQ}.$$

证明　设 S 是 Q 的对称点 (图 3-28). 由 Ptolemy 定理, 有

$$\widetilde{AB}\cdot\widetilde{PS}=\widetilde{AP}\cdot\widetilde{BS}+\widetilde{AS}\cdot\widetilde{PB}.$$

设 J 是参考点, 如果 $\widetilde{AB}$ 和 $\widetilde{QS}$ 有相同的符号, 则有

$$\widetilde{AB}\cdot\widetilde{PS}=d\widetilde{PQ},\quad \widetilde{BS}=\widetilde{AQ},\quad \widetilde{AS}\cdot\widetilde{PB}=\widetilde{AQ}\cdot\widetilde{AP}.$$

如果 $\widetilde{AB}$ 和 $\widetilde{QS}$ 符号相反, 则有

$$\widetilde{AB}\cdot\widetilde{PS}=-d\cdot\widetilde{PQ},\quad \widetilde{BS}=-\widetilde{AQ},\quad \widetilde{AS}\cdot\widetilde{PB}=-\widetilde{AQ}\cdot\widetilde{AP}.$$

结果在两种情形下都是成立的.

命题 3.6.5 与 3.6.6 叫做弦的分解公式. 它们能用来将弦或对偶弦约化为以一固定点为端点的若干弦和对偶弦的多项式.

对圆上点 A 和 B, 定义

$$\sin(A) = \frac{\widetilde{JA}}{\delta}; \quad \cos(A) = \frac{\widehat{JA}}{\delta},$$
$$\sin(AB) = \frac{\widetilde{AB}}{\delta}; \quad \cos(AB) = \frac{\widehat{AB}}{\delta}.$$

则上面已导出三角函数的下述性质:

$$\begin{aligned}
&\sin(A)^2 + \cos(A)^2 = 1,\\
&\sin(AB) = \sin(B)\cos(A) - \sin(A)\cos(B),\\
&\cos(AB) = \cos(B)\cos(A) + \sin(A)\sin(B),
\end{aligned}$$

这里 $\sin(AB)$ 和 $\cos(AB)$ 事实上是弧 AB 的内角 (所含的圆周角) 的正弦和余弦函数. 但在上面的三角函数定义中, 我们没有提到角的概念.

3.6.2 共圆点的消去

引入一个新的构造:

(C21) (CIRCLE $Y_1 \cdots Y_s$), $s \geqslant 3$, 点 $Y_1, \cdots, Y_s$ 在同一圆上. 构造 (C21) 没有非退化条件. 自由度是 $s+3$.

由命题 3.6.1~3.6.6, 有

引理 3.6.7 设 A, B, C 是以 O 为圆心直径为 δ 的圆上的点, 则

$$S_{ABC} = \frac{\widetilde{AB}\cdot\widetilde{CB}\cdot\widetilde{CA}}{2\delta}, \quad P_{ABC} = \frac{2\widehat{AB}\cdot\widehat{CB}\cdot\widehat{CA}}{\delta},$$
$$\widetilde{AC} = \delta\sin(AC), \qquad \widehat{AC} = \delta\cos(AC).$$

使用上述引理, 圆上点的面积和勾股差能约化为关于圆的直径 δ 和独立角的三角函数的表达式. 两个这样的表达式有同样的值当且仅当对每一角 α, 当用 $1-\cos^2\alpha$ 代替 $\sin^2\alpha$ 后结果表达式是相同的, 这样我们就对这种构造有一个完全的方法. 读者可能注意到在命题的描述中这种构造必须首先出现. 否则, 在接下来的步骤, 我们不知道如何消去这些三角函数.

许多有趣的几何定理的证明都用到了这种构造.

例 3.6.8 (Simson 定理) 从三角形 ABC 的外接圆上一点 D 分别向三角形的三边 BC, AC, AB 引垂线, 垂足顺次是 E, F 和 G, 求证 E, F, G 共线.

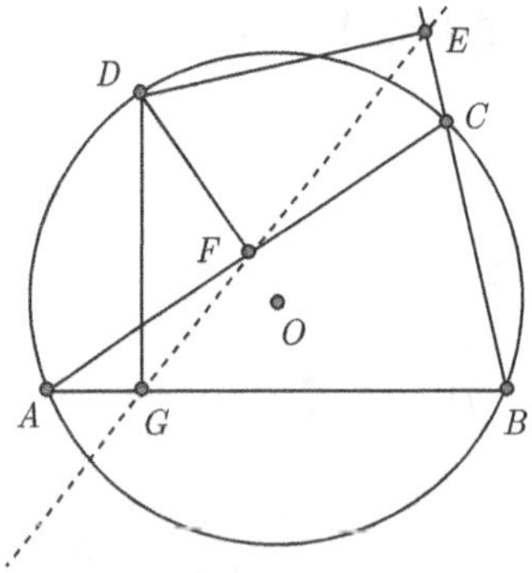

图 3-29

机器证明　构造性描述如图 3-29.

构造性描述

$$\Big((\text{CIRCLE } A\ B\ C\ D)$$

(FOOT E D B C)

(FOOT F D A C)

(FOOT G D A B)

(INTER G_1 (LINE E F) (LINE A B))

$$\left(\frac{\overline{AG}}{\overline{BG}} = \frac{\overline{AG_1}}{\overline{BG_1}}\right)\Big)$$

非退化条件:

$B \neq C, A \neq C, A \neq B, EF \nparallel AB, B \neq G, B \neq G_1$

机器证明

$$\left(\frac{\overline{AG}}{\overline{BG}}\right) \Bigg/ \left(\frac{\overline{AG_1}}{\overline{BG_1}}\right)$$

$$\overset{G_1}{=} \frac{S_{BEF}}{S_{AEF}} \cdot \frac{\overline{AG}}{\overline{BG}}$$

$$\overset{G}{=} \frac{P_{BAD} \cdot S_{BEF}}{S_{AEF} \cdot (-P_{ABD})}$$

$$\overset{F}{=} \frac{-P_{BAD} \cdot P_{ACD} \cdot S_{ABE} \cdot P_{ACA}}{(-P_{CAD} \cdot S_{ACE}) \cdot P_{ABD} \cdot P_{ACA}}$$

$$\overset{\text{simplify}}{=} \frac{P_{BAD} \cdot P_{ACD} \cdot S_{ABE}}{P_{CAD} \cdot S_{ACE} \cdot P_{ABD}}$$

$$\overset{E}{=} \frac{P_{BAD} \cdot P_{ACD} \cdot P_{CBD} \cdot S_{ABC} \cdot P_{BCB}}{P_{CAD} \cdot (-P_{BCD} \cdot S_{ABC}) \cdot P_{ABD} \cdot P_{BCB}}$$

$$\overset{\text{simplify}}{=} \frac{P_{BAD} \cdot P_{ACD} \cdot P_{CBD}}{-P_{CAD} \cdot P_{BCD} \cdot P_{ABD}}$$

$$\overset{\text{co-cir}}{=} \frac{(2\widetilde{AD} \cdot \widetilde{AB} \cdot \cos(BD)) \cdot (-2\widetilde{CD} \cdot \widetilde{AC} \cdot \cos(AD)) \cdot (2\widetilde{BD} \cdot \widetilde{BC} \cdot \cos(CD))}{-(2\widetilde{AD} \cdot \widetilde{AC} \cdot \cos(CD)) \cdot (-2\widetilde{CD} \cdot \widetilde{BC} \cdot \cos(BD)) \cdot (-2\widetilde{BD} \cdot \widetilde{AB} \cdot \cos(AD))}$$

$$\overset{\text{simplify}}{=} 1$$

消元式

$$\frac{\overline{AG_1}}{\overline{BG_1}} \overset{G_1}{=} \frac{S_{AEF}}{S_{BEF}}$$

$$\frac{\overline{AG}}{\overline{BG}} \overset{G}{=} \frac{P_{BAD}}{-P_{ABD}}$$

$$S_{AEF} \stackrel{F}{=} \frac{-P_{CAD} \cdot S_{ACE}}{P_{ACA}}$$

$$S_{BEF} \stackrel{F}{=} \frac{P_{ACD} \cdot S_{ABE}}{P_{ACA}}$$

$$S_{ACE} \stackrel{E}{=} \frac{-P_{BCD} \cdot S_{ABC}}{P_{BCB}}$$

$$S_{ABE} \stackrel{E}{=} \frac{P_{CBD} \cdot S_{ABC}}{P_{BCB}}$$

$$P_{ABD} = -2\left(\widetilde{BD} \cdot \widetilde{AB} \cdot \cos(AD)\right)$$

$$P_{BCD} = -2\left(\widetilde{CD} \cdot \widetilde{BC} \cdot \cos(BD)\right)$$

$$P_{CAD} = 2\left(\widetilde{AD} \cdot \widetilde{AC} \cdot \cos(CD)\right)$$

$$P_{CBD} = 2\left(\widetilde{BD} \cdot \widetilde{BC} \cdot \cos(CD)\right)$$

$$P_{ACD} = -2\left(\widetilde{CD} \cdot \widetilde{AC} \cdot \cos(AD)\right)$$

$$P_{BAD} = 2\left(\widetilde{AD} \cdot \widetilde{AB} \cdot \cos(BD)\right)$$

上述机器证明的最后一步使用了引理 3.6.7.

例 3.6.9 (圆上的 Pascal 定理) 设 A, B, C, D, E, F 是圆上六点, 设 $P = AB \cap DF, Q = BC \cap EF, S = CD \cap EA$, 求证 P, Q, S 共线.

机器证明 构造性描述如图 3-30.

构造性描述

((CIRCLE A B C D F E)

(INTER P (LINE D F) (LINE A B))

(INTER Q (LINE F E) (LINE B C))

(INTER S (LINE E A) (LINE C D))

(INTER S_1 (LINE P Q) (LINE C D))

$\left(\dfrac{\overline{CS}}{\overline{DS}} = \dfrac{\overline{CS_1}}{\overline{DS_1}}\right)$)

非退化条件:

$DF \nparallel AB, EF \nparallel BC, AE \nparallel CD,$

$PQ \nparallel CD, D \neq S, D \neq S_1$

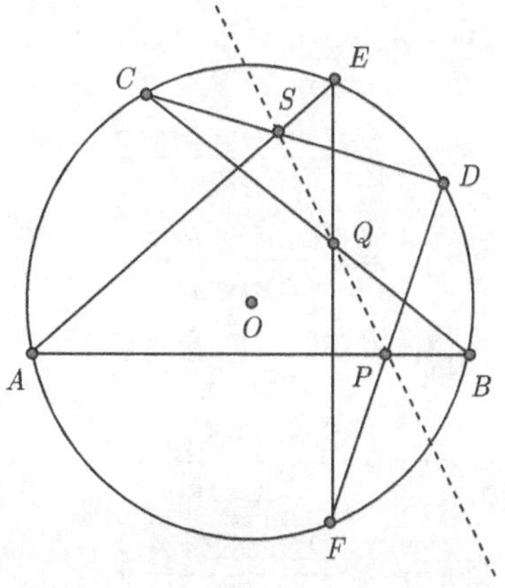

图 3-30

机器证明

$$\left(\frac{\overline{CS}}{\overline{DS}}\right)\Big/\left(\frac{\overline{CS_1}}{\overline{DS_1}}\right)$$

$$\stackrel{S_1}{=}\frac{S_{DPQ}}{S_{CPQ}}\cdot\frac{\overline{CS}}{\overline{DS}}$$

$$\stackrel{S}{=}\frac{S_{ACE}\cdot S_{DPQ}}{S_{CPQ}\cdot S_{ADE}}$$

$$\stackrel{Q}{=}\frac{S_{ACE}\cdot(S_{DEP}\cdot S_{BCF})\cdot S_{BFCE}}{(-S_{CFE}\cdot S_{BCP})\cdot S_{ADE}\cdot(-S_{BFCE})}$$

$$\stackrel{\text{simplify}}{=\!=}\frac{-S_{ACE}\cdot S_{DEP}\cdot S_{BCF}}{S_{CFE}\cdot S_{BCP}\cdot S_{ADE}}$$

$$\stackrel{P}{=}\frac{-S_{ACE}\cdot(-S_{DFE}\cdot S_{ABD})\cdot S_{BCF}\cdot S_{ADBF}}{S_{CFE}\cdot(-S_{BDF}\cdot S_{ABC})\cdot S_{ADE}\cdot(-S_{ADBF})}$$

$$\stackrel{\text{simplify}}{=\!=}\frac{S_{ACE}\cdot S_{DFE}\cdot S_{ABD}\cdot S_{BCF}}{S_{CFE}\cdot S_{BDF}\cdot S_{ABC}\cdot S_{ADE}}$$

$$\stackrel{\text{co-cir}}{=\!=}\frac{(-\widetilde{CE}\cdot\widetilde{AE}\cdot\widetilde{AC})\cdot(-\widetilde{FE}\cdot\widetilde{DE}\cdot\widetilde{DF})\cdot(-\widetilde{BD}\cdot\widetilde{AD}\cdot\widetilde{AB})\cdot(-\widetilde{CF}\cdot\widetilde{BF}\cdot\widetilde{BC})\cdot((2d))^4}{(-\widetilde{FE}\cdot\widetilde{CE}\cdot\widetilde{CF})\cdot(-\widetilde{DF}\cdot\widetilde{BF}\cdot\widetilde{BD})\cdot(-\widetilde{BC}\cdot\widetilde{AC}\cdot\widetilde{AB})\cdot(-\widetilde{DE}\cdot\widetilde{AE}\cdot\widetilde{AD})\cdot((2d))^4}$$

$$\stackrel{\text{simplify}}{=\!=}1$$

消元式

$$\frac{\overline{CS_1}}{\overline{DS_1}}\stackrel{S_1}{=}\frac{S_{CPQ}}{S_{DPQ}}$$

$$\frac{\overline{CS}}{\overline{DS}}\stackrel{S}{=}\frac{S_{ACE}}{S_{ADE}}$$

$$S_{CPQ}\stackrel{Q}{=}\frac{-S_{CFE}\cdot S_{BCP}}{S_{BFCE}}$$

$$S_{DPQ}\stackrel{Q}{=}\frac{S_{DEP}\cdot S_{BCF}}{S_{BFCE}}$$

$$S_{BCP}\stackrel{P}{=}\frac{-S_{BDF}\cdot S_{ABC}}{S_{ADBF}}$$

$$S_{DEP}\stackrel{P}{=}\frac{S_{DFE}\cdot S_{ABD}}{S_{ADBF}}$$

$$S_{ADE}=\frac{\widetilde{DE}\cdot\widetilde{AE}\cdot\widetilde{AD}}{(-2)\cdot d}$$

$$S_{ABC}=\frac{\widetilde{BC}\cdot\widetilde{AC}\cdot\widetilde{AB}}{(-2)\cdot d}$$

$$S_{BDF} = \frac{\widetilde{DF} \cdot \widetilde{BF} \cdot \widetilde{BD}}{(-2) \cdot d}$$

$$S_{CFE} = \frac{\widetilde{FE} \cdot \widetilde{CE} \cdot \widetilde{CF}}{(-2) \cdot d}$$

$$S_{BCF} = \frac{\widetilde{CF} \cdot \widetilde{BF} \cdot \widetilde{BC}}{(-2) \cdot d}$$

$$S_{ABD} = \frac{\widetilde{BD} \cdot \widetilde{AD} \cdot \widetilde{AB}}{(-2) \cdot d}$$

$$S_{DFE} = \frac{\widetilde{FE} \cdot \widetilde{DE} \cdot \widetilde{DF}}{(-2) \cdot d}$$

$$S_{ACE} = \frac{\widetilde{CE} \cdot \widetilde{AE} \cdot \widetilde{AC}}{(-2) \cdot d}$$

例 3.6.10 (广义蝴蝶定理) A, B, C, D, E, F 是圆上六点.

$$M = AB \cap CD; \quad N = AB \cap EF; \quad G = AB \cap CF; \quad H = AB \cap DE.$$

求证 $\dfrac{\overline{MG}}{\overline{AG}} \dfrac{\overline{BH}}{\overline{NH}} \dfrac{\overline{AN}}{\overline{MB}} = 1.$

机器证明 构造性描述如图 3-31.

构造性描述

$\Big($(CIRCLE A B C D E F)

(INTER M (LINE D C) (LINE A B))

(INTER N (LINE E F) (LINE A B))

(INTER G (LINE A B) (LINE C F))

(INTER H (LINE D E) (LINE A B))

$\left(\dfrac{\overline{MG}}{\overline{AG}} \dfrac{\overline{BH}}{\overline{NH}} = \dfrac{\overline{BM}}{\overline{AB}} \dfrac{\overline{BA}}{\overline{AN}}\right)\Big)$

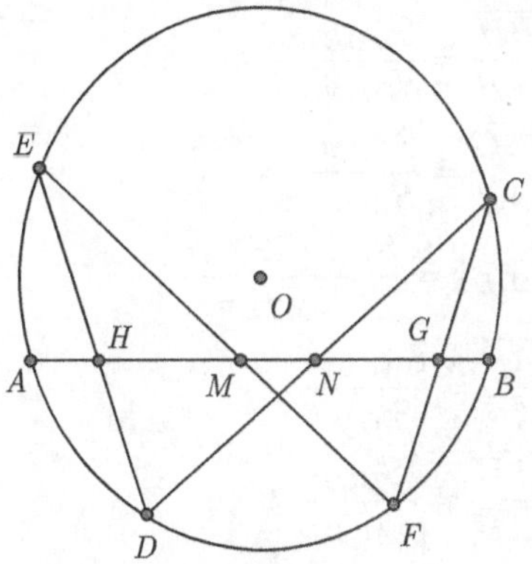

图 3-31

机器证明

$$\frac{\dfrac{\overline{MG}}{\overline{AG}} \cdot \dfrac{\overline{BH}}{\overline{NH}}}{-\dfrac{\overline{BM}}{\overline{AB}} \cdot \dfrac{\overline{AB}}{\overline{AN}}}$$

$$\stackrel{H}{=} \frac{S_{BDE}}{-\dfrac{\overline{BM}}{\overline{AB}} \cdot \dfrac{\overline{AB}}{\overline{AN}} \cdot S_{DEN}} \cdot \frac{\overline{MG}}{\overline{AG}}$$

$$\overset{G}{=} \frac{-S_{CFM} \cdot S_{BDE}}{\frac{\overline{BM}}{\overline{AB}} \cdot \frac{\overline{AB}}{\overline{AN}} \cdot S_{DEN} \cdot S_{ACF}}$$

$$\overset{N}{=} \frac{-S_{CFM} \cdot S_{BDE} \cdot (-S_{AEBF}) \cdot S_{AEF}}{\frac{\overline{BM}}{\overline{AB}} \cdot S_{AEBF} \cdot S_{DEF} \cdot S_{ABE} \cdot S_{ACF}}$$

$$\overset{\text{simplify}}{=\!=} \frac{S_{CFM} \cdot S_{BDE} \cdot S_{AEF}}{\frac{\overline{BM}}{\overline{AB}} \cdot S_{DEF} \cdot S_{ABE} \cdot S_{ABE} \cdot S_{ACF}}$$

$$\overset{M}{=} \frac{(-S_{CDF} \cdot S_{ABC}) \cdot S_{BDE} \cdot S_{AEF} \cdot (-S_{ACBD})}{(-S_{BCD}) \cdot S_{DEF} \cdot S_{ABE} \cdot S_{ACF} \cdot (-S_{ACBD})}$$

$$\overset{\text{simplify}}{=\!=} \frac{S_{CDF} \cdot S_{ABC} \cdot S_{BDE} \cdot S_{AEF}}{S_{BCD} \cdot S_{DEF} \cdot S_{ABE} \cdot S_{ACF}}$$

$$\overset{\text{co-cir}}{=\!=} \frac{(-\widetilde{DF} \cdot \widetilde{CF} \cdot \widetilde{CD}) \cdot (-\widetilde{BC} \cdot \widetilde{AC} \cdot \widetilde{AB}) \cdot (-\widetilde{DE} \cdot \widetilde{BE} \cdot \widetilde{BD}) \cdot (-\widetilde{EF} \cdot \widetilde{AF} \cdot \widetilde{AE}) \cdot ((2d))^4}{(-\widetilde{CD} \cdot \widetilde{BD} \cdot \widetilde{BC}) \cdot (-\widetilde{EF} \cdot \widetilde{DF} \cdot \widetilde{DE}) \cdot (-\widetilde{BE} \cdot \widetilde{AE} \cdot \widetilde{AB}) \cdot (-\widetilde{CF} \cdot \widetilde{AF} \cdot \widetilde{AC}) \cdot ((2d))^4}$$

$$\overset{\text{simplify}}{=\!=} 1$$

消元式

$$\frac{\overline{BH}}{\overline{NH}} \overset{H}{=} \frac{S_{BDE}}{S_{DEN}}$$

$$\frac{\overline{MG}}{\overline{AG}} \overset{G}{=} \frac{S_{CFM}}{S_{ACF}}$$

$$S_{DEN} \overset{N}{=} \frac{S_{DEF} \cdot S_{ABE}}{-S_{AEBF}}$$

$$\frac{\overline{AB}}{\overline{AN}} \overset{N}{=} \frac{S_{AEBF}}{S_{AEF}}$$

$$\frac{\overline{BM}}{\overline{AB}} \overset{M}{=} \frac{S_{BCD}}{S_{ACBD}}$$

$$S_{CFM} \overset{M}{=} \frac{S_{CDF} \cdot S_{ABC}}{S_{ACBD}}$$

$$S_{ACF} = \frac{\widetilde{CF} \cdot \widetilde{AF} \cdot \widetilde{AC}}{(-2) \cdot d}$$

$$S_{ABE} = \frac{\widetilde{BE} \cdot \widetilde{AE} \cdot \widetilde{AB}}{(-2) \cdot d}$$

$$S_{DEF} = \frac{\widetilde{EF} \cdot \widetilde{DF} \cdot \widetilde{DE}}{(-2) \cdot d}$$

$$S_{BCD} = \frac{\widetilde{CD} \cdot \widetilde{BD} \cdot \widetilde{BC}}{(-2) \cdot d}$$

$$S_{AEF} = \frac{\widetilde{EF} \cdot \widetilde{AF} \cdot \widetilde{AE}}{(-2) \cdot d}$$

$$S_{BDE} = \frac{\widetilde{DE} \cdot \widetilde{BE} \cdot \widetilde{BD}}{(-2) \cdot d}$$

$$S_{ABC} = \frac{\widetilde{BC} \cdot \widetilde{AC} \cdot \widetilde{AB}}{(-2) \cdot d}$$

$$S_{CDF} = \frac{\widetilde{DF} \cdot \widetilde{CF} \cdot \widetilde{CD}}{(-2) \cdot d}$$

例 3.6.11 (Cantor 定理)　从圆内接四边形各边的中点到对边的垂直线共点.

机器证明　构造性描述如图 3-32.

构造性描述

((CIRCLE A B C D)
(CIRCUMCENTER O A B C)
(MIDPOINT G A D)
(MIDPOINT F A B)
(MIDPOINT E C D)
(PRATIO N E O F 1)
(PERPENDICULAR G N B C))
非退化条件: A, B, C不共线;
$A \neq D; A \neq B; C \neq D; O \neq F$

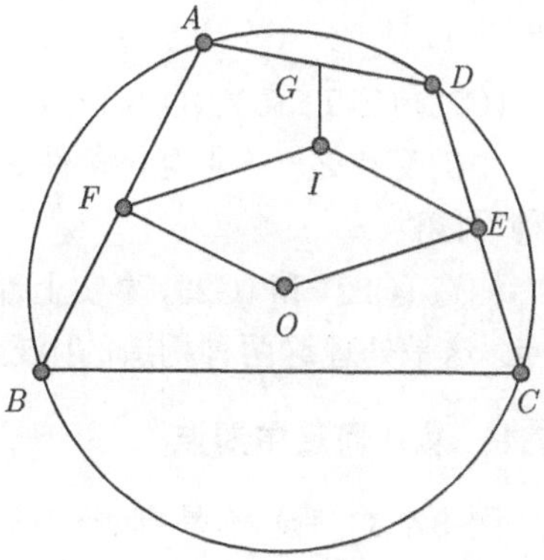

图 3-32

机器证明

$$\frac{P_{CBG}}{P_{CBN}} \stackrel{N}{=} \frac{P_{CBG}}{P_{CBE} + P_{CBF} - P_{CBO}}$$

$$\stackrel{E}{=} \frac{P_{CBG}}{P_{CBF} - P_{CBO} + \frac{1}{2} P_{CBD} + \frac{1}{2} P_{BCB}}$$

$$\stackrel{F}{=} \frac{(2) \cdot P_{CBG}}{-2P_{CBO} + P_{CBD} + P_{BCB} + P_{ABC}}$$

$$\stackrel{G}{=} \frac{(-2) \cdot \left(\frac{1}{2} P_{CBD} + \frac{1}{2} P_{ABC}\right)}{2P_{CBO} - P_{CBD} - P_{BCB} - P_{ABC}}$$

$$\stackrel{O}{=} \frac{-(P_{CBD} + P_{ABC}) \cdot (2)}{-2P_{CBD} - 2P_{ABC}}$$

$$\stackrel{\text{simplify}}{=\!=\!=} 1$$

消元式

$$P_{CBN} \stackrel{N}{=} P_{CBE} + P_{CBF} - P_{CBO}$$

$$P_{CBE} \stackrel{E}{=} \frac{1}{2}(P_{CBD} + P_{BCB})$$

$$P_{CBF} \stackrel{F}{=} \frac{1}{2}(P_{ABC}); P_{CBO} \stackrel{O}{=} \frac{1}{2}(P_{BCB})$$

$$P_{CBG} \stackrel{G}{=} \frac{1}{2}(P_{CBD} + P_{ABC})$$

3.7 可构型几何命题的机器证明

类 C, 也就是可构造几何命题类, 是其图形可以仅由圆规和直尺作出的几何命题. 为了描述类 C 中的命题, 我们需要两个新的构造.

首先引入圆的一个新的表示: (CIR O r), 是以 O 为圆心以 $\sqrt{r}$ 为半径的圆. 同前, r 可以是代数数或关于几何量的有理表达式或一个变量. 这样 (CIR O P) 等同于 (CIR O $\overline{OP}^2$).

(C22) (INTER Y (LINE U V) (CIR O r)). 点 Y 是直线 (LINE U V) 和圆 (CIR O r) 的交点之一, 非退化条件是 $r\neq 0$, $U\neq V$, 点 Y 是一固定点且有两种可能性.

(C23) (INTER Y (CIR O_1 r_1) (CIR O_2 r_2)). 点 Y 是圆 (CIR O_1 r_1) 和圆 (CIR O_2 r_2) 的交点之一, 非退化条件是 $O_1\neq O_2$, $r_1\neq 0$ 和 $r_2\neq 0$, 点 Y 是固定点且有两种可能性.

构造 (C22) 和 (C23) 事实上都引入两个点, 并且一般情况下我们不能区分这两个点. 这是处理这两种构造的困难之处.

3.7.1 从几何量中消点

例 3.7.1 设 Y 是直线 UV 和圆 (CIR O r) 的交点之一. 则有

(III) $\left(\dfrac{\overline{UY}}{\overline{UV}}\right)^2-\dfrac{P_{OUV}}{\overline{UV}^2}\dfrac{\overline{UY}}{\overline{UV}}+\dfrac{\overline{OU}^2-r}{\overline{UV}^2}=0.$

证明 如图 3-33, 设 X 是直线 UV 和圆的另外一个交点, M 是 XY 的中点. 由命题 3.1.2 得

$$\frac{\overline{UY}}{\overline{UV}}+\frac{\overline{UX}}{\overline{UV}}=2\frac{\overline{UM}}{\overline{UV}}=\frac{P_{MUV}}{\overline{UV}^2}=\frac{P_{OUV}}{\overline{UV}^2}. \tag{3.1}$$

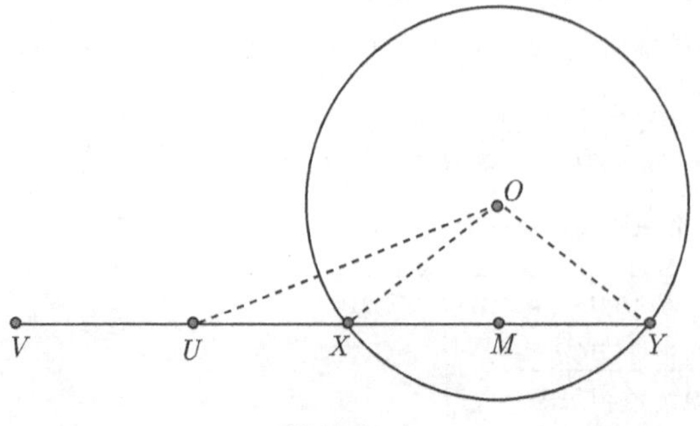

图 3-33

又由命题 3.1.5 有

$$\overline{OU}^2=\frac{\overline{XU}}{\overline{XY}}\overline{OY}^2+\frac{\overline{UY}}{\overline{XY}}\overline{OX}^2-\frac{\overline{XU}}{\overline{XY}}\cdot\frac{\overline{UY}}{\overline{XY}}\overline{XY}^2=\overline{OX}^2+\overline{UY}\cdot\overline{UX}=r+\overline{UY}\cdot\overline{UX}.\quad(3.2)$$

根据 (3.1) 和 (3.2), 很容易得到结果 (III).

现在我们能很容易地给出构造 (C22) 的消去方法.

引理 3.7.2 设 Y 由 (INTER Y(LINE U V) (CIR O r)) 引入. 则

$$\begin{aligned}S_{ABY}&=\frac{\overline{UY}}{\overline{UV}}S_{VAUB}+S_{ABU},\\P_{ABY}&=\frac{\overline{UY}}{\overline{UV}}P_{VAUB}+P_{ABU},\\P_{AYB}&=\frac{\overline{UY}}{\overline{UV}}P_{VAUB}+P_{ABU}-\frac{\overline{UY}}{\overline{UV}}\left(\frac{\overline{UY}}{\overline{UV}}\right)P_{UVU},\end{aligned}$$

这里 $\frac{\overline{UY}}{\overline{UV}}$ 满足 (III).

证明 由命题 2.2.6(基本命题 b3), 有

$$S_{ABY}=\frac{\overline{UY}}{\overline{UV}}S_{ABV}+\left(1-\frac{\overline{UY}}{\overline{UV}}\right)S_{ABU}=\frac{\overline{UY}}{\overline{UV}}S_{VAUB}+S_{ABU}.$$

第二和第三种情形是命题 3.1.5 的直接推论.

引理 3.7.3 设 Y 由 (INTER Y(LINE U V) (CIR O r)) 引入. 则

$$\frac{\overline{DY}}{\overline{EF}}=\begin{cases}\dfrac{\overline{DU}}{\overline{EF}}+\dfrac{\overline{UY}}{\overline{UV}}\dfrac{\overline{UV}}{\overline{EF}} & (D\in UV),\\[2ex]\dfrac{S_{DUV}}{S_{EUFV}} & (\text{其他情形}).\end{cases}$$

证明 第一种情形是平凡的. 第二种情形是共边定理的直接推论.

命题 3.7.4 构造 (C23) 等价于下面的两种构造的组合:

(LRATIO O O_1 O_2 r), (TRATIO Y O O_1 s),

这里

$$r=\frac{\overline{O_1O_2}^2+r_1-r_2}{2\overline{O_1O_2}^2},\quad s^2=\frac{r_1}{r^2\overline{O_1O_2}^2}-1.$$

证明 如图 3-34, 设 O 是 Y 到直线 O_1O_2 的垂足.

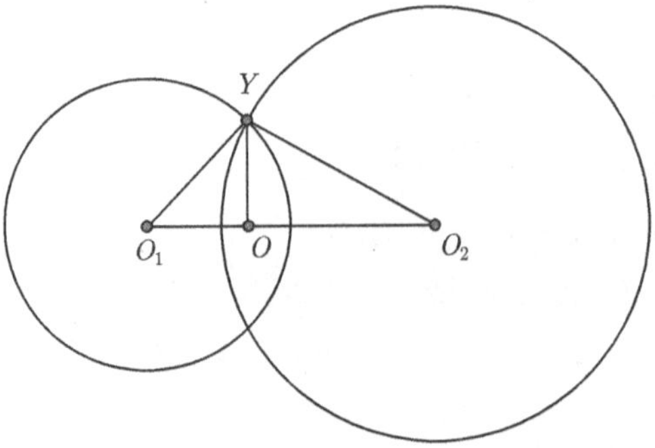

图 3-34

由命题 3.1.2 得

$$\frac{\overline{O_1O}}{\overline{O_1O_2}}=\frac{P_{YO_1O_2}}{P_{O_1O_2O_1}}=\frac{\overline{O_1O_2}^2+r_1-r_2}{2\overline{O_1O_2}^2}.$$

对 s, 有

$$s^2=\frac{\overline{OY}^2}{\overline{OO_1}^2}=\frac{r_1}{\overline{OO_1}^2}-1=\frac{r_1}{r^2\overline{O_1O_2}^2}-1.$$

引理 3.7.5　设 Y 由 (INTER Y(CIR O_1 r_1) (CIR O_2 r_2)) 引入, 则

$$S_{ABY}=S_{ABO_1}+rS_{O_2AO_1B}-\frac{rs}{4}P_{O_2AO_1B},$$

这里 r, s 和命题 3.7.4 中相同.

证明　设 O 是 Y 到直线 O_1O_2 的垂足, 由引理 3.3.5, 有

$$\begin{aligned}S_{ABY}&=S_{ABO}-\frac{s}{4}P_{OAO_1B}\\&=rS_{ABO_2}+(1-r)S_{ABO_1}-\frac{s}{4}(rP_{O_2AB}+(1-r)P_{O_1AB}-P_{O_1AB})\\&=S_{ABO_1}+rS_{O_2AO_1B}-\frac{rs}{4}P_{O_2AO_1B}.\end{aligned}$$

引理 3.7.6　设 Y 由 (INTER Y(CIR O_1 r_1) (CIR O_2 r_2)) 引入. 则

$$P_{ABY}=P_{ABO_1}+rP_{O_2AO_1B}-4rsS_{O_2AO_1B},$$

这里 r, s 和命题 3.7.4 中相同.

证明　设 O 是 Y 到直线 O_1O_2 的垂足, 由引理 3.3.6 得

$$\begin{aligned}P_{ABY}&=P_{ABO}-4sS_{OAO_1B}\\&=rP_{ABO_2}+(1-r)P_{ABO_1}-4s(rS_{O_2AB}+(1-r)S_{O_1AB}-S_{O_1AB})\\&=P_{ABO_1}+rP_{O_2AO_1B}-4rsS_{O_2AO_1B}.\end{aligned}$$

从 $\frac{\overline{DY}}{\overline{EF}}$ 和 P_{AYB} 中消去 Y 的方法可以在引理 2.4.3, 3.3.4, 3.3.7 和 3.3.9 中找到.

3.7.2 伪除法和三角形式

在这一节, 我们引入用于类 C 中命题机器证明的代数工具. 这些工具实际上是几何定理机器证明的吴方法的一部分. 更多的细节可以参考 (Wu, 1984; Chou, 1988).

设 K 是特征为 0 的可计算域 (例如有理数域 $\mathbf{Q}$), $A=K[x_1,\cdots,x_n]$ 是变量为 $x_1,\cdots,x_n$ 的多项式环. 对 $P\in K[x]-K$ 可以写为

$$P=c_dx_p^d+\cdots+c_1x_p+c_0,$$

这里 $c_i\in K[x_1,\cdots,x_{p-1}]$, $p>0$, $c_d\neq 0$. 称 p 为类, c_d 为初式, x_p 为主变元, d 为主次数, 或 $\mathrm{class}(P)=p$, $\mathrm{init}(P)=c_d$, $\mathrm{lv}(P)=x_p$, $\mathrm{ld}(P)=d$. 如果 $P\in K$, 有 $\mathrm{class}(P)=0$.

设 $p=\mathrm{class}(P)>0$. 一个多项式 Q 相对于 P 称为是约化的, 如果 $\deg(Q,x_p)<\mathrm{ld}(P)$.

设 $f=a_nv^n+\cdots+a_0$ 和 $h=b_kv^k+\cdots+b_0$ 是 $K[v]$ 中的两个多项式, 这里 v 是一新的变量. 假设 h 关于 v 的主次数 $k>0$, 则伪除法过程如下:

定义 3.7.7 (伪除法) 开始设 $r=f$, 重复下面过程直到

$$m=\deg(r,v)<k:r=b_kr-c_mv^{m-k}h,$$

这里 c_m 是 r 的初式. 很容易看出每次重复之后 m 严格递减. 这样过程必将终止. 最后有伪余式 $\mathrm{prem}(f,h,v)=r=r_0$.

命题 3.7.8 按上面伪除法定义和记号, 有下面公式:

$$b_k^sf=qh+r_0\quad(s\leqslant n-k+1,\deg(r_0,v)<\deg(h,v))\tag{$*$}$$

证明 固定多项式 h 且对 $n=\deg(f,v)$ 使用数学归纳法. 如果 $n<k$, 则有 $r_0=f$ 和 $f=0\cdot h+r_0$. 假设 $n\geqslant k$ 且公式 (1) 对那些满足 $\deg(f,v)<n$ 的多项式 f 成立. 经过再一次迭代, 有

$$r=b_kf-a_nv^{n-k}h,$$

这里 a_n 是 f 的初式. 因为 $\deg(f,v)<n$, 由归纳假设有

$$b_k^tr=q_1h+r_0.$$

将 r 的前一个表达式代入后一个等式代入就得到 $(*)$.

定义 3.7.9 在 $K[X]$ 中的多项式序列 $TS=A_1,\cdots,A_p$ 叫做是三角形式, 如果 $p=1$ 且 $A_1\neq 0$ 或 $0<\mathrm{class}(A_i)<\mathrm{class}(A_j)$ 对 $1\leqslant i<j$.

对一三角形式 $TS = A_1, \cdots, A_p$, 我们对变量重命名. 如果 A_i 的类为 m_i, 令 x_{m_i} 为 x_i, 其他的变量命名为 $u_1, \cdots, u_q$, 这里 $q = n - p$. 变量 $u_1, \cdots, u_q$ 叫做 TS 的参变量集. 则 TS 形式如 (IV):

$$
\text{(IV)} \quad \begin{aligned}
&A_1(u_1, \cdots, u_q, x_1), \\
&A_2(u_1, \cdots, u_q, x_1, x_2), \\
&\cdots\cdots \\
&A_p(u_1, \cdots, u_q, x_1, \cdots, x_p).
\end{aligned}
$$

对另一个多项式 G, 可以定义 G 关于 TS 的相继伪除法:

$$R_p = \text{prem}(G, A_p, x_p), \cdots, R_1 = \text{prem}(R_1, A_1, x_1).$$

$R = R_1$ 叫做最后余式, 记为 prem(G, $A_1, \cdots, A_p$). 容易证明下面重要的命题:

命题 3.7.10 (余式公式)　设 TS 和 R 同上, 存在一些非负整数 $s_1, \cdots, s_p$ 和多项式 $Q_1, \cdots, Q_p$ 使得

(1) $I_1^{s_1} \cdots I_p^{s_p} G = Q_1 A_1 + \cdots + Q_p A_p + R$, I_i 是 A_i 的初式;

(2) $\deg(R, x_i) < \deg(A_i, x_i), i = 1, \cdots, p$.

证明　对 p 做数学归纳. 在 $p = 1$ 的情形实际上就是命题 3.7.8. 假设 $p > 1$ 且命题对 $p - 1$ 成立, 这样有

$$I_1^{s_1} \cdots I_{p-1}^{sp-1} R_{p-1} = Q_1 A_1 + \cdots + Q_{p-1} A_{p-1} + R,$$

其中 $\deg(R, x_i) < \deg(A_i, x_i)$, $i = 1, \cdots, p - 1$. 把这同 $R_{p-1} = I^{s_p} G - Q_p A_p$ 联立就得到 (1) 和 (2).

定理 3.7.11　设 $TS = A_1, \cdots, A_p$ 是一个三角形式, G 是一多项式. 如果 $\text{prem}(G, TS) = 0$, 则

$$\forall x_i [(A_1 = 0 \wedge \cdots \wedge A_p = 0 \wedge I_1 \neq 0 \wedge \cdots \wedge I_p \neq 0) \Rightarrow G = 0].$$

证明　因为 $\text{prem}(G, TS) = 0$, 由余式公式

$$I_1^{s_1} \cdots I_p^{s_p} G = Q_1 A_1 + \cdots + Q_P A_P.$$

现在就很显然有 $A_i = 0$ 和 $I_i \neq 0$ 推出 $G = 0$.

定义 3.7.12　一形式为 (IV) 的三角形式集 $A_1, \cdots, A_p$ 称为是不可约的, 如果对每一个 i 有

(1) A_i 的初式 I_i 在多项式环 $R_i = K(u)[x_1, \cdots, x_i]/(A_1, \cdots, A_{i-1})$ 上不为 0;

(2) A_i 在 R_i 上不可约.

这样, 序列

$$F_0 = K(u), F_1 = A_0[x_1]/(A_1), \cdots, F_p = A_{p-1}[x_p]/(A_P) = A_0[x]/(A_1, \cdots, A_P)$$

就构成了一个域扩张序列.

例 3.7.13 设 TS 是三角形式集

$$\begin{aligned} A_1 &= x_1^2 - u_1, \\ A_2 &= x_2^2 - 2x_1x_2 + u_1. \end{aligned}$$

这里 A_1 在 $A_0 = Q[u_1]$ 上不可约, 但是 A_2 在 $A_1 = A_0[x_1]/(A_1)$ 上是可约的, 因为在 $x_1^2 - u_1 = 0$ 条件下 $A_2 = (x_2 - x_1)^2$. 这样 TS 就是可约的.

命题 3.7.14 设形式为 (IV) 的 $TS = A_1, \cdots, A_p$ 是不可约的, G 是 $K[u, x]$ 上的一多项式, 则下述条件等价:

(i) $\mathrm{prem}(G, TS) = 0$;

(ii) 设 E 是 K 的扩域, 如果在 E^{d+r} 上

$$\mu = (\eta_1, \cdots, \eta_q, \zeta_1, \cdots, \zeta_p)$$

是 $A_1, \cdots, A_p$ 的公共零点且 η_i 在 K 上是超越的, 则 μ 也是 G 的零点, 也就是 $G(\mu) = 0$.

证明 对任意多项式 h, 设 $\tilde{h}$ 是用 η_i, ζ_i 代替 u_i, x_i 后所得到的多项式. 我们对 k 做数学归纳对 $0 < k \leqslant p$ 来证明下述断言:

(U) 对任意相对于 $A_1, \cdots, A_p$ 已约化的多项式

$$P = a_s x_k^s + \cdots + a_0 \quad (0 < k \leqslant p, 1 \leqslant s, a_i \in K[u, x_1, \cdots, x_{k-1}], a_s \neq 0),$$

如果 μ 是 P 的一零点, 则 $P = 0$.

如果 $k = 1$, 则 $P = a_s x_k^s + \cdots + a_0$, 所有 $a_j \in K[u]$. μ 是 P 的零点意味着

$$\tilde{P} = \tilde{a}_s \zeta_1^s + \cdots + \tilde{a}_0 = 0.$$

因为 P 相对于 A_1 约化, $s < \deg(A_1, x_1)$. 由代数扩张上的表示唯一性有 $\tilde{a}_j = 0$. 因为 η_i 在 K 上超越, 所有的 $a_j = 0$, 因此 $P = 0$.

现在假设 (U) 对 $k-1$ 成立, 我们要证明 (U) 对 k 也成立. 因为 μ 是 P 的一个零点, 所以

$$\tilde{P} = \tilde{a}_s \zeta_k^s + \cdots + \tilde{a}_0 = 0.$$

而 $s < \deg(A_k, x_k)$, 再由代数扩张上的表示唯一性, 所有 $\tilde{a}_j = 0$, 这样 μ 也是所有 a_j 的零点. 而所有 a_j 相对于 $A_1, \cdots, A_p$ 也约化, 由归纳假设 $a_j = 0$, 所以 $P = 0$.

(ii)⇒(i) 假设 μ 是 G 的一个零点. 设 $R=\text{prem}(G,A_1,\cdots,A_p)$, 有余式公式

$$I_1^{s_1}\cdots I_p^{s_p}G=Q_1A_1+\cdots+Q_pA_p+R,$$

因此 μ 是 R 的一个零点. 因为 R 相对于 $A_1,\cdots,A_p$ 约化, 所以 $R=0$.

(i)⇒(ii) 假设 $\text{prem}(G,A_1,\cdots,A_p)=0$, 则由余式公式, 有

$$I_1^{s_1}\cdots I_p^{s_p}G=Q_1A_1+\cdots+Q_pA_p,$$

这里 I_k 是 A_k 的初式. 因为 $\text{prem}(I_k,TS)\neq 0$, 所以 μ 不是 I_k 的零点 (由 (ii)⇒(i)), 因此 μ 是 G 的一个零点.

我们称 (ii) 中的 μ 为域 E 中的相应的不可约三角形式的母点.

如果 $A_1,\cdots,A_p$ 可约, 则定理不成立. 作为一个这样的例子, 让 A_1,A_2 同例 3.7.13 且 $G=x_2-x_1$ 即可.

定理 3.7.15 设 TS=$A_1,\cdots,A_p$ 是一不可约三角形式, G 是一多项式. 如果

$$\forall x_i[(A_1=0\wedge\cdots\wedge A_p=0\wedge I_1\neq 0\wedge\cdots\wedge I_p\neq 0)\Rightarrow G=0]$$

在任意 K 的扩域上成立, 则 $\text{prem}(G,TS)=0$.

证明 设 $\eta_1,\cdots,\eta_q$ 是一些在 K 上的超越元素. 由不可约三角形式的定义, 我们能找到 TS 的一个母点

$$\mu=(\eta_1,\cdots,\eta_q,\zeta_1,\cdots,\zeta_p),$$

使得 $I_i(\mu)\neq 0,\ i=1,\cdots,p$. 因为

$$A_i(\mu)=0,\quad I_i(\mu)\neq 0,\quad i=1,\cdots,p,$$

所以 $G(\mu)=0$. 由命题 3.7.14, $\text{prem}(G,TS)=0$.

练习 3.7.16 设 K 是有理数域, $TS=A_1,\cdots,A_p$ 是一不可约三角形式, G 是一多项式. 试证如果

$$\forall x_i[(A_1=0\wedge\cdots\wedge A_p=0\wedge I_1\neq 0\wedge\cdots\wedge I_p\neq 0)\Rightarrow G=0]$$

在复数域上成立, 则 $\text{prem}(G,TS)=0$.

3.7.3 可构型几何命题的机器证明

现在回到机器证明理论上. 首先, 让我们用三角形式和伪除法的语言重新叙述算法 3.3.12. 设

$$S=(C_1,\cdots,C_r,(E,F))$$

是 C_L 中的一个命题, 用 $u_1,\cdots,u_q,x_1,\cdots,x_p$ 记在 S 的证明中出现的几何量, 使得 u_i 是自由参数, x_i 是要从其中消去的几何量. 排列下标使得

$$x_i=\frac{U_i(u_1,\cdots,u_q,x_1,\cdots,x_{i-1})}{I_i(u_1,\cdots,u_q,x_1,\cdots,x_{i-1})},\quad i=1,\cdots,p.$$

设 $A_i=I_ix_i-U_i$, 则 $TS=A_1,\cdots,A_p$ 是一三角形式且 I_i 是 A_i 的初式. 进一步地, TS 是不可约的, 因为在 S 的非退化条件下 $I_i\neq 0$ 成立.

定理 3.7.17 记号同前. 命题 S 成立当且仅当 $\text{prem}(E-F,TS)=0$.

证明 注意到 S 的证明过程如下: 首先用 $\dfrac{U_i}{I_i}$ 分别在 E 和 F 中代替 x_i, $i=p,\cdots,1$, 得仅关于 u_i 的多项式 E' 和 F'. 因为 u_i 是自由参数, 命题 S 成立当且仅当 $E'=F'$. 上面的过程等价于取 $E-F$ 相对于 TS 的伪余式. 因此 S 成立当且仅当 $\text{prem}(E-F,TS)=0$.

如果 $S=(C_1,\cdots,C_r,(E,F))$ 是 C 中的一个命题, 则对每一 i, A_i 有两种可能形式:

(1) $A_i=I_ix_i+U_i$;

(2) $A_i=I_ix_i^2+U_ix_i+V_i$,

这里 I_i, U_i 和 V_i 是关于 $u_1,\cdots,u_q,x_1,\cdots,x_{i-1}$ 的多项式. $TS=A_1,\cdots,A_p$ 仍是一三角形式.

设

$$R=\text{prem}(E-F,TS),$$

则有

定理 3.7.18 (1) 如果 $R=0$, 则 S 成立;

(2) 如果 $R\neq 0$ 且 TS 不可约, 则 S 在复平面上不是一个定理.

证明 对第一种情形, 由定理 3.7.11 有

$$\forall u_ix_i[(A_1=0\wedge\cdots\wedge A_p=0\wedge I_1\neq 0\wedge\cdots\wedge I_p\neq 0)\Rightarrow E-F=0].$$

在 S 的非退化条件下, 有 $I_i\neq 0, i=1,\cdots,p$, 则 $E=F$ 成立.

第二种情形是定理 3.7.15 的直接结果.

注记 3.7.19 在实践中, 我们并不要取 $E-F$ 相对于 TS 的伪余式. 更好的方法是分别从 E 和 F 中消去 x_i, 这样我们在证明中能利用移去 E 和 F 的公共因子的优点. 为了从 E 中消去 x_i, 如果 $A_i=I_ix_i-U_i$, 则仅需要在 E 中用 $\dfrac{U_i}{I_i}$ 代替 x_i; 如果 $A_i=I_ix_i^2+U_ix_i+V_i$, 则需要在 E 中一直用 $-\dfrac{U_ix_i+V_i}{I_i}$ 代替 x_i^2 直到 E 中 x_i 的次数小于 2.

如果 $R \neq 0$ 且 TS 可约, 则需要对 TS 分解因式化为不可约的三角形式. 我们将不讨论因式分解方法, 对这方面感兴趣的读者可以参考 (Wu, 1984; Chou, 1988).

假定对一些 A_i,

$$A_i = I_i x_i^2 + U_i x_i + V_i = (I_{i,1}x_i - U_{i,1})(I_{i,2}x_i - U_{i,2})$$

在条件 $A_k = 0, k = 1, \cdots, i-1$ 下成立, 则 TS 分解成两个三角形式 TS_1 和 TS_2 如下:

$$TS_1 = A_1, \cdots, A_{i,1}, \cdots, A_p; \quad TS_2 = A_1, \cdots, A_{i,2}, \cdots, A_P,$$

这里

$$A_{i,1} = I_{i,1}x_i - U_{i,1}, \quad A_{i,2} = I_{i,2}x_i - U_{i,2}.$$

在几何上这意味着由 (C22) 或 (C23) 类型的构造所引入的两个点能区分开, 这两个三角形式 TS_1 和 TS_2 对应着那两个交点.

如果 $R \neq 0$ 且 TS 是可约的, 设 TS 分解为几个不可约三角形式 $TS_1, \cdots, TS_m$, 则有三种可能的情形:

(1) 对每一个 TS_i, prem$(E-F, TS_i) \neq 0$, 也就是说, $E=F$ 对所有三角形式都不正确. 在这种情形, 我们说命题 S 是普遍错误的.

(2) 对一些 TS_i, prem$(E-F, TS_i) \neq 0$, 但是对另一些 TS_i, prem$(E-F, TS_i) = 0$. 这种情形, 命题 S 只对某些图形成立.

(3) 对所有的 TS_i, prem$(E-F, TS_i) = 0$. 这种情形, S 在欧氏几何中仍然成立. 这仅发生在当我们想引入相切的两圆或直线和圆的交点的情形.

借助代数工具, 我们有了一个类 C 上的几何命题机器证明的完全方法.

例 3.7.20　设 $ABCD$ 是一正方形, CG 平行于对角线 BD. 点 E 在 CG 上且 $BE = BD$, F 是 BE 和 DC 的交. 求证 $DF = DE$.

证明　如图 3-35 所示, 设 G 是 AD 上一点且满足 $\overline{AD} = \overline{DG}$, 则点 E 有两种可能的位置.

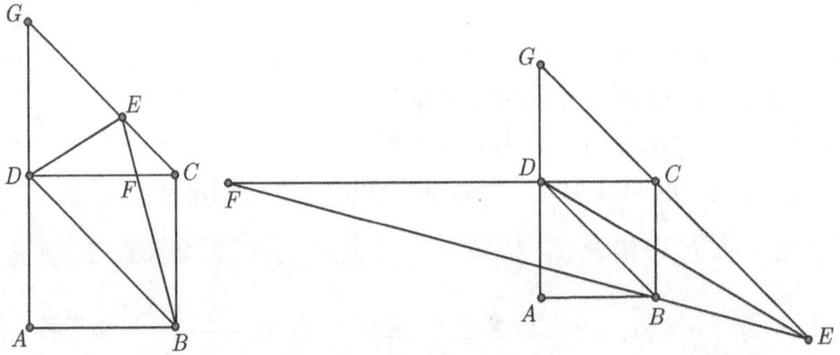

图 3-35

下述的证明说明 $P_{DFD}=P_{DED}$ 对 E 的两种位置都对. 由引理 3.3.1 和 3.3.6, 有

$$\begin{aligned}&P_{BCG}=-P_{DBC},\\&P_{DBC}=P_{ADB}=P_{DGD}=P_{BCB}=P_{ADA}=P_{DCD}=P_{ABA},\\&P_{CGC}=P_{BDB}=2P_{ABA}.\end{aligned}$$

设 $r=\dfrac{\overline{CE}}{\overline{CG}}$. 由共边定理, 有

$$P_{DFD}=\frac{P_{DCD}S_{BDE}^2}{S_{BDEC}^2}=\frac{P_{ABA}S_{BDC}^2}{(S_{BDC}-rS_{DCG})^2}=\frac{P_{ABA}S_{BDC}^2}{(S_{BDC}+rS_{BDC})^2}=\frac{P_{ABA}}{(1+r)^2}.$$

由引理 3.3.3 证明中的 (II) 式, 有

$$P_{DED}=(1-r)P_{DCD}+rP_{DGD}-(1-r)rP_{CGC}=((1-r)+r-2(1-r)r)P_{ABA}.$$

则 $P_{DFD}=P_{DED}$ 成立当且仅当

$$(1+r)^2((1-r)+r-2(1-r)r)=1,$$

且由命题 3.7.1, 事实上有

$$r^2=\frac{2rP_{BCG}-P_{BCB}+P_{BDB}}{P_{CGC}}=\frac{-2r+1}{2}.$$

例 3.7.21 设三角形 ABC 中 $AC=BC$, D 是 AC 上一点; E 是 BC 上一点且 $AD=BE$, F 是 DE 和 AB 的交. 求证 $DF=EF$ (图 3-36).

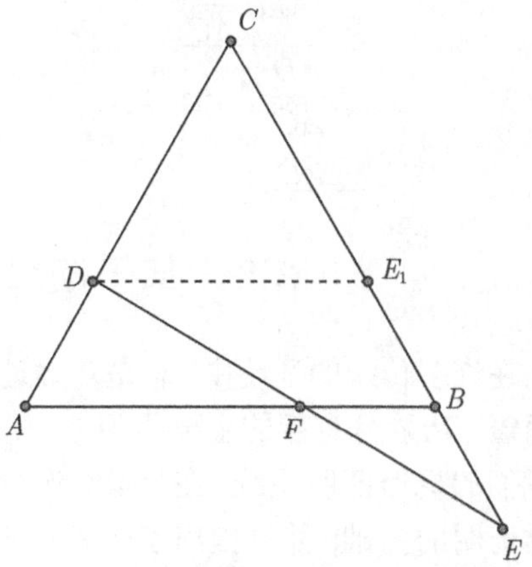

图 3-36

如果我们描述命题如下, 则它是可约的:

((POINTS A B)
(ON C (BLINE A B))
(ON D (LINE A C))
(INTER E (LINE B C) (CIR B $\overline{AD}^2$))
(INTER F (LINE A B) (LINE D E))
(MIDPOINT F D E))

由命题 3.7.1, 有

$$\left(\frac{\overline{BE}}{\overline{BC}}\right)^2\cdot P_{BCB}-P_{ADA}=0. \qquad (*)$$

因为

$$P_{ADA} = P_{ACA} \cdot \left(\frac{\overline{AD}}{\overline{AC}}\right)^2 = P_{BCB} \cdot \left(\frac{\overline{AD}}{\overline{AC}}\right)^2,$$

则 $(*)$ 可变为

$$\left(\frac{\overline{BE}}{\overline{BC}}\right)^2 \cdot P_{BCB} - P_{BCB} \cdot \left(\frac{\overline{AD}}{\overline{AC}}\right)^2 = \left(\frac{\overline{BE}}{\overline{BC}} - \frac{\overline{AD}}{\overline{AC}}\right) \cdot \left(\frac{\overline{BE}}{\overline{BC}} + \frac{\overline{AD}}{\overline{AC}}\right) P_{BCB} = 0.$$

则有

$$\frac{\overline{BE}}{\overline{BC}} + \frac{\overline{AD}}{\overline{AC}} \quad \text{或} \quad \frac{\overline{BE}}{\overline{BC}} = \frac{\overline{AD}}{\overline{AC}}$$

对应于图 3-36 中的点 E_1 和 E. 在第一种情形, 有 $AB \parallel DE_1$, 需要构造点 F 的非退化条件是不满足的. 在第二种情形, 结论成立. 下面是例题的证明.

机器证明	消元式
$\dfrac{\overline{DF}}{\overline{FE}}$	$\dfrac{\overline{DF}}{\overline{FE}} \overset{F}{=} -\dfrac{S_{ABD}}{S_{ABE}}$
$\overset{F}{=} \dfrac{S_{ABD}}{S_{ABE}}$	$S_{ABE} \overset{E}{=} \dfrac{\overline{BE}}{\overline{BC}} \cdot S_{ABC}$
$\overset{E}{=} -\dfrac{S_{ABD}}{\frac{\overline{BE}}{\overline{BC}} S_{ABC}} \overset{E}{=} \dfrac{S_{ABD}}{\frac{\overline{AD}}{\overline{AC}} S_{ABC}}$	$\dfrac{\overline{BE}}{\overline{BC}} = -\dfrac{\overline{AD}}{\overline{AC}}$
$\overset{D}{=} \dfrac{S_{ABC}\frac{\overline{AD}}{\overline{AC}}}{\frac{\overline{AD}}{\overline{AC}} S_{ABC}}$	$S_{ABD} \overset{D}{=} S_{ABC} \cdot \dfrac{\overline{AD}}{\overline{AC}}$
$\overset{\text{simplify}}{=} 1$	

3.8　基于演绎数据库的全角方法

在许多传统的证明中, 总是巧妙地应用角之间的关系, 这是传统的几何证明非常简短、巧妙且有趣的主要原因之一. 但是角是包含序关系的一个概念, 很难融入到我们的机器证明系统. 在 3.4.2 节, 我们引入全角的概念作为包含角的几何命题机器证明的基础, 并且提出了一种基于全角的正切函数的几何命题机器证明方法. 但是这种处理丢掉了一些基于角的传统证明的独特的优点.

这一节将提出另一种机械生成基于全角的证明的方法, 这种新方法的基本思想是我们将建立一个基于命题的构造性描述的几何信息库 (GIB). 一个命题的 GIB 包含此命题的图形的一些基本几何关系, 比如共线点、平行线、垂直线和共圆点等等. 在第 2.4.5 节 (参看例 2.4.22 之后的段落) 和 3.3.2 节, 我们已经接触到建立某种几何信息库的思想, 那两种情形建立 GIB 的目的是有些消点法需要这些几何关系. 事实上, GIB 在传统的几何命题证明的自动产生上有很大的潜力. 下面将说明许多几何定理的漂亮的证明能通过一个好的 GIB 获得.

3.8.1 建立几何信息库

为了推理的方便, 下面列出有关全角的推理规则. 根据前面有关定义和常用的几何知识, 下面的规则不难理解:

(Q1) $\angle[u,v]=\angle[0]$ 当且仅当 $u\parallel v$.

(Q2) $\angle[u,v]=\angle[1]$ 当且仅当 $u\perp v$.

(Q3) $\angle[1]+\angle[1]=\angle[0]$.

(Q4) $\angle[u,v]+\angle[0]=\angle[u,v]$.

(Q5) $\angle[u,v]+\angle[l,m]=\angle[l,m]+\angle[u,v]$.

(Q6) $\angle[u,v]+(\angle[l,m]+\angle[s,t])=(\angle[u,v]+\angle[l,m])+\angle[s,t]$.

(Q7) $\angle[u,s]+\angle[s,v]=\angle[u,v]$.

(Q8) 若 $\angle[u,v]=\angle[0]$, 则对任意直线 t 有 $\angle[u,t]=\angle[v,t]$; 反之, 若对某条直线 t 有 $\angle[u,t]=\angle[v,t]$, 则 $\angle[u,v]=0$.

上述 (Q8) 容易从 (Q1)~(Q7) 推出. 事实上, 若 $\angle[u,v]=0$, 则

$$\begin{aligned}\angle[u,t]&=\angle[u,v]+\angle[u,t] && \text{(Q7)}\\&=\angle[0]+\angle[v,t] && \text{(假设)}\\&=\angle[v,t]+\angle[0] && \text{(Q5)}\\&=\angle[v,t] && \text{(Q4)}.\end{aligned}$$

反之, 若 $\angle[u,t]=\angle[v,t]$, 则

$$\begin{aligned}\angle[u,v]&=\angle[u,t]+\angle[t,v] && \text{(Q7)}\\&=\angle[v,t]+\angle[t,v] && \text{(假设)}\\&=\angle[v,v] && \text{(Q7)}\\&=\angle[0] && \text{(Q1)}.\end{aligned}$$

(Q9) 若直线 $AB=AC$, 则 $\angle[AB,BC]=\angle[BC,AC]$; 反之, 若 $\angle[AB,BC]=\angle[BC,AC]$, 则直线 $AB=AC$, 即 A,B,C 共线.

(Q10) 四点 A,B,C,D 共圆当且仅当 $\angle[AB,BC]=\angle[AD,DC]$.

(Q11) 若 AB 是三角形 ABC 外接圆的直径, 则 $\angle[AC,BC]=\angle[1]$.

(Q12) 若 O 是三角形 ABC 外接圆的圆心, 则 $\angle[BO,OC]=2\angle[AB,AC]$.

上述 (Q9) 显然, 而 (Q10)~(Q12) 见例 3.4.13.

下面用一个例子来说明我们的方法.

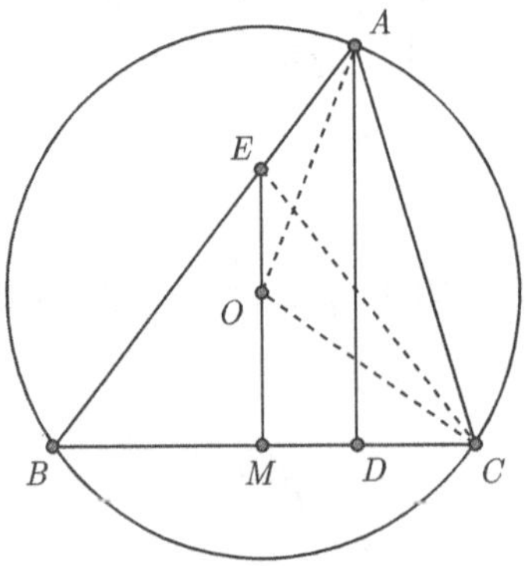

图 3-37

如图 3-37, 三角形 ABC 外接圆的圆心为 O, AD 是 BC 边上的高, 要证明

$$\angle OAD = |\angle C - \angle B|.$$

过 O 作 BC 的垂线交 AB 于 E, 用全角来表示, 就是要证明

$$\angle[AD, AO] = \angle[CE, AC].$$

为了获得证明过程, 要从全角 $\angle[AD, AO]$ 和 $\angle[AC, CE]$ 中消去点 O, D 和 E. 先用规则 (Q7) 和 (Q9) 来从 $\angle[AC, CE]$ 中消去点 E: 因为 $BE = CE$ 且 E 在直线 AB 上, 故有

(1) $\angle[AC, CE] = \angle[AC, BC] + \angle[BC, CE]$. (Q7)

(2) $\angle[BC, CE] = \angle[BE, BC] = \angle[BA, BC]$. ($BE = CE$, (Q9))

为了消去点 O 和 D, 先用 (Q7) 分 $\angle[AD, AO]$ 为两部分:

(3) $\angle[AD, AO] = \angle[AD, AC] + \angle[AC, AO]$. (Q7)

因为 $AD \parallel BC$, 由 (Q7) 我们能消去点 D:

(4) $\angle[AD, AC] = \angle[AD, BC] + \angle[BC, AC] = \angle[1] + \angle[BC, AC]$. ($AD \parallel BC$, (Q7))

接下来一步就是从 $\angle[AC, AO]$ 中消去点 O:

(5) $\angle[AC, AO] = \angle[CO, AC]$ ((Q9), $AO = CO$)

$= \angle[CO, MO] + \angle[MO, AC]$ (Q7)

$= \angle[AC, AB] + \angle[MO, AC]$ ((Q12), $MB = MC, AO = BO = CO$)

$= \angle[AC, AB] + \angle[MO, BC] + \angle[BC, AC]$ (Q7)

$= \angle[BC, AB] + \angle[1]$. ((Q7), $MB = MC, BO = BC$)

最后, 在 (3) 中用 (4), (5) 代换 $\angle[AD, AC]$ 和 $\angle[AC, AO]$, 在 (1) 中用 (2) 代换 $\angle[BC, CE]$, 就有了结论:

(6) $\angle[AD, AO] + \angle[AC, CE]$

$= \angle[AC, BC] + \angle[BA, BC] + \angle[1]$

$\quad + \angle[BC, AC] + \angle[BC, AB] + \angle[1]$

$= \angle[AC, AC] + \angle[BA, AB] + \angle[1] + \angle[1]$ (Q7)

$= \angle[0]$. (Q1, Q3, Q4)

假想我们要设计一个名叫 QAP 的程序, 它能按如上方式证明几何定理. 现在要探索设计这样的程序需要什么样的信息.

很明显的是, 关于全角的基本性质 (Q1)~(Q12) 都是必需的. 但是我们很快就会发现仅用这些规则来证明几何定理是不够的, 需要更多的几何信息. 这里一步一步地来检查上面的证明.

步骤 (1) 好像很容易, 但是从机械化的观点来看, 开始这一步实际上很困难. 问题是为什么全角 $\angle[AC,CE]$ 应该分成 $\angle[AC,BC]+\angle[BC,CE]$ 而不是别的什么, 例如 $\angle[AC,AD]+\angle[AD,CE]$. 我们的程序 QAP 为什么能预知点 E 将从 $\angle[BC,CE]$ 中消去?

为了使 QAP 像这样工作, 我们能想象在 QAP 证明定理之前一个几何信息库 (GIB) 将自动生成. 程序将知道检查 GIB 有 $\angle[BC,CE]=\angle[BA,BC]$, 所以它选择 (1), 这样点 E 将在下一步被消去.

我们怎样生成 GIB?

当然, 首先命题的假设应该输入到 GIB. 上述例子有四个条件:

(G1) 三角形 ABC 的外心是 $O(OA=OB=OC)$;

(G2) AD 是三角形 ABC 的高 ($AD\perp BC$ 且 $D\in BC$);

(G3) M 是 BC 的中点 ($BM=MC$ 且 $M\in BC$);

(G4) E 是 AB 和 MO 的交点 ($E\in AB$ 且 $E\in MO$).

但是 (G1)~(G4) 只是 GIB 的一小部分, 我们必须放更多的信息到 GIB 中去. 要知道 GIB 仍需要什么, 检查步骤 (2). 在这一步, 全角的规则是不充分的, 我们需要命题的假设 (也就是条件 (G1)~(G4)). 进一步, 我们需要应用一些几何知识到命题假设中得到新的几何事实 (比如从 $MB=MC,OB=OC$ 且 E 在直线 OM 上得到 $BE=CE$), 所以我们也需要一个几何知识库 (GKB) 来建立 GIB. 举一个例子, 为了获得 $BE=CE$, 我们的 GKB 应该包括下面命题:

(a) 如果 $PB=PC,QB=QC$, 则 PQ 是 BC 的垂直平分线 (非退化条件: $B\neq C$ 和 $P\neq Q$).

(b) 如果 P 在 BC 的垂直平分线上, 则 $BP=CP$.

(c) 如果 $PB=PC$, 则 $\angle[PC,BC]=\angle[BC,PB]$.

(d) 如果 P 在直线 AB 上, 则 $\angle[PB,XY]=\angle[AB,XY]$.

应用 (a) 到 (G1) 和 (G3), QAP 得到一新的信息且把它放到 GIB 中:

(G5) MO 是 BC 的垂直平分线.

应用 (b) 到 (G4) 和 (G5), 得到

(G6) $BE=CE$.

应用 (c) 到 (G6), 有

(G7) $\angle[BC,CE]=\angle[BE,BC]$.

最后, 应用 (d) 到 (G4) 和 (G7), 有

(G8) $\angle[BE,BC]=\angle[AB,BC]$.

(G8) 是步骤 (2) 的推论基础.

对步骤 (3), QAP 必须预知点 D 和 O 能在步骤 (4) 和 (5) 中消去, 且它决定分全角 $\angle[AD, AO]$ 为 $\angle[AD, AC]$ 和 $\angle[AC, AO]$. 下面的几何知识应该包括进 GKB:

(e) 如果 PQ 垂直于 UV, 则 $\angle[PQ, XY] = \angle[1] + \angle[UV, XY]$.

(f) 如果 O 是三角形 ABC 的外心, 则 $\angle[AC, AO] = \angle[BC, AB] + \angle[1]$ (它是 (Q12) 的另一种形式).

(f)的证明 设 D 是 AO 和圆的另一交点. 由 (Q10) 得 $\angle[AB, BC] = \angle[AD, CD]$,

因为 $AC \perp CD$, 有

$$\angle[AC, AO] = \angle[1] + \angle[DC, AD] = \angle[1] + \angle[AB, BC].$$

应用 (e) 到 (G2), (f) 到 (G1), QAP 将放下述信息到 GIB:

(G9) $\angle[AD, AC] = \angle[1] + \angle[BC, AC]$.

(G10) $\angle[AC, AO] = \angle[BC, AB] + \angle[1]$.

当 QAP 找到信息 (G1)~(G10), 按照全角规则 (Q1)~(Q12), 步骤 (6) 将很容易完成.

这里我们仅提到信息 (G1)~(G10) 对证明命题有用. 实际上, 更多有关这个命题的信息将输入到 GIB, 因为当 QAP 生成 GIB 时, QAP 不知道什么信息将被使用. QAP 将应用 GKB 中的每一条规则到 GIB 中所有的信息以得到新的信息并把这新的信息也添到 GIB 中, 直到再也不能获得新的信息.

什么几何知识应该包括进 GKB 中呢? 它是完备的么? 在目前的阶段, GKB 中的规则的选择基于我们证明几何定理的实践, 它的完备性仍没有被考虑. 但是如果这一节的方法无法证明或否定一个命题, 我们总能使用对构造性几何命题完备的算法 3.3.12. 这样 GIB-GKB 方法事实上是一个证明几何命题的专家系统. 到目前为止, 下面的规则已被加到 GKB 中:

(K1) 两点 A 和 B 决定一直线 (非退化条件: $A \neq B$).

(K2) 三点 A, B, C 决定一圆 (非退化条件: $S_{ABC} \neq 0$).

(K3) $\angle[PQ, XY] = \angle[UV, XY]$ 当且仅当 $\angle[PQ, UV] = \angle[0]$(非退化条件: $X \neq Y$).

(K4) 四点 A, B, C, D 共圆当且仅当 $\angle[AC, BC] = \angle[AD, BD]$ (非退化条件: A, B, C, D 不共线).

(K5) $AB = AC$ 当且仅当 $\angle[AB, BC] = \angle[BC, AC]$ (非退化条件: $S_{ABC} \neq 0$).

(K6) $\angle[AB, XY] + \angle[XY, UV] = \angle[AB, UV]$ (非退化条件: $X \neq Y$).

(K7) $AB \perp BC$ 当且仅当 AC 是三角形 ABC 的外接圆的直径 (非退化条件: $S_{ABC} \neq 0$).

(K8) AB 是 XY 的垂直平分线当且仅当 $AX = AY$ 和 $BX = BY$ (非退化条件：$A \neq B$ 且 $X \neq Y$).

(K9) 如果点 O 是三角形 ABC 的外心, 则 $\angle[OA, AB] = \angle[1] + \angle[AC, BC]$ (非退化条件：$S_{ABC} \neq 0$).

假设对一个几何命题, GIB 已经由 GKB 所生成. 接下来的步骤是如何基于 GIB 生成一个证明, 主要思想仍是消去给定命题的由构造所引入的点, 但是这里消去规则主要基于 GIB 而不是构造. 下面是从全角 $\angle[AB, PX]$ 消去点 X 的规则：

(QE1) 如果 X 在直线 PQ 上, 则 $\angle[AB, PX] = \angle[AB, PQ]$.

(QE2) 如果 PX 平行于 UV, 则 $\angle[AB, PX] = \angle[AB, UV]$.

(QE3) 如果 PX 垂直于 UV, 则 $\angle[AB, PX] = \angle[1] + \angle[AB, UV]$.

(QE4) 如果 X 在直线 UV 上且 U, P, Q, X 四点共圆, 则

$$\begin{gathered}\angle[AB, PX] = \angle[AB, UV] + \angle[UQ, PQ]\\ (\text{因为}\angle[AB, PX] = \angle[AB, UV] + \angle[UV, PX],\\ \angle[UV, PX] = \angle[UX, PX] = \angle[UQ, PQ]).\end{gathered}$$

(QE5) 如果 X 在直线 UV 上且 $PX = PU$, 则

$$\begin{gathered}\angle[AB, PX] = \angle[AB, UV] + \angle[PU, UV]\\ (\text{因为}\angle[PU, UV] = \angle[PU, UX] = \angle[UX, PX] = \angle[UV, PX]).\end{gathered}$$

(QE6) 如果 X 在直线 UV 上且 PU 是 QX 的垂直平分线, 则

$$\begin{gathered}\angle[AB, PX] = \angle[AB, UV] + \angle[PQ, QU]\\ (\text{因为}\angle[PQ, QU] = \angle[UX, PX] = \angle[UV, PX]).\end{gathered}$$

(QE7) 如果 X 是三角形 PQU 的外心, 则

$$\begin{gathered}\angle[AB, PX] = \angle[AB, PQ] + \angle[UQ, UP] + \angle[1]\\ (\text{由 (K9)}, \angle[PQ, PX] = \angle[UQ, UP] + \angle[1]).\end{gathered}$$

(QE8) 如果 $\angle[UV, PX] = \angle[f]$ 已知, 则 $\angle[AB, PX] = \angle[AB, UV] + \angle[f]$, 这里假设点 A, B, P, Q, U, V 在点 X 之前引入.

练习 3.8.1 基于 (Q1)~(Q12) 证明命题 (QE1)~(QE8).

3.8.2 基于几何信息库的机器证明

我们将用上一节的例子的下述新的形式来说明程序如何工作.

例 3.8.2 三角形 ABC 外接圆的圆心为 O, AD 是 BC 边上的高. 求证 $\angle[AO, DA] = \angle[BA, BC] - \angle[BC, CA]$.

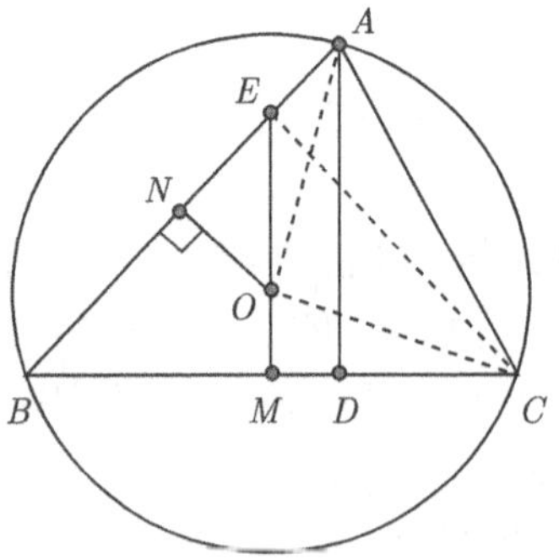

图 3-38

如图 3-38, 构造性描述是

((POINTS B C A)
(FOOT D A B C)
(MIDPOINT M B C)
(MIDPOINT N A B)
(INTER E (LINE A B)(PLINE M A D))
(INTER O (LINE M E)(TLINE N N B)))

结论为$\angle[AO,DA]+\angle[BC,CA]+\angle[BC,BA]=\angle[0]$,
等价于$\angle[AO,DA]=\angle[BA,BC]-\angle[BC,CA]$

这个例子的 GIB 包括几组下面将要分开解释的几何关系:

(I1) p-list: 包括命题中所有点, 按照引入的顺序列出, 也就是

$$\text{p-list}=(B\ C\ A\ D\ M\ N\ E\ O).$$

(I2) free-points: 包括命题中的所有自由点, 也就是 free-points $=(B\ C\ A)$.

(I3) all-lines: GIB 能列出命题表述中所有直线:

$$((O\ N)(O\ E\ M)(E\ N\ A\ B)(D\ A)(M\ D\ B\ C)),$$

其意思是 O, E, M 共线, 等等.

(I4) p-lines: 包括所有平行线: $((O\ E\ M)\ (D\ A))$, 其意思是 $OEM \parallel DA$.

(I5) t-lines: 包括所有垂直线:

$$((O\ N)(E\ N\ A\ B))(((O\ E\ M)(D\ A))(M\ D\ B\ C)),$$

其意思是直线 ON 垂直于直线 $ENAB$; 直线 OEM 和 DA 都垂直于直线 $MDBC$.

(I6) circles: 包括命题中所有圆:

$$((E\ O)N\ E\ O)((A\ O)N\ A\ O)((B\ O)N\ M\ B\ O)((D\ O)M\ D\ O)$$
$$((C\ O)M\ C\ O)((D\ E)M\ D\ E)((BE)M\ B\ E)\ ((C\ E)M\ C\ E)$$
$$((A\ M)D\ A\ M)((B\ A)D\ B\ A(N))((C\ A)D\ C\ A)$$
$$((B\ C)B\ C(M))(B\ C(E))(C\ B\ A(O)),$$

其意思是: EO 是三角形 NEO 的外接圆的直径;

……

三角形 DBA 的外接圆以 BA 为直径以 N 为圆心;

通过点 B 和 C 的圆以 BC 为直径以 M 为圆心;

E 是通过点 B, C 的圆的圆心; 且 O 是三角形 ABC 的外心. 使用这些信息, QAE 给出下面的证明:

$$\begin{aligned}
&\angle[BC,BA]+\angle[BC,CA]+\angle[AO,AD]\\
=&\angle[BC,BA]+\angle[BC,CA]+\angle[1]+\angle[BA,BC]+\angle[CA,AD]\\
&\quad(\text{由 }(Q7)\angle[AO,AD]=\angle[AO,CA]+\angle[CA,AD].\\
&\quad\text{因为}O\text{是三角形}ABC\text{外心},\angle[AO,CA]=\angle[1]+\angle[BA,BC])\\
=&\angle[0]+\angle[BC,CA]+\angle[1]+\angle[CA,BC]+\angle[1]\\
&\quad(\angle[BC,BA]+\angle[BA,BC]=\angle[BC,BC]=0.\\
&\quad\text{因为}AD\perp BC,\angle[CA,AD]=\angle[CA,BC]+\angle[BC,AD]=\angle[CA,BC]+\angle[1])\\
=&\angle[0]\quad(\angle[1]+\angle[1]=\angle[0]\text{和}\angle[BC,CA]+\angle[CA,BC]=\angle[0]).
\end{aligned}$$

接下来, 我们将用更多的例子来讲解 GIB-GKB 方法. 第 1.10 节的所有例子都由我们的程序按照上面方法产生.

例 3.8.3 (Simson 定理) 如图 3-39, 和例 3.6.8 相同.

构造性描述为

((CIRCLE A B C D)

(FOOT E D B C)

(FOOT F D A C)

(FOOT G D A B)

结论: $\angle[EF,FG]=\angle[0]$

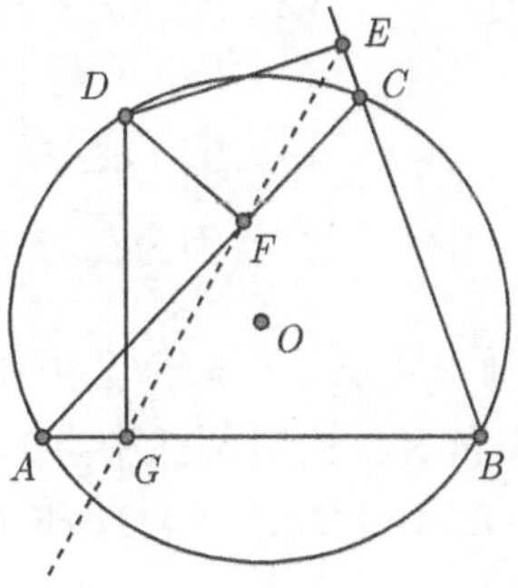

图 3-39

机器证明

$$\begin{aligned}
\angle[EF,GF]&=\angle[EF,DF]+\angle[DF,GF] && (Q7)\\
&=\angle[EC,DC]+\angle[DA,GA] && (Q10)(D,C,E,F;A,D,G,F\text{共圆})\\
&=\angle[BC,DC]+\angle[DA,BA] && (Q8)(E\in BC;G\in AB)).\\
&=\angle[BA,DA]+\angle[DA,BA] && (Q10)(A,B,C,D\text{共圆}))\\
&=\angle[BA,BA]=\angle[0].
\end{aligned}$$

在一个传统的证明中通过证明 $\angle EFC=\angle GFA$ 来得出 E,F,G 共线. 这样证明并不严格, 因为它使用而不是证明了点 E 和 F 在 AC 的两侧这个事实.

在举下一个例题之前, 我们先引进一个新的几何构造 (CIRC A B C), 它代表一个通过点 A, B 和 C 的圆.

例 3.8.4 (Miquel 点)　四条直线形成四个三角形, 求证这四个三角形的外接圆通过一个共同的点.

如图 3-40, 构造性描述为

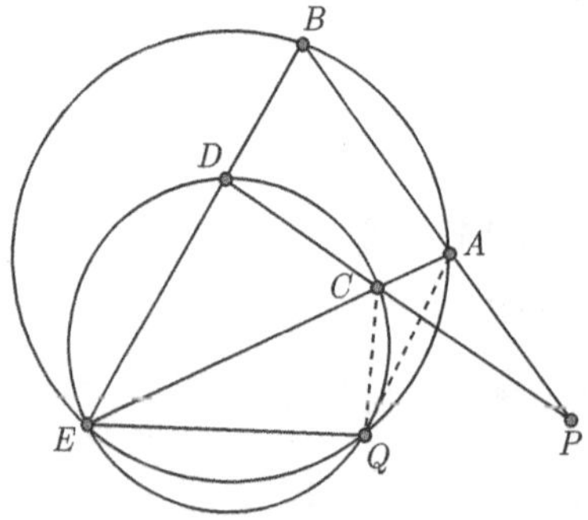

图 3-40

((POINT A D E Q)

(INTER B (LINE D E) (CIRC A Q E))

(INTER C (LINE A E) (CIRC D Q E))

(INTER P (LINE A B) (CIRC C D))

$\angle[QC, CP] + \angle[AP, AQ] = \angle[0]$

机器证明

$$
\begin{aligned}
&\angle[QC, CP] + \angle[AP, AQ] \\
=&\angle[QC, DC] + \angle[AB, AQ] \\
&(\text{因为}CP \parallel DC\text{且}AP \parallel AB) \\
=&\angle[EQ, ED] + \angle[EB, EQ] = \angle[EB, ED] = \angle[0] \\
&(\text{因为}E, Q, D, C\text{共圆且}A, B, E, Q\text{共圆}).
\end{aligned}
$$

例 3.8.5　在一个圆中, 连接两弦 AB 和 AC 所对圆弧中点的直线与直线 AB 和 AC 交于点 D 和 E. 求证 $AD = AE$.

如图 3-41, 构造性描述为

((POINTS A M N)

(CIRCUMCENTER O A M N)

(FOOT P A O N)

(FOOT Q A O M)

(INTER D (LINE N M) (LINE A Q))

(INTER E (LINE N M) (LINE A P))

$\angle[AD, DE] + \angle[AE, ED] = \angle[0]$

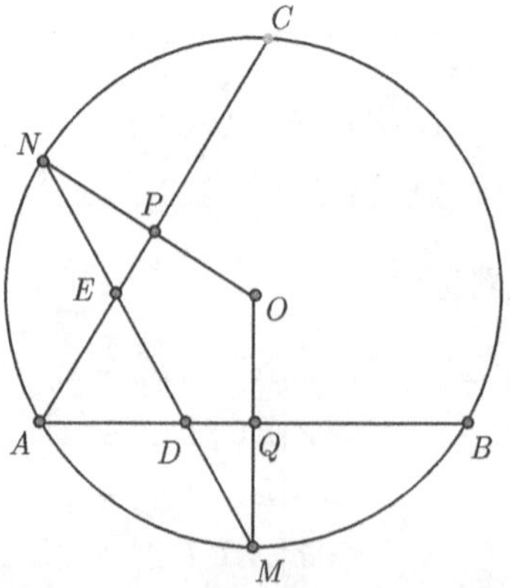

图 3-41

机器证明

$\angle[AE, DE] + \angle[AD, DE]$

$=\angle[AP, MN] + \angle[AQ, MN]$

(因为$AE \parallel AP, DE \parallel MN, AD \parallel AQ$)

$=\angle[AP, MN] + \angle[1] + \angle[MO, MN]$

(因为$AQ \perp MO$)

$=\angle[1] + \angle[NO, MN] + \angle[1] + \angle[1] + \angle[AM, AN]$

($AP \perp NO, \angle[MO, MN] = \angle[1] + \angle[AM, AN]$, 因为 O 是 ΔAMN 的外心)

$=\angle[1] + \angle[1] + \angle[AN, AM] + \angle[AM, AN]$

(因为 O 是 ΔAMN 的外心, $\angle[NO, MN] = \angle[1] + \angle[AN, AM]$)

$=0.$

例 3.8.6　通过一个圆的弦 AB 所对圆弧的中点 C 作两条割线和直线 AB 交于点 F, G, 并且和圆交于点 D 和 E. 求证点 F, D, E 和 G 共圆.

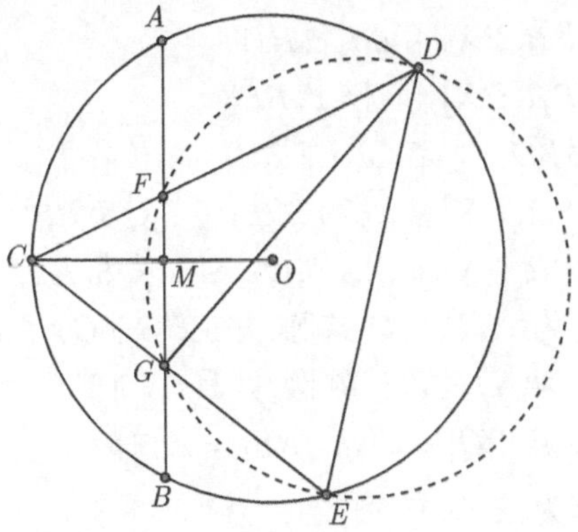

图 3-42

如图 3-42, 构造性描述为

((CIRCLE A C D E)

(CIRCUMCENTER O A C D)

(FOOT M A O C)

(INTER F (LINE A M) (LINE D C))

(INTER G (LINE A M) (LINE C E))

$\angle[CE, FG] + \angle[CD, DE] = \angle[0]$

机器证明

$\angle[CE, FG] + \angle[CD, DE]$

$=\angle[CE, AM] + \angle[AC, AE]$

($FG \parallel AM$; 因为A, C, D, E d共圆, $\angle[CD, DE] = \angle[AC, AE]$)

$=\angle[1] + \angle[CE, CO] + \angle[AC, AE]$

(因为$AM \perp CO, \angle[CE, AM] = \angle[1] + \angle[CE, CO]$)

$=\angle[1] + \angle[1] + \angle[AE, AC] + \angle[AC, AE]$

(因为A, C, D, E共圆, 圆心为 O, $\angle[CE, CO] = \angle[1] + \angle[AE, AC]$)

$=0$.

例 3.8.7　令点 Q, S 和 Y 是三个共线点, (O, P) 是一个圆, 圆 SPQ 和圆 YPQ 又和圆 (O, P) 分别交于点 R 和 X. 证明 XY 和 RS 交于圆 (O, P).

如图 3-43, 构造性描述为

((CIRCLE R P Q S) (POINT X)

(INTER Y (LINE Q S)(CIRC P Q X))

(INTER I (LINE X Y)(LINE R S))

$\angle[XI, RI] + \angle[RP, XP] = \angle[0]$

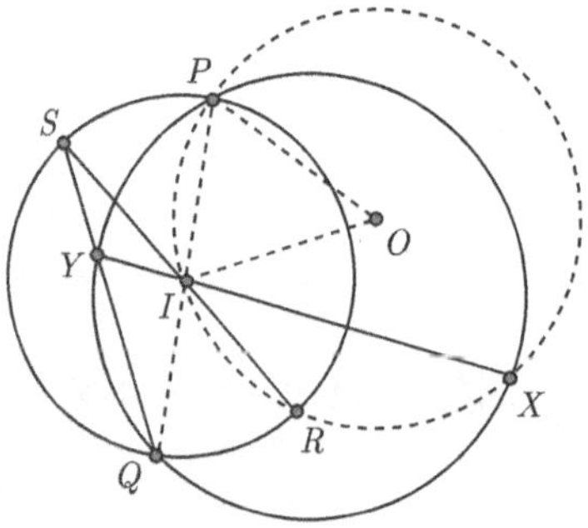

图 3-43

机器证明

$\angle[PR, PX] + \angle[IX, RI]$

$=\angle[PR, PX] + \angle[XY, RS]$

(因为$XI \parallel XY, RI \parallel RS$)

$=\angle[PR, PX] + \angle[XY, QS] + \angle[QS, RS]$

$=\angle[PR, PX] + \angle[XP, QP] + \angle[QS, RS]$

(因为 X, P, Y, Q 共圆, 并且$QS \parallel QY$)

(因为 X, P, Y, Q 共圆, 并且$IX \parallel YI$)

$=\angle[PR, PQ] + \angle[QS, RS] = \angle[0]$

(因为 R, Q, P, S共圆).

例 3.8.8　令 ABC 是一个三角形. 证明由任意两个边的垂足向另外一个边引的垂线所得到的六个垂足是共圆的.

如图 3-44, 构造性描述为

((POINTS A B C)

(FOOT F C A B)

(FOOT D A B C)

(FOOT E B A C)

(FOOT G F B C)

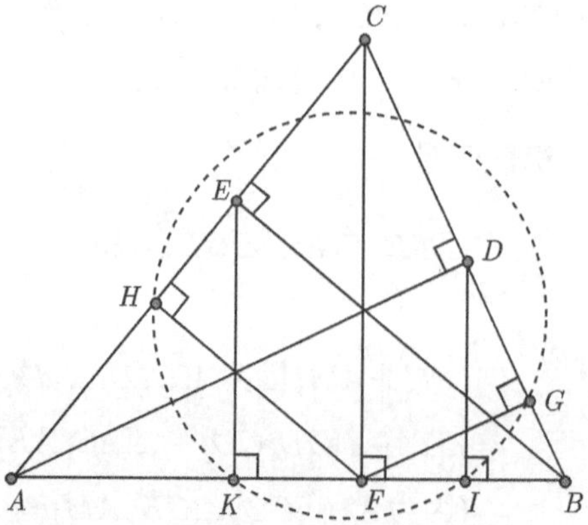

图 3-44

(FOOT I D A B)

(FOOT H F A C)

(FOOT K E A B))

$\angle[GH,GI]+\angle[AK,HK]=\angle[0]$

机器证明

$\angle[GH,GI]+\angle[AK,HK]$

$=\angle[GH,GI]+\angle[AB,FI]+\angle[FE,EH]$

(因为$AK \parallel AB$,且K,H,F,E共圆)

$=\angle[FE,EH]+\angle[GH,GI]$

(因为$AB \parallel FI$)

$=\angle[FE,AC]+\angle[CE,GI]+\angle[FG,CF]$

(因为$EH \parallel AC$,且H,G,C,F共圆)

$=\angle[FE,AC]+\angle[CE,BF]+\angle[FD,DG]+\angle[FG,CF]$

(因为I,G,F,D共圆)

$=\angle[FG,CF]+\angle[FE,AC]$

(因为A,D,C,F共圆)

$=\angle[AD,CF]+\angle[FE,AC]$ (因为$FG \parallel AD$)

$=\angle[AD,CF]+\angle[BF,BC]$

(因为E,F,C,B共圆)

$=\angle[1]+\angle[BC,CF]+\angle[BF,BC]$ (因为$AD\perp BC$)

$=\angle[1]+\angle[BF,CF]=\angle[0]$. (因为$BF\perp CF$)

例 3.8.9 九点圆和三角形的边形成角 $|B-C|$, $|C-A|$ 和 $|A-B|$.

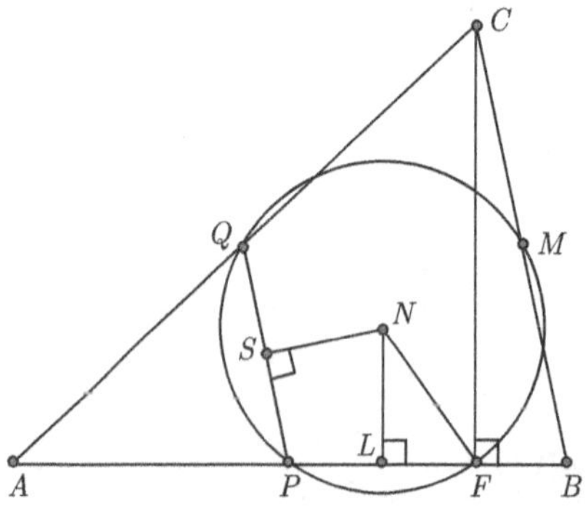

图 3-45

如图 3-45, 构造性描述为

((POINTS A B C)

(FOOT F C A B)

(MIDPOINT M B C)

(MIDPOINT Q A C)

(MIDPOINT P B A)

(MIDPOINT L F P)

(MIDPOINT S Q P)

(INTER N (TLINE L L P)(TLINE S S P))

$\angle[BC,AB]+\angle[AC,AB]+\angle[FN,LN]=\angle[0]$

机器证明

$\angle[FN,LN]+\angle[AC,AB]+\angle[BC,AB]$

$=\angle[1]+\angle[FN,PF]+\angle[AC,AB]+\angle[BC,AB]$

(因为$LN\parallel CF$, 且$CF\perp PF$)

$=\angle[1]+\angle[1]+\angle[FQ,PQ]+\angle[AC,AB]+\angle[BC,AB]$

(F,Q,P在以 N 为心的圆上)

$=\angle[FQ,CF]+\angle[CF,PQ]+\angle[AC,AB]+\angle[BC,AB]$

$=\angle[1]+\angle[FP,QP]+\angle[FQ,CF]+\angle[AC,AB]+\angle[BC,AB]$

(因为$LN\parallel CF$, 且$CF\perp PF$)

$=\angle[1]+\angle[MQ,BC]+\angle[FQ,CF]+\angle[AC,AB]+\angle[BC,AB]$

$=\angle[1]+\angle[AC,AB]+\angle[FQ,CF]$

(因为$FP\parallel MQ, QP\parallel BC$, 且$MQ\parallel AB$)

$=\angle[1]+\angle[AC,AB]+\angle[1]+\angle[CF,AC]+\angle[AF,CF]$

(因为F,A,C在以 Q 为心的圆上)

$=\angle[AC,AB]+\angle[AF,AC]$

$=\angle[AC,AB]+\angle[AB,AC]=\angle[0]$.

第 3 章小结

• 对于三角形的面积, 我们有下面的公式.

1. $S_{ABC}=\frac{1}{2}|BC|h_A=\frac{1}{2}|AC|h_B=\frac{1}{2}|AB|h_C$.

2. $S_{ABC}=S_{OUV}\begin{vmatrix} x_A & y_A & 1 \\ x_B & y_B & 1 \\ x_C & y_C & 1 \end{vmatrix}$,

其中 x_A, y_A, x_B, y_B, x_C 和 y_C 是点 A, B 和 C 关于 OUV 的面积坐标.

3. $16S_{ABC}^2=4\overline{AB}^2\overline{AC}^2-(\overline{AC}^2+\overline{AB}^2-\overline{BC}^2)^2=4\overline{AB}^2\overline{AC}^2-P_{BAC}^2$.

• 下面的命题和第 2 章提要中关于面积的命题是面积方法的基础.

1. $AB\perp CD$ 当且仅当

$$P_{ACD}=P_{BCD} \quad \text{或} \quad P_{ACBD}=0.$$

2. 令 R 是直线 PQ 上的一点且它关于 PQ 的位置比率满足

$$r_1=\frac{\overline{PR}}{\overline{PQ}}, \quad r_2=\frac{\overline{RQ}}{\overline{PQ}},$$

则

$$\begin{aligned} P_{RAB}&=r_1P_{QAB}+r_2P_{PAB}, \\ P_{ARB}&=r_1P_{AQB}+r_2P_{APB}-r_1r_2P_{PQP}. \end{aligned}$$

3. 令点 D 是从点 P 到直线 AB 的垂线的垂足, 则有

$$\frac{\overline{AD}}{\overline{AB}}=\frac{P_{PAB}}{2\overline{AB}^2}, \quad \frac{\overline{DB}}{\overline{AB}}=\frac{P_{PBA}}{2\overline{AB}^2}.$$

4. 令直线 AB 和 PQ 是两条互相不垂直的直线, 点 Y 是直线 PQ 和通过点 A 且垂直直线 AB 的直线的交点, 则

$$\frac{\overline{PY}}{\overline{QY}}=\frac{P_{PAB}}{P_{QAB}}, \quad \frac{\overline{PY}}{\overline{PQ}}=\frac{P_{PBA}}{P_{PAQB}}, \quad \frac{\overline{QY}}{\overline{PQ}}=\frac{P_{QAB}}{P_{PAQB}}.$$

5. 令 $ABCD$ 是一个平行四边形. 则对于任意两点 P 和 Q, 有

$$\begin{aligned} &P_{APQ}+P_{CPQ}=P_{BPQ}+P_{DPQ} \quad \text{或} \quad P_{APBQ}=P_{DPCQ}, \\ &P_{PAQ}+P_{PCQ}=P_{PBQ}+P_{PDQ}+2P_{BAD}. \end{aligned}$$

6. 令 $ABCD$ 是一个平行四边形, 点 P 是一个任意点. 则

$$P_{PAB} = P_{PDC} - P_{ADC} = P_{PDAC},$$
$$P_{APB} = P_{APA} - P_{PDAC}.$$

• 一个构造型图形是指可以用直尺和圆规作的图. 换句话说, 一个可构造的图形可以如下得到: 首先任意在平面上取一些点、直线和圆, 然后再相继地取这些直线和圆的交点. 一个构造型几何命题是指一个可构造图形的性质, 这个性质可以用一个以三个几何量作为变元的多项式方程来表示, 这三个几何量是平行直线段的比率、三角形和四边形的带号面积和勾股差. 所有构造性命题的集合用 C 来表示. 我们引进 C 的一个子类, 即线性构造性几何命题类, 我们用 C_L 来表示.

• 提出一个可以证明 C 类的定理的机械证明方法. 这个方法的关键是从几何量中消去点, 这个方法用来产生几何命题的简短、可读的证明是非常有效的.

• 报告了一些关于如何利用几何信息的数据库产生一个有关全角的几何命题的可读性证明的初步结果.

第 4 章　演绎数据库方法

本章将讲述我们在建立几何演绎数据库方面的工作. 使用几何演绎数据库系统, 对所给的几何图形, 可以找出基于一组确定的几何推理规则所能够推出的所有的几何性质, 即所谓 "推理不动点".

为了控制数据量, 我们提出了结构性数据库的思想. 软件运行的经验表明, 使用这个想法可以把推理工作量减少 3 个数量级. 我们采用的数据库搜索策略提升了前推链的效率. 在选择几何推理规则、添加辅助点以及构造几何图形的数值模型等方面, 我们也做了新的努力. 用 160 个非平凡的几何图形对程序的测试表明, 证明系统不仅找出了图形的熟知的性质, 还常常能够发现非预期的结果, 其中有些可能是新的, 并且所生成的证明一般是简短而具有几何意义的.

4.1　结构化的演绎数据库和推理策略

4.1.1　基于结构化数据的推理

本章的目的是建立一个几何推理数据库, 用于证明及发现非平凡的几何定理, 并探索前推法的潜力. 基于确定的一组几何推理规则或叫做公理, 对于给定的几何图形, 推理数据库的程序能够到达所谓推理不动点, 也就是说, 找出此图形的能够用这些公理推出的所有的几何性质.

程序的基本架构, 如推理不动点以及否定性子句的处理, 源于演绎数据库的一般理论 (Gallaire et al., 1984). 我们的贡献在于: (1) 在一般意义上, 提出了结构性推理数据库和基于数据的搜索策略等想法来提高搜索的效率; (2) 具体到几何推理领域, 在选择推理规则, 自动地添加辅助点和构造图形的数值实例等方面, 给出了新的处理技巧.

我们选取了 160 个几何图形来进行程序测试. 这些图形有些涉及熟知的几何命题如质心定理、垂心定理、Simson 定理; 有些来自《美国数学月刊》. 运行所生成的数据表明, 程序不仅找出了这些图形的大多数熟知的性质, 而且常常给出一些非预期的结果, 其中有些可能是新的 (参看例 4.6.2). 据我们所知, 这 160 个图形对应的定理, 大多数未能被基于综合法的现有的程序所证明. 我们的程序的能力, 主要基于下述的新的处理方法.

在传统的演绎数据库中, 每个 n 元谓词联系着一种 n 维关系. 由于许多几何关系满足某些特殊的性质例如传递性和对称性, 传统的数据表示方法往往因信息表示的重复导致数据量的膨胀, 因而不适用于几何演绎数据库. 对于被测试的这 160 个图形而言, 用传统的数据表示方法, 每个图形平均数据量多达 242117 条. 使用了某些简单的数学结构如序列和等价类来表示这些数据中的几何事实, 这 160 个图形的几何性质数据量的平均值仅为 221, 可见结构化的数据量大致是原有数据量的千分之一.

不同于已有的基于规则的推理策略, 我们提出了基于数据的推理策略. 在数据库的搜索过程中, 我们保持一个新推出数据的表单, 并对每一组包含新数据的几何性质应用相匹配的推理规则. 使用这样基于数据的推理, 自动消除了推理规则对相同几何条件的重复使用. 这样的搜索策略类似于文献 (Bancilhon et al., 1986) 中的半新策略 (semi-naive strategy). 此外, 这种基于数据的搜索策略还使用了组合规则和动态数据更新的策略来提高效率. 更进一步的是, 基于数据的搜索策略用于结构性数据时特别有效, 因为这时一个数据可以表示一大批信息. 例如, 一个事实可能是 “10 个三角形彼此相似”.

所有已知的基于综合法的几何自动推理的研究 (Nevins, 1975; Gerlentner et al., 1960; Koedinger et al., 1990; Coelho et al., 1986), 都把全等三角形的条件和性质作为基本的几何推理规则. 如果不加上辅助点的技巧, 用这些规则只能证明为数不多的中学水平的仅仅涉及直线的几何定理. 几何中大多数基本的结果例如质心定理、垂心定理以及 Simson 定理的证明, 是这些规则力所不及的. 在 4.2 节中, 将讨论有关选择几何推理规则涉及的三个问题: 证明中的推理步数、辅助点和序关系, 并且指出如何通过选择适当的规则解决某些有关问题.

我们讨论了如何添加辅助点即所谓 Skolem 理论在几何推理中的实际可能性. 建立了约 20 条添加辅助点的规则, 并且在我们的程序处理 160 个图形中的 39 个时用到了辅助点. 这是添加辅助点的一组非平凡规则的首次实现.

几何命题的数值图形常用来作为获得某些规则不宜使用的信息的模型. 对一类线性构图的几何命题, 我们的程序能够自动地构造这样的数值图形. 而在前人的工作中 (Coelho et al., 1986; Gerlentner et al., 1960; Koedinger et al., 1990), 所用到的作为模型的数值图形需要由用户来构造.

4.1.2 有关的工作

几何自动推理的方法主要有三类: 基于综合推理的方法 (Gerlentner et al., 1960; Koedinger et al., 1990; Reiter, 1976; Coelho et al., 1986; Nevins, 1975), 基于代数计算的方法 (主要是吴法和 Gröbnen 方法 (Wu, 1984; Chou, 1988; Kapur, 1986)) 以及几何不变量方法如面积法 (Chou et al., 1994; Havel, 1988; White et al., 1988) 中给出的方法. 其他有关的工作见 (Bulmer et al., 2001; Li et al., 1998; Wang, 1995).

下面将讨论与本章内容有更密切关系的综合法. 大多数综合法的几何定理自动证明工作用后推法 (Gerlentner et al., 1960; Coelho et al., 1986; Koedinger et al., 1990). 在文献 (Nevins, 1975) 中, Nevins 使用了前推链与后推链的组合而以前推链为主, 但没有到达推理不动点. 除 Nevins 外, 所有综合法的几何自动证明都使用了数值图形模型. 在 (Reiter, 1976; Robinson, 1983) 中讨论了添加辅助点的问题但没有实现. 后面 4.5 节中将对此做更详细的讨论. 所有前述综合法的工作, 处理的仅仅是涉及直线的定理. 程序中涉及圆的问题在文献 (Nevins, 1975) 中有所讨论但未能实现. 我们应用涉及全角概念的几何规则所编制的程序, 能够自然地处理与圆有关的命题.

一般说来, 代数方法是完整性的过程并且更为有力. 而综合方法, 包括本章提出的方法, 都不是完整性的过程. 理论上, 所有本章所报告的方法能够证明的定理都能用代数方法如吴法来证明. 尽管如此, 发展综合推理的几何自动证明依然有其重要价值, 因为这将产生对一般情形自动推理有用的技巧. 即使仅考虑几何自动推理, 推进综合法的研究也有多方面的积极意义: (1) 综合法产生的证明一般说来比代数的计算更容易理解; (2) 使用谓词而不用代数计算能够到达不动点, 从而有可能发现新的定理. 用代数方法也有可能发现新的几何事实 (Chou et al., 1990-2; Recio et al., 1997), 但其方式非常不同; (3) 尽管代数方法能够证明多得多的几何定理, 但仍有某些定理 (例 4.6.2) 可用综合法给出优美的证明, 而代数方法由于需要过大的计算机内存而未能解决.

一般情形的演绎数据库系统, 由于庞大的数据量且缺乏有效的冗余控制策略, 在处理我们的许多例题时运行相当长的时间后仍然未能到达推理不动点. 某些有用的控制冗余的一般方法 (Buntine, 1988; Bancilhon et al., 1986; Helm, 1990) 及其在我们情形下的应用, 在 4.4.2 节中有所讨论.

本章所述的的方法得益于在代数方法中发展出来的一些想法. 使用不涉及序关系的几何谓词如全角相等, 就源于吴法 (Wu, 1984). 非退化条件和构造型命题的表述也源于代数方法.

4.2 几何推理规则

为了选择一组好的几何推理规则, 需要考虑几个问题.

首先是辅助点问题. 由于多数综合法几何推理系统使用 Horn 子句作为规则, 这样的系统没有生成辅助点的能力, 重要的是使用所选择的规则至少能够证明相当数量的几何定理. 仅仅使用关于全等三角形的规则, 难以达到这样的要求. 多数常用的定理如垂心定理和质心定理等, 需要添加辅助几何元素才能证明. 我们使用的规则在这方面有显著的改进. 我们的系统所证明的 160 个几何定理中的大多数, 若不事先由用户添加辅助点, 已有的系统是不能证明的.

再者就是顺序关系问题. 许多仅仅涉及等式的几何定理与点的位置的顺序无关. 这样的几何定理属于所谓无序几何. 这个想法源于吴法 (Wu, 1984). 在无序几何中, 这类定理的证明更为简单. 但是, 这些定理的传统证明可能涉及序关系或不等式, 从而使得推理更为复杂并且难于严谨. 基于全等三角形的方法不是无序几何方法. 使用这样的方法, 序关系需要在输入时给出或从一个数值图形中导出. 结果这样的程序只能证明一个几何定理的特款. 为避免这样的缺陷, 我们的程序使用了对无序几何有效的推理规则.

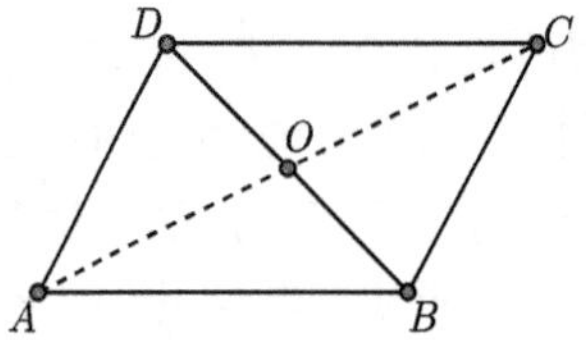

图 4-1

例如, 对于 "平行四边形两对角线相互平分" 这条定理的常见证明如图 4-1, 要用到 ΔABO 和 ΔCDO 全等, 为此要用到两角 $\angle OAB$ 和 $\angle OCD$ 是平行线 AB 与 CD 的内错角.

这样就隐含了一个前提, 即假定点 B 和 D 在直线 AC 的异侧. 但是这个事实在许多机器生成的或由人给出的证明中都没有做逻辑的推导. 如果采用无序几何的推理规则, 如我们所做, 就不会出现这样的不严谨问题.

4.2.1　几何推理规则

如下形式的一个几何规则叫做确定的 Horn 子句:

$$Q(x): -P_1(x), \cdots, P_k(x) \text{ 意思是 } \forall x[(P_1(x) \wedge \cdots \wedge P_k(x)) \Rightarrow Q(x)],$$

这里 x 表示出现在几何谓词 $P_1, \cdots, P_k$ 和 Q 中的一些点, 而 $(P_1(x) \wedge \cdots \wedge P_k(x))$ 和 $Q(x)$ 分别叫做这条规则的体干和首部. 如演绎数据库研究领域常见 (Gallaire et al., 1984), 我们的程序仅仅使用不带函数符号的确定的 Horn 子句. 作为推论, 其中不允许有代数计算, 因为代数计算实际上要用函数符号并常常导致无穷步的推理, 从而达不到推理不动点.

我们使用的谓词有：points(点), coll(共线), perp(垂直), midp(中点), cyclic(共圆), circle(圆), eqangle(等角), cong(线段等长), eqratio(等比), simtri(三角形相似) 和 contri(三角形全等).

这里中心的概念是 eqangle, 即等角. 这里所说的不是通常意义下的角, 而是所谓全角 (full-angle). 直观看来, 如前一章所述, 一个全角 $\angle[u,v]$ 是直线 u 到直线 v 的角. 注意, 这里 u 和 v 不是通常角的定义中所用的射线. 两个全角 $\angle[l,m]$ 和 $\angle[u,v]$ 相等, 是指存在一个旋转 K 使得 $K(l) \parallel u$ 且 $K(m) \parallel v$. 如果 A,B 和 C,D 分别是直线 l 和 m 上的不同点, 则 $\angle[l,m]$ 也可记作 $\angle[AB,CD]$, $\angle[BA,CD]$, $\angle[AB,DC]$ 或 $\angle[BA,DC]$.

引进全角大大简化了涉及等角的谓词. 例如, 我们有下述关于平行线与角的关系 (图 4-2):

(R1) $AB /\!/ CD$ 当且仅当 $\angle[AB, PQ] = \angle[CD, PQ]$.

如果使用通常的角, 就需要厘清 8 个角之间的关系, 并且要使用顺序关系 (即不等式) 来区分多种情形. 例如, 如果点 B 和 D 在直线 PQ 的同侧且点 P 和 C 在直线 AB 的异侧 (都是顺序关系), 则

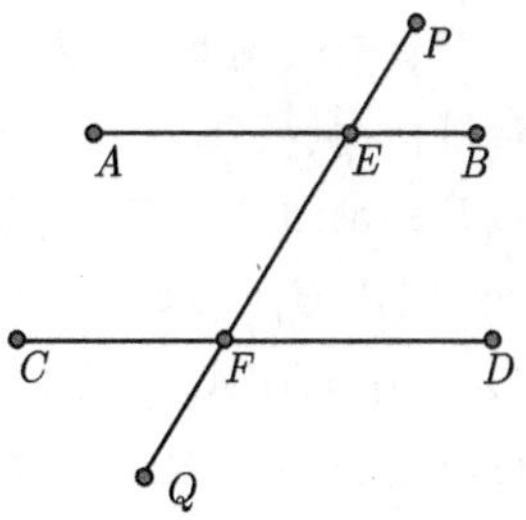

图 4-2

$$AB \| CD \Leftrightarrow \angle PEB = \angle PFD.$$

这样的规则很难使用, 且在推理时导致多分支情况. 下面两个规则也显示出全角在我们的推理系统中的关键作用 (图 4-3):

(R2) $\angle[PA, PB] = \angle[QA, QB]:-$ cyclic(A, B, P, Q).

(R3) cyclic (A, B, P, Q): $-\angle[PA, PB] = \angle[QA, QB], \neg$ coll (P, Q, A, B).

在规则 (R2) 中, 如果使用通常的角, 如图 4-3, 就需要两个条件, 即 $\angle APB = \angle AQB$ 或 $\angle APB + \angle AQ_1B = 180°$, 并且还要区分这两种情形. 我们需要知道点 P 和 Q 是在直线 AB 的同侧, 而 P 和 Q_1 则是在直线 AB 的异侧. 由于对不同的图形可能有不同的回答, 这类顺序关系是很难处理的. 而使用全角, 就能够将两种关系做统一的处理. 注意, 此处全角的用法不同于前面一章. 前一章使用代数计算, 并将后推链作为主要的推理工具; 此处仅仅使用了全角相等的概念.

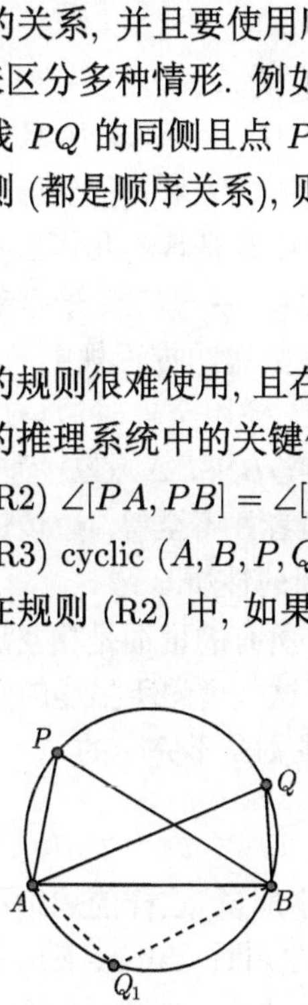

图 4-3

我们的程序大约用了 70 个推理规则, 详见本章末附录. 其中某些规则描述了几何谓词的基本性质, 例如

$$AB \| CD : -AB \| PQ, CD \| PQ.$$

下面列出一些重要的规则:

(R4) para (E, F, B, C): $-$midp (E, A, B), midp (F, A, C).

(R5) midp (F, A, C): $-$midp (E, A, B), para (E, F, B, C), coll (F, A, C).

(R6) $\angle[OA, AB] = \angle[AB, OB]:-$cong (O, A, O, B).

(R7) cong$(O, A, O, B):-\angle[OA, AB] = \angle[AB, OB], \neg$ coll (O, A, B).

(R8) $\angle[AX, AB] = \angle[CA, CB] : -$ circle (O, A, B, C), perp (O, A, A, X).

(R9) $\angle[AB, AC] = \angle[OB, OM] : -$ circle (O, A, B, C), midp (M, B, C).

(R10) perp $(A, B, P, Q) : -$ cong (A, P, B, P), cong(A, Q, B, Q).

(R11) perp$(P, A, A, Q) : -$ cong(A, P, B, P), cong(A, Q, B, Q), cyclic(A, B, P, Q).

(R12) simtri$(A, B, C, P, Q, R) : -\angle[AB, BC] = \angle[PQ, QR], \angle[AC, BC] = \angle[PR, QR], \neg$ coll (A, B, C).

(R13) eqratio$(A, B, A, C, P, Q, P, R) : -$ simtri(A, B, C, P, Q, R).

(R14) contri$(A, B, C, P, Q, R) : -$ simtri(A, B, C, P, Q, R), cong (A, B, P, Q).

注意, 我们也使用 $\angle[AB, CD] - \angle[PQ, UV]$ 和 $AB = CD$ 来表示全角之间或线段之间的相等. 尽管不是通常教科书上的公理, 这些规则都是基本几何事实.

在通常的教科书中和以前的综合法的机器证明程序中, 关于三角形全等的三个定理, 即边边边、边角边以及角角边全等判定法则, 是关键的推理规则. 而在我们的程序中, 仅仅使用了角角边 (规则 (R14)). 事实上, 使用全角时边角边全等判定法则一般是不成立的. 例如, 在图 4-1 中对于 $\triangle AOB$ 和 $\triangle AOD$ 而言, 有 $BO = DO, AO = AO$ 且 $\angle[BO, OA] = \angle[DO, OA]$, 但两者并不全等. 边边边全等判定法则是成立的, 但一般情形下不能生成有关全角的新的性质.

从演绎数据库的观点看来, 这些规则的复杂性很高: 所有的谓词是相互递归的 (Bancilhon et al., 1986), 并且大多数规则是非线性的. 用这些谓词所描述的几何定理不一定能被我们的这些规则所证明, 在此意义下这些规则是不完全的.

4.2.2　非退化条件

在某些规则如 (R3) 中, 其体干中有否定形谓词. 严格地说, 这样的规则不属于 Horn 子句. 我们采用文献 (Reiter, 1978) 中提出的无效性判断 (failure criteria) 作为否定 (negation), 也就是说, 如果 P 不能被程序推出, 就认为 $\neg P$ 成立. 这样有可能导致前后矛盾. 因为规则组是不完全的, P 不能被证明不意味着 $\neg P$ 成立. 我们通过下面两个步骤来解决这个问题.

首先, 一些否定性的条件将作为几何命题的非退化条件 (ndg) 添加到命题的假设条件之中. 由于下面的考虑, 在几何命题中添加非退化条件是合理的. 大多数几何定理在教科书中的描述隐含了某些必要条件的假设, 这些条件是我们的方法所发现的非退化条件的一部分. 而对于某些被以前的综合法证明器所证明的定理, 有些必要的非退化条件被遗漏了. 有关非退化条件的更多论述, 见于文献 (Chou, 1988; Bulmer et al., 2001; Wu, 1984) 等.

其次, 假设我们有一个关于某命题的准确的数值图形. 当遇到规则中有一个否定性谓词 $\neg P$ 时, 证明器将检查在此图形中 P 是否成立. 仅当在此图形中 P 不成立时, 才应用这条规则. 作为推论, 我们避免了产生所谓 "平凡成立" 命题 (前提自相矛盾的命题) 的证明的可能.

4.2.3 准确的数值图形的构造

用准确的数值图形作为语义模型, 曾是大多数综合法几何定理机器证明工作努力的基石 (Koedinger et al., 1990; Gerlentner et al., 1960; Coelho et al., 1986). 早先的证明器使用数值图形于推理有两个好处: (1) 数值图形作为过滤器, 用以剪除那些出现在后推链中而与数值表示不相容的目标; (2) 更重要的是, 数值图形用来确定有关的点和线涉及的顺序关系. 前一点对于后推搜索是重要的, 但对前推链没有什么用处. 后一点则关系到产生不依赖图形的证明的问题. 在本章中, 图形则用于处理 Horn 子句中的否定性信息.

在以前的工作中, 图形要由证明器的用户提供. 在我们的程序中, 对于一类线性构图的几何命题可以自动生成图形. 所谓线性构图的几何命题, 是指命题中的点可以组成一个序列, 而序列中的每个点可以从前面的点唯一确定地构造出来. 更准确地说, 一个几何命题是线性的, 如果其中的每个点可以由下列的构造描述:

- 任取一个自由点;
- 在一条直线上任取一点;
- 取两条直线的交点;
- 当一条直线和一个圆或两圆的一个交点已被作出时, 取另一个交点.

例如, 图 4-1 对应的命题就是线形构图命题, 其中的点可以按下列方式引进: 取 3 个自由点 A,B 和 C; 取过 A 平行于 BC 的直线和过 C 平行于 AB 的直线的交点 D; 取直线 AC 和 BD 的交点 O. 有关细节见第 2 章例 2.1.1.

大多数常用的几何命题属于线性构图的. 例如, 在文献 (Chou, 1988) 中列出的 512 个几何定理中, 80%属于此类.

在线性构造的几何命题中, 每个点的坐标可以表示为前面的点的坐标的有理表达式. 这样一来, 通过赋予命题中的自由点的坐标以随机数值, 容易计算出具有有理数值的所有点的坐标, 从而可以得到此命题的一个准确的数值模型.

对于一个非线性构造的几何命题, 我们需要用代数数来表示其中的点的坐标. 此外, 如果命题是可约的 (reducible)(Chou, 1988), 则需要不止一个图形. 对于可约命题, 我们的程序不能构造准确的数值模型.

4.3 结构化数据库

4.3.1 数据库的结构

在关系数据库的传统的表示方法中, 每个 n 元谓词联系着一个 n 维的序列. 由于我们所用的大多数几何谓词都满足某些特殊性质, 用传统的方法建立数据库将导致庞大的数据量. 本节的主要目的是设计一个结构化的数据库以有效地控制数据量, 其主要的思想是使用数据库的结构来表示所涉及的谓词的性质. 换句话说, 我们建立若干关于谓词的规则于数据库的结构之中. 为此提出下面三条基本原理:

(1) 谓词的规范形式. 同一个几何性质可以用许多谓词形式来表示. 例如, 共线谓词 coll 满足下列规则:

$$\text{coll}\ (A,B,C):-\ \text{coll}\ (A,C,B),$$

$$\text{coll}\ (A,B,C):-\ \text{coll}\ (B,A,C).$$

这样, 从 coll(A, B, C) 我们可以得到 5 个 "新" 的事实: coll(A, C, B), coll(B, A, C), coll(B, C, A), coll(C, A, B), coll(C, B, A). 为了节省存储空间和加快搜索速度, 我们通过安排几何命题中点的顺序把谓词表为规范形式. 用这样的点的顺序, 谓词有唯一确定的表示. 更重要的是, 用了这样的规范形式, 上面的规则在推理进程中不必再执行. 这将减少推理过程中使用规则的次数.

(2) 用序列来代表某些谓词. 我们可以用序列来表示某些几何谓词, 例如, 点 $A_1, A_2, \cdots, A_n$ 在同一条直线上可以用点的一个序列来表示. 如果用通常的谓词形式, 需要 $n(n-1)(n-2)$ 个形如 coll(A_i, A_j, A_k) 的谓词来表达这一事实.

(3) 对于等价类使用代表元素. 有些谓词表示的是关于等价类的基本几何关系, 这时我们可以用代表元素来表示这个等价类, 例如, 包含点 $A_1, \cdots, A_n$ 的直线平行于包含点 $B_1, \cdots, B_k$ 的直线这个事实, 只要用 l_1 和 l_2 分别表示这两条直线, 就可以表示为 $l_1 \parallel l_2$. 如果用谓词 para(A_i, A_j, B_k, B_l) 来表示这个事实, 需要 $2n(n-1)k(k-1)$ 个谓词.

下面给出数据库的结构. 在顶层, 满足每个谓词的事实用一个由下述确定结构的列表来表示:

coll. 其结构是同一条直线上的点的列表. 若这里有 n 个点, 通常要用 $n(n-1)(n-2)$ 个谓词形式来表示这个事实.

para. 其结构是一对直线指针 l_1 和 l_2, 意思是 $l_1 \parallel l_2$, 这里 l_1 和 l_2 分别包含 n 个点和 m 个点. 通常要用 $2n(n-1)m(m-1)$ 个谓词形式来表示这个事实.

perp. 其结构是一对直线指针 l_1 和 l_2, 意思是 $l_1 \perp l_2$, 这里 l_1 和 l_2 分别包含 n 个点和 m 个点. 通常要用 $2n(n-1)m(m-1)$ 个谓词形式来表示这个事实.

eqangle. 其结构是由直线指针构成的四元组 $[l_1, l_2, l_3, l_4]$, 意思是 $\angle[l_1, l_2]=\angle[l_3, l_4]$. 若 l_i 包含 n_i 个点, 则要 $8\Pi_{i=1}^{4} n_i(n_i-1)$ 个谓词形式来表示这一事实.

Cong(等长). 其结构是由点对构成的一个列表. 若列表中有 n 对点, 则要 $4n(n-1)$ 个谓词形式来表示这一事实.

eqratio(等比). 其结构是 Cong(等长) 指针的四元组 $[c_1, c_2, c_3, c_4]$, 意思是 $c_1/c_2 = c_3/c_4$. 若 c_i 中有 n_i 个点, 则要 $16\Pi_{i=1}^4 n_i(n_i-1)$ 个谓词形式来表示这一事实.

midp. 其结构是点的三元组 $[M, A, B]$, 意思是 M 是 AB 的中点. 通常需要用两个谓词来表示这个事实.

circle. 其结构是点的列表 $[O, P_1, \cdots, P_n]$, 意思是点 $P_1, \cdots, P_n$ 在一个以 O 为心的圆上. 通常要用 $n(n-1)(n-2)(n-3)$ 个共圆谓词形式来表示这个事实.

simtri (contri)(三角形相似或三角形全等). 其结构是若干三点组的列表. 如果表中有 n 项, 则需要 $6n(n-1)$ 个谓词来表示这个事实.

定义 4.3.1 称如上描述的数据库中的一个元素为对应谓词的数据或事实. 如果 d 是谓词 P 的事实, 则称 P 是 d 的谓词. 在传统意义下的事实, 例如关于具体的四个点 A, B, C, D 的 coll(A, B, C) 或 para(A, B, C, D), 称为简单事实.

我们还需要知道如何跟踪推理的过程以给出数据库中一个事实的证明. 为此, 当更新数据库中的一个事实时, 先要把原来的事实复制到另一个位置加以完好的保存. 对每个事实, 还需要用于推出它的有关引理和条件. 在结构数据库中一个事实的真实的结构是这样的:

$$[\text{TYPE, LEMMA, COND, DATA, LINK}],$$

此处 TYPE 说明这个事实是否已被更新; LEMMA 包含了为获得这个事实而用的规则或公理; COND 包含了为推出此事实而应用的事实; DATA 是这个事实的结构化形式; 而 LINK 则指向数据库中的下一个数据.

上述结构对于控制数据规模而言还不是最优的, 通过引进较复杂的结构可以进一步缩减数据库的大小, 但是数据结构更复杂了, 程序处理起来也更为复杂. 我们需要在数据库规模和程序实现的困难程度之间找到平衡. 下面的事实表明, 采用上述结构已经足以显著地缩减数据库的大小.

我们的证明器程序对 160 个几何图形运行的记录表明, 使用上述结构时数据库的平均规模为 221. 若使用传统的谓词形式, 平均大小为 242117, 后者是前者的千倍, 或者说大了 3 个数量级. 对于许多图形如后面的例 4.6.3, 若不用上述结构而用传统的谓词形式, 在相当长的时间仍然不能到达推理不动点.

4.3.2 证明的生成

在到达推理不动点后, 我们可以对数据库中的每个事实生成一个证明. 这不是一个平凡的任务, 因为我们使用的数据库的结构比较复杂. 直接输出推理的步骤是不容易理解的.

在上一节提到过, 对数据库中的每个事实, 我们都把推出这个事实所用的引理和条件保存了下来. 从而证明中的一个步骤具有下列的形式:

$$(\mathrm{R}) : C : -P_1, \cdots, P_k,$$

此处 C 是一个简单事实 (见定义 4.3.1), 而 P_i 为事实或简单事实. 之所以设定 C 是简单事实, 是因为在第一步中 C 是用户要证明的几何命题的结论, 接下来的步骤则由如下描述的跟踪过程所确定.

为了输出上述的推理步骤 (R), 我们首先输出简单事实 C. 对于每个 P_i, 若 P_i 是简单事实, 我们输出它并且找出数据库中蕴含它的第一个事实 (可能多于一个) ; 如果 P_i 不是简单事实, 我们需要找出一个可以从 P_i 推出而可以代替 P_i 用于推导 (R) 的简单事实 (见下面的 (2)). 输出推理步骤 (R) 之后, 我们对每个 P_i 重复这个过程, 直到 P_i 属于几何命题的假设.

上述跟踪过程使用了下面三种策略:

(1) 找到遗失的条件. 由于数据库的结构化, 某些条件包含在隐含的假设之中从而在数据库中不出现. 在跟踪过程中, 我们需要把它们找回来使得证明容易理解. 最容易被遗失的条件是共线, 例如, 在例 4.6.1 中的如下推理:

$$\mathrm{perp}[AB, CG] : -\ \mathrm{perp}[BC, AF], \angle[BC, AF] = \angle[AB, CH],$$

这里遗失了条件 $\mathrm{coll}[GCH]$. 此条件应当添加到证明的这一步中.

(2) 找出确切的条件. 如果一个谓词用序列表示, 它所对应的事实可能包罗很多简单事实. 在跟踪过程中, 我们须要找出最确切的简单事实. 例如, 下面的推理

$$AB = PQ : -AB = CD, \quad CD = EF = XY = PQ$$

可以简化为

$$AB = PQ : -AB = CD, \quad PQ = CD.$$

(3) 避免冗余. 在推理过程中每当输出一个事实 P_i 之前, 我们总要检查一下它以前是否已经输出过. 如果输出过, 则仅需指出以前输出过的信息. 在例 4.6.4 的机器证明中, 第 4 步就被第 2 步和第 7 步引用.

4.4　搜索和控制的策略

4.4.1　基于数据的搜索

由于要到达推理不动点, 我们自然选择宽度优先的前推链. 几何规则是高度复杂的: 所有的谓词都是相互递归的, 并且大多数规则是非线性的. 因此, 不可能使用如文献 (Bancilhon et al., 1986) 中所述的某些处理特殊情形的策略.

宽度优先的前推法其搜索工作过程大致如下:

$$\boxed{D_0} \overset{R}{\subset} \boxed{D_1} \overset{R}{\subset} \cdots \overset{R}{\subset} \boxed{D_k} \quad \text{(推理不动点)}$$

这里 D_0 是几何命题的假设而 R 是推理规则集. 对于 R 中的每个规则 r, 将它应用于 D_0 以获得新的事实. 令 D_1 是 D_0 与新获得的事实之集的并. 对 D_1 重复上述过程获得 D_2, 等等. 如果到了某一步有 $D_k = D_{k+1}$, 就说对 D_0 和 R 到达了推理不动点.

在文献 (Gallaire et al., 1984) 中所说的演绎数据库的情形 (亦即假设所有规则都是不带函数符号的 Horn 子句的情形), 只要规则集 R(即所谓内涵数据) 和初始事实集 (即所谓外延数据)D_0 有限, 推理不动点总是可以到达的.

因为 D_1 包含 D_0 作为子集, 从 D_1 推导 D_2 时显然重复了从 D_0 推出 D_1 时的所有推理步骤. 在文献 (Bancilhon et al., 1986) 中提出了半新策略来解决这个问题. 基本的思想是在规则体干部分输入的事实中至少有一个谓词是新的, 即来自 $D_1 - D_0$. 在以前的半新策略以至所有的前推链搜索方法, 主要的过程是按规则集 R 来循环进行的. 我们称之为基于规则的搜索策略. 下面介绍的是我们提出的基于数据的搜索策略. 按这样的策略, 我们始终保持一个新事实的列表, 对其中每个事实 d 找寻并应用所有的体干中包含 d 的谓词的规则.

基于数据的搜索算法:

步骤 1. 将命题的假设设置为新事实列表的初值和数据库初值. 若新事实列表非空, 执行步骤 2.

步骤 2. 设 d 是新事实列表中的首项. 从列表中移除它, 并把它加到数据库中, 再执行步骤 3.

步骤 3. 设规则 r 的体干中包含事实 d 的谓词 P_0. 为了应用规则 r, 我们需要将 r 中的其他谓词实例化. 由于谓词 P_0 已经作为新事实 d 的实例化, 则 r 中的其他谓词需要对数据库中所有可匹配的事实作实例化. 对于所有事实 d 的谓词形式 (注意, 一个事实可以有多个谓词形式), 并且对 r 中的其他谓词的所有事实, 执行步骤 4.

步骤 4. 应用规则 r 获得事实 d'. 如果 d' 不在数据库中, 把它添加到新事实列表的尾部, 否则什么也不做.

由于几何命题假设中的事实有限, 并且我们用不带函数符号的有限个推理规则来推导, 所以总能到达推理不动点. 显然推理不动点是唯一的, 它不依赖于搜索策略和规则应用的顺序.

一般而言, 宽度优先搜索的代价是高昂的. 但是, 我们实现的几何推理的宽度搜索表现相当好. 这里有几个因素, 我们使用的结构化数据库显著地削减了数据规模并且减少了规则的数目, 使用 C 语言编程也特别适合于几何的目的.

关于基于数据的搜索, 一个有趣的事实是应用规则的顺序被新事实列表中的事实的顺序所决定：规则的选取对应于新事实列表首项事实的类型. 用户可以对谓词按其重要性来排序. 最常用的谓词, 例如中点、平行和垂直, 具有较高的重要性. 在搜索过程中, 程序将对新事实列表排序使得这些具有较高的重要性的事实排在前面. 按这种方式, 规则应用的顺序被自动地确定.

基于数据的搜索的另一个好处是形成了组合规则. 设 d 是位于新事实列表首项的新的事实, 像下面的规则

$$P \wedge f_1 \Rightarrow Q_1, \cdots, P \wedge f_s \Rightarrow Q_s,$$

这里 P 是事实 d 的谓词而 f_i 是其他谓词的合取式, 因此我们可以构成一个新的组合规则

$$P \wedge ((f_1 \Rightarrow Q_1) \vee \cdots \vee (f_s \Rightarrow Q_s)).$$

在这个新的规则中, 我们仅仅需要对事实 d 搜索一次. 由于在我们的数据库中一个事实可能是很大的 (例如, 它可能是一个相似三角形序列), 新的规则显然能够节约时间. 我们还可以进一步递归地组合规则

$$f_1 \Rightarrow Q_1, \cdots, f_s \Rightarrow Q_s$$

得到多重组合规则. 例如, 下面的多重组合规则是由规则 (R6), (R10) 和 (R11) 所构成的：

$$\text{cong }(O, A, O, B) \wedge [\Rightarrow \angle[OA, AB] = \angle[AB, OB],$$
$$\text{cong }(U, A, U, B) \wedge [\Rightarrow \text{ perp }(A, B, O, U),$$
$$\text{cyclic }(A, B, O, U) \Rightarrow \text{ perp }(O, A, A, U)]].$$

为了进一步提高搜索的效率, 我们可以动态地更新和使用数据库.

在传统方法中, 事实被清晰地划分成若干层次, 为了获得第 k 层的事实, 仅仅使用第 $(k-1)$ 层的事实. 看来较好的办法是将新的事实立刻存入数据库并立即应用. 这样使得程序组合使用宽度优先搜索和深度优先搜索两种策略.

4.4.2　避免冗余推理

如果某一步推理生成的事实已经在数据库中, 它就是冗余推理. 冗余推理是提高搜索速度的主要障碍之一, 并且消除冗余推理是 Wos (1988) 提出的一个基本研究问题. 已经证明, 一般情形下是否能完全消除冗余推理是不可判定的 (Helm, 1990). 因此我们能做的也就是设计尽可能减少冗余推理的策略.

有三类冗余推理. 第一类是重复地对相同的事实应用相同的规则而生成相同的结果, 使用半新策略搜索或我们的基于数据的搜索就能消除这类冗余推理.

第二类, 冗余推理是固有的. 例如, 如果规则集 R 中的一条规则 r 是 $R-\{r\}$ 的一条逻辑推论, 则由 r 推出的每个事实必然也能被 R 中的其他规则推出. 对于一个给定的规则集, 能否获得一个等价的且最小的规则集的问题是不可判定的 (Sagiv, 1988). 许多有用的局部方法见于 (Buntine, 1988; Helm, 1990; Sagiv, 1988). 由于我们所用的规则集是固定的, 可以在几何直观的基础上试图去掉一些重复的规则. 下面说明的基于图形的标准规则可以看作这种方法的特例.

第三类, 当输入的事实满足某些条件时, 两个逻辑上无关联的推理可能给出相同的事实, 我们称这类冗余为条件冗余. 在我们的程序中, 下面所说的启发式 (1) 就是针对这类问题而设计的.

在我们的程序中, 使用了如下的启发式技巧来控制冗余推理:

(1) 在搜索之前检查结果. 在执行一个规则

$$Q:-P_1,\cdots,P_s$$

时, 如果 Q 中的所有变元都已经实例化, 并且谓词 $P_1,\cdots,P_k(k<s)$ 有效, 我们有两种结束这个推理的方法. 第一种, 可以继续搜索谓词 $P_{k+1},\cdots,P_s$ 的事实. 如果它们均已实例化且 Q 不在数据库中, 我们就得到一个新的事实 Q. 第二种是先检查 Q. 如果 Q 已在数据库中就不用做什么, 否则再检查 $P_{k+1},\cdots,P_s$. 如果规则的头部 Q 已在数据库中, 第二种方法总会较快, 否则检查 Q 可能是浪费时间. 在我们的程序中, 如果 P_1 的事实 (即新的事实) 是已被推出的事实, 我们就用第二种方法, 因为这种情形下冗余推理的可能性较大.

(2) 避免重言式. 如果一些规则的结构是一个恒等式, 此规则的成功推导将给出与输入相同的事实. 一个特殊但常常发生的情形是一个规则和它的逆的组合, 如 (R2) 和 (R3). 在我们的程序中, 对于每个数据库中被推出的事实, 总会记着推出它的引理 (如 4.3.1 节中所述), 这样就容易探测出可能出现的这类冗余而避免它.

(3) 避免空事实. 如果从一个事实不能推出新的信息, 我们称之为空事实. 当 $OA=OB$ 时有 contri(O, A, B, O, B, A), 这就是一个空事实. 所有从这个事实能够得到的信息都是已知的. 如果几何命题中有圆, 就可能有很多这样的等腰三角形. 例如, 若以 O 为心的圆经过点 $P_1,\cdots,P_n$, 就会有 $n(n-1)/2$ 个形式为 contri(O, P_i,P_j, O, P_j, P_i) 的空事实. 在我们的程序中, 数据库中不存放空事实. 这样既能减少数据规模, 也避免在后面产生冗余推理.

(4) 基于图形的标准形式. 许多生成的冗余与图形有关, 这时, 可以去掉某些规则以避免冗余. 下面的例子是对这种做法的说明.

在图 4-4 中, 我们有五个性质: midp(M, A, B), perp(O, M, A, B), cong(O, A, O, B), eqangle(A, O, M, M, O, B) 和 eqangle(O, A, B, A, B, O).

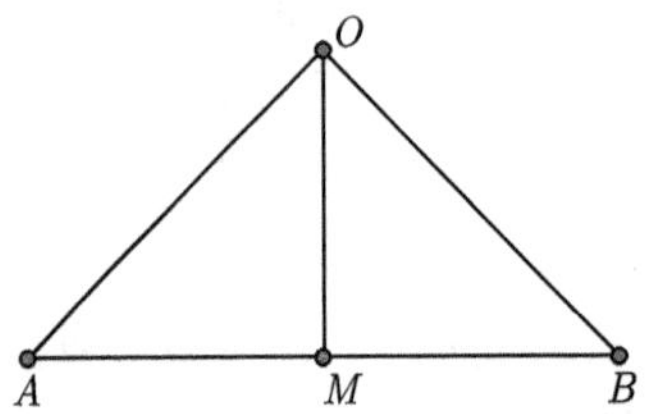

图 4-4

由规则 (R6) 和 (R7), cong(O, A, O, B) 和 eqangle(O, A, B, A, B, O) 是等价的, 故两者中仅用一个即可. 关于这个图形有趣的事实是其余 4 个命题中的任意两个蕴含了另外三个, 这样我们就有 12 个规则. 这些规则显然导致许多冗余推理. 为避免如此, 可以选择一组标准规则, 如先取

(S1) $\mathrm{cong}(O, A, O, B) : -\mathrm{midp}(M, A, B), \mathrm{perp}(O, M, A, B).$

(S2) $\mathrm{eqangle}(A, O, M, M, O, B) : -\mathrm{midp}(M, A, B), \mathrm{perp}(O, M, A, B).$

对于剩下的 10 条, 我们保留其头部为 midp(M, A, B) 或 perp(O, M, A, B) 的 4 条, 结果仅仅留下 6 条规则.

4.5 构造辅助点和 Skolem 化

在逻辑上, 构造一个新点对应于存在变元的 Skolem 化. 甚至在第一个几何定理证明器出现之前, Robinson (1983) 就建议过在证明中需要的辅助点线可以作为问题的 Herbrand 宇宙的元素而构造出来. 基于类似的想法, Reiter(1976) 提出一个能生成新点的演绎的方法.

但是上面两种想法都没有实现. 显然, 构造辅助点可能导致无穷多几何对象并不能达到推理不动点, 并且, 引进新点还会使得数据库的规模增长. 我们用两个策略来控制新点的增加以实现其效果.

第一个策略是把增加新点的过程与到达推理不动点的过程分开. 程序工作的准确描述如下: 对于一个几何命题, 我们首先在不添加辅助点的情形下达到一个推理不动点. 如果命题的结论已经在数据库中, 则程序结束; 否则, 程序将尝试构造一个辅助点, 把与辅助点有关的事实添加到新事实列表中, 找到一个新的不动点. 程序将重复这样的过程, 直到所要的结论出现在新的数据中或者不存在新的辅助点.

如果不用上面的策略, 可能发生这种不愉快的情形: 本来不需要添加辅助点就能推出命题的结论, 但在到达推理不动点的过程中却构造了不少辅助点, 这样将大大影响搜索的速度.

我们的第二个策略是用两个启发性的技巧控制辅助点的数量: (1) 在添加一个辅助点并达到新的推理不动点后, 检查是否获得了关于原始图形的新的性质. 如果有, 则保留这个辅助点; 否则就删除这个辅助点; (2) 不允许有递归的辅助点, 也就是说, 仅仅使用原始图形中的点来构造辅助点. 这保证了程序总能够结束.

一个添加辅助点的规则实际上是将 4.2 节中的某个规则修改一下, 把某些一般变元换为存在的变元. 下面是 4 条添加辅助点的规则, 其中 (A1) 和 (A2) 与规则

(S1) 和 (R3) 相关联.

(A1) $[\text{perp}(O,M,M,A) \wedge \angle[XO,MO] = \angle[MO,AO]] \Rightarrow \exists B[\text{coll }(B,A,M) \wedge \text{coll }(B,O,X) \wedge \text{cong }(O,B,O,A) \wedge \text{midp }(M,A,B)]$.

(A2) $[\angle[AP,BP] = \angle[AX,BY] \wedge \neg\text{ coll }(A,B,P)] \Rightarrow \exists Q[\angle[AP,BP] = \angle[AQ,BQ] \wedge \text{cyclic }[A,B,P,Q]]$.

(A3) $[\text{midp }(M,A,B) \wedge \text{midp }(N,C,D)] \Rightarrow \exists P[\text{midp}(P,A,D), \text{para}(P,M,B,D), \wedge \text{para }[P,N,A,C]]$.

(A4) $[\text{cong }(O,C,O,D) \wedge \text{perp }(A,B,B,O)] \Rightarrow \exists P\ [\text{cong }(O,C,O,P), \text{para }(P,C,A,B), \text{cong}[B,C,B,P]]$.

在规则 (A2) 中使用了否定性命题, 用以处理类似于 4.2.3 节中类似的否定性信息. 在规则 (A1) 和 (A2) 中, 新点是作为两条不平行直线的交点而引进的. 在规则 (A3) 中, 新点是作为线段的中点引进的; 在规则 (A4) 中, 新点是作为直线与圆的交点而引进的.

我们总共有 20 条构造辅助点的规则, 这些包括了最常用的添加辅助点的经验性方法. 我们的程序处理过的 160 个几何图形中, 有 39 个需要添加辅助点, 例 6.4 和 6.5 是其中两个.

在文献 (Coelho et al., 1986; Gerlentner et al., 1960) 中, 考虑了构造辅助点和构造两个已有的点之间的辅助线问题. 在我们的程序中, 连接两点的直线如果涉及平行、垂直、等角或上面有更多的点, 将会被存于数据库中. 也就是说, 图形中任意两点的连线被认为是存在的而不必再添加.

4.6 算法的实现与例题

4.6.1 算法的实现

本章所述算法已经实现为我们的几何推理系统几何专家 (geometry expert) 中的证明方法之一, 首先在菜单的 “Prover” 项下选择 “Deductive Database Method”, 使用不动点方法. 缺省方法是面积法 (Chou et al, 1994). 对于一个给定的几何命题, 程序工作情形如图 4-5.

上述算法实现的程序显然能够用于自动地证明给定的几何定理, 更有趣的是它能够用于发现有关几何图形的 “新” 的事实. 前推法所获得的任意事实, 可以被看成新的结果. 经验表明, 我们的程序能够导出许多熟知结果, 也常常有意外的发现. 举一个有关垂心定理的简单图形的例子. 如图 4-6, 我们的程序不仅发现了熟知的性质如三高共点以及 $\angle[EG,CG] = \angle[CG,FG]$, 还在如此简单的图形中找出了 105 组实质不同的比例式!

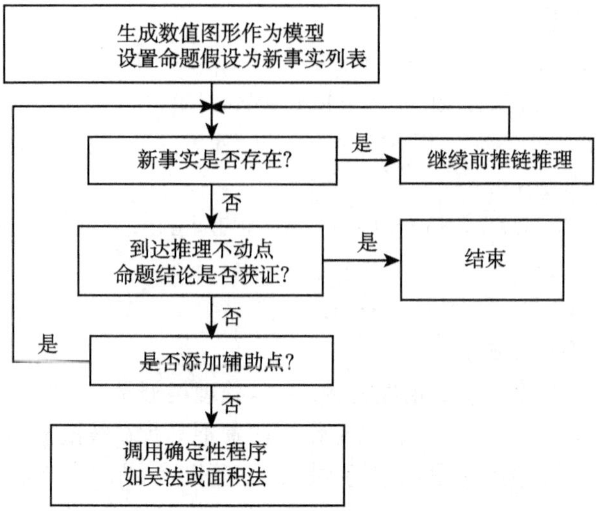

图 4-5

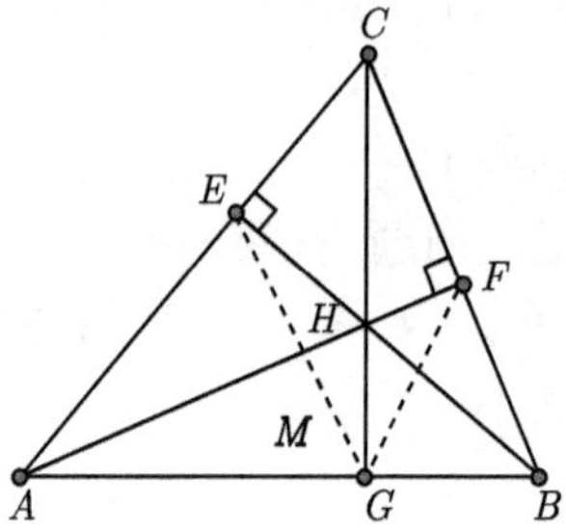

图 4-6

4.6.2 应用

我们的程序有下列应用：

(1) 自动证明定理和发现定理.

在例 4.6.2 中, 程序甚至发现了某些新的结果.

(2) 作为其他推理方法的基础.

我们计划发展一个几何推理系统, 它兼具综合方法和代数方法的优点. 对于一个几何命题, 系统首先用综合法形成一个数据库. 如果命题的结论已经在数据库中, 自然就得到一个综合的证明. 若不然, 系统将启用确定性程序如面积方法, 而数据库有助于确定性程序产生更为优美的证明.

(3) 几何教学.

从一个几何命题的假设出发, 通过向前推理而获得其结论, 这是几何中的基本证明技巧, 我们的程序将这个方法机械化并使之更为有力. 辅以优美的图形界面, 程序可以用来教会学生如何用前推法证明一个给定的定理或者如何探索一个给定的图形的有趣的性质. 作为另一个应用, 几何教师可以从程序在几秒钟内提供的有关图形的大量信息中选择学生的练习题或教科书的例题.

4.6.3 测试结果和例子

我们的 160 个几何图形主要来自文献 (Chou et al., 1994; Chou, 1988; Nevins, 1975) 中所有的定理, 以及 (Coelho et al., 1986; Gerlentner et al., 1960) 中的非平凡定理也包罗其中. 在 (Chou et al., 1994; Chou, 1988) 中超过 600 个定理被吴法或面积法所证明. 对这 600 多个定理, 我们的程序均能到达推理不动点, 但其中仅仅有大约 160 个能被这种方法证明. 某些著名的定理如 Pappus 定理和 Pascal 定理是我们的程序力所不及的, 但仍然到达了其推理不动点. 对于 Pappus 定理, 推理不动点仅含命题的假设. 而对于 Pascal 定理, 推理不动点包含了 89 条事实. 由此看来, 尽管我们的演绎数据库可能是最有力的综合推理方法, 但其能力依然不及代数方法. 从另一方面看, 我们的方法有下列优点: 首先, 它可以用来自动地发现定理; 其次, 它所产生的证明更容易理解; 再者, 对于有些定理 (我们有两个这样的例子), 演绎数据库能够产生简短优美的证明, 而代数方法由于计算机的存储和运算速度的限制而未能成功解决.

表 4-1 包含了我们的程序处理 160 个几何定理所用的时间和数据大小的统计, 程序运行的硬件环境是 NeXT 工作站.

产生最大数据量的谓词是 "等比". 不用这个谓词, 数据的规模将会显著减小. 因此可以这样处理: 先不考虑谓词 "等比" 来到达推理不动点; 如果仍然得不到所要的结论, 再启用谓词 "等比" 来获得新的推理不动点.

表 4-1 程序对 160 个几何定理运行情况

证明所用时间/秒		结构化数据的规模		谓词形式数据的规模	
时间	定理	大小	定理	大小	定理
⩽0.1	30%	⩽50	16%	⩽10, 000	11%
⩽1	69%	⩽100	42%	⩽50,000	43%
⩽10	94%	⩽200	66%	⩽100,000	59%
⩽60	98%	⩽500	91%	⩽1,000,000	95%
⩽650	100%	⩽4021	100%	⩽5,041,102	100%
8.37(平均值)		221(平均值)		242,117(平均值)	

例 4.6.1(垂心定理) 求证三角形的三条高线共点 (图 4-6).

此题的假设为

$$\begin{array}{lll} \text{points}\ (A,B,C), & \text{perp}\ (A,F,B,C), & \text{perp}\ (B,E,A,C), \\ \text{coll}\ (F,B,C), & \text{coll}\ (E,A,C), & \text{coll}\ (H,A,F), \\ \text{coll}\ (G,A,B), & \text{coll}\ (H,B,E), & \text{coll}\ (G,C,H). \end{array}$$

程序运行 0.75 秒后到达推理不动点. 使用结构化的数据, 共获得几何信息 146 条; 若用谓词形式表示则为 56940 条. 若按谓词来细分则为: 共线 9 条 (36 条, 用谓词形式, 下同), 垂直 3 条 (216 条), 共圆 6 条 (144 条), 等角 19 条 (29376 条), 相似三角形 4 条 (288 条), 等比 105 条 (26880 条).

在所获信息中包含了这个图形的两条最为熟知的性质, 即要证明的 CG 垂直于 AB, 以及 $\angle[GF,GC]=\angle[GC,GE]$. 另一个令人惊喜的事实是在这样简单的图形中居然有 105 个非平凡的线段等比关系! 下面仅仅列出涉及线段 HC 关系, 为简化, 用乘法表示:

$$\begin{array}{ll} HC*BE=EC*BA, & HC*EA=BA*HE, \\ HC*HG=FH*HA=HE*HB, & HC*BC=EC*HB=FH*BC, \\ HC*AF=EF*AC=BA*CF, & HC*CG=BC*FC=FC*CA, \\ HC*FB=HB*FE=FH*BA, & HC*AC=HE*AC=HA*CE, \\ HC*FG=CF*HB=FH*AC, & HC*EG=HE*BC=HA*EC. \end{array}$$

下面是我们的 “证明器” 自动生成的对 $CG\perp AB$ 这一事实的证明, 在证明中 “hyp” 意为对应的事实属于假设.

机器证明

(1) perp$[CG,AB]$: −(hyp)perp$[BC,AF]$, (hyp)coll$[GCH]$, (2)$[BC,AF]=[AB,CH]$.

(2) $\angle[BC,AF]=\angle[AB,CH]$: −(3)$\angle[BC,AB]=\angle[AF,CH]$.

(3) $\angle[BC,AB]=\angle[AF,CH]$: −(4)$\angle[BC,AB]=\angle[FE,AC]$, (5)$\angle[AF,CH]=\angle[FE,AC]$.

(4) $\angle[BC,AB]=\angle[FE,AC]$: −(hyp)coll$[CBF]$, (hyp)coll$[CEA]$, (6)$\angle[BF,BA]=\angle[EF,EA]$.

(5) $\angle[AF,CH]=\angle[FE,AC]$: −(hyp)coll$[AHF]$, (hyp)coll$[AEC]$, (7)$\angle[HF,HC]=\angle[EF,EC]$.

(6) $\angle[BF,BA]=\angle[EF,EA]$: −(8)cyclic$[AFBE]$.

(7) $\angle[HF,HC]=\angle[EF,EC]$: −(9)cyclic$[CFEH]$.

(8) cyclic$[AFBE]$: −(hyp)perp$[FB,FA]$, (hyp)perp$[EB,EA]$.

(9) cyclic$[CFEH]$: −(hyp)perp$[FH,FC]$, (hyp)perp$[EH,EC]$.

例 4.6.2(五圆定理)　如图 4-7, $P_0P_1P_2P_3P_4$ 是一个五边形. $Q_i=P_{i-1}P_i\cap P_{i+1}P_{i+2}$, M_i=circle$(Q_{i-1}P_{i-1}P_i)\cap$circle$(Q_iP_iP_{i+1})$(下标理解为模 5 运算). 求证 M_0,

M_1, M_2, M_3, M_4 五点共圆.

曾有人提出用计算机能否证明五圆定理的问题, 经实验代数方法由于计算机存储和速度所限未能成功, 用我们的"证明器"自动地发现了这样的证明.

此例运行 3.89 秒到达推理不动点, 共获得 541 条事实 (用谓词形式则为 220680 条), 其中除了 M_0,M_1,M_2,M_3,M_4 五点共圆外, 我们的程序还发现了新的结果: 下面 10 组直线

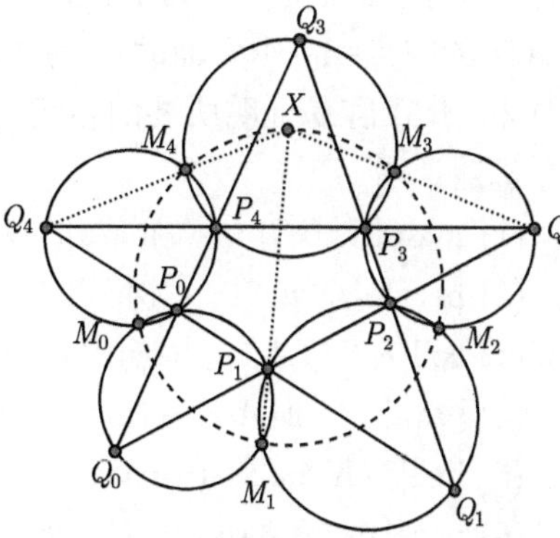

图 4-7

$$\{P_{i+1}M_{i+1}, Q_{i-1}M_{i-1}, Q_{i+2}M_{i-2}\},$$

$$\{P_{i-1}M_{i-2}, P_iM_{i+1}, Q_{i-1}M_{i+2}\}, \quad i = 0, 1, 2, 3, 4,$$

每组都是三线共点, 而这 10 个交点都在 M_0,M_1,M_2,M_3,M_4 五点所在的圆上. 也就是说, 五点圆实际上是十五点圆. 在图 4-7 中的虚线表示 10 组中的一组共点线.

例 4.6.3 在直角三角形 ABC 中, $\angle A$=90°, $AH\perp BC$, S 是 AH 的中点, 过 S 作三条直线分别平行于三角形 ABC 的三边与三角形周界顺次交于 P, Q, K, L, M, N, 如图 4-8, 使得 $KN \parallel AB$, $PL \parallel AC$, $QM \parallel BC$. 求证: P, Q, K, L, M, N 这六点共圆.

程序运行 461.6 秒才到达推理不动点, 共获得 1326 条事实 (用谓词形式则为 5041102 条信息). 若非使用结构化的数据库, 很难在这几分钟内完成推理.

例 4.6.4 设 $ABCD$ 为梯形, $AB \parallel CD$. M 和 N 分别是 AC 和 BD 的中点, E 是 MN 和 BC 的交点, 如图 4-9. 求证 E 是 BC 的中点.

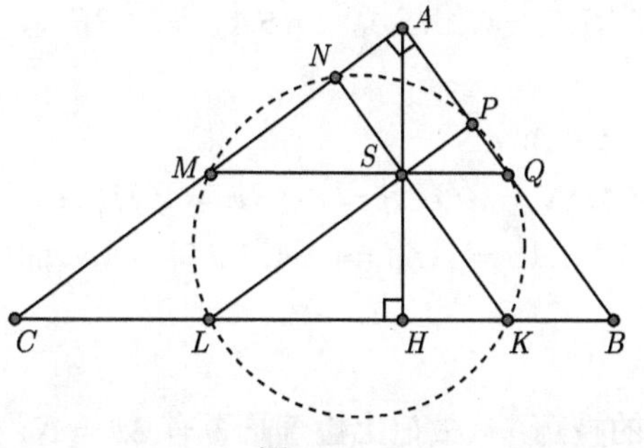

图 4-8

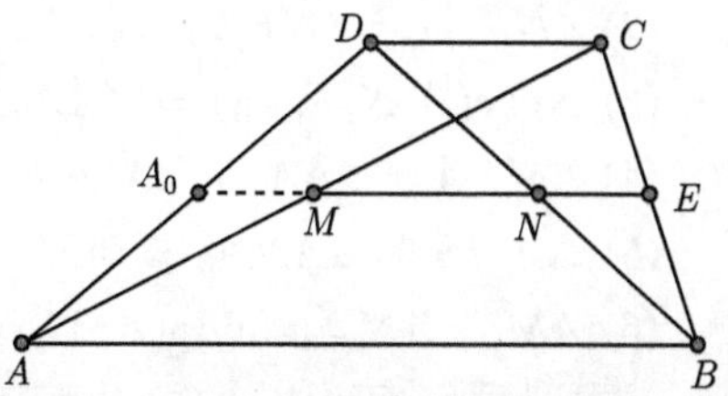

图 4-9

此例引自文献 (Gerlentner et al., 1960), 它曾被文献 (Reiter, 1976; Coelho et al., 1986) 采用. 在 (Gerlentner et al., 1960; Coelho et al., 1986) 中, 解决此题需要

由程序的用户添加一个辅助点 $K = CN \cap AB$. 在文献 (Reiter, 1976) 中曾报告此辅助点基于 Skolem 化将被添加, 但此法尚未实现. 我们的程序使用规则 (A3) 添加了 AD 的中点 A_0 作为辅助点, 从而使问题得到解决. 有了这个辅助点, 使用规则 (R4) 和 (R5) 容易证明所要的结论. 下面是程序生成的证明:

机器证明

(1) midp$[E, BC]$: $-$(2)para$[CD, EN]$, (hyp)midp$[N, BD]$.

(2) para$[CD, EN]$: $-$(3)coll$[ENMA_0]$, (4)para$[CD, MA_0]$.

(3) coll$[ENMA_0]$: $-$(hyp)line$[MNE]$, (5)line$[MNA_0]$.

(4) para$[CD, MA_0]$: $-$(hyp)midp$[M, AC]$, (hyp)midp$[AO, DA]$.

(5) line$[MNA_0]$: $-$(6)para$[A_0M, A_0N]$.

(6) para$[A_0M, A_0N]$: $-$(7)para$[A_0M, AB]$, (8)para$[A_0N, AB]$.

(7) para$[A_0M, AB]$: $-$(4)para$[CD, MA_0]$, (hyp)para$[AB, CD]$.

(8) para$[A_0N, AB]$: $-$(hyp)midp$[N, BD]$, (hyp)midp$[A_0, DA]$.

例 4.6.5(蝴蝶定理) 点 P, Q, R, S 在以 O 为心的同一个圆上, 直线 PQ 和 SR 交于点 A, 过点 A 而垂直于 OA 的直线与 PR 和 QS 分别交于 N 和 M. 求证 A 是 NM 的中点 (图 4-10).

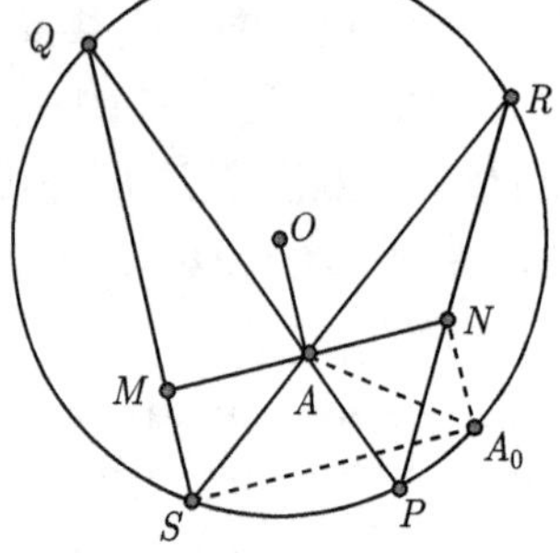

图 4-10

首次到达推理不动点时没有获得所要的结论. 应用规则 A4, 程序自动地添加过 S 而平行于 AN 的直线与圆 O 的交点 A_0. 有了这个辅助点, 程序继续运行 0.4 秒后到达了包含命题结论的推理不动点. 证明的关键步骤是:

(1) $\angle NAA_0 = \angle SA_0A, \angle SA_0A = \angle ASA_0 = \angle RSA_0, \angle RSA_0 = \angle RPA_0 \Rightarrow \angle NAA_0 = \angle NPA_0$;

(2) $\angle NAA_0 = \angle NPA_0 \Rightarrow$cyclic$(A, N, P, A_0)$;

(3) cyclic$(A, N, P, A_0) \Rightarrow \angle AA_0N = \angle APN = \angle QPR = \angle QSR = \angle MSA$;

(4) $\angle MSA = \angle AA_0N, \angle MAS = \angle NAA_0, AS = AA_0 \Rightarrow \Delta AMS \cong \Delta ANA_0$;

(5) $\Delta AMS \cong \Delta ANA_0 \Rightarrow AM = AN$;

(6) $AM = AN =>$midp(A, M, N).

注意最后一步应用了 6.2.2 节中所述的技巧: 从数值上检查是否有 $M = N$; 由于这不成立, 就可以从 $AM = AN$ 推出 midp(A, M, N).

附　录

这个附录包含了我们的程序中所用的几何推理规则和添加辅助线的规则. 所涉及的几何谓词的意义可以在 4.2.1 节找到. 规则 (D1)~(D38) 描述了这些几何谓词的基本性质, 这些性质已经建构在演绎数据库的结构之中 (见 4.3.1 节). 我们隐含地假设在每一个规则中不同的字母表示的点是不同的.

(D1) coll(A, C, B) :– coll(A, B, C).
(D2) coll(B, A, C) :– coll(A, B, C).
(D3) coll(C, D, A) :– coll(A, B, C), coll(A, B, D).
(D4) para(A, B, D, C) :– para(A, B, C, D).
(D5) para(C, D, A, B) :– para(A, B, C, D).
(D6) para(A, B, E, F) :– para(A, B, C, D), para(C, D, E, F).
(D7) perp(A, B, D, C) :– perp(A, B, C, D).
(D8) perp(C, D, A, B) :– perp(A, B, C, D).
(D9) para(A, B, E, F) :– perp(A, B, C, D), perp(C, D, E, F).
(D10) perp(A, B, E, F) :– para(A, B, C, D), perp(C, D, E, F).
(D11) midp(M, A, B) :– midp(M, B, A).
(D12) circle(O, A, B, C) :– cong(O, A, O, B), cong(O, A, O, C).
(D13) cyclic(A, B, C, D) :–
cong(O, A, O, B), cong(O, A, O, C), cong(O, A, O, D).
(D14) cyclic(A, B, D, C) :– cyclic(A, B, C, D).
(D15) cyclic(A, C, B, D) :– cyclic(A, B, C, D).
(D16) cyclic(B, A, C, D) :– cyclic(A, B, C, D).
(D17) cyclic(B, C, D, E) :– cyclic(A, B, C, D), cyclic(A, B, C, E).
(D18) eqangle(B, A, C, D, P, Q, U, V) :– eqangle(A, B, C, D, P, Q, U, V).
(D19) eqangle(C, D, A, B, U, V, P, Q) :– eqangle(A, B, C, D, P, Q, U, V).
(D20) eqangle(P, Q, U, V, A, B, C, D) :– eqangle(A, B, C, D, P, Q, U, V).
(D21) eqangle(A, B, P, Q, C, D, U, V) :– eqangle(A, B, C, D, P, Q, U, V).
(D22) eqangle(A, B, C, D, E, F, G, H) :–
eqangle(A, B, C, D, P, Q, U, V), eqangle(P, Q, U, V, E, F, G, H).
(D23) cong(A, B, D, C) :– cong(A, B, C, D).
(D24) cong(C, D, A, B) :– cong(A, B, C, D).
(D25) cong(A, B, E, F) :– cong(A, B, C, D), cong(C, D, E, F).
(D26) eqratio(B, A, C, D, P, Q, U, V) :– eqratio(A, B, C, D, P, Q, U, V).
(D27) eqratio(C, D, A, B, U, V, P, Q) :– eqratio(A, B, C, D, P, Q, U, V).
(D28) eqratio(P, Q, U, V, A, B, C, D) :– eqratio(A, B, C, D, P, Q, U, V).
(D29) eqratio(A, B, P, Q, C, D, U, V) :– eqratio(A, B, C, D, P, Q, U, V).
(D30) eqratio(A, B, C, D, E, F, G, H) :–
eqratio(A, B, C, D, P, Q, U, V), eqratio(P, Q, U, V, E, F, G, H).
(D31) simtri(A, B, C, P, Q, R) :– simtri(A, C, B, P, R, Q).
(D32) simtri(A, B, C, P, Q, R) :– simtri(B, A, C, Q, P, R).
(D33) simtri(A, B, C, P, Q, R) :– simtri(P, Q, R, A, B, C).

(D34) simtri(A, B, C, P, Q, R) :–
　　simtri(A, B, C, E, F, G), simtri(E, F, G, P, Q, R).
(D35) contri(A, B, C, P, Q, R) :– contri(A, C, B, P, R, Q).
(D36) contri(A, B, C, P, Q, R) :– contri(B, A, C, Q, P, R).
(D37) contri(A, B, C, P, Q, R) :– contri(P, Q, R, A, B, C).
(D38) contri(A, B, C, P, Q, R) :–
　　contri(A, B, C, E, F, G), contri(E, F, G, P, Q, R).
(D39) para(A, B, C, D) :– eqangle(A, B, P, Q, C, D, P, Q).
(D40) eqangle(A, B, P, Q, C, D, P, Q) :– para(A, B, C, D).
(D41) eqangle(P, A, P, B, Q, A, Q, B) :– cyclic(A, B, P, Q).
(D42) cyclic(A, B, P, Q) :–
　　eqangle(P, A, P, B, Q, A, Q, B), ¬ coll(P, Q, A, B).
(D43) cong(A, B, P, Q) :–
　　cyclic(A, B, C, P, Q, R), eqangle(C, A, C, B, R, P, R, Q).
(D44) para(E, F, B, C) :– midp(E, A, B), midp(F, A, C).
(D45) midp(F, A, C) :– midp(E, A, B), para(E, F, B, C), coll(F, A, C).
(D46) eqangle(O, A, A, B, A, B, O, B) :– cong(O, A, O, B).
(D47) cong(O, A, O, B) :– eqangle(O, A, A, B, A, B, O, B), ¬ coll(O, A, B).
(D48) eqangle(A, X, A, B, C, A, C, B) :– circle(O, A, B, C), perp(O, A, A, X).
(D49) perp(O, A, A, X) :– circle(O, A, B, C), eqangle(A, X, A, B, C, A, C, B).
(D50) eqangle(A, B, A, C, O, B, O, M) :– circle(O, A, B, C), midp(M, B, C).
(D51) midp(M, B, C) :–
　　circle(O, A, B, C), coll(M, B, C), eqangle(A, B, A, C, O, B, O, M).
(D52) cong(A, M, B, M) :– perp(A, B, B, C), midp(M, A, C).
(D53) perp(A, B, B, C) :– circle(O, A, B, C), coll(O, A, C).
(D54) eqangle(A, D, C, D, C, D, C, B) :– cyclic(A, B, C, D), para(A, B, C, D).
(D55) cong(O, A, O, B) :– midp(M, A, B), perp(O, M, A, B).
(D56) perp(A, B, P, Q) :– cong(A, P, B, P), cong(A, Q, B, Q).
(D57) perp(P, A, A, Q) :–
　　cong(A, P, B, P), cong(A, Q, B, Q), cyclic(A, B, P, Q).
(D58) simtri(A, B, C, P, Q, R) :–
　　eqangle$[A, B, B, C, P, Q, Q, R]$, eqangle$[A, C, B, C, P, R, Q, R]$,
　　¬ coll(A, B, C).
(D59) eqratio(A, B, A, C, P, Q, P, R) :– simtri(A, B, C, P, Q, R).
(D60) eqangle(A, B, B, C, P, Q, Q, R) :– simtri(A, B, C, P, Q, R).
(D61) contri(A, B, C, P, Q, R) :– simtri(A, B, C, P, Q, R), $AB = PQ$.
(D62) cong(A, B, P, Q) :– contri(A, B, C, P, Q, R).
(D63) para(A, C, B, D) :– midp(M, A, B), midp(M, C, D).
(D64) midp(M, C, D) :– midp(M, A, B), para(A, C, B, D), para(A, D, B, C).
(D65) eqratio(O, A, A, C, O, B, B, D) :–
　　para(A, B, C, D), coll(O, A, C), coll(O, B, D).
(D66) coll(A, B, C) :– para(A, B, A, C).
(D67) midp(A, B, C) :– cong(A, B, A, C), coll(A, B, C).

(D68) cong(A, B, A, C) :− midp(A, B, C).
(D69) coll(A, B, C) :− midp(A, B, C).
(D70) eqratio(M, A, A, B, N, C, C, D) :− midp(M, A, B), midp(N, C, D).
(D71) perp(A, B, C, D) :− eqangle(A, B, C, D, C, D, A, B), ¬ para(A, B, C, D).
(D72) para(A, B, C, D) :− eqangle(A, B, C, D, C, D, A, B), ¬ perp(A, B, C, D).
(D73) para(A, B, C, D) :− eqangle(A, B, C, D, P, Q, U, V), para(P, Q, U, V).
(D74) perp(A, B, C, D) :− eqangle(A, B, C, D, P, Q, U, V), perp(P, Q, U, V).
(D75) cong(A, B, C, D) :− eqratio(A, B, C, D, P, Q, U, V), cong(P, Q, U, V).

下面是我们的程序中用于添加辅助点的规则：

(X1) [perp(O, M, M, A), eqangle(X, O, M, O, M, O, A, O)]
$\Rightarrow \exists B$ [coll(B, A, M), coll(B, O, X)].
(X2) [cong(O, A, O, B), eqangle(A, O, O, X, O, X, O, B)]
$\Rightarrow \exists M$ [coll(B, A, M), coll(M, O, X)].
(X3) [perp(O, X, A, B), eqangle(A, O, O, X, O, X, O, B)]
$\Rightarrow \exists M$ [coll(B, A, M), coll(M, O, X)].
(X4) [perp(O, X, A, B), cong(O, A, O, B)]
$\Rightarrow \exists M$ [coll(B, A, M), coll(M, O, X)].
(X5) [eqangle(A, P, B, P, A, X, B, Y), ¬coll(A, B, P)]
$\Rightarrow \exists Q$ [eqangle(A, P, B, P, A, Q, B, Q), cyclic$[X, B, P, Q]$].
(X6) [midp(M, A, B), midp(N, C, D)]
$\Rightarrow \exists P$ [midp(P, A, D), para(P, M, B, D), para$[P, N, A, C]$].
(X7) [midp(M, A, B), midp(N, C, D), coll(C, A, B), coll(D, A, B), point(Q)]
$\Rightarrow \exists P$ [midp(P, A, Q)].
(X8) [midp(M, A, B), para(A, P, R, M), para(A, P, B, Q), coll(P, Q, R)]
$\Rightarrow \exists X$ [coll(X, A, Q),coll(X, M, R)].
(X9) [cong(O, C, O, D), perp(A, B, B, O)]
$\Rightarrow \exists P$ [cong(O, C, O, P), para(P, C, A, B), cong$[B, C, B, P]$].
(X10) [perp(A, H, B, C), perp(B, H, A, C)]
$\Rightarrow \exists P, Q$ [coll(P, C, B), perp(A, P, C, B),coll(Q, C, A), perp(B, Q, C, A)]
(X11) [circle(O, A, B, C)] $\Rightarrow \exists P$ [perp(P, A, A, O)].
(X12) [circle(M, A, B, C), cong(M, A, M, D), cong(N, A, N, B)], $M \neq N$]
$\Rightarrow \exists P, Q$ [coll(P, A, C), cong(P, N, N, A), coll(Q, B, D), cong(Q,N,N,A)].
(X13) [cyclic(A, B, C, D), para(A, B, C, D)], midp(M, A, B)
$\Rightarrow \exists O$ [circle(O, A, B, C)].
(X14) [perp(A, C, C, B), cyclic(A, B, C, D)] $\Rightarrow \exists O$ [circle(O, A, B, C)].
(X15) [perp(A, C, C, B), coll(B, E, F)] $\Rightarrow \exists P$ [coll(P, E, F), perp(P, A, E, F)].
(X16) [perp(A, B, A, C), perp(C, A, C, D), midp(M, B, D)]
$\Rightarrow \exists P$ [midp(P, A, C)].
(X17) [cong(O, A, O, B), perp(A, O, O, B)]
$\Rightarrow \exists C$ [coll(A, O, C), cong(O, A, O, C)].
(X18) [para(A, B, C, D), coll(P, A, C)], coll(P, B, D), coll(Q, A, B)]
$\Rightarrow \exists R$ [coll(P, Q, R), coll(R, C, D)].

第 4 章小结

• 使用几何演绎数据库系统, 对所给的几何图形可以找出基于一组确定的几何推理规则所能够推出的所有的几何性质, 即所谓 “推理不动点”.

• 基于结构性数据库的思想, 可以把推理工作量减少 3 个数量级.

• 采用适当的数据库搜索策略可提升前推链的效率.

•160 个非平凡的几何图形对程序的测试表明, 适当选择几何推理规则, 添加辅助点以及构造几何图形的数值模型, 几何演绎数据库系统能找出图形的熟知的性质, 发现非预期的结果, 所生成的证明一般是简短而具有几何意义的.

• 比起几何演绎数据库系统, 代数方法和面积方法能够证明更多的几何定理. 但几何演绎数据库系统有自己的长处, 是代数方法和面积方法不能代替的.

第 5 章　立体几何中的定理自动证明

这一章主要讲述立体几何中的机器证明问题. 类似于平面几何, 我们只考虑那些可以用直线、平面、圆、球面来构造的几何命题. 前三节将处理关于线与平面的关联与平行的几何命题. 更精确地说, 即三维仿射几何中的构造型命题. 我们用勾股差来处理涉及垂线、圆和球面的构造型命题.

5.1　带 号 体 积

如前所述, 我们用 $\overline{AB}$ 来表示定向线段 A 到 B 的带号长度, 用 S_{ABC} 表示定向三角形 ABC 的带号面积. 在立体几何中, 我们引进一种新的基本的四元关系: 共面, 它们将在关于带号体积的公理 S.1~S.5 中给予描述.

假设公理 A.1~A.6 仍然成立, 并且公理所涉及的点都共面. 所有共面三角形的带号面积可以相比、相加或相减. 举个例子, 如果 A, O, U 和 V 是四个共面的点, 根据公理 A.5, 则有

$$S_{OUV} = S_{OUA} + S_{OAV} + S_{AUV}. \tag{5.1}$$

一个四面体 $ABCD$ 有两种可能的定向. 我们用它的顶点的次序来表示它的定向. 如果交换两个相邻顶点, 它的定向就改变了. 定向四面体 $ABCD$ 的带号体积 V_{ABCD} 是一个实数, 它有如下性质:

公理 S.1　*交换定向四面体的两个相邻顶点, 则其带号体积将改变符号, 即* $V_{ABCD} = -V_{ABDC}$.

公理 S.2　*如果* A, B, C, D *四点不共面, 则有* $V_{ABCD} \neq 0$.

公理 S.3　*至少存在四个点* A, B, C, D *使得* $V_{ABCD} \neq 0$.

公理 S.4　*对于* A,B,C,D,O *五个点 (如图 5-1), 有*

$$V_{ABCD} = V_{ABCO} + V_{ABOD} + V_{AOCD} + V_{OBCD}.$$

公理 S.3 和 S.4 称作维数公理, 它们确保所处理的是正常的三维空间: 公理 S.3 表明存在四个非共面点; 公理 S.4 表明所有的点必须在同一个三维空间中.

公理 S.5　*如果* A, B, C, D *是四个共面点, 并且* $S_{ABC} = \lambda S_{ABD}$, *那么对于任意点* T, *有* $V_{TABC} = \lambda V_{TABD}$ *(图 5-2).*

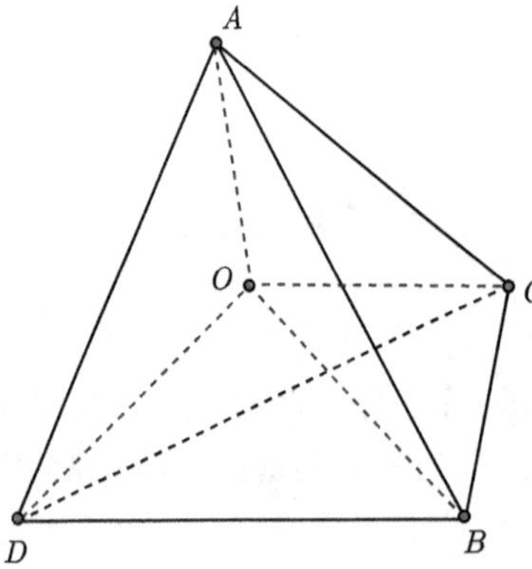

图 5-1

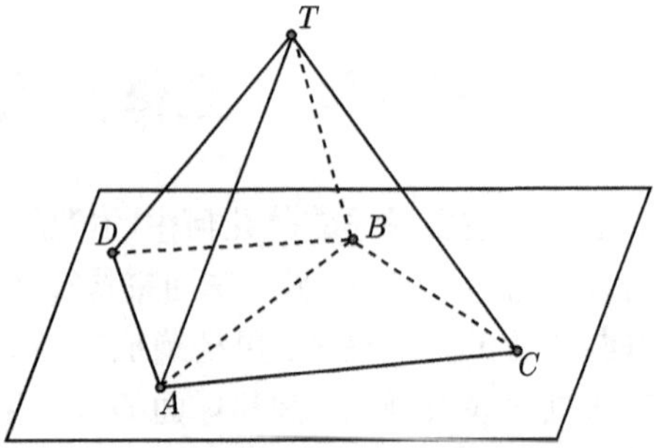

图 5-2

我们把共面扩展成任意点集的一个几何关系：一个少于四个点的集合总是共面的. 一个点集共面当且仅当集合中任意四个点共面, 因此我们引入一个新的几何体：平面, 它是一组共面点的最大集合.

命题 5.1.1　四个点 A, B, C, D 共面当且仅当 $V_{ABCD}=0$.

证明　如果 $V_{ABCD}=0$, 由公理 S.2 , 四点 A, B, C, D 是共面的. 假设 A, B, C, D 共面, 如果 A, B, C 共线, 则有 $S_{ABC}=0$. 设 X 是不在直线 AB 上的一点, 则由公理 S.5,

$$V_{ABCD}=\frac{S_{ABC}}{S_{ABX}}V_{ABXD}=0.$$

如果 A, B, C 不共线, 则有

$$V_{ABCD}=\frac{S_{BCD}}{S_{ABC}}V_{AABC}=0.$$

推论 5.1.2　对于不共线三点 A,B,C, 满足 $V_{ABCD}=0$ 的点 D 所构成的集合是一个平面 (记为平面 ABC).

证明　设 P, Q, R, S 是平面 ABC 上四点, 需证明 $V_{PQRS}=0$. 我们首先证明两点 P 和 Q 与 A,B,C 共面. 由公理 S.5, 有

$$V_{ABPQ}=\frac{S_{ABP}}{S_{ABC}}V_{ABCQ}=0,$$

即 A, B, P 和 Q 共面. 类似地, 可以证明 P, Q, R, S 中任意三点与 A, B, C 共面, 最终可得 P, Q, R, S 共面.

下面只要提到平面 ABC, 则总是假设 A, B, C 不共线. 类似地, 当提到直线 AB, 则假设 $A\neq B$.

5.1.1 共面定理

在这一节和下一节中, 我们将引入体积的一些基本性质, 这些性质是体积法的基础. 首先, 公理 S.4 可以写成如下更便利的形式.

命题 5.1.3(共顶点定理) 设 ABC 和 DEF 是同一平面上两个三角形, T 是平面外一点, 则有

$$\frac{V_{TABC}}{V_{TDEF}} = \frac{S_{ABC}}{S_{DEF}}.$$

证明 由公理 S.5, 有

$$\frac{V_{TABC}}{V_{TDEF}} = \frac{V_{TABC}}{V_{TABF}}\frac{V_{TABF}}{V_{TAEF}}\frac{V_{TAEF}}{V_{TDEF}} = \frac{S_{ABC}}{S_{ABF}}\frac{S_{ABF}}{S_{AEF}}\frac{S_{AEF}}{S_{DEF}} = \frac{S_{ABC}}{S_{DEF}}.$$

在证明共面定理之前, 需要先定义一种有五个顶点的特殊多面体的带号体积.

我们用 $PABCQ$ 来表示有六个面 PAB, PBC, PAC, QAB, QBC 和 QAC 的多面体. 图 5-3 显示了 $PABCQ$ 的几种可能情形.

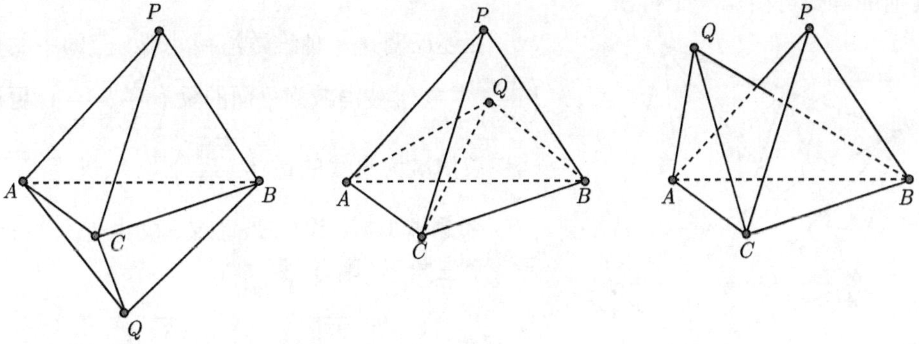

图 5-3

定义 $PABCQ$ 的体积为

$$V_{PABCQ} = V_{PABC} - V_{QABC}. \tag{5.2}$$

由公理 S.4, 有

$$V_{PABCQ} = V_{PABQ} + V_{PCAQ} + V_{PBCQ}. \tag{5.3}$$

命题 5.1.4(共面定理) 直线 PQ 和平面 ABC 相交于点 M. 若 $Q \neq M$, 则有

$$\frac{\overline{PM}}{\overline{QM}} = \frac{V_{PABC}}{V_{QABC}}; \quad \frac{\overline{PM}}{\overline{PQ}} = \frac{V_{PABC}}{V_{PABCQ}}; \quad \frac{\overline{QM}}{\overline{PQ}} = \frac{V_{QABC}}{V_{PABCQ}}.$$

证明 图 5-4 显示了这个定理的几种可能情形. 作 A' 和 B' 使得

$$\overline{MA'} = \overline{CA}, \quad \overline{MB'} = \overline{CB}.$$

则 $S_{ABC}=S_{A'B'C'}$.

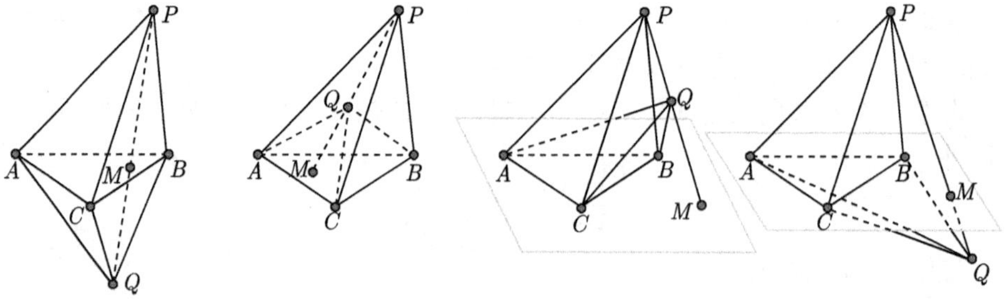

图 5-4

根据命题 5.1.3 和命题 2.2.5(基本命题 b2, 即共边定理), 有

$$\frac{V_{PABC}}{V_{QABC}}=\frac{V_{PA'B'M}}{V_{QA'B'M}}=\frac{S_{PB'M}}{S_{QB'M}}=\frac{\overline{PM}}{\overline{QM}}.$$

其他的等式可由第一个得出.

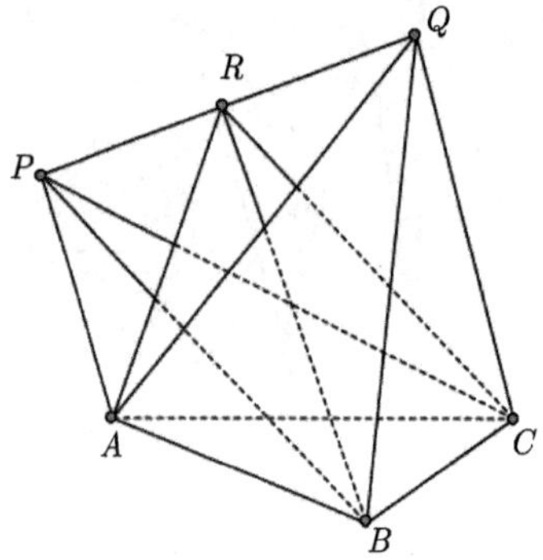

图 5-5

上述证明是一种维数消减处理. 空间中的量 $\left(\frac{V_{PA'B'M}}{V_{QA'B'M}}\right)$ 被消减为平面的量 $\left(\frac{S_{PB'M}}{S_{QB'M}}\right)$, 更进一步被消减为直线的量 $\left(\frac{\overline{PM}}{\overline{QM}}\right)$.

命题 5.1.5　设 R 是直线 PQ 上一点, ABC 是一个三角形, 则有 (图 5-5)

$$V_{RABC}=\frac{\overline{PR}}{\overline{PQ}}V_{QABC}+\frac{\overline{RQ}}{\overline{PQ}}V_{PABC}.$$

证明　根据命题 5.1.4, 有

$$\frac{V_{PRBC}}{V_{PQBC}}=\frac{\overline{PR}}{\overline{PQ}},\quad \frac{V_{PARC}}{V_{PAQC}}=\frac{\overline{PR}}{\overline{PQ}},\quad \frac{V_{PABR}}{V_{PABQ}}=\frac{\overline{PR}}{\overline{PQ}}.$$

由公理 S4, 有

$$\begin{aligned}V_{RABC}&=V_{PABC}-V_{PRBC}-V_{PARC}-V_{PABR}\\&=V_{PABC}-\frac{\overline{PR}}{\overline{PQ}}(V_{PQBC}+V_{PAQC}+V_{PABQ})\\&=V_{PABC}-\frac{\overline{PR}}{\overline{PQ}}V_{PABCQ}\\&=\left(1-\frac{\overline{PR}}{\overline{PQ}}\right)V_{PABC}+\frac{\overline{PR}}{\overline{PQ}}V_{QABC}\end{aligned}$$

$$=\frac{\overline{PR}}{\overline{PQ}}V_{QABC}+\frac{\overline{RQ}}{\overline{PQ}}V_{PABC}.$$

命题 5.1.6 设 R 是平面 PQS 上一点. 则对于三点 A,B,C, 有

$$V_{RABC}=\frac{S_{PQR}}{S_{PQS}}V_{SABC}+\frac{S_{RQS}}{S_{PQS}}V_{PABC}+\frac{S_{PRS}}{S_{PQS}}V_{QABC}.$$

证明 对于任意点 X, 记 $V_X=V_{XABC}$. 不失一般性, 如图 5-6, 设 M 是 PR 和 QS 的交点.

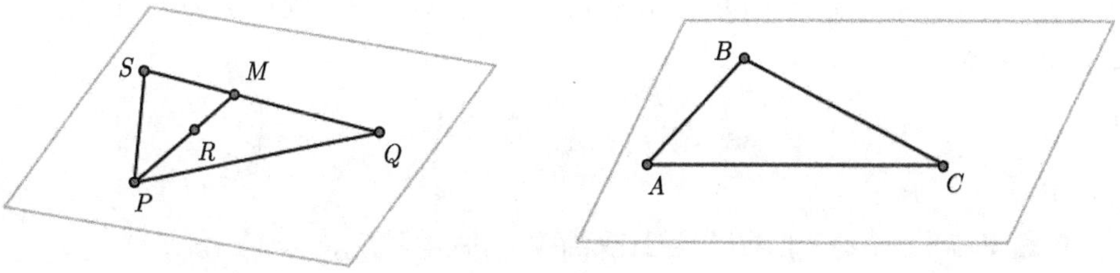

图 5-6

由命题 5.1.5, 有

$$V_R=\frac{\overline{PR}}{\overline{PM}}V_M+\frac{\overline{RM}}{\overline{PM}}V_P=\frac{\overline{PR}}{\overline{PM}}\left(\frac{\overline{QM}}{\overline{QS}}V_S+\frac{\overline{MS}}{\overline{QS}}V_Q\right)+\frac{\overline{RM}}{\overline{PM}}V_P. \qquad (*)$$

根据共边定理, 有

$$\frac{\overline{RM}}{\overline{PM}}=\frac{S_{RQS}}{S_{PQS}},\quad \frac{\overline{QM}}{\overline{QS}}=\frac{S_{PQR}}{S_{PQRS}},\quad \frac{\overline{MS}}{\overline{QS}}=\frac{S_{PRS}}{S_{PQRS}},\quad \frac{\overline{PR}}{\overline{PM}}=\frac{S_{PQRS}}{S_{PQS}}.$$

把它们代入 $(*)$, 可得结论.

5.1.2 体积和平行

两个平面或一条直线和一个平面, 如果它们没有公共点, 就称作平行. 两条直线被称作平行, 如果它们在同一平面上且没有公共点.

记号 $PQ\parallel ABC$, 表示 A, B, C, P 和 Q 满足如下诸条件之一: (1) $P=Q$; (2) A, B, C 共线; (3) A, B, C, P 和 Q 在同一平面上; (4) 直线 PQ 和平面 ABC 平行. 根据上述定义, 如果 $PQ\parallel ABC$ 不成立, 则直线 PQ 和平面 ABC 有一非退化交点. 对于六点 A, B, C, P, Q 和 R, $ABC\parallel PQR$ 当且仅当 $AB\parallel PQR$, $BC\parallel PQR$ 且 $AC\parallel PQR$.

命题 5.1.7 $PQ\parallel ABC$ 当且仅当 $V_{PABC}=V_{QABC}$ 或等价地 $V_{PABCQ}=0$.

证明 如果 $V_{PABC}\neq V_{QABC}$, 则 $P\neq Q$ 且 A, B, C 不共线. 设 O 是直线 PQ 上一点, 使得

$$\frac{\overline{PO}}{\overline{PQ}}=\frac{V_{PABC}}{V_{PABCQ}}.$$

因而

$$\frac{\overline{OQ}}{\overline{PQ}}=-\frac{V_{QABC}}{V_{PABCQ}}.$$

根据命题 5.1.5, 有

$$V_{OABC}=\frac{\overline{PO}}{\overline{PQ}}V_{QABC}+\frac{\overline{OQ}}{\overline{PQ}}V_{PABC}=0.$$

由公理 S.2, 点 O 也在平面 $OABC$ 上, 即直线 PQ 不平行于 ABC. 相反地, 如果 $PQ\parallel ABC$ 不成立, 则 $P\neq Q$ 且 A,B,C 不共线. 设 O 是 PQ 和 ABC 的交点. 由命题 5.1.4, 有

$$\frac{\overline{OP}}{\overline{OQ}}=\frac{V_{PABC}}{V_{QABC}}=1.$$

因而 $P=Q$, 矛盾.

命题 5.1.8　$PQR\parallel ABC$ 当且仅当 $V_{PABC}=V_{QABC}=V_{RABC}$.

证明　由命题 5.1.7, $V_{PABC}=V_{QABC}=V_{RABC}$ 当且仅当直线 PQ 和 PR 平行于平面 ABC. 需证明对于平面 PQR 上任意点 D, 直线 PD 平行于 ABC. 由命题 5.1.6, 有

$$\begin{aligned}V_{DABC}=&\frac{S_{PQD}}{S_{PQR}}V_{RABC}+\frac{S_{PDR}}{S_{PQR}}V_{QABC}+\frac{S_{DQR}}{S_{PQR}}V_{PABC}\\=&V_{PABC}\left(\frac{S_{PQD}}{S_{PQR}}+\frac{S_{PDR}}{S_{PQR}}+\frac{S_{DQR}}{S_{PQR}}\right)=V_{PABC},\end{aligned}$$

即 $PD\parallel ABC$.

图形 $P_1P_2\cdots P_n$ 被称作是 $Q_1Q_2\cdots Q_n$ 的平移变换, 如果 $\overline{P_iP_{i+1}}=\overline{Q_iQ_{i+1}}$. 设三角形 XYZ 是三角形 ABC 的平移变换, 则对于平面 XYZ 上的任意点 P, Q, R, 定义

$$\frac{S_{PQR}}{S_{ABC}}=\frac{S_{PQR}}{S_{XYZ}}.$$

为方便起见, 用符号

$$\frac{S_{PQR}}{S_{ABC}}=\lambda\quad 或\quad S_{PQR}=\lambda S_{ABC}$$

来表示平面 PQR 相同或平行于平面 ABC, λ 是 S_{PQR} 和 S_{ABC} 带号面积之比. 为了加入线段和三角形的辅助变换, 以下定理在机器证明中经常用到.

命题 5.1.9　设 $PQTS$ 是一个平行四边形. 则对于任意点 A,B,C, 有

$$V_{PABC}+V_{TABC}=V_{QABC}+V_{SABC}\quad 或\quad V_{PABCQ}=V_{SABCT}.$$

证明　这可以由命题 5.1.5 直接得到, 因为上述方程的两边都等于 $2V_{ABC}$, 这里 O 是 PT 和 SQ 的交点.

命题 5.1.10 设三角形 ABC 是三角形 DEF 的平移变换, 则对于任意点 P, 有 $V_{PABC} = V_{PDEFA}$.

证明 由命题 5.1.9 和式 (5.3), 有

$$\begin{aligned}V_{PABC} =& V_{PAEC} - V_{PADC} = V_{PAEF} - V_{PAED} - V_{PADC}\\ =& V_{PAEF} - V_{PAED} - V_{PADF} = V_{PDEFA}.\end{aligned}$$

推论 5.1.11 (1) 对于两个平行平面 ABC 和 PQR, 点 T 不在 ABC 上, 有

$$\frac{S_{ABC}}{S_{PQR}} = \frac{V_{TABC}}{V_{TPQRA}}.$$

(2) 对于两个不同的平行平面 ABC 和 PQR, 有

$$\frac{S_{ABC}}{S_{PQR}} = \frac{V_{PABC}}{V_{APQR}}.$$

证明 设 XYZ 是 RPQ 经平移变换得到的在平面 ABC 上的三角形. 由共顶点定理和前一个命题, 有

$$\frac{S_{ABC}}{S_{PQR}} = \frac{S_{ABC}}{S_{XYZ}} = \frac{V_{TABC}}{V_{TXYZ}} = \frac{V_{TABC}}{V_{TPQRA}}.$$

在上述等式中用 P 替换 T, 就证明了第二个结论.

命题 5.1.12 设三角形 ABC 是三角形 DEF 的一个平移变换. 则对于两点 P 和 Q, 有

$$V_{PABC} + V_{QDEF} = V_{QABC} + V_{PDEF} \text{ 或 } V_{PABCQ} = V_{PDEFQ}.$$

即当 ABC 被一个平移变换改变时, $PABCQ$ 的体积保持不变.

证明 由命题 5.1.10 有

$$V_{PABC} = V_{PDEF} - V_{ADEF};$$

$$V_{QABC} = V_{QDEF} - V_{ADEF}.$$

结论立得.

从命题 5.1.9 和 5.1.12, 我们有关于体积 V_{PABCQ} 的如下性质:

推论 5.1.13 设 $\overline{PQ} = r\overline{ST}$, $S_{ABC} = sS_{EFG}$, 则 $\mathrm{V}_{PABCQ} = rsV_{SEFGT}$.

5.1.3 体积与三维仿射几何

本节有两个目的: 首先, 将显示怎样用关于体积的基本命题来证明几何定理; 其次, 将用体积方法得到一些空间中线和平面的基本性质.

例 5.1.14 如果点 P 和 Q 都在平面 ABC 上, 则直线 PQ 也在平面 ABC 上.

证明 对于直线 PQ 上任意点 R, 由命题 5.1.5, 有

$$V_{RABC}=\frac{\overline{PR}}{\overline{PQ}}V_{QABC}+\frac{\overline{RQ}}{\overline{PQ}}V_{PABC}=0.$$

由命题 5.1.1, R 在 ABC 上.

例 5.1.15 如果两个平面有一个公共点, 则它们有一条公共直线.

证明 设 ABC 和 RPQ 有一公共点 X. 不失一般性, 假设 A,B,C,R,P 和 Q 不是两个平面的公共点. 由命题 5.1.8, AB, BC 和 AC 中总有两条直线, 例如 AB 和 BC 不平行于 RPQ. 设 AB 和 AC 分别交 RPQ 于两个不同点 Y 和 Z. 我们需证明 X,Y 和 Z 共线, 即 S_{XYZ}=0 . 由命题 5.1.3 和 5.1.1 得

$$\frac{S_{XYZ}}{S_{ABC}}=\frac{V_{RXYZ}}{V_{RABC}}=0,$$

即 $S_{XYZ}=0$.

注记 5.1.16 上述两个例子以及推论 5.1.2 是立体几何公理系统中的关联公理 (Baker). 因此, 由公理 A.1～A.6 和 S.1～S.5 定义的几何是三维仿射几何. 在 2.5 节中证明的有关平面仿射几何的结论在三维仿射几何中也是正确的. 下面 5.3 节中提出的体积方法对三维仿射几何中的构造型命题成立, 而且适用于任何域.

我们将证明平行的一些基本性质.

例 5.1.17 过平面 ABC 外一点 P 有且仅有一个平面平行于平面 ABC.

证明 根据 Euclid 平行公理 (例 2-2-10), 存在点 Q 和 R 使得 $PABQ$ 和 $PACR$ 都是平行四边形. 根据命题 5.1.7 与 5.1.8, $PQR\parallel ABC$. 为了证明唯一性, 设 PTS 是平行于 ABC 的另外一个平面. 根据命题 5.1.10, 有

$$V_{TPQR}=V_{TABC}-V_{PABC}=0,$$

即 $T\in PAR$. 类似地, 有 $S\in PAR$.

例 5.1.18 如果任意两条直线被一组平行平面相截, 则所截线段成比例.

证明 如图 5-7, 设平行平面 α,β,γ 截两条直线所得交点分别为 A,B,C 和 P,Q,R.

设 X,Y,Z 为平面 β 上不共线三点. 根据共面定理有

$$\frac{\overline{AB}}{\overline{CB}}=\frac{V_{AXYZ}}{V_{CXYZ}}=\frac{V_{PXYZ}}{V_{RXYZ}}=\frac{\overline{PQ}}{\overline{RQ}}.$$

例 5.1.19 如果一条直线平行于平面上一条直线, 那么它在这个平面上或平行于这个平面. 相反地, 如果平面上一条直线平行于另外一个平面, 那么它平行于两个平面的交线.

证明 如图 5-8, 设 AB 平行于 CD, E 是平面 CDE 上另外一点.

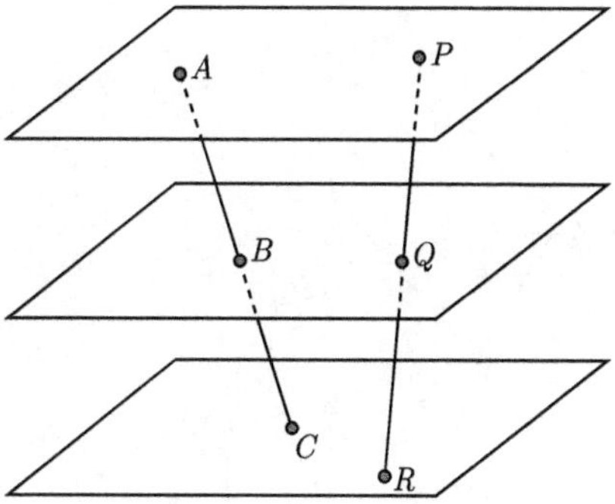

图 5-7

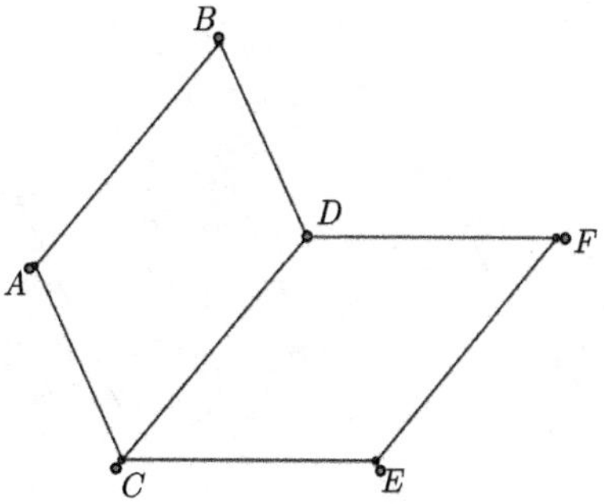

图 5-8

根据命题 5.1.3 和 2.2.7(基本命题 b4) 有

$$\frac{V_{EACD}}{V_{EBCD}} = \frac{S_{ACD}}{S_{BCD}} = 1,$$

即 $AB \parallel CDE$. 相反地, 设 AB 平行于平面 CDE, CD 是两个平面的交线. 根据命题 5.1.3 有

$$\frac{S_{ACD}}{S_{BCD}} = \frac{V_{EACD}}{V_{EBCD}} = 1,$$

即 $AB \parallel CD$.

例 5.1.20 如果两条直线都平行于第三条直线, 那么这两条直线平行.

证明 如图 5-9, 设 $ABCD$ 和 $ABEF$ 是两个平行四边形. 首先证明 C, D, E, F 共面.

根据命题 5.1.9 有

$$V_{CDEF} = V_{BDEF} - V_{ADEF} = V_{BDAF} - V_{ADBF} = 0,$$

即 C, D, E, F 共面. 根据命题 5.1.3 有

$$\frac{S_{CEF}}{S_{DEF}} = \frac{V_{ACEF}}{V_{ADEF}} = 1,$$

即 $CD \parallel EF$.

例 5.1.21 一个平面截两个平行平面, 所得交线平行 .

证明 如图 5-10, 设平面 $ABPQ$ 截两个平面 ABC 和 RPQ 所交直线分别为 AB 和 PQ.

根据命题 5.1.3 有

$$\frac{S_{APQ}}{S_{BPQ}} = \frac{V_{APQR}}{V_{BPQR}} = 1,$$

即 $AB \parallel PQ$.

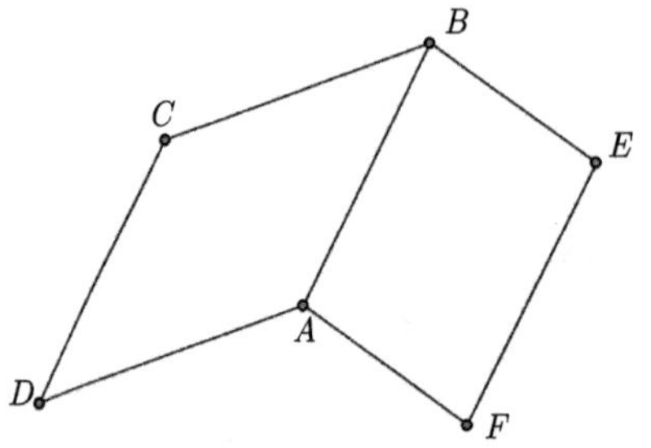

图 5-9

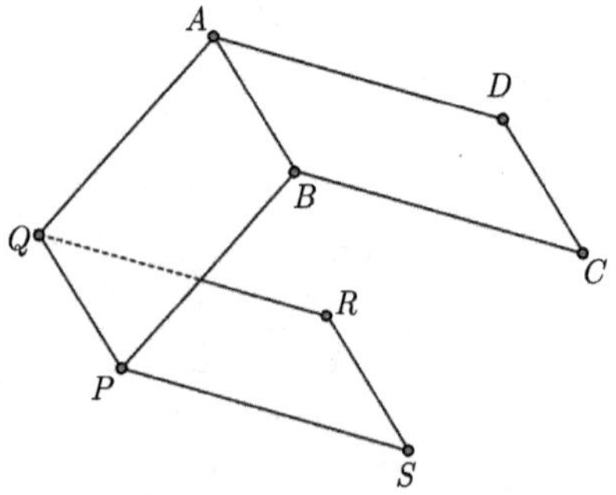

图 5-10

例 5.1.22(共三面角定理)　如果 $OW \parallel DA, OU \parallel DB, OV \parallel DC$, 则

$$\frac{V_{OWUV}}{V_{DABC}} = \frac{\overline{OW}}{\overline{DA}} \cdot \frac{\overline{OU}}{\overline{DB}} \cdot \frac{\overline{OV}}{\overline{OC}}.$$

证明　取点 R, P, Q 使得 $\overline{DR} = \overline{OW}$, $\overline{DP} = \overline{OU}$, $\overline{DQ} = \overline{OV}$. 根据共面定理有

$$V_{DABC} = \frac{\overline{DA}}{\overline{DR}} V_{DRBC} = \frac{\overline{DA}}{\overline{OW}} V_{DRBC} = \frac{\overline{DA}}{\overline{OW}} \cdot \frac{\overline{DB}}{\overline{OU}} \cdot \frac{\overline{DC}}{\overline{OV}} V_{DRPQ}.$$

根据命题 5.1.9 与 5.1.10, 有

$$V_{DRPQ} = V_{ORPQ} - V_{WRPQ} = V_{OWUV} - V_{RWUV} - V_{WRPQ}.$$

因为 $RW \parallel PU \parallel QV$, $V_{RWUV} = V_{RWPV} = V_{PWPQ}$, 结论可得.

上述例子是直线和平面的基本性质. 下面我们将证明一些相关的非平凡定理. 这些定理的证明实际上是由我们的计算机程序产生的.

例 5.1.23(空间四边形的 Menelaus 定理)　如果空间四边形的边 AB, BC, CD, DA 被一个平面 XYZ 所截, 所得交点分别为 E, F, G, H, 则 (图 5-11)

$$\frac{\overline{AE}}{\overline{EB}} \cdot \frac{\overline{BF}}{\overline{FC}} \cdot \frac{\overline{CG}}{\overline{GD}} \cdot \frac{\overline{DH}}{\overline{HA}} = 1.$$

证明　根据共面定理得

$$\frac{\overline{DH}}{\overline{AH}} = \frac{V_{DXYZ}}{V_{AXYZ}}, \quad \frac{\overline{CG}}{\overline{DG}} = \frac{V_{CXYZ}}{V_{DXYZ}}, \quad \frac{\overline{BF}}{\overline{CF}} = \frac{V_{BXYZ}}{V_{CXYZ}}, \quad \frac{\overline{AE}}{\overline{BE}} = \frac{V_{AXYZ}}{V_{BXYZ}}.$$

于是显然有

$$\frac{\overline{AE}}{\overline{EB}} \cdot \frac{\overline{BF}}{\overline{FC}} \cdot \frac{\overline{CG}}{\overline{GD}} \cdot \frac{\overline{DH}}{\overline{HA}} = 1.$$

这个例子的非退化条件参见 5.2 节.

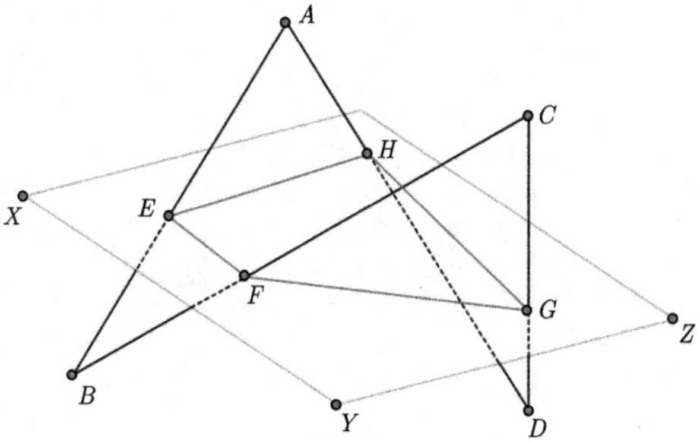

图 5-11

例 5.1.24 设 $A_1B_1C_1$ 是三角形 ABC 在任意平面上的平行投影, 则四面体 $ABCA_1$ 和 $A_1B_1C_1A$ 体积相等 (图 5-12).

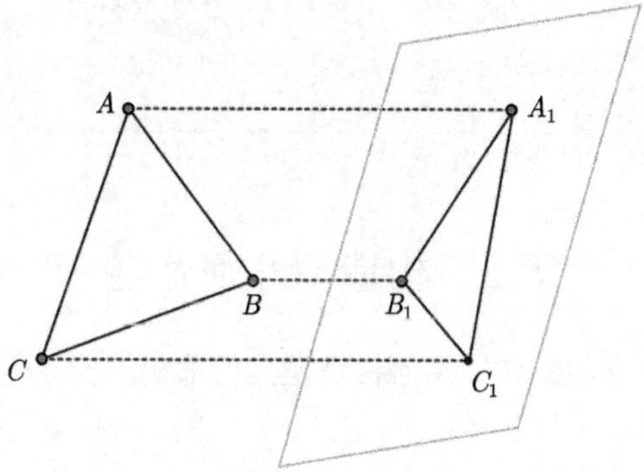

图 5-12

证明 因为 CC_1 平行于平面 AA_1B_1, 根据命题 5.1.7, $V_{AA_1B_1C_1} = V_{AA_1B_1C}$. 类似地, $V_{AA_1B_1C} = V_{AA_1BC}$.

例 5.1.25 如果一个平面分一个空间四边形的两条对边成比例, 那么它分另外两条对边也成比例 (图 5-13).

证明 这个结论可由例 5.1.23 直接得到. 以下是由我们的程序得到的证明. 设

$$r_1 = \frac{\overline{AE}}{\overline{EB}} = \frac{\overline{DF}}{\overline{FC}}, \quad r_2 = \frac{\overline{AH}}{\overline{AD}}.$$

我们需证明 $\dfrac{\overline{BG}}{\overline{BC}} = r_2$. 根据共面定理, 有

$$\frac{\overline{BG}}{\overline{BC}} = \frac{V_{BEFH}}{V_{BEFH} - V_{CEFH}}.$$

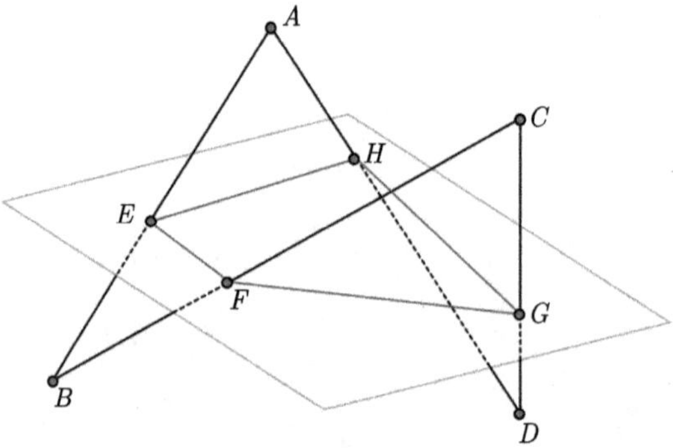

图 5-13

根据命题 5.1.5 有

$$\begin{aligned}V_{CEFH} &= (r_2-1)V_{ACEF} = (r_2-1)(r_1-1)V_{ACDE} = (r_2-1)(r_1-1)r_1 V_{ABCD},\\ V_{BEFH} &= r_2 V_{BDEF} = r_2 r_1 V_{BCDE} = r_2 r_1 (r_1-1)V_{ABCD}.\end{aligned}$$

则

$$\frac{\overline{BG}}{\overline{BC}} = \frac{r_2 r_1(r_1-1)}{r_2 r_1(r_1-1) - r_1(r_1-1)(r_2-1)} = r_2.$$

5.2 构造型几何命题

这一节我们要介绍一类立体几何构造型几何命题, 它们是由平面几何中的构造型几何命题演化而来.

5.2.1 构造型几何命题

在这一节中, 我们考虑下面的几何量:

(1) 同一直线或两条平行直线上两条定向线段的带号长度之比;

(2) 同一平面或两个平行平面上两个定向三角形的带号面积之比;

(3) 一个定向四面体的带号体积.

在后面 5.4 节中, 我们将引入更多几何量.

现在我们引入一下空间中的构造. 首先, 很显然只要相关点在同一平面内, 大多数平面构造仍然可用. 我们将选择其中几种作为空间中的基本构造.

定义 5.2.1　考虑下列在空间中引入新点的方法:

(S1) (POINTS $Y_1\cdots Y_k$). 在空间中取任意点 $Y_1,\cdots,Y_k$, 每个 Y_i 有三个自由度.

(S2) (PRATIO Y W U V r). 在过点 W 且平行于直线 UV 的直线上取一点 Y 使得 $\overline{WY} = r\overline{UV}$, 这里 r 可以是有理数, 或几何量的有理表达式, 或是一个变量.

如果 r 是一个固定量, 则 Y 是一个固定点; 如果 r 是一个变量, 则 Y 有三个自由度. 非退化 (ndg) 条件是 $U \neq V$. 如果 r 是一个几何量的有理表达式, 则我们要进一步假设 r 的分母不等于 0.

(S3) (ARATIO Y L M N r_1 r_2 r_3), 这里

$$r_1 = \frac{S_{YMN}}{S_{LMN}}, \quad r_2 = \frac{S_{LYN}}{S_{LMN}}, \quad r_3 = \frac{S_{LMY}}{S_{LMN}}$$

是点 Y 相对于 LMN 的面积坐标. r_1, r_2, r_3 可以是有理数, 也可以是几何量的有理表达式, 或满足 $r_1 + r_2 + r_3 = 1$ 的不确定量. Y 的自由度等于 $\{r_1, r_2, r_3\}$ 中不确定量的个数. 非退化条件是 L, M, N 不共线, 且 r_1, r_2, r_3 的分母都不为 0.

(S4) (INTER Y(LINE U V) (LINE P Q)). 点 Y 是同一平面上直线 PQ 和直线 UV 的交点, 非退化条件是 $PQ \parallel UV$ 不成立, 点 Y 是一个固定点.

(S5) (INTER Y(LINE U V) (PLANE L M N)). 点 Y 是直线 UV 和平面 LMN 的交点, 非退化条件是 $PQ \parallel LMN$ 不成立, 点 Y 是一个固定点.

(S6) (FOOT2LINE Y P U V) 点 Y 是点 P 到直线 UV 的垂足, 非退化条件是 $U \neq V$, 点 Y 是一个固定点.

命题 5.2.2 设 Y 由 (S1)~(S6) 六种构造产生, 则由公理 A.2 可推得 Y 的存在性.

证明 构造 (S1), (S2), (S4), (S6) 已经在命题 3.2.2 中讨论过. 由 (S3) 产生的点的存在性可由命题 2.4.12 得到. 设 Y 由 (S5) 产生, 根据共面定理有 $\frac{\overline{UY}}{\overline{UV}} = \frac{V_{ULMN}}{V_{ULMNV}}$. 因为 $UV \parallel LMN$ 不成立, 我们有 $V_{ULMNV} \neq 0$. 根据公理 A.2, Y 存在.

定义 5.2.3 一个构造型命题是指一个列表

$$S = (C_1, C_2, \cdots, C_k, G),$$

这里

(1) 每个构造 C_i, 从先前构造产生的点引进一个新点;

(2) G=(E_1,E_2), 这里 E_1 和 E_2 是关于 C_i 所构造的点的几何量的多项式, 并且 S 的结论是 $E_1 = E_2$.

命题 S 的非退化条件, 是构造 C_i 的非退化条件的集合加上条件 E_1 和 E_2 中的几何量有意义, 即它们的分母不为 0.

如果构造仅限于 (S1)~(S5), 那么对应的命题被称作空间中的 Hilbert 交点命题. 所有 Hilbert 交点命题的集合记为 S_H.

几何命题的构造型描述可以化为通常的谓词形式. 下面是几种基本谓词:

(1) 点 (POINT P): P 是空间中一点.

(2) 共线 (COLL P_1 P_2 P_3)：点 P_1, P_2, P_3 在同一直线上.
(3) 共面 (COPL P_1 P_2 P_3 P_4)：P_1, P_2, P_3, P_4 在同一平面上.
(4) 两直线平行 (PRLL P_1 P_2 P_3 P_4)：(COPL P_1 P_2 P_3 P_4) 且 P_1 $P_2 \parallel P_3$ P_4.
(5) 一条直线和一个平面平行：(PRLP P_1 P_2 P_3 P_4 P_5)：P_1 $P_2 \parallel P_3$ P_4 P_5.
(6) 垂直 (PERP P_1 P_2 P_3 P_4)：$[(P_1 = P_2) \vee (P_3 = P_4) \vee (P_1P_2$ 垂直于 $P_3P_4)]$.
现在我们将构造转化成谓词形式：
(S2) (PRATIO Y W U V r) 等价于

$$(\text{PRLL}Y\ W\ U\ V),\quad r = \frac{\overline{WY}}{\overline{UV}},\quad \text{且 } U \neq V.$$

(S3) (ARATIO Y L M N r_1 r_2 r_3) 等价于

$$(\text{COPL}\ Y\ L\ M\ N),\quad r_1 = \frac{S_{YMN}}{S_{LMN}},\quad r_2 = \frac{S_{LYN}}{S_{LMN}},$$
$$r_3 = \frac{S_{LMY}}{S_{LMN}},\quad \text{且 } \neg(\text{COLL}\ L\ M\ N).$$

(S4) (INTER Y(LINE U V) (LINE P Q)) 等价于

$$(\text{COLL}\ Y\ U\ V),\quad (\text{COLL}\ Y\ P\ Q),\quad \text{且}\neg(\text{PRLL}\ U\ V\ P\ Q).$$

(S5) (INTER Y (LINE U V) (PLINE L M N)) 等价于

$$(\text{COLL}\ Y\ U\ V),\quad (\text{COPL}\ Y\ L\ M\ N),\quad \text{且}\neg(\text{PRLP}\ U\ V\ L\ M\ N).$$

(S6) (FOOT2LINE Y P U V) 等价于

$$(\text{COLL}\ Y\ U\ V),\quad (\text{PERP}\ Y\ P\ U\ V)\quad \text{且}\quad U \neq V.$$

现在, 构造型命题 $S=(C_1, \cdots, C_r, (E, F))$ 可以转化成如下谓词形式:

$$\forall P_1 \cdots \forall P_r((P(C_1) \wedge \cdots \wedge P(C_r)) \Rightarrow E = F),$$

这里 P_i 是由 C_i 产生的点, $P(C_i)$ 是 C_i 的谓词形式.

例如, 例 5.1.23(空间四边形的 Menelaus 定理) 可以由如下构造方法来描述:

$$\Bigg((\text{POINTS}\ A\ B\ C\ D\ X\ Y\ Z)$$
$$(\text{INTER}\ E\ (\text{LINE}\ A\ B)\ (\text{PLANE}\ X\ Y\ Z))$$
$$(\text{INTER}\ F\ (\text{LINE}\ B\ C)\ (\text{PLANE}\ X\ Y\ Z))$$
$$(\text{INTER}\ G\ (\text{LINE}\ C\ D)\ (\text{PLANE}\ X\ Y\ Z))$$
$$(\text{INTER}\ H\ (\text{LINE}\ A\ D)\ (\text{PLANE}\ X\ Y\ Z))$$
$$\left(\frac{\overline{AE}}{\overline{BE}}\frac{\overline{BF}}{\overline{CF}}\frac{\overline{CG}}{\overline{DG}}\frac{\overline{DH}}{\overline{AH}} = 1\right)\Bigg)$$

非退化条件为

$$AB \nparallel XYZ, BC \nparallel XYZ, CD \nparallel XYZ, AD \nparallel XYZ,$$
$$B \neq E, C \neq F, D \neq G, \quad \text{且 } A \neq H.$$

而这个例子的谓词形式为

$$\forall A, B, \cdots, H(\text{HYP} \Rightarrow \text{CONC}),$$

这里

$$\begin{aligned}
HYP =&((\text{COLL } E\ A\ B) \wedge (\text{COPL } E\ X\ Y\ Z) \wedge \neg(\text{PRLP } A\ B\ X\ Y\ Z)\\
&\wedge (\text{COLL } F\ C\ B) \wedge (\text{COPL } F\ X\ Y\ Z) \wedge \neg(\text{PRLP } C\ B\ X\ Y\ Z)\\
&\wedge (\text{COLL } G\ C\ D) \wedge (\text{COPL } G\ X\ Y\ Z) \wedge \neg(\text{PRLP } C\ D\ X\ Y\ Z)\\
&\wedge (\text{COLL } H\ A\ D) \wedge (\text{COPL } H\ X\ Y\ Z) \wedge \neg(\text{PRLP } D\ A\ X\ Y\ Z)\\
&\wedge B \neq E \wedge C \neq F \wedge D \neq G \wedge A \neg H);
\end{aligned}$$

$$\text{CONC} = \left(\frac{\overline{AE}}{\overline{BE}}\frac{\overline{BF}}{\overline{CF}}\frac{\overline{CG}}{\overline{DG}}\frac{\overline{DH}}{\overline{AH}} = 1\right).$$

5.2.2 构造型几何图形

如果一个几何图形可以由 (S1)~(S6) 来描述, 那么它被称作是一个构造型图形. 构造 (S1)~(S6) 虽然简单, 却可以用来描述大多数关于直线、平面、圆、球面的几何图形. 为了更清楚地说明问题, 我们将介绍更多几何实体.

我们将考虑三种直线:

(1) (LINE P Q).

(2) (PLINE R P Q).

(3) (OLINE S P Q R): 过点 S 且垂直于平面 PQR 的直线, 其非退化条件是 ¬(COLL P Q R).

我们将考虑六种平面:

(1) (PLANE L M N).

(2) (PPLANE W L M N): 过点 W 且平行于平面 LMN 的平面, 其非退化条件是 ¬(COPL L M N).

(3) (TPLANE W U V): 过点 W 且垂直于直线 UV 的平面, 其非退化条件是 $U \neq V$.

(4) (BPLANE U V): 直线 UV 的中垂面, 非退化条件是 $U \neq V$.

(5) (CPLANE A B P Q R): 过直线 AB 且垂直于平面 PQR 的平面, 非退化条件是 ¬($AB \perp PQR$).

(6) (DPLANE $A\ B\ P\ Q$): 过直线 AB 且平行于直线 PQ 的平面, 非退化条件是 $\neg(AB \parallel PQ)$.

现在我们可以考虑更多的构造:

(1) (ON Y ln). 在直线 ln 上取任意点 Y, 直线 ln 可以是三种直线之一.

(2) (ON Y pl). 在平面 pl 上取任意点 Y, 平面 pl 可以是六种平面之一.

(3) (INTER Y $ln1$ $ln2$). 取同一平面上两条直线 $ln1$ 和 $ln2$ 的交点.

(4) (INTER Y ln pl). 取直线 ln 和平面 pl 的交点.

(5) (INTER Y $pl1$ $pl2$ $pl3$). 取三个平面 $pl1$, $pl2$ 和 $pl3$ 的交点 Y.

考虑所有的情况, 总共有 $(3 + 6 + 6 + 18 + 56) = 89$ 种构造. 实际上, 所有这些构造都可以用构造 (S1)~(S6) 来描述. 为了证明这一点, 我们只需将所有直线化简为形式 (LINE PQ), 把所有平面化简为形式 (PLANE $R\ P\ Q$).

我们先介绍一种常用构造.

(S7) (FOOT2PLANE $Y\ P\ L\ M\ N$). 点 Y 是点 P 到平面 LMN 的垂足, 即直线 (OLINE $P\ L\ M\ N$) 和平面 (PLANE $L\ M\ N$) 的交点. 非退化条件是 L, M, N 不共线.

例 5.2.4　构造 (S7) 可用构造 (S1)~(S6) 来表示.

如图 5-14, 点 Y 可由下列构造顺序产生:

(FOOT2LINE $T\ P\ M\ N$)

(FOOT2LINE $F\ L\ M\ N$)

(PRATIO $S\ T\ F\ L$ 1)

(FOOT2LINE $Y\ P\ T\ S$)

例 5.2.5　在平面 (TPLANE $W\ U\ V$) 上找两点 P 和 Q, 使得 W, P, Q 不共线, 则平面 (TPLANE $W\ U\ V$) 与平面 (PLANE $W\ P\ Q$) 相同.

证明　如果 W 不在直线 UV 上, 如图 5-15, 设 P 由 (FOOT2LINE $P\ W\ U\ V$) 产生. 在空间中任取一点 R. 则 Q 可由如下构造产生: (FOOT2PLANE $T\ R\ W\ U\ V$); (PRATIO $Q\ P\ T\ R$ 1). 显然, 这需要非退化条件 $R \neq T$, 或 R 不在平面 WUV 上.

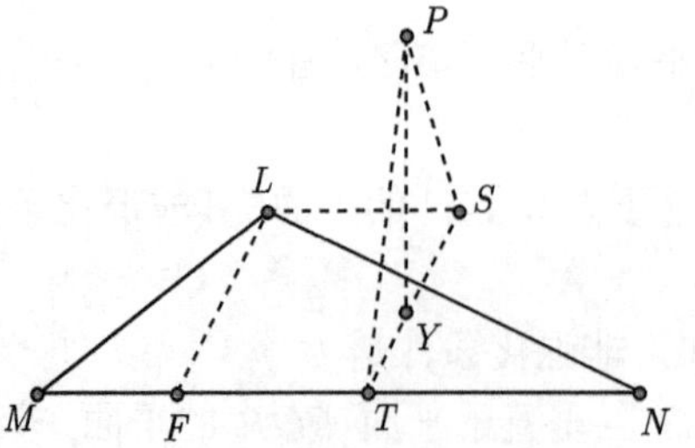

图 5-14

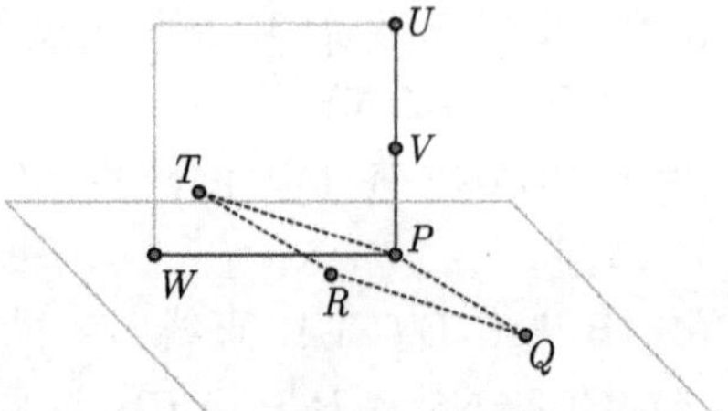

图 5-15

如果 W 在直线 UV 上, 设 R 是一个任意点. 我们用如下方法产生点 P:

(FOOT2LINE T R U V);

(PRATIO P W T R 1).

则点 Q 可类似于第一种情况得到.

练习 5.2.6

1. 对于一条直线 OLINE ln, 找两个不同点 U 和 V 使得 ln = (LINE U V).

2. 设 pl 是形式如 PPLANE, BPLANE, CPLANE 或 DPLANE 的平面. 找三个非共线点 W, U, V 使得 pl = (PLANE W U V).

例 5.2.7 以下结论显然正确:

(1) 构造 (ON Y (LINE U V)) 等价于 (PRATIO Y U U V r), 这里 r 为变量.

(2) 构造 (ON Y (PLANE L M N)) 等价于 (ARATIO Y L M N r_1 r_2 $1-r_1-r_2$), 这里 r_1 和 r_2 为变量.

(3) 构造 (INTER Y (PLANE L M N) (PLANE W U V) (PLANE R P Q)) 等价于 (INTER Y (LINE A B) (PLANE R P Q)), 这里 A 和 B 由如下步骤产生:

(INTER A (LINE L M) (PLANE W U V)),

(INTER B (LINE L N) (PLANE W U V)).

其非退化条件是

$$LM \nparallel WUV, \quad LN \nparallel WUV, \quad AB \nparallel RPQ.$$

从练习 5.2.6 和例 5.2.7 可见, 所有 89 种构造都可由构造 (S1)~(S6) 来描述.

我们还可以考虑圆和球面. 定义 (CIR O P Q) 是平面 OPQ 上的圆, O 是圆心, 圆过点 P. 定义 (SPHERE O P) 是以 O 为球心、过点 P 的球面. 然后我们可以引入如下新构造:

(S8) (ON Y (CIR O U V)). 在圆上任取一点.

(S9) (ON Y(SPHERE O U)). 在球面上任取一点.

(S10) (INTER Y ln (CIR O W P)). 取直线 ln 和圆 (CIR O W P) 不同于 W 的交点, 直线 ln 可以是 (LINE W V), (PLINE W U V) 或 (OLINE W L M N). 我们假设直线 ln 和圆在同一平面内.

(S11) (INTER Y ln (SPHERE O W)). 取直线 ln 和球面 (SPHERE O W) 不同于 W 的交点, 直线 ln 可以是 (LINE W V), (PLINE W U V) 或 (OLINE W R P Q).

(S12) (INTER Y(CIR O_1 W U) (CIR O_2 W V)). 取圆 (CIR O_1 W U) 和圆 (CIR O_2 W V) 不同于 W 的交点, 我们假设两个圆在同一平面内.

(S13) (INTER Y (CIR O_1 U V) (SPHERE O_2 U)). 取圆 (CIR O_1 U V) 和球面 (SPHERE O_2 U) 不同于 U 的交点.

这里, 我们引入了另外 10 种新的构造. 总共, 我们引入了 100 种新的构造, 包括 89 种关于直线和平面的构造, 10 种关于圆和球面的构造, 再加上构造 (S7).

例 5.2.8 所有关于圆和球面的 10 种构造可以由构造 (S1)~(S6) 来表示.

证明 对于构造 (S8), (S10), (S12), 参见 3.2.2 节. 根据上述讨论, 我们可以假设直线总可以表示成形式 (LINE W U). 对于构造 (S11), 若 Y 由 (INTER Y(LINE U V) (SPHERE O U)) 产生, 则点 Y 可以由如下构造产生:

(FOOT2LINE N O U V); (PRATIO Y N U N 1).

若 Y 由构造 (S13) 产生. 则 Y 可由如下构造得到:

(FOOT2PLANE M O_2 O_1 U V); (FOOT2LINE N U M O_1); (PRATIO Y N U N1).

对于 (S9), 我们需要在球面 (SPHERE O U) 上取任意点 Y. 首先取任意点 P, 然后 Y 可以由构造 (S11) 得到: (INTER Y (LINE P U) (SPHERE O U)).

总之, 有

命题 5.2.9 这一节中所有 100 种构造都可以简化为构造 (S1)~(S6).

5.3 线性构造型几何命题的机器证明

这一节中, 我们将提出三维仿射空间中 Hilbert 交点命题的机器证明方法. 体积方法是第 2 章中提出的面积方法的进一步推广, 和面积法一样, 我们必须从几何量中消点.

5.3.1 关于体积的消点法

关于体积的消点是体积法的基础. 另外两个几何量: 面积比和长度比, 将最终化成体积. 在这一节, 我们将讨论四种构造 (S2)~(S5). (S1) 将在 5.3.4 节中讨论.

引理 5.3.1 设 Y 由 (PRATIO Y W U V r) 构造, 则有

$$V_{ABCY} = \begin{cases} \left(\dfrac{\overline{UW}}{\overline{UV}} + r\right) V_{ABCV} + \left(\dfrac{\overline{WV}}{\overline{UV}} - R\right) V_{ABCU}, & \text{若 } W \text{ 在直线 } UV \text{ 上}, \\ V_{ABCW} + r(V_{ABCV} - V_{ABCU}), & \text{其他情形}. \end{cases}$$

证明 如果 W, U, V 共线, 根据命题 5.1.5 有

$$V_{ABCY} = \frac{\overline{UY}}{\overline{UV}} V_{ABCV} + \frac{\overline{YV}}{\overline{UV}} V_{ABCU} = \left(\frac{\overline{UW}}{\overline{UV}} + r\right) V_{ABCV} + \left(\frac{\overline{WV}}{\overline{UV}} - r\right) V_{ABCU}.$$

否则, 取一点 S 使得 $\overline{WS} = \overline{UV}$, 则有

$$V_{ABCY} = \frac{\overline{WY}}{\overline{WS}} V_{ABCS} + \frac{\overline{YS}}{\overline{WS}} V_{ABCW} = rV_{ABCS} + (1-r)V_{ABCW}.$$

根据命题 5.1.9, 有

$$V_{ABCS} = W_{ABCW} + V_{ABCV} - V_{ABCU}.$$

代入前等式, 可得结论. 注意两种情况都需要非退化条件 $U \neq V$.

引理 5.3.2 设 Y 由 (ARATIO $Y\ L\ M\ N\ r_1\ r_2\ r$) 构造, 则有

$$V_{ABCY} = r_1 V_{ABCL} + r_2 V_{ABCM} + r_3 V_{ABCN}.$$

证明 这个引理是命题 5.1.6 的直接结论.

引理 5.3.3 设 Y 由 (INTER Y(LINE $U\ V$) (LINE $I\ J$)) 构造, 则有

$$V_{ABCY} = \frac{S_{UIJ}}{S_{UIVJ}} V_{ABCV} - \frac{S_{VIJ}}{S_{UIVJ}} V_{ABCU}.$$

证明 根据命题 5.1.5 和共边定理有

$$V_{ABCY} = \frac{UY}{UV} V_{ABCV} + \frac{YV}{UV} V_{ABCU} = \frac{S_{UIJ} V_{ABCV} - S_{VIJ} V_{ABCU}}{S_{UIVJ}}.$$

因为 $\neg(UV \parallel IJ)$, 故有 $S_{UIVJ} \neq 0$.

引理 5.3.4 设 Y 由 (INTER Y(LINE $U\ V$) (PLANE $L\ M\ N$)) 构造, 则有

$$V_{ABCY} = \frac{1}{V_{ULMNV}} (V_{ULMN} V_{ABCV} - V_{VLMN} V_{ABCU}).$$

证明 根据命题 5.1.5 和共面定理有

$$V_{ABCY} = \frac{\overline{UY}}{\overline{UV}} V_{ABCV} + \frac{\overline{YV}}{\overline{UV}} V_{ABCU} = \frac{V_{ULMN} V_{ABCV} - V_{VLMN} V_{ABCU}}{V_{ULMNV}}.$$

因为 $\neg(UV \parallel LMN)$, 故有 $V_{ULMNV} \neq 0$.

例 5.3.5 设 Y 是三个平面 WUV,LMN,RPQ 的交点. 则 Y 可由如下构造得到

(INTER X(LINE $L\ M$)(PLANE $R\ P\ Q$)),
(INTER Z(LINE $L\ N$)(PLANE $R\ P\ Q$)),
(INTER Y(LINE $X\ Z$)(PLANE $W\ U\ V$)).

根据引理 5.3.4, 有

$$V_{ABCY} = \frac{V_{XWUV}}{V_{XWUVZ}} V_{ABCZ} - \frac{V_{ZWUV}}{V_{XWUVZ}} V_{ABCX},$$

$$V_{ABCZ} = \frac{V_{LRPQ}}{V_{LRPQN}} V_{ABCN} - \frac{V_{NRPQ}}{V_{LRPQN}} V_{ABCL},$$

$$V_{ABCX} = \frac{V_{LRPQ}}{V_{LRPQM}} V_{ABCM} - \frac{V_{MRPQ}}{V_{LRPQM}} V_{ABCL},$$

$$V_{XWUV}=\frac{V_{LRPQ}}{V_{LRPQM}}V_{MWUV}-\frac{V_{MRPQ}}{V_{LRPQM}}V_{LWUV},$$
$$V_{ZWUV}=\frac{V_{LRPQ}}{V_{LRPQN}}V_{NWUV}-\frac{V_{NRPQ}}{V_{LRPQN}}V_{LWUV}.$$

从上面的等式看出, 我们可把 V_{ABCY} 表为已知点形成的体积的有理表达式.

例 5.3.6(Steiner 定理)　如果一个四面体的两条对边在两条固定直线上移动, 同时保持长度不变, 那么这个四面体的体积不变.

我们先做出对应的构造型描述和示意图 (图 5-16).

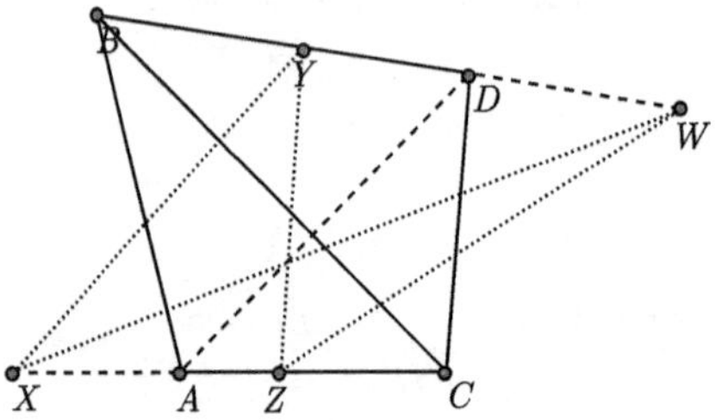

图 5-16

构造描述

((POINTS A B C D)
(ON X (LINE A C))
(PRATIO Z X A C 1)
(ON Y (LINE B D))
(PRATIO W Y B D 1)
($V_{XYZW}=V_{ABCD}$))

非退化条件: $A\neq C, B\neq D$.

证明　根据引理 5.3.1, 可以消去 W:

$$V_{XYZW}=V_{DXZY}-V_{BXZY}.$$

再根据引理 5.3.1, 有

$$V_{BXZY}=V_{BDXZ}\cdot\frac{\overline{BY}}{\overline{BD}};\quad V_{DXZY}=\left(\frac{\overline{BY}}{\overline{BD}}-1\right)\cdot V_{BDXZ}.$$

则 $V_{XYZW}=-V_{BDXZ}=V_{XBZD}$. 类似地, 我们能证明 $V_{XBZD}=V_{ABCD}$.

例 5.3.7　一个平面若平分四面体的两条对边, 则它平分这个四面体的体积.

如图 5-17, 构造型描述为

((POINTS A B C D)
(MIDPOINT P A D)
(MIDPOINT S B C)
(LRATIO Q B D t)
(INTER R (LINE A C)(PLANE P S Q))
$\left(V_{PCSR}-V_{PDCS}-V_{PDSQ}=\frac{1}{2}V_{ABCD}\right)$

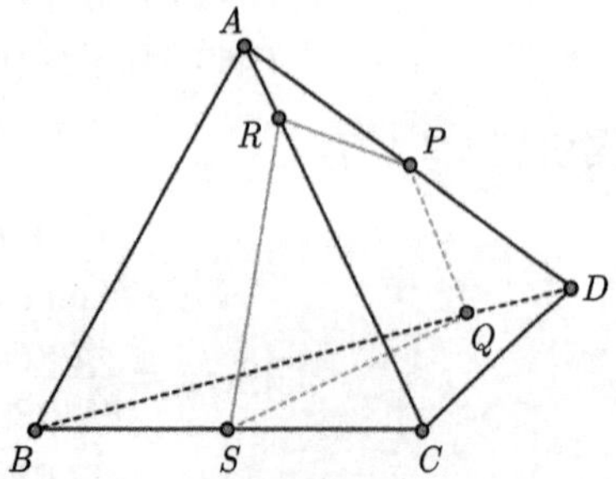

图 5-17

非退化条件: $A \neq D; B \neq C; B \neq D; AC \nparallel PSQ$.

证明 用引理 5.3.4, 可以消去点 R:

$$V_{PCSR} = \frac{\overline{RC}}{\overline{AC}} V_{PCSA} = \frac{V_{ACPS} \cdot V_{CPSQ}}{V_{CPSQ} - V_{APSQ}}.$$

我们可以用引理 5.3.1 消去其余点:

$$\begin{aligned} V_{PCSR} =& \frac{-V_{CPSQ} \cdot V_{ACPS}}{-V_{CPSQ} + V_{APSQ}} = \frac{V_{CDPS} \cdot r \cdot V_{ACPS}}{V_{CDPS} \cdot r + V_{ABPS} \cdot r - V_{ABPS}} \\ =& \frac{\left(-\frac{1}{2}V_{BCDP}\right) \cdot r \cdot \left(\frac{1}{2}V_{ABCP}\right)}{-\frac{1}{2}V_{BCDP} \cdot r - \frac{1}{2}V_{ABCP} \cdot r + \frac{1}{2}V_{ABCP}} \\ =& \frac{\left(\frac{1}{2}V_{ABCD}\right) \cdot r \cdot \left(\frac{1}{2}V_{ABCD}\right)}{(2) \cdot \left(-\frac{1}{2}V_{ABCD}\right)} = \frac{1}{4}(r \cdot V_{ABCD}). \end{aligned}$$

类似地, 可以计算

$$V_{PDCS} = -\frac{1}{4}V_{ABCD}, V_{PDSQ} = \frac{1}{4}(r-1) \cdot V_{ABCD}.$$

则

$$V_{PCSR} - V_{PDCS} - V_{PDSQ} = \left(\frac{r}{4} + \frac{1}{4} - \frac{r-1}{4}\right) V_{ABCD} = \frac{1}{2}V_{ABCD}.$$

这个证明看起来有点复杂, 但它的想法是非常简单的: 只需用引理 5.3.1~5.3.4 从体积中消点.

5.3.2 由面积比中消点

下面的引理提供了一个从 $G = \dfrac{S_{ABY}}{S_{CDE}}$ 中消去 Y 的方法. 引理的证明相似: 如果所有点都在同一平面上, 消去 Y 的方法已经在第 2 章中给出. 否则, 存在一点 T, 它不在平面 ABY 上. 根据推论 5.1.11 有

$$G = \frac{S_{ABY}}{S_{CDE}} = \frac{V_{TABY}}{V_{TCDEA}}. \tag{5.4}$$

现在 5.3.1 节中的引理可以用来从 V_{TABY} 消去 Y.

引理 5.3.8 设 Y 由 (PRATIO Y W U V r) 构造, 则有

$$\frac{S_{ABY}}{S_{CDE}} = \begin{cases} \dfrac{V_{UABWV}}{V_{UCDEV}}, & \text{若 } W \text{ 不在平面 } ABY \text{ 上}, \\ \dfrac{V_{UABW} + rV_{UABV}}{V_{UCDEA}}, & \text{若 } W \text{ 在平面 } ABY \text{ 上但不在直线 } UV \text{ 上}, \\ \dfrac{S_{ABW} + r(S_{ABV} - S_{ABU})}{S_{CDE}}, & \text{若 } W, U, V, A, B \text{ 和 } Y \text{ 共面}. \end{cases}$$

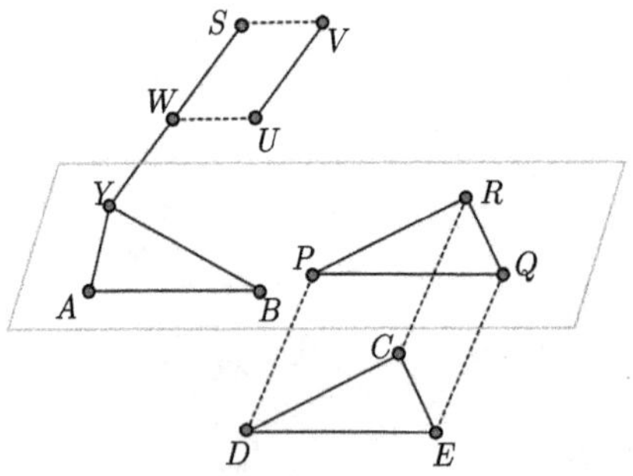

图 5-18

证明 如图 5-18, 若 W 不在平面 ABY 上, 设 WS 是 UV 到直线 WY 的平移.

由 (5.4) 有

$$\frac{S_{ABY}}{S_{CDE}} = \frac{V_{WABY}}{V_{WCDEY}} = \frac{1}{r}\frac{V_{WABY}}{V_{UCDEV}}.$$

根据命题 5.1.5 和 5.1.9, 有

$$V_{WABY} = \frac{\overline{WY}}{\overline{WS}} V_{WSAB} = rV_{UABWV}.$$

这样我们就证明了第一种情况. 第二种情况可以类似地把 W 替换成 U 来证明. 第三种情况是从引理 2.4.3 而来.

注记 5.3.9 引理 5.3.8 的第一种情况在实践中很少用到, 因为在这种情况中 Y 实际上是 (PLINE W U V) 和 (PPLANE A C D E) 的交点, 即 r 是一个固定量且不容易被发现.

引理 5.3.10 设 Y 由 (ARATIO Y L M N r_1 r_2 r_3) 构造, 则有

$$\frac{S_{ABY}}{S_{CDE}} = \begin{cases} \dfrac{r_2V_{LABM} + r_3V_{LABN}}{V_{LCDEA}}, & \text{若 } L, M, N \text{ 之一, 如} L, \text{不在平面} ABY \text{上}, \\ \dfrac{r_1S_{ABL} + r_2S_{ABM} + r_3S_{ABN}}{S_{CDE}}, & \text{若 } L, M, N \text{ 都在平面 } ABY \text{ 上}. \end{cases}$$

证明 如果 L 不在平面 ABY 上, $\dfrac{S_{ABY}}{S_{CDE}} = \dfrac{V_{LABY}}{V_{LCDEA}}$. 结果可由引理 5.3.3 得到. 第二种情况是引理 2.4.13.

引理 5.3.11 设 Y 由 (INTER Y (LINE U V) (LINE I J)) 构造, 则有

$$\frac{S_{ABY}}{S_{CDE}} = \begin{cases} \dfrac{S_{UIJ}V_{UABV}}{S_{UIVJ}V_{UCDEA}}, & \text{若 } U, V, I, J \text{ 之一, 如 } U, \text{不在平面 } ABY \text{ 上}, \\ \dfrac{S_{IUV}S_{ABJ} - S_{JUV}S_{ABI}}{S_{CDE}S_{IUJV}}, & \text{若 } U, V, I, J, A, B, Y \text{ 共面}. \end{cases}$$

证明 如果 U 不在平面 ABY 上, 则

$$\frac{S_{ABY}}{S_{CDE}} = \frac{V_{UABY}}{V_{UCDEA}} = \frac{\overline{UY}}{\overline{UV}}\frac{V_{UABV}}{V_{UCDEA}} = \frac{S_{UIJ}}{S_{UIVJ}}\frac{V_{UABV}}{V_{UCDEA}}.$$

第二种情况是引理 2.4.2.

引理 5.3.12 设 Y 由 (INTER Y (LINE U V) (PLANE L M N)) 构造. 则有

$$\frac{S_{ABY}}{S_{CDE}}=\begin{cases}\dfrac{V_{ULMN}}{V_{ULMNV}}\dfrac{V_{UABV}}{V_{UCDEA}}, & \text{若 } U,V \text{ 之一, 如 } U, \text{不在平面 } ABY \text{ 上},\\ \dfrac{V_{ULMN}S_{ABV}-V_{VLMN}S_{ABU}}{S_{CDE}V_{ULMNV}}, & \text{若 } U,V,A,B,Y \text{ 共面.}\end{cases}$$

证明 如果 U 不在平面 ABY 上, 则

$$\frac{S_{ABY}}{S_{CDE}}=\frac{V_{UABY}}{V_{UCDEA}}=\frac{\overline{UY}}{\overline{UV}}\frac{V_{UABV}}{V_{UCDEA}}=\frac{V_{ULMN}}{V_{ULMNV}}\frac{V_{UABV}}{V_{UCDEA}}.$$

第二种情况由命题 2.2.6(基本命题 b3) 的结论和共面定理推出.

引理 5.3.13(四面体的重心定理) 四面体四条中线交于一点.

如图 5-19, 构造型描述为

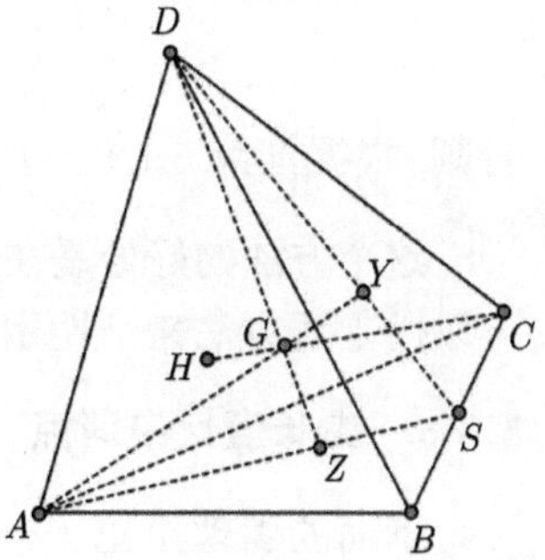

图 5-19

$\Big($(POINTS A B C D)

(MIDPOINT S B C)

(LRATIO Y D S 2/3)(Y是ΔOBC重心)

(LRATIO ZA S 2/3)(E是ΔABC的重心)

(INTER G(LINE D Z)(LINE A Y))

(INTER H(LINE C G)(PLANE A B D))

$\left(\dfrac{S_{ABH}}{S_{ABD}}=1/3\right)\Big)$

非退化条件: $B\neq C, D\neq S, A\neq S$, $DZ\nparallel AY, CG\nparallel ABD, S_{ABD}\neq 0$.

证明 点将按照 H,G,Z,Y,S,D,C,B,A 的次序被消去. 根据引理 5.3.12, 有

$$\frac{S_{ABH}}{S_{ABD}}=\frac{V_{CABD}}{V_{CABDG}}\frac{V_{CABG}}{V_{CABDA}}=\frac{V_{ABCG}}{V_{ABDG}+V_{ABCD}}.$$

根据引理 5.3.3, 有

$$V_{ABDG}=\frac{S_{DAY}}{S_{DAZY}}V_{ABDZ}, V_{ABCG}=\frac{S_{ZAY}}{S_{ZADY}}V_{ABCD}.$$

再根据引理 5.3.3, 有

$$V_{ABDZ}=2/3V_{ABDS}=-1/3V_{ABCD}.$$

现在

$$\frac{S_{ABH}}{S_{ABD}}=\frac{\dfrac{S_{ZAY}}{S_{ZADY}}}{1-1/3\dfrac{S_{DAY}}{S_{ZADY}}}.$$

现在所有点都在平面 ADS 上. 则根据引理 5.3.8, 有

$$S_{ZAY}=\frac{1}{3}S_{SAY}=\frac{2}{9}S_{SAD};$$

$$S_{DAY}=\frac{1}{3}S_{DAS}=-\frac{1}{3}S_{SAD};$$

$$S_{ZADY}=S_{ZAY}-S_{DAY}=\frac{5}{9}S_{SAD}.$$

则有 $\dfrac{S_{ABH}}{S_{ABD}}=\dfrac{1}{3}$.

练习 5.3.14 我们也可以用下列一般方法从 $G=\dfrac{S_{ABY}}{S_{CDE}}$ 消去点. 如果 A, B, Y, C, D, E 共面, 我们需要在平面 ABY 外找一点 T, 则有

$$G=\frac{S_{ABY}}{S_{CDE}}=\frac{V_{TABY}}{V_{TCDE}}.$$

否则, 根据推论 5.1.11 有 $G=\dfrac{V_{CABY}}{V_{ACDE}}$.

这个方法的好处是在所有情况中不需要用到涉及五个点的多面体的体积. 我们可以用上述方法来证明引理 5.3.8~5.3.12.

5.3.3 由长度比中消点

下面的引理给出了一种从长度比 $G=\dfrac{\overline{DY}}{\overline{EF}}$ 中消去由构造 C 产生的点 Y 的方法.

引理 5.3.15 设 $G=\dfrac{\overline{DY}}{\overline{EF}}, C=$(PRATIO $Y\ W\ U\ V\ r$), 则

$$G=\begin{cases}\dfrac{\dfrac{\overline{DW}}{\overline{UV}}+r}{\dfrac{\overline{EF}}{\overline{UV}}}, & 若\ D\in WY,\\ \dfrac{V_{DWUV}}{V_{EWUVF}}, & 若\ D\notin WY, U\notin DWY,\\ -\dfrac{V_{UEDWV}}{V_{UEFWV}}, & 若\ D\notin WY, E\notin DWY,\\ \dfrac{S_{DUWV}}{S_{EUFV}}, & 若所有的点共面.\end{cases}$$

证明 第一种和最后一种情况在引理 2.4.8 中已经被证明. 如果 $U\notin DWY$, 如图 5-20, 取一点 S 使得 $\overline{DS}=\overline{EF}$.

根据共面定理有

$$G=\frac{\overline{DY}}{\overline{DS}}=\frac{V_{DWUV}}{V_{DWUVS}}=\frac{V_{DWUV}}{V_{EWUVF}}.$$

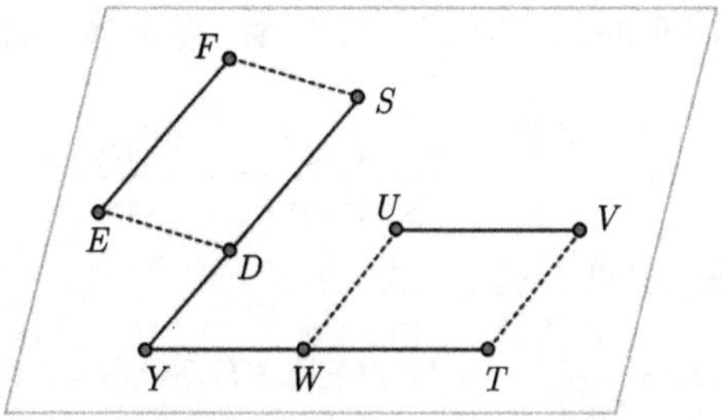

图 5-20

如果 $E \notin DWY$, 取一点 T 使得 $\overline{WT}=\overline{UV}$. 根据共边和共面定理, 有

$$G=\frac{\overline{DY}}{\overline{DS}}=\frac{S_{DWT}}{S_{DWST}}=\frac{V_{DWTE}}{V_{DWTES}}.$$

根据命题 5.1.9 和 5.1.12, 有

$$\begin{aligned}&V_{DWTE}=V_{DWVE}-V_{DWUE}=V_{UDEWV},\\&V_{DWTES}=V_{EWTEF}=-V_{FWTE}=-V_{FWVE}+V_{FWUE}=V_{UEFWV}.\end{aligned}$$

则有 $G=-\dfrac{V_{UEDWV}}{V_{UEFWV}}$.

引理 5.3.16 设 $G=\dfrac{\overline{DY}}{\overline{EF}}$, $C=$(ARATIO $Y\ L\ M\ N\ r_1\ r_2\ r_3$). 则有

$$G=\begin{cases}\dfrac{V_{DLMN}}{V_{ELMNF}}, & \text{若 } D\notin LMN,\\ \dfrac{V_{DMNE}-r_1V_{LMNE}}{V_{EMNEF}}, & \text{若 } D\in LMN, E\notin LMN, \text{ 且 } DY \nparallel NM,\\ \dfrac{S_{DMN}-r_1S_{LMN}}{S_{EMFN}}, & \text{若所有的点共面且 } DY\nparallel NM.\end{cases}$$

证明 如果 D 不在平面 LMN 上, 结论是命题 5.1.4 和 5.1.12 的直接推论. 对于第二种情况, 根据推论 5.1.13 有

$$G=\frac{V_{DMNEY}}{V_{DMNES}}=\frac{V_{DMNE}-r_1V_{LMNE}}{V_{EMNEF}}.$$

第三种情况可以类似地证明.

引理 5.3.17 设 $G=\dfrac{\overline{DY}}{\overline{EF}}$, $C=$(INTER Y(LINE $U\ V$) (LINE $I\ J$)). 则有

$$G=\begin{cases}\dfrac{V_{DUVI}}{V_{EUVIF}}, & D\notin UVIJ \text{ 且 } \neg(COLL\ U\ V\ I),\\ \dfrac{V_{EDUV}}{V_{EFVU}}, & D\in UVIJ, EF\notin UVIJ, \text{ 且 } D\notin UV,\\ \dfrac{S_{DUV}}{S_{EUFV}}, & D,E,F \text{ 在平面 } UVIJ \text{ 上, 且 } D\notin UV.\end{cases}$$

证明　第一种情况是共面定理的直接结果. 对于第二种情况, 根据推论 5.1.13 有

$$G = \frac{\overline{DY}}{\overline{EF}} = \frac{V_{DUVEY}}{V_{EUVEF}} = -\frac{V_{DUVE}}{V_{FUVE}}.$$

如果所有点都共面, 参见引理 2.4.7.

引理 5.3.18　设 $G = \dfrac{\overline{DY}}{\overline{EF}}, C =$(INTER Y(LINE U V) (PLANE L M N)), 则有

$$G = \begin{cases} \dfrac{V_{DLMN}}{V_{ELMN} - V_{FLMN}}, & \text{若 } D \text{ 不在平面 } LMN \text{ 上}, \\ \dfrac{V_{DUVL}}{V_{EUVL} - V_{FUVL}}, & \text{若 } D \in LMN \text{ 且 } L, M, N \text{ 之一如 } L \notin DUV. \end{cases}$$

证明　如果 D 不在平面 LMN 上, 结论是共面定理的直接推论. 对于第二种情况, 取一点 S 使得 $\overline{DS} = \overline{EF}$, 则有

$$G = \frac{\overline{DY}}{\overline{DS}} = \frac{V_{DUVL}}{V_{DUVLS}} = \frac{V_{DUVL}}{V_{EUVLF}}.$$

例 5.3.19(空间四边形的 Ceva 定理)　经过一点 O 的平面与任意四边形的边 AB,BC,CD,DA 分别交对边于 G, H, E, F, 则有

$$\frac{\overline{AE}}{\overline{EB}} \cdot \frac{\overline{BF}}{\overline{FC}} \cdot \frac{\overline{CG}}{\overline{GD}} \cdot \frac{\overline{DH}}{\overline{HA}} = 1.$$

如图 5-21, 其构造型描述为

$$\begin{aligned}
&\Big((\text{POINTS } A\ B\ C\ D\ O)\\
&(\text{INTER } E\ (\text{LINE } A\ B)(\text{PLANE } O\ C\ D))\\
&(\text{INTER } F\ (\text{LINE } B\ C)(\text{PLANE } O\ A\ D))\\
&(\text{INTER } G\ (\text{LINE } C\ D)(\text{PLANE } O\ A\ B))\\
&(\text{INTER } H\ (\text{LINE } D\ A)(\text{PLANE } O\ B\ C))\\
&\left(\frac{\overline{AE}}{\overline{EB}}\frac{\overline{BF}}{\overline{FC}}\frac{\overline{CG}}{\overline{GD}}\frac{\overline{DH}}{\overline{HA}} = 1\right)\Big)
\end{aligned}$$

非退化条件: $AB \nparallel OCD; BC \nparallel OAD; CD \nparallel OAB; AD \nparallel OBC; B \neq E; C \neq F; D \neq G, A \neq H$.

证明　根据引理 5.3.18 或根据命题 5.1.4, 有

$$\frac{\overline{AE}}{\overline{BE}} = \frac{V_{ACDO}}{V_{BCDO}}; \quad \frac{\overline{BF}}{\overline{CF}} = \frac{-V_{ABDO}}{-V_{ACDO}}; \quad \frac{\overline{CG}}{\overline{DG}} = \frac{V_{ABCO}}{V_{ABDO}}; \quad \frac{\overline{DH}}{\overline{AH}} = \frac{V_{BCDO}}{V_{ABCO}}.$$

因此有

$$\frac{\overline{AE}}{\overline{EB}} \cdot \frac{\overline{BF}}{\overline{FC}} \cdot \frac{\overline{CG}}{\overline{GD}} \cdot \frac{\overline{DH}}{\overline{HA}} = 1.$$

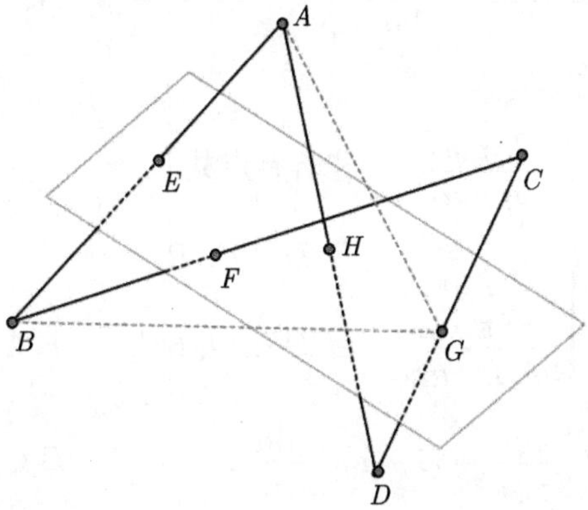

图 5-21

例 5.3.20(四面体的重心) 四面体的四条中线交于一点, 它分每条中线成 3:1, 长边在四面体顶点一旁.

如图 5-22, 其构造型描述为

$$\Bigg((\text{POINTS } A\ B\ C\ D)$$
$$(\text{MIDPOINT } S\ B\ C)$$
$$(\text{LRATIO } Z\ A\ S\ 2/3)$$
$$(\text{LRATIO } Y\ D\ S\ 2/3)$$
$$(\text{INTER } G\ (\text{LINE } D\ Z)(\text{LINE } A\ Y))$$
$$\left(\frac{\overline{AG}}{\overline{GY}} = 3\right)\Bigg)$$

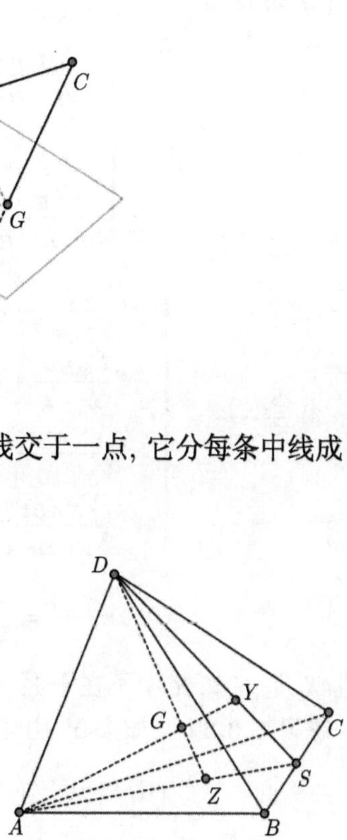

图 5-22

非退化条件: $B \neq C, A \neq S, D \neq S, DZ \nparallel AY, G \neq Y$.

证明 根据引理 5.3.18, $\dfrac{\overline{AG}}{\overline{YG}} = \dfrac{S_{ADZ}}{S_{DZY}}$. 根据引理 5.3.8, 有

$$\frac{S_{ADZ}}{S_{DZY}} = \frac{\dfrac{S_{ADZ}}{S_{DSZ}}}{-2/3}; \quad \frac{S_{ADZ}}{S_{DSZ}} = \frac{\overline{AZ}}{\overline{ZS}}\frac{S_{ADS}}{S_{ADS}} = \frac{2}{1}.$$

则 $\dfrac{\overline{AG}}{\overline{YG}} = 3$.

练习 5.3.21 设点 Y 由构造 (INTER Y(LINE U V) (PLINE R P Q)) 产生.

试证:

$$(1)\ V_{ABCY}=\begin{cases}\dfrac{S_{UPRQ}}{S_{UPVQ}}V_{ABCV}-\dfrac{S_{VRPQ}}{S_{UPVQ}}V_{ABCU}, & \text{若 } P,Q,R,U,V \text{ 共面},\\ \dfrac{V_{PURQ}V_{ABCV}-V_{PVRQ}V_{ABCU}}{V_{URQPV}}, & \text{其他情形}.\end{cases}$$

(2) 如果 D 在 UV 上,

$$\frac{\overline{DY}}{\overline{EF}}=\begin{cases}\dfrac{S_{DPRQ}}{S_{EPFQ}}, & \text{若所有点共面},\\ \dfrac{V_{DPQR}}{V_{EPQRF}}, & \text{若 } D\notin PAR,\\ \dfrac{V_{PEDRQ}}{V_{QEFRP}}, & \text{若 } D\in PQR \text{ 且 } E,F,\notin RUV.\end{cases}$$

$$(3)\ \frac{S_{ABY}}{S_{CDE}}=\begin{cases}r'\dfrac{S_{ABV}}{S_{CDE}}+(1-r')\dfrac{S_{ABU}}{S_{CDE}}, & AB\in RUV\text{且}PQ\in RUV,\\ r''\dfrac{S_{ABV}}{S_{CDE}}+(1-r'')\dfrac{S_{ABU}}{S_{CDE}}, & AB\in RUV\text{且}PQ\notin RUV,\\ r'\dfrac{V_{XABV}}{V_{XCDEA}}+(1-r')\dfrac{V_{XABU}}{V_{XCDEA}}, & AB\notin RUV\text{且}PQ\in RUV,\\ r''\dfrac{V_{XABV}}{V_{XCDEA}}+(1-r'')\dfrac{V_{XABU}}{V_{XCDEA}}, & AB\notin RUV\text{且}PQ\notin RUV,\end{cases}$$

这里

$$r'=\frac{V_{UPRQ}}{V_{UPVQ}},\quad r''=\frac{V_{UPRQ}}{V_{VPRQU}},$$

并且 X 是 U,V,R 中不在平面 ABY 上的那个点.

练习 5.3.22　如果 Y 由如下构造产生, 试着从三个几何量中消去 Y:

$$(\text{INTER } Y\ (\text{PLINE } W\ U\ V)(\text{PLINE } R\ P\ Q)),$$

$$(\text{INTER } Y\ (\text{PLINE } W\ U\ V)(\text{PLANE } L\ M\ N)).$$

5.3.4　自由点和体积坐标

把上述引理应用于几何量的任何有理表达式 E 之后, 我们可以从 E 中消去所有由构造产生的非自由点. 这时新的 E 是空间中变元与自由点的体积的有理表达式. 对于空间中五个以上自由点, 它们形成的四面体的体积是不独立的. 例如以下等式始终成立:

$$V_{ABCD}=V_{ABCO}+V_{ABOD}+V_{AOCD}+V_{OBCD}.$$

为了用自由的参数来表示 E, 我们引入体积坐标.

定义 5.3.23　设 X 是空间中一点. 对于四个非共面点 O,W,U 和 V, X 相对于 $OWUV$ 的体积坐标为

$$r_1 = \frac{V_{OWUX}}{V_{OWUV}}, \quad r_2 = \frac{V_{OWXV}}{V_{OWUV}}, \quad r_3 = \frac{V_{OXUV}}{V_{OWUV}}, \quad r_4 = \frac{V_{XWUV}}{V_{OWUV}}.$$

显然 $r_1 + r_2 + r_3 + r_4$=1.

因为一个点的体积坐标之和为 1, 所以为了坐标的独立性, 我们经常省略最后一个坐标.

练习 5.3.24 证明空间中的点与满足 $x + y + w + z$ =1 的四元组 (x, y, w, z) 是一一对应的.

引理 5.3.25 设 $G = VABCY$, 且 O, U, W, V 是四个非共面点, 则有

$$G = V_{ABCO} + \frac{V_{OABCV}V_{OWUY} + V_{OABCU}V_{OVWY} + V_{OABCW}V_{OUVY}}{V_{OWUV}}.$$

证明 有

$$V_{ABCY} = V_{ABCO} + V_{ABOY} + V_{AOCY} + V_{OBCY}. \tag{5.5}$$

不失一般性, 假设 YO 交平面 WUV 于 X(否则, 设 YW 交平面 OUV 于 X, 等等) 根据命题 5.1.4, 有

$$V_{OABY} = \frac{\overline{OY}}{\overline{OX}} V_{OABX} = \frac{V_{OWUVY}V_{OABX}}{V_{OWUV}}. \tag{5.6}$$

根据命题 5.1.6, 有

$$V_{OABX} = \frac{S_{WUX}}{S_{WUV}} V_{OABV} + \frac{S_{WXV}}{S_{WUV}} V_{OABU} + \frac{S_{XUV}}{S_{WUV}} V_{OABW}. \tag{5.7}$$

根据引理 5.3.12, 有

$$\frac{S_{WUX}}{S_{WUV}} = \frac{V_{OWUY}}{V_{OWUVY}}; \quad \frac{S_{WXV}}{S_{WUV}} = \frac{V_{OVWY}}{V_{OWUVY}}; \quad \frac{S_{XUV}}{S_{WUV}} = \frac{V_{OUVY}}{V_{OWUVY}}.$$

把它们代入 (5.6) 和 (5.7), 就可得到

$$V_{OABY} = \frac{V_{OWUY}Y_{OABV} + V_{OVWY}V_{OABU} + V_{OUVY}V_{OABW}}{V_{OWUV}}. \tag{5.8}$$

类似地, 有

$$V_{OBCY} = \frac{V_{OWUY}V_{OBCV} + V_{OVWY}V_{OBCU} + V_{OUVY}V_{OBCW}}{V_{OWUV}},$$

$$V_{OCAY} = \frac{V_{OWUY}V_{OCAV} + V_{OVWY}V_{OVAU}V_{OUVY} + V_{OCAW}}{V_{OWUV}}.$$

把它们代入 (5.5), 连同式 (5.3) 可以得到

$$V_{OABV} + V_{OBCV} + V_{OCAV} = V_{OABCV},$$

$$V_{OABU}+V_{OBCU}+V_{OCAU}=V_{OABCU},$$
$$V_{OABW}+V_{OBCW}+V_{OCAW}=V_{OABCW},$$

从而得到结论.

推论 5.3.26 利用同引理 5.3.25 中一样的记号. 对于任意点 P, 设

$$x_P=\frac{V_{OWUP}}{V_{OWUV}},\quad y_P=\frac{V_{OWPV}}{V_{OWUV}},\quad z_P=\frac{V_{OPUV}}{V_{OWUV}}.$$

则引理 5.3.25 中的公式可以被写成如下形式:

$$V_{ABCY}=V_{OWUV}\begin{vmatrix} x_A & y_A & z_A & 1\\ x_B & y_B & z_B & 1\\ x_C & y_C & z_C & 1\\ x_Y & y_Y & z_Y & 1\end{vmatrix}.$$

这很类似于按照顶点的 Descartes 坐标系得到的体积公式.

现在我们可以来描述体积方法: 对于一个 $S=(C_1,\cdots,C_r,(E_1,E_2))$, 我们用上面的引理来消去所有的非自由点, 并把自由点的体积表示成它们关于四个固定点的体积坐标, 最后得到两个关于独立参量的有理表达式 R_1 和 R_2, 则 S 是一个正确的几何描述等价于 R_1 等同于 R_2. 关于算法的精确描述, 参见算法 5.5.7 .

立体几何中解决问题的传统方法中最重要的一种思想是把高维问题化简为一个低维问题, 然后用平面几何的知识来解决它, 这就是所谓的 "维数消减法". 但体积方法却刚好相反, 也就是说, 它把长度比和面积比化成体积, 因为在空间中体积是很好处理的, 这一点可以从 5.3.1~5.3.3 节中的三组引理看出, 这也是为什么这个方法叫做体积法的原因.

5.3.5 例子

例 5.3.27 对于一个四面体 $ABCD$ 和一点 O, 设

$$P=AO\cap BCD,\quad Q=BO\cap ACD,\quad R=CO\cap ABD,\quad S=DO\cap ABC.$$

则有

$$\frac{\overline{OP}}{\overline{AP}}+\frac{\overline{OQ}}{\overline{BQ}}+\frac{\overline{OR}}{\overline{CR}}+\frac{\overline{OS}}{\overline{DS}}=1.$$

如图 5-23, 构造型描述为

((POINTS A B C D O)

(INTER P(LINE A O)(PLANE B C D))

(INTER Q(LINE B O)(PLANE A C D))
(INTER R(LINE C O)(PLANE A B D))
(INTER S(LINE D O)(PLANE A B C))
$$\left(\frac{\overline{OP}}{\overline{AP}}+\frac{\overline{OQ}}{\overline{BQ}}+\frac{\overline{OR}}{\overline{CR}}+\frac{\overline{OS}}{\overline{DS}}=1\right)\Bigg)$$

非退化条件为

$$AO \nparallel BCD, BO \nparallel ACD, CO \nparallel ABD,$$
$$DO \nparallel ABC, A\neq P, B\neq Q, C\neq R, D\neq S.$$

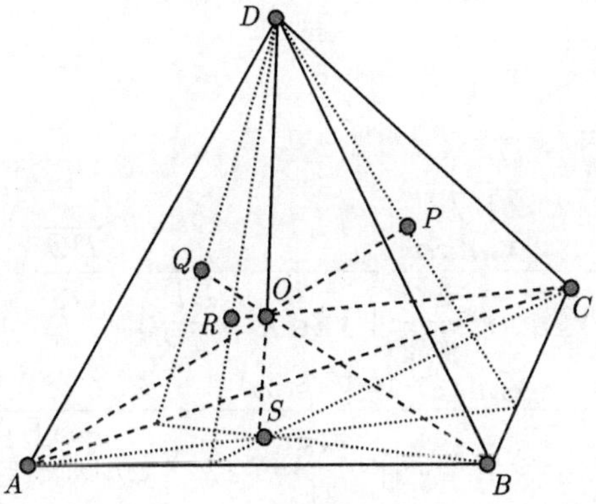

图 5-23

证明 根据共面定理有

$$\frac{\overline{OS}}{\overline{DS}}=\frac{V_{ABCO}}{V_{ABCD}};\quad \frac{\overline{OR}}{\overline{CR}}=\frac{V_{ABOD}}{V_{ABCD}};\quad \frac{\overline{OQ}}{\overline{BQ}}=\frac{V_{AOCD}}{V_{ABCD}};\quad \frac{\overline{OP}}{\overline{AP}}=\frac{V_{OBCD}}{V_{ABCD}}.$$

根据引理 5.3.25 有

$$\frac{\overline{OP}}{\overline{AP}}+\frac{\overline{OQ}}{\overline{BQ}}+\frac{\overline{OR}}{\overline{CR}}+\frac{\overline{OS}}{\overline{DS}}=\frac{V_{OBCD}+V_{AOCD}+V_{ABOD}+V_{ABCO}}{V_{ABCD}}=1.$$

例 5.3.28 设 $ABCD$ 是一个四面体, O 是一点. 设直线 DO 和平面 ABC 相交于 S, 直线 AD 和平面 OBC 相交于 P, 直线 BD 和平面 OAC 相交于 Q, 直线 CD 和平面 OAB 相交于 R. 则

$$\frac{\overline{DO}}{\overline{OS}}=\frac{\overline{DP}}{\overline{PA}}+\frac{\overline{DQ}}{\overline{QB}}+\frac{\overline{DR}}{\overline{RC}}.$$

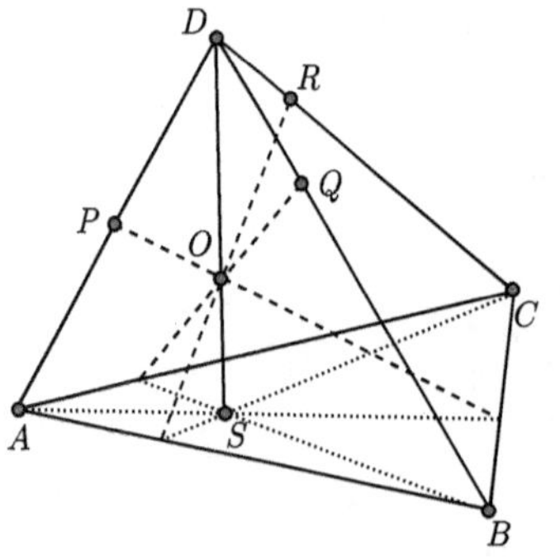

图 5-24

如图 5-24 构造型描述为

((POINTS A B C D O)
(INTER S (LINE D O)(PLANE A B C))
(INTER P (LINE D A)(PLANE O B C))
(INTER Q (LINE D B)(PLANE O A C))
(INTER R (LINE D C)(PLANE O A B))
$\left(\dfrac{\overline{DO}}{\overline{OS}}=\dfrac{\overline{DP}}{\overline{PA}}+\dfrac{\overline{DQ}}{\overline{QB}}+\dfrac{\overline{DR}}{\overline{RC}}\right)$)

对应的消点过程与机器证明如下：

机器证明

$$\frac{\dfrac{\overline{DO}}{\overline{OS}}}{-\left(\dfrac{\overline{DR}}{\overline{CR}}+\dfrac{\overline{DQ}}{\overline{BQ}}+\dfrac{\overline{DP}}{\overline{AP}}\right)}$$

$$\overset{R}{=}\frac{V_{ABCO}}{-\left(V_{ABDO}+V_{ABCO}\cdot\dfrac{\overline{DQ}}{\overline{BQ}}+V_{ABCO}\cdot\dfrac{\overline{DP}}{\overline{AP}}\right)}\cdot\frac{\overline{DO}}{\overline{OS}}$$

$$\overset{Q}{=}\frac{V_{ABCO}\cdot(-V_{ABCO})}{-\left(V_{ACDO}\cdot V_{ABCO}-V_{ABDO}\cdot V_{ABCO}-V_{ABCO}^2\cdot\dfrac{\overline{DP}}{\overline{AP}}\right)}\cdot\frac{\overline{DO}}{\overline{OS}}$$

$$\overset{\text{simplify}}{=\!=}\frac{V_{ABCO}}{V_{ACDO}-V_{ABDO}-V_{ABCO}\cdot\dfrac{\overline{DP}}{\overline{AP}}}\cdot\frac{\overline{DO}}{\overline{OS}}$$

$$\overset{P}{=}\frac{(V_{ABCO})^2}{-V_{BCDO}\cdot V_{ABCO}+V_{ACDO}\cdot V_{ABCO}-V_{ABDO}\cdot V_{ABCO}}\cdot\frac{\overline{DO}}{\overline{OS}}$$

$$\overset{\text{simplify}}{=\!=}\frac{V_{ABCO}}{-(V_{BCDO}-V_{ACDO}+V_{ABDO})}\cdot\frac{\overline{DO}}{\overline{OS}}$$

$$\overset{S}{=}\frac{(V_{ABCO}-V_{ABCD})\cdot V_{ABCO}}{-(V_{BCDO}-V_{ACDO}+V_{ABDO})\cdot(-V_{ABCD})}$$

$$\overset{\text{simplify}}{=\!=}\frac{V_{ABCO}-V_{ABCD}}{V_{BCDO}-V_{ACDO}+V_{ABDO}}$$

$$\overset{\text{volume-co}}{=\!=}\frac{V_{ABCO}-V_{ABCD}}{V_{ABCO}-V_{ABCD}}\overset{\text{simplify}}{=\!=}1$$

消点式

$$\frac{\overline{DR}}{\overline{CR}}\overset{R}{=}\frac{V_{ABDO}}{V_{ABCO}}$$

$$\frac{\overline{DQ}}{\overline{BQ}}\overset{Q}{=}\frac{V_{ACDO}}{V_{ABCO}}$$

$$\frac{\overline{DP}}{\overline{AP}} \stackrel{P}{=} \frac{V_{BCDO}}{V_{ABCO}}$$

$$\frac{\overline{DO}}{\overline{OS}} \stackrel{S}{=} \frac{V_{ABCO}-V_{ABCD}}{-V_{ABCO}}$$

$$V_{BCDO}=V_{ACDO}-V_{ABDO}+V_{ABCO}-V_{ABCD}$$

在上面的证明中, $a \xlongequal{\text{volume-co}} b$ 表示 b 是用相对于四个固定点的体积坐标替换 a 中每个体积得到的结果.

例 5.3.29 设直线 l 分别交四个共轴平面于 A,B,C,D 四点, l 关于四个平面的交比定义为

$$(ABCD)=\frac{\overline{AC}}{\overline{AD}}\cdot\frac{\overline{BD}}{\overline{BC}},$$

则对于任意直线 l, 交比是固定的.

如图 5-25, 构造型描述为

$$\begin{aligned}&\Big((\text{POINTS } X\ Y\ A\ B\ C_1\ D_1)\\&(\text{INTER } C(\text{LINE } A\ B)(\text{PLANE } C_1\ X\ Y))\\&(\text{INTER } D(\text{LINE } A\ B)(\text{PLANE } D_1\ X\ Y))\\&(\text{INTER } A_1(\text{LINE } C_1\ D_1)(\text{PLANE } A\ X\ Y))\\&(\text{INTER } B_1(\text{LINE } C_1\ D_1)(\text{PLANE } B\ X\ Y))\\&\left(\frac{\overline{AC}}{\overline{AD}}\frac{\overline{BD}}{\overline{BC}}=\frac{\overline{A_1C_1}}{\overline{A_1D_1}}\frac{\overline{B_1D_1}}{\overline{B_1C_1}}\right)\Big)\end{aligned}$$

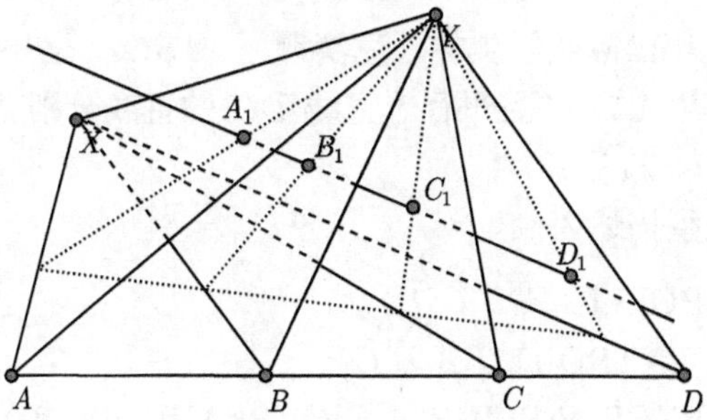

图 5-25

机器证明

$$\frac{\dfrac{\overline{BD}}{\overline{BC}}\cdot\dfrac{\overline{AC}}{\overline{AD}}}{\dfrac{\overline{D_1B_1}}{\overline{C_1B_1}}\cdot\dfrac{\overline{C_1A_1}}{\overline{D_1A_1}}}$$

$$\overset{B_1}{=} \frac{-V_{XYBC_1}}{(-V_{XYBD_1}) \cdot \dfrac{\overline{C_1A_1}}{\overline{D_1A_1}}} \cdot \frac{\overline{BD}}{\overline{BC}} \frac{\overline{AC}}{\overline{AD}}$$

$$\overset{A_1}{=} \frac{V_{XYBC_1} \cdot (-V_{XYAD_1})}{V_{XYBD_1} \cdot (-V_{XYAC_1})} \cdot \frac{\overline{BD}}{\overline{BC}} \cdot \frac{\overline{AC}}{\overline{AD}}$$

$$\overset{D}{=} \frac{V_{XYBD_1} \cdot (V_{XYD_1C} + V_{XYAD_1}) \cdot V_{XYBC_1} \cdot V_{XYAD_1}}{V_{XYBD_1} \cdot V_{XYAC_1} \cdot V_{XYAD_1} \cdot (V_{XYD_1C} + V_{XYBD_1})}$$

$$\overset{\text{simplify}}{=\!=} \frac{(V_{XYD_1C} + V_{XYAD_1}) \cdot V_{XYBC_1}}{V_{XYAC_1} \cdot (V_{XYD_1C} + V_{XYBD_1})}$$

$$\overset{C}{=} \frac{(-V_{XYBD_1} \cdot V_{XYAC_1} + V_{XYAD_1} \cdot V_{XYAC_1}) \cdot V_{XYBC_1} \cdot (-V_{XYBC_1} + V_{XYAC_1})}{V_{XYAC_1} \cdot (-V_{XYBD_1} \cdot V_{XYBC_1} + V_{XYBC_1} \cdot V_{XYAD_1}) \cdot (-V_{XYBC_1} + V_{XYAC_1})}$$

$$\overset{\text{simplify}}{=\!=} 1$$

消点式

$$\frac{\overline{D_1B_1}}{\overline{C_1B_1}} \overset{B_1}{=} \frac{V_{XYBD_1}}{V_{XYBC_1}}$$

$$\frac{\overline{C_1A_1}}{\overline{D_1A_1}} \overset{A_1}{=} \frac{V_{XYAC_1}}{V_{XYAD_1}}$$

$$\frac{\overline{AC}}{\overline{AD}} \overset{D}{=} \frac{V_{XYD_1C} + V_{XYAD_1}}{V_{XYAD_1}}$$

$$\frac{\overline{BD}}{\overline{BC}} \overset{D}{=} \frac{V_{XYBD_1}}{V_{XYD_1C} + V_{XYBD_1}}$$

$$V_{XYD_1C} \overset{C}{=} \frac{V_{XYBD_1} \cdot V_{XYAC_1} - V_{XYBC_1} \cdot V_{XYAD_1}}{V_{XYBC_1} - V_{XYAC_1}}$$

例 5.3.30(1964 年国际数学奥林匹克赛题) $ABCD$ 是一个四面体, G 是三角形 ABC 的重心, 过点 A, B, C 且平行于直线 DG 的直线分别交它们的对面于点 P, Q, R, 则有 $V_{GPQR} = 3V_{ABCD}$.

如图 5-26, 构造型描述为

((POINTS A B C D)
(CENTROID G A B C)
(INTER P(PLINE A D G)(PLANE B C D))
(INTER Q(PLINE B D G)(PLANE A C D))
(INTER R(PLINE C D G)(PLANE A B D))
($3V_{ABCD} = V_{GPQR}$))

机器证明

$$\frac{(3) \cdot V_{ABCD}}{V_{GPQR}}$$

$$\overset{R}{=} \frac{(3)\cdot V_{ABCD}\cdot V_{ABDG}}{V_{DGPQ}\cdot V_{ABCD}-V_{CGPQ}\cdot V_{ABDG}}$$

$$\overset{Q}{=} \frac{(3)\cdot V_{ABCD}\cdot V_{ABDG}\cdot (V_{ACDG})^2}{-V_{CDGP}\cdot V_{ACDG}\cdot V_{ABDG}\cdot V_{ABCD}-V_{BDGP}} \cdot \frac{(3)\cdot V_{ABCD}\cdot V_{ABDG}\cdot (V_{ACDG})^2}{V_{ACDG}^2\cdot V_{ABCD}+V_{BCGP}\cdot V_{ACDG}^2\cdot V_{ABDG}}$$

$$\overset{\text{simplify}}{=\!=\!=} \frac{(-3)\cdot V_{ABCD}\cdot V_{ABDG}\cdot V_{ACDG}}{V_{CDGP}\cdot V_{ABDG}\cdot V_{ABCD}+V_{BDGP}} \cdot \frac{(-3)\cdot V_{ABCD}\cdot V_{ABDG}\cdot V_{ACDG}}{V_{ACDG}\cdot V_{ABCD}-V_{BCGP}\cdot V_{ACDG}\cdot V_{ABDG}}$$

$$\overset{P}{=} \frac{(-3)\cdot V_{ABCD}\cdot V_{ABDG}\cdot V_{ACDG}\cdot (V_{BCDG})^3}{-3V_{BCDG}^3\cdot V_{ACDG}\cdot V_{ABDG}\cdot V_{ABCD}}$$

$$\overset{\text{simplify}}{=\!=\!=} 1$$

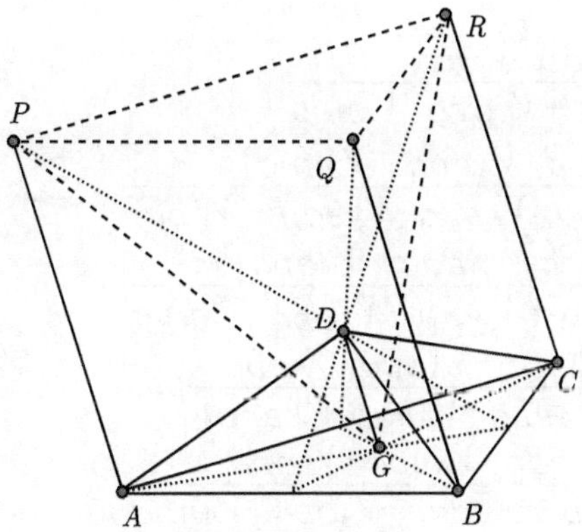

图 5-26

消点式

$$V_{CDGP} = -V_{ACDG}$$

$$V_{BDGP} = -V_{ABDG}$$

$$V_{BCGP} = V_{ABCD}$$

$$V_{DGPQ} = -V_{BDGP}$$

$$V_{CGPQ} = \frac{V_{CDGP}\cdot V_{ABCD}-V_{BCGP}\cdot V_{ACDG}}{V_{ACDG}}$$

$$V_{GPQR} = \frac{V_{DGPQ}\cdot V_{ABCD}-V_{CGPQ}\cdot V_{ABDG}}{V_{ABDG}}$$

在上述证明中, G 是三角形 ABC 的重心这一条件没有用到. 因此我们有例 5.3.30 的如下扩展.

例 5.3.31　如果点 G 是平面 ABC 上任意点, 例 5.3.30 的结论仍然正确.

我们进一步要问, 如果点 G 是一个任意点, 例 5.3.30 的结论是否还是正确的. 这时构造型描述为

((POINTS A B C D G)
(INTER P(PLINE A D G)(PLANE B C D))
(INTER Q(PLINE B D G)(PLANE A C D))
(INTER R(PLINE C D G)(PLANE A B D))
($3V_{ABCD} = V_{GPQR}$)

对应的机器证明过程和消点式为:

机器证明

$$\begin{aligned}
&\frac{(3)\cdot V_{ABCD}}{V_{GPQR}}\\
\overset{R}{=}\ &\frac{(3)\cdot V_{ABCD}\cdot V_{ABDG}}{V_{DGPQ}\cdot V_{ABCD}-V_{CGPQ}\cdot V_{ABDG}}\\
\overset{Q}{=}\ &\frac{(3)\cdot V_{ABCD}\cdot V_{ABDG}\cdot (V_{ACDG})^2}{-V_{CDGP}\cdot V_{ACDG}\cdot V_{ABDG}\cdot V_{ABCD}-V_{BDGP}}\\
&\cdot\frac{(3)\cdot V_{ABCD}\cdot V_{ABDG}\cdot (V_{ACDG})^2}{V_{ACDG}^2\cdot V_{ABCD}+V_{BCGP}\cdot V_{ACDG}^2\cdot V_{ABDG}}\\
\overset{\text{simplify}}{=\!=}\ &\frac{(-3)\cdot V_{ABCD}\cdot V_{ABDG}\cdot V_{ACDG}}{V_{CDGP}\cdot V_{ABDG}\cdot V_{ABCD}+V_{BDGP}}\\
&\cdot\frac{(-3)\cdot V_{ABCD}\cdot V_{ABDG}\cdot V_{ACDG}}{V_{ACDG}\cdot V_{ABCD}-V_{BCGP}\cdot V_{ACDG}\cdot V_{ABDG}}\\
\overset{P}{=}\ &\frac{(-3)\cdot V_{ABCD}\cdot V_{ABDG}\cdot V_{ACDG}\cdot (V_{BCDG})^3}{V_{BCDG}^3\cdot V_{ACDG}\cdot V_{ABDG}\cdot V_{ABCG}-3V_{BCDG}^3\cdot V_{ACDG}\cdot V_{ABDG}\cdot V_{ABCD}}\\
\overset{\text{simplify}}{=\!=}\ &\frac{(-3)\cdot V_{ABCD}}{V_{ABCG}-3V_{ABCD}}.
\end{aligned}$$

消点式

$$\begin{aligned}
V_{CDGP} &= -V_{ACDG}\\
V_{BDGP} &= -V_{ABDG}\\
V_{BCGP} &= -(V_{ABCG}-V_{ABCD})\\
V_{DGPQ} &= -V_{BDGP}\\
V_{CGPQ} &= \frac{V_{CDGP}\cdot V_{ABCD}-V_{BCGP}\cdot V_{ACDG}}{V_{ACDG}}\\
V_{GPQR} &= \frac{V_{DGPQ}\cdot V_{ABCD}-V_{CGPQ}\cdot V_{ABDG}}{V_{ABDG}}
\end{aligned}$$

于是我们得到例 5.3.31 的更完善的表达: 如果点 G 是空间任意点, $V_{GPOR} = 3V_{ABC}$ 当且仅当 G 在平面 ABC 上.

5.4 空间中的勾股差

5.4.1 勾股差与垂直

从现在起, 我们要用到两点间平方距离的概念. 勾股差的定义同平面几何中一样, 即对于 ΔABC 有

$$P_{ABC} = \overline{AB}^2 + \overline{CB}^2 - \overline{AC}^2.$$

对于一个空间四边形 $ABCD$, 定义

$$P_{ABCD} = P_{ABD} - P_{CBD} = \overline{AB}^2 + \overline{CD}^2 - \overline{BC}^2 - \overline{DA}^2.$$

空间中勾股差的性质同平面上十分相似. 命题 3.1.2~3.1.4 在空间中都是正确的, 因为涉及的所有点都在同一平面上. 令人惊讶的是, 命题 3.1.1, 3.1.5 和 3.1.7 在空间中仍然是正确的, 这里涉及的点不共面.

命题 5.4.1 设 R 是直线 PQ 上一点, 它关于 PQ 的位置比为

$$r_1 = \frac{\overline{PR}}{\overline{PQ}}, \quad r_2 = \frac{\overline{RQ}}{\overline{PQ}}.$$

则对于空间中任意点 A 和 B, 有

$$\begin{aligned} P_{RAB} &= r_1 P_{QAB} + r_2 P_{PAB}, \\ P_{ARB} &= r_1 P_{AQB} + r_2 P_{APB} - r_1 r_2 P_{PQP}. \end{aligned}$$

证明 因为点 P, Q, R, A 和 P, Q, R, B 是两组共面点, 故可以对它们分别用命题 3.1.5,

$$\begin{aligned} \overline{RA}^2 &= r_1 \overline{QA}^2 + r_2 \overline{PA}^2 - r_1 r_2 \overline{PQ}^2, \\ \overline{RB}^2 &= r_1 \overline{QB}^2 + r_2 \overline{PB}^2 - r_1 r_2 \overline{PQ}^2. \end{aligned}$$

则

$$\begin{aligned} P_{RAB} =& \overline{RA}^2 + \overline{AB}^2 - \overline{RB}^2 = r_1(\overline{QA}^2 + \overline{AB}^2 - \overline{QB}^2) + r_2(\overline{PA}^2 + \overline{AB}^2 - \overline{PB}^2) \\ =& r_1 P_{QAB} + r_2 P_{PAB}. \end{aligned}$$

第二个等式可以类似地证明.

命题 5.4.2 设 R 是平面 PQS 上一点, 且

$$r_1 = \frac{S_{PQR}}{S_{PQS}}, \quad r_2 = \frac{S_{RQS}}{S_{PQS}}, \quad r_3 = \frac{S_{PRS}}{S_{PQS}}.$$

则对于点 A 和 B 有

$$\begin{aligned} P_{RAB} =& r_1 P_{SAB} + r_2 P_{PAB} + r_3 P_{QAB}, \\ P_{ARB} =& r_1 P_{ASB} + r_2 P_{APB} + r_3 P_{AQB} - 2(r_1 r_2 \overline{PS}^2 + r_1 r_3 \overline{QS}^2 + r_2 r_3 \overline{PQ}^2). \end{aligned}$$

证明　证明同命题 3.5.7 与 3.5.8 的证明类似.

命题 5.4.3　设 $ABCD$ 是一个平行四边形 . 则对于任意点 P 和 Q, 有

$$\begin{aligned} &P_{APQ} + P_{CPQ} = P_{BPQ} + P_{DPQ} \text{或} P_{APBQ} = P_{DPCQ}, \\ &P_{PAQ} + P_{PCQ} = P_{PBQ} + P_{PDQ} + 2P_{BAD}. \end{aligned}$$

证明　证明同命题 3.1.7.

同平面几何一样, 我们用记号 $AB \perp CD$ 来表示四点 A, B, C, D 满足如下一个条件: $A = B$, 或 $C = D$, 或直线 AB 垂直于直线 CD.

命题 5.4.4　$AB \perp CD$ 当且仅当 $P_{ACD} = P_{BCD}$ 或 $P_{ABCD} = 0$.

证明　取点 E, 使得 $\overline{AE} = \overline{CD}$. 根据命题 5.4.3, $P_{ACBD} = P_{AABE} = P_{BAE}$. 根据勾股定理, $AB \perp CD$ 当且仅当 $P_{ACBD} = P_{BAE}$.

作为推论, 命题 3.1.10 和例 3.1.9 在空间中仍然是正确的.

如同体积使得涉及共线和平行的几何定理的机器证明成为可能, 勾股差使得涉及垂直的几何定理的机器证明成为可能. 在给出机器证明的方法之前, 让我们先熟悉一下用勾股差来证明垂直的一些基本性质.

例 5.4.5　如果一条直线垂直于一个平面上的两条非平行直线, 那么它垂直于这个平面上所有直线, 也就是说, 这条直线垂直于这个平面.

证明　如图 5-27, 直线 PQ 垂直于直线 OU 和 OV. 设 W 是平面 OUV 上一点. 我们须证明 $PQ \perp OW$. 根据命题 5.4.2 与 5.4.4 有

$$\begin{aligned} P_{PQW} =& \frac{S_{OUW}}{S_{OUV}} P_{PQV} + \frac{S_{OWV}}{S_{OUV}} P_{PQU} + \frac{S_{WUV}}{S_{OUV}} P_{PQO} \\ =& \left(\frac{S_{OUW}}{S_{OUV}} + \frac{S_{OWV}}{S_{OUV}} + \frac{S_{WUV}}{S_{OUV}} \right) P_{PQO} = P_{PQO}. \end{aligned}$$

又根据命题 5.4.4 有 $PQ \perp OW$.

例 5.4.6(三垂线定理)　直线 PQ 垂直于直线 AB 当且仅当 PQ 垂直于 AB 在包含 PQ 的平面上的垂直投影.

证明　如图 5-28, 设 O 是点 A 在平面 PQB 上的垂直投影. 则 $AO \perp PQ$.

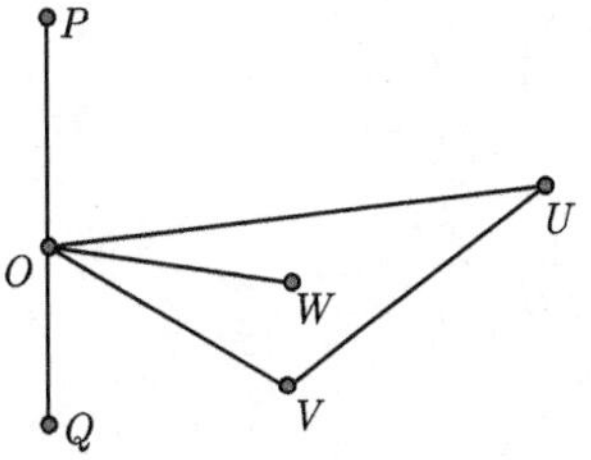

图 5-27

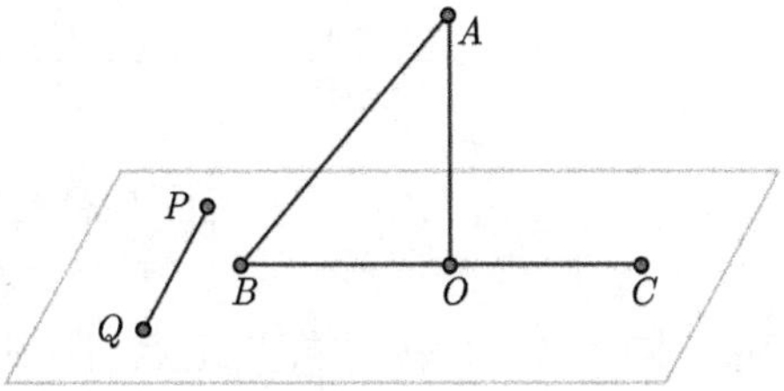

图 5-28

如果 $PQ\perp BO$, 则有 $P_{PQA}=P_{PQO}=P_{PQB}$, 即 $PQ\perp AB$. 相反地, 如果 $PQ\perp AB$, 则有 $P_{PQB}=P_{PQA}=P_{PQO}$, 即 $PQ\perp BO$.

例 5.4.7(四面体的垂心定理) 如果一个四面体的两组对边都互相垂直, 那么第三组对边也互相垂直, 并且所有高线共点, 且经过四面体各面的垂心.

证明 如图 5-29, 设 $AB\perp CD$, $AC\perp BD$. 则 $P_{ABC}=P_{ABD}=P_{CBD}=P_{DBC}$, 即 $AD\perp BC$.

设三角形 ACD 的两条高线 AQ 和 DR 相交于点 F, 则 $P_{BAQ}-P_{FAQ}=P_{BAD}-P_{FAC}=P_{CAD}-P_{DAC}=0$, 即 $BF\perp AQ$. 类似地, $BF\perp DR$. 因此 BF 是 B 到平面 ACD 的高线.

为了证明四条高线共点, 首先证明 $BR\perp AC$, 这一性质可由 $P_{ACR}=P_{ACD}=P_{ACB}$ 推得. 设三角形 ABC 的垂线 AP 和 BR 相交于点 E, DE 和 BF 相交于点 H. 我们需要证明 $AH\perp BCD$. 根据命题 5.4.4, $P_{HDC}=P_{BDC}=P_{ADC}$, 即 $AH\perp DC$. 类似地 $AH\perp BC$. 因而 $AH\perp BCD$.

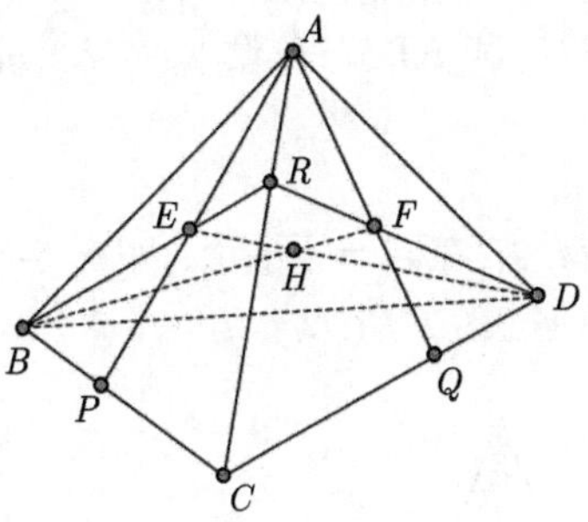

图 5-29

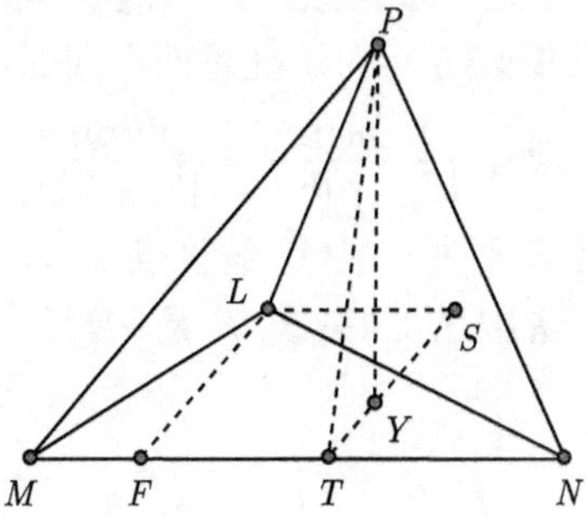

图 5-30

例 5.4.8 证明构造 (FOOT2PLANE Y P L M N) 等价于构造 (ARATIO Y L M N r_1 r_2 r_3), 如图 5-30. 这里

$$r_1=\frac{S_{YMN}}{S_{LMN}}=\frac{-P_{PMN}P_{LMN}+2\overline{MN}^2P_{PML}}{4\overline{LN}^2\cdot\overline{LM}^2-P_{MLN}^2},$$

$$r_2 = \frac{S_{LYN}}{S_{LMN}} = \frac{-P_{PNL}P_{LNM} + 2\overline{NL}^2 P_{PNM}}{4\overline{LN}^2 \cdot \overline{LM}^2 - P_{MLN}^2},$$

$$r_3 = \frac{S_{LMY}}{S_{LMN}} = \frac{-P_{PLM}P_{MLN} + 2\overline{ML}^2 P_{PLN}}{4\overline{LN}^2 \cdot \overline{LM}^2 - P_{MLN}^2}.$$

证明 同例 5.2.4 中一样, 构造点 Y, 则

$$\frac{S_{YMN}}{S_{LMN}} = \frac{\overline{YT}}{\overline{ST}} = \frac{P_{PTS}}{P_{TST}} = \frac{P_{PTS}}{P_{LFL}}.$$

根据命题 5.4.1 与 5.4.4,

$$\begin{aligned}
P_{PTS} = P_{PTL} &= \frac{P_{PMN}P_{PNL} + P_{PNM}P_{PML} - P_{PMN}P_{PNM}}{P_{MNM}} \\
&= \frac{P_{PMN}P_{PNL} + (2\overline{MN}^2 - P_{PMN})P_{PML} - P_{PMN}P_{PNM}}{P_{MNM}} \\
&= \frac{-P_{PMN}P_{NML} + 2\overline{MN}^2 P_{PML}}{P_{MNM}}, \\
P_{LFL} &= \frac{16S_{LMN}^2}{P_{MNM}} = \frac{4\overline{LN}^2 \cdot \overline{LM}^2 - P_{MLN}^2}{P_{MNM}}.
\end{aligned}$$

我们已经证明了第一种情形. 其他情形类似.

5.4.2 勾股差与体积

有了垂直的概念, 就可以具体计算四面体的体积了.

定义 5.4.9 设 F 是点 R 到平面 LMN 的垂足 . 从 R 到 LMN 的距离记为 $h_{R,LMN}$, 它是一个实数, 和 V_{RLMN} 符号相同, 并且 $|h_{R,LMN}| = |RF|$.

命题 5.4.10 对于任意两个四面体 $ABCD$ 和 $RLMN$, 设 $h_A = h_{A,BCD}, h_R = h_{R,LMN}$, 则有 $\dfrac{V_{ABCD}}{|S_{BCD}|h_A} = \dfrac{V_{RLMN}}{|S_{LMN}|h_R}$.

证明 不失一般性, 假设点 B, C, D, L, M, N 在同一平面上. 如图 5-31, 设 RF 是四面体 $RLMN$ 的高线, S 是 RF 上一点使得 $AS \parallel BCD$.

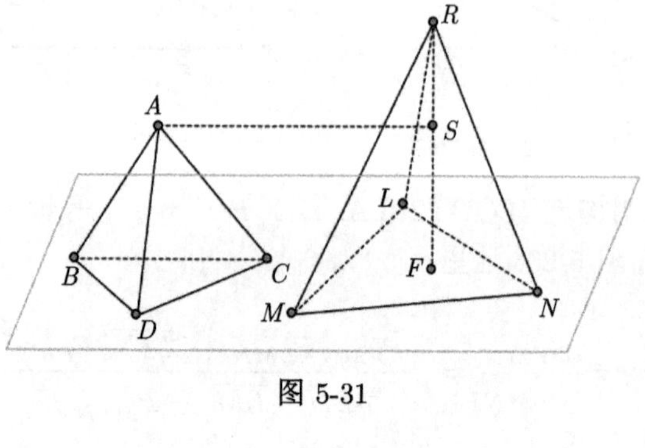

图 5-31

于是 $V_{ABCD} = V_{SBCD}$. 根据命题 5.1.3 和 5.1.4 有

$$\frac{V_{ABCD}}{V_{ALMN}} = \frac{S_{BCD}}{S_{LMN}}; \quad \frac{V_{SLMN}}{V_{RLMN}} = \frac{\overline{SF}}{\overline{RF}}.$$

把两个等式相乘, 并注意到 h_A 和 h_R 与 V_{ABCD} 和 V_{RLMN} 的符号相同, 就证明了结论.

推论 5.4.11 对于一个四面体 $ABCD$, 有

$$h_{A,BCD}|S_{BCD}| = h_{B,CDA}|S_{CDA}| = h_{C,DAB}|S_{DAB}| = h_{D,ABC}|S_{ABC}|.$$

证明 在命题 5.4.10 中用 $BCDA$ 替换 $RLMN$, 得到第一个等式. 其余类推.

根据命题 5.4.10, 有

$$V_{ABCD} = kh_{A,BCD}|S_{BCD}| = kh_{B,CDA}|S_{CDA}| = kh_{C,DAB}|S_{DAB}| = kh_{D,ABC}|S_{ABC}|,$$

这里 k 是一个独立于四面体 $ABCD$ 的常数. 置 $k = \frac{1}{3}$, 就得到了四面体体积的一般公式.

命题 5.4.12 $V_{ABCD} = \frac{1}{3}h_{A,BCD}|S_{BCD}| = \frac{1}{3}h_{B,CDA}|S_{CDA}|$

$$= \frac{1}{3}h_{C,DAB}|S_{DAB}| = \frac{1}{3}h_{D,ABC}|S_{ABC}|.$$

命题 5.4.13(四面体的 Herron- 秦公式) 对任意四面体 $ABCD$ 有如下等式:

$$\begin{aligned}144V_{ABCD}^2 =& 4\overline{AB}^2 \cdot \overline{AC}^2 \cdot \overline{AD}^2 - \overline{AB}^2 P_{DAC}^2 \\ &- \overline{AC}^2 P_{BAD}^2 - \overline{AD}^2 P_{BAC}^2 + P_{BAC}P_{BAD}P_{CAD}.\end{aligned}$$

证明 类似于例 5.2.4, 我们用下列方法构造高线 BO(图 5-32):

(FOOT2LINE $F\ D\ A\ C$)
(FOOT2LINE $H\ B\ A\ C$)
(PRATIO $G\ H\ F\ D$ 1)
(FOOT2LINE $O\ B\ H\ G$)

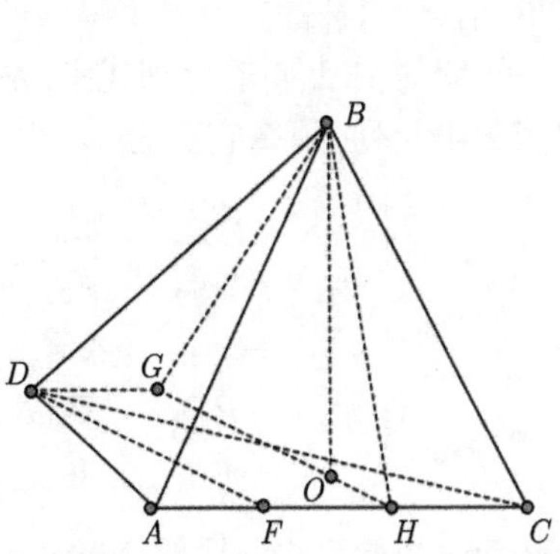

图 5-32

则有

$$\overline{BO}^2 = \overline{BH}^2 - \overline{HO}^2 = \frac{4S_{ABC}^2}{\overline{AC}^2} - \overline{HO}^2. \quad (*)$$

根据命题 3.1.1, 3.1.2 和 5.4.1, 有

$$\overline{OH}^2 = \left(\frac{\overline{OH}}{\overline{HG}}\right)^2 \overline{HG}^2 = \left(\frac{P_{BHG}}{P_{HGH}}\right)^2 \overline{HG}^2 = \frac{P_{BHG}^2}{4\overline{HG}^2} = \frac{P_{BHD}^2}{4\overline{DF}^2}$$

$$
\begin{aligned}
&=(P_{BAC}P_{BCD}+P_{BCA}P_{BAD}-P_{BAC}P_{BCA})^2/(4\overline{AC}^4\cdot 4\overline{DF}^2)\\
&=(P_{BAC}P_{BCD}+(2\overline{AC}^2-P_{BAC})P_{BAD}-P_{BAC}P_{BCA})^2/(64\overline{AC}^2S_{DAC}^2)\\
&=(-P_{BAC}P_{CAD}+2\overline{AC}^2P_{BAD})^2/(64\overline{AC}^2S_{DAC}^2).
\end{aligned}
$$

把它代入 (*). 再根据三角形的 Herron- 秦公式 (3.1.16), 有

$$
\begin{aligned}
&144V_{ABCD}^2\\
=&144(1/3)^2\overline{BO}^2S_{ACD}^2\\
=&\frac{(16)^2S_{BAC}^2S_{DAC}^2-(-P_{BAC}P_{CAD}+2\overline{AC}^2P_{BAD})^2}{4\overline{AC}^2}\\
=&\frac{(4\overline{AB}^2\cdot\overline{AC}^2-P_{BAC}^2)(4\overline{AD}^2\cdot\overline{AC}^2-P_{DAC}^2)-(-P_{BAC}P_{CAD}+2\overline{AC}^2P_{BAD})^2}{4\overline{AC}^2}\\
=&4\overline{AB}^2\cdot\overline{AC}^2\cdot\overline{AD}^2-\overline{AB}^2P_{DAC}^2-\overline{AC}^2P_{BAD}^2-\overline{AD}^2P_{BAC}^2+P_{BAC}P_{BAD}P_{CAD}.
\end{aligned}
$$

推论 5.4.14(Cayley-Menger 公式) 我们有如下 Herron- 秦公式的常用形式：

$$
288V_{P_1P_2P_3P_4}=\begin{vmatrix}0&r_{12}^2&r_{13}^2&r_{14}^2&1\\ r_{21}^2&0&r_{23}^2&r_{24}^2&1\\ r_{31}^2&r_{32}^2&0&r_{34}^2&1\\ r_{41}^2&r_{42}^2&r_{43}^2&0&1\\ 1&1&1&1&0\end{vmatrix},
$$

这里 $r_{ij}=|\overline{P_iP_j}|$.

证明 在上面的行列式中, 从第二、三、四行中减去第一行, 从第二、三、四列中减去第一列, 那么它变为

$$
\begin{vmatrix}0&r_{12}^2&r_{13}^2&r_{14}^2&1\\ r_{21}^2&-2r_{12}^2&-P_{213}&-P_{214}&0\\ r_{31}^2&-P_{312}&-2r_{13}^2&-P_{314}&0\\ r_{41}^2&-P_{412}&-P_{413}&-2r_{14}^2&0\\ 1&0&0&0&0\end{vmatrix}=\begin{vmatrix}2r_{12}^2&P_{213}&P_{214}\\ P_{312}&2r_{13}^2&P_{314}\\ P_{412}&P_{413}&2r_{14}^2\end{vmatrix}.
$$

展开后面的行列式并比较命题 5.4.13 中的等式, 就证明了结论.

5.5 体 积 法

因为我们有了新的几何量, 构造型命题可以扩充为：几何命题的结论可以是两个关于长度比、面积比、体积和勾股差的多项式的等式.

5.5.1 算法

现在我们有六个构造 (S1)~(S6) 和四个几何量. 我们需要给出从四个几何量中消去由构造 (S1)~(S6) 产生的点的方法. 这一节中讨论的情形是 5.3 节中没有给出的情形.

引理 5.5.1 令 $G = P_{ABY}$, 则有

$$G = \begin{cases} P_{ABW} + r(P_{ABV} - P_{ABU}), & \text{若}Y\text{由}\,(\text{PRATIO}\,Y\ W\ U\ V\ r)\ \text{引进}, \\ r_1P_{ABL} + r_2P_{ABM} + r_3P_{ABN}, & \text{若}Y\text{由}\,(\text{ARATIO}\,Y\ L\ M\ N\ r_1\ r_2\ r_3)\ \text{引进}, \\ \dfrac{S_{UIJ}}{S_{UIVJ}}P_{ABV} - \dfrac{S_{VIJ}}{S_{UIVJ}}P_{ABU}, & \text{若}\ Y\ \text{由}\ (\text{INTER}\ Y\ (\text{LINE}\ U\ V)\ (\text{LINE}\ I\ J))\ \text{引进}, \\ \dfrac{1}{V_{ULMNV}}(V_{ULMN}P_{ABV} - V_{VLMN}P_{ABU}), & \text{若}\ Y\ \text{由}\ (\text{INTER}\ Y(\text{LINE}\ U\ V)\ (\text{PLANE}\ L\ M\ N))\ \text{引进}, \\ \dfrac{P_{PUV}P_{ABV} + P_{PVU}P_{ABU}}{2\overline{UV}^2}, & \text{若}\ Y\ \text{由}\ (\text{FOOT2LINE}\ Y\ P\ U\ V)\ \text{引进}. \end{cases}$$

证明 第一种情形, 我们只需找到 Y 关于 UV 的位置比率并把它代入命题 5.4.1 的第一个等式; 对于第二种情形, 参见引理 5.3.2; 对于其他情形, 参见 5.3.1 节.

从上面的引理和命题 5.4.1, 很容易从 P_{AYB} 中消去点 Y. 我们把这作为一个练习.

练习 5.5.2 如果 Y 由构造 (S2)~(S6) 产生, 试着从 P_{AYB} 中消去 Y.

引理 5.5.3 如果 Y 由 (FOOT2LINE $Y\ P\ U\ V$) 构造, 则

$$V_{ABCY} = \frac{P_{PUV}}{P_{UVU}}V_{ABCV} + \frac{P_{PVU}}{P_{UVU}}V_{ABCU}.$$

证明 这是命题 5.1.5 和 3.1.2 的一个结论.

引理 5.5.4 设 Y 由 (FOOT2LINE $Y\ P\ U\ V$) 构造, 则

$$\frac{\overline{DY}}{\overline{EF}} = \begin{cases} \dfrac{P_{PUDV}}{P_{EUFV}}, & \text{若}D \in UV, \\ \dfrac{V_{DPUV}}{V_{EPUVF}}, & \text{若}D \notin PUV, \\ \dfrac{V_{DUVE}}{V_{EUVF}}, & \text{若}D \in PUV\text{且}E \notin PUV, \\ \dfrac{S_{DUV}}{S_{EUFV}}, & \text{若所有点共面}. \end{cases}$$

在所有情形中, 假设 P 不在直线 UV 上; 否则, $P = Y$ 且 $\dfrac{\overline{DY}}{\overline{EF}} = \dfrac{\overline{DP}}{\overline{EF}}$.

证明 第一种与最后一种情形由引理 3.3.8 可得. 第二种情形是共面定理的推论. 对于第三种情形, 设 T 是一点使得 $\overline{DT}=\overline{EF}$, 则

$$\frac{\overline{DY}}{\overline{EF}}=\frac{\overline{DY}}{\overline{DT}}=\frac{S_{DUV}}{S_{DUTV}}=\frac{V_{DUVE}}{V_{DUVET}}=\frac{V_{DUVE}}{V_{EUVEF}}=-\frac{V_{DUVE}}{V_{FUVE}}.$$

引理 5.5.5 设 Y 由 (FOOT2LINE Y P U V) 产生, 则

$$\frac{S_{ABY}}{S_{CDE}}=\begin{cases}\dfrac{P_{PUV}V_{PABV}+P_{PVU}V_{PABU}}{2\overline{UV}^2V_{PCDEA}}, & \text{若 } P \text{ 不在平面 } ABY \text{ 上},\\ \dfrac{V_{UABV}}{V_{UCDEV}}, & \text{若 } UV \nparallel ABY,\\ \dfrac{P_{PUV}S_{ABV}+P_{PVU}S_{ABU}}{2\overline{UV}^2S_{CDE}}, & \text{若 } P,U,V \text{ 都在平面 } ABY \text{ 上}.\end{cases}$$

证明 如果 P 不在 ABY 上, 根据命题 5.1.3 有 $\dfrac{S_{ABY}}{S_{CDE}}=\dfrac{V_{PABY}}{V_{PCDEA}}$, 再由引理 5.5.3 可得结论. 对于第二种情形,

$$\frac{S_{ABY}}{S_{CDE}}=\frac{V_{UABYV}}{V_{UCDEV}}=\frac{V_{UABV}}{V_{UCDEV}}.$$

第三种情形是引理 3.3.3 的推论.

到现在为止, 我们已经给出了消去由构造 (S2)~(S6) 产生的点的方法. 根据引理 5.3.25, 四面体的体积可以化为关于四个非共面点的体积坐标. 下面的引理将把自由点的勾股差化成体积坐标.

引理 5.5.6 设 O,U,V,W 四点满足条件 $OW\perp OUV, OU\perp OWV, OV\perp OWU$, 则

(1) $\overline{AB}^2=\overline{OW}^2\left(\dfrac{V_{AOUVB}}{V_{OWUV}}\right)^2+\overline{OU}^2\left(\dfrac{V_{AOWVB}}{V_{OWUV}}\right)^2+\overline{OV}^2\left(\dfrac{V_{AOWUB}}{V_{OWUV}}\right)^2.$

(2) $V_{OWUV}^2=\dfrac{1}{36}\overline{OW}^2\overline{OU}^2\overline{OV}^2.$

证明 (2) 由命题 5.4.12 和 3.1.15 可得. 对于 (1), 如图 5-33, 设点 D,E,F 使得 $AD\parallel OW$, $BE\parallel OV$, $BF\parallel OU$, $DE\parallel OU$, $DF\parallel OV$. 则有

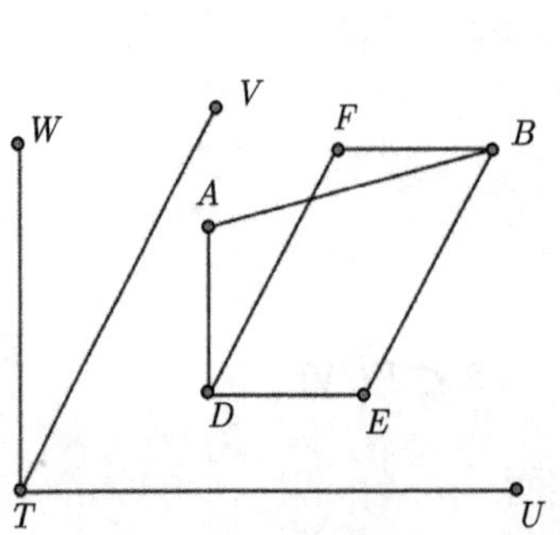

图 5-33

$$\begin{aligned}&\overline{AB}^2\\=&\overline{AD}^2+\overline{BD}^2\\=&\overline{AD}^2+\overline{BE}^2+\overline{BF}^2\\=&\overline{OW}^2\left(\frac{\overline{AD}}{\overline{OW}}\right)^2+\overline{OU}^2\left(\frac{\overline{BF}}{\overline{OU}}\right)^2+\overline{OV}^2\left(\frac{\overline{BE}}{\overline{OV}}\right)^2.\end{aligned}$$

根据共面定理, 有

$$\frac{\overline{AD}}{\overline{OW}}=-\frac{V_{AOUVD}}{V_{WOUV}}=\frac{V_{AOUVB}}{V_{OWUV}},\quad \frac{\overline{BE}}{\overline{OV}}=\frac{V_{BOWUA}}{V_{OWUV}},\quad \frac{\overline{BF}}{\overline{OU}}=\frac{V_{BOWVA}}{V_{OWUV}}.$$

现在我们给出主要算法:

算法 5.5.7(体积法)

输入: $S=(C_1, C_2, \cdots, C_k, (E, F))$ 是一个构造型几何描述.

输出: 算法将判定 S 正确与否, 如果是正确的, 它将产生一个 S 的证明.

(S1) 对 $i=k, \cdots, 1$, 执行 (S2), (S3), (S4), 最后执行 (S5).

(S2) 检验 C_i 的非退化条件是否都满足. 一个构造的非退化条件有三种形式:

$$A \neq B, \quad PQ \nparallel UV, \quad PQ \nparallel WUV.$$

对于第一种情形, 检验是否 $P_{ABA}=2\overline{AB}^2=0$; 对于第二种情形, 检验是否 $V_{PQUV}=0$ 且 $S_{PUV}=S_{QUV}$. 对于第三种情形, 检验是否 $V_{PWUV}=V_{QWUV}$. 如果一个几何描述的非退化条件不满足, 那么这个描述是平凡的. 算法终止.

(S3) 设 $G_1, \cdots, G_s$ 是出现在 E 和 F 中的几何量. 对 $j=1, \cdots, s$ 执行 (S4).

(S4) 设 H_j 是用这一章的引理从 G_j 中消去由构造 C_i 产生的点得到的结果, 在 E 和 F 中用 H_j 替换 G_j 得到新的 E 和 F.

(S5) 现在 E 和 F 都是有独立变量的有理表达式. 因此, 如果 $E=F$, 那么 S 在非退化条件下是正确的. 否则 S 在 Euclid 立体几何中是不正确的.

证明 这个算法是正确的, 因为自由点的体积坐标都是独立参数.

关于算法复杂度, 设 n 是描述中非自由点的个数, 如果几何描述结论的自由度是 d, 我们的算法产生的表达式的次数不会超过 $5d\cdot 3^n$.

5.5.2 例子

例 5.5.8 如果一条直线分一个空间四边形的两条对边成正比, 第二条直线分另外两条对边成正比, 那么这两条直线共面.

如图 5-34, 构造型描述为

((POINTS A B C D)
(LRATIO E A B r_1)
(LRATIO F D C r_1)
(LRATIO H A D r_2)
(LRATIO G B C r_2)
($V_{EFHG}=0$))

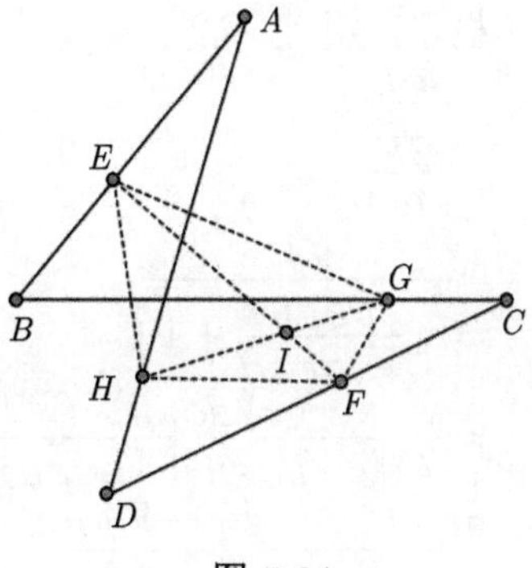

图 5-34

机器证明

$$
\begin{aligned}
& V_{EFHG} \\
\stackrel{G}{=} & -V_{CEFH}\cdot r_2+V_{BEFH}\cdot r_2-V_{BEFH} \\
\stackrel{H}{=} & -(-V_{BDEF}\cdot r_2^2+V_{BDEF}\cdot r_2+V_{ACEF}\cdot r_2^2-V_{ACEF}\cdot r_2) \\
\xlongequal{\text{simplify}} & (r_2-1)\cdot(V_{BDEF}-V_{ACEF})\cdot r_2 \\
\stackrel{F}{=} & (r_2-1)\cdot(V_{BCDE}\cdot r_1-V_{ACDE}\cdot r_1+V_{ACDE})\cdot r_2 \\
\stackrel{E}{=} & (r_2-1)\cdot(0)\cdot r_2 \\
\xlongequal{\text{simplify}} & 0
\end{aligned}
$$

消点式

$$
\begin{aligned}
& V_{EFHG}\stackrel{G}{=}-(V_{CEFH}\cdot r_2-V_{BEFH}\cdot r_2+V_{BEFH}) \\
& V_{BEFH}\stackrel{H}{=}V_{BDEF}\cdot r_2 \\
& V_{CEFH}\stackrel{H}{=}(r_2-1)\cdot V_{ACEF} \\
& V_{ACEF}\stackrel{F}{=}(r_1-1)\cdot V_{ACDE} \\
& V_{BDEF}\stackrel{F}{=}V_{BCDE}\cdot r_1 \\
& V_{ACDE}\stackrel{E}{=}V_{ABCD}\cdot r_1 \\
& V_{BCDE}\stackrel{E}{=}(r_1-1)\cdot V_{ABCE}
\end{aligned}
$$

例 5.5.9 承前例 5.5.8, 设直线 EF 和 GH 相交于点 I. 则 $\dfrac{\overline{EI}}{\overline{EF}}=\dfrac{\overline{AH}}{\overline{AD}}$. 构造型描述为

$$
\begin{aligned}
&\Big((\text{POINTS } A\ B\ C\ D) \\
&(\text{LRATIO } E\ A\ B\ r_1)(\text{LRATIO } F\ D\ C\ r_1) \\
&(\text{LRATIO } H\ A\ D\ r_2)(\text{LRATIO } G\ B\ C\ r_2) \\
&(\text{INTER } I(\text{LINE } E\ F)(\text{LINE } H\ G)) \\
&\left(\frac{\overline{EI}}{\overline{EF}}=r_2\right)\Big)
\end{aligned}
$$

机器证明

$$
\begin{aligned}
& \frac{\frac{\overline{EI}}{\overline{EF}}}{r_2} \\
\stackrel{I}{=} & \frac{1}{r_2\cdot\left(\dfrac{S_{FHG}}{S_{EHG}}+1\right)} \\
\stackrel{G}{=} & \frac{-(-V_{BCEH})}{r_2\cdot(-V_{BCFH}+V_{BCEH})} \\
\stackrel{H}{=} & \frac{-(-V_{BCDE}\cdot r_2)}{r_2\cdot(V_{BCDE}\cdot r_2+V_{ABCF}\cdot r_2-V_{ABCF})}
\end{aligned}
$$

$$\stackrel{\text{simplify}}{=\!=\!=} \frac{V_{BCDE}}{V_{BCDE}\cdot r_2 + V_{ABCF}\cdot r_2 - V_{ABCF}}$$

$$\stackrel{F}{=} \frac{V_{BCDE}}{V_{BCDE}\cdot r_2 - V_{ABCD}\cdot r_2\cdot r_1 + V_{ABCD}\cdot r_2 + V_{ABCD}\cdot r_1 - V_{ABCD}}$$

$$\stackrel{E}{=} \frac{V_{ABCD}\cdot r_1 - V_{ABCD}}{V_{ABCD}\cdot r_1 - V_{ABCD}} \stackrel{\text{simplify}}{=\!=\!=} 1$$

消点式

$$\frac{\overline{EI}}{\overline{EF}} \stackrel{I}{=} \frac{1}{-\left(\dfrac{S_{FHG}}{S_{EHG}} - 1\right)}$$

$$\frac{S_{FHG}}{S_{EHG}} \stackrel{G}{=} \frac{V_{BCFH}}{V_{BCEH}}$$

$$V_{BCFH} \stackrel{H}{=} (r_2 - 1)\cdot V_{ABCF}$$

$$V_{BCEH} \stackrel{H}{=} -(V_{BCDE}\cdot r_2)$$

$$V_{ABCF} \stackrel{F}{=} -((r_1 - 1)\cdot V_{ABCD})$$

$$V_{BCDE} \stackrel{E}{=} (r_1 - 1)\cdot V_{ABCD}$$

例 5.5.10 一个空间四边形的边 AB 和 DC 分别被点 $P_1,\cdots,P_{2n}$ 和 $Q_1,\cdots,Q_{2n}$ 分成 $2n+1$ 条等长线段, 则有

(1) $V_{P_nP_{n+1}Q_{n+1}Q_n} = \dfrac{1}{(2_n+1)^2}V_{ABCD}$.

(2) 如果边 BC 和 AD 分别被点 $R_1,\cdots,R_{2m}$ 和 $S_1,\cdots,S_{2m}$ 切成 $2m+1$ 条等长线段 , 则由直线 $P_nQ_n, P_{n+1}Q_{n+1}, R_mS_m, R_{m+1}S_{m+1}$ 形成的四面体的体积为

$$\frac{1}{(2n+1)^2(2m+1)^2}V_{ABCD}.$$

图 5-35 显示了当 $n=m=2$ 时的情形. 注意, 在下面 (1) 的机器证明过程中, 我们对点 $P_n, P_{n+1}, Q_n, Q_{n+1}$ 用了一些不同的记号.

如图 5-35, 构造型描述为

((POINTS A B C D)

$\left(\text{LRATIO } X\ A\ B\ \dfrac{n}{2n+1}\right)$

$\left(\text{LRATIO } Y\ A\ B\ \dfrac{n+1}{2n+1}\right)$

$\left(\text{LRATIO } U\ D\ C\ \dfrac{n}{2n+1}\right)$

$\left(\text{LRATIO } V\ D\ C\ \dfrac{n+1}{2n+1}\right)$

$(V_{XYVU} = V_{ABCD})$)

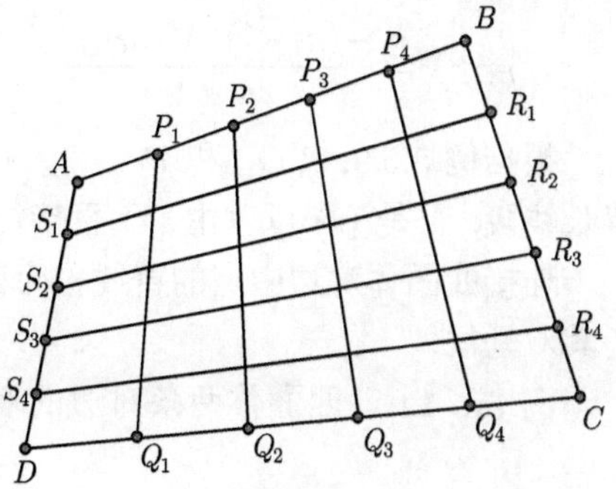

图 5-35

机器证明

$$-\frac{V_{XYUV}}{V_{ABCD}}$$

$$\overset{V}{=}\frac{-(-V_{DXYU}\cdot n-V_{CXYU}\cdot n-V_{CXYU})}{V_{ABCD}\cdot(2n+1)}$$

$$\overset{U}{=}\frac{4V_{CDXY}\cdot n^2+4V_{CDXY}\cdot n+V_{CDXY}}{V_{ABCD}\cdot(2n+1)^3}$$

$$\overset{\text{simplify}}{=\!=}\frac{V_{CDXY}}{V_{ABCD}\cdot(2n+1)}$$

$$\overset{Y}{=}\frac{-V_{BCDX}\cdot n-V_{BCDX}-V_{ACDX}\cdot n}{V_{ABCD}\cdot(2n+1)^2}$$

$$\overset{X}{=}\frac{-(-4V_{ABCD}\cdot n^2-4V_{ABCD}\cdot n-V_{ABCD})}{V_{ABCD}\cdot(2n+1)^4}$$

$$\overset{\text{simplify}}{=\!=}\frac{1}{(2n+1)^2}$$

消点式

$$V_{XYUV}\overset{V}{=}\frac{-(V_{DXYU}\cdot n+V_{CXYU}\cdot n+V_{CXYU})}{2n+1}$$

$$V_{CXYU}\overset{U}{=}\frac{(n+1)\cdot V_{CDXY}}{2n+1}$$

$$V_{DXYU}\overset{U}{=}\frac{-V_{CDXY}\cdot n}{2n+1}$$

$$V_{CDXY}\overset{Y}{=}\frac{-(V_{BCDX}\cdot n+V_{BCDX}+V_{ACDX}\cdot n)}{2n+1}$$

$$V_{ACDX}\overset{X}{=}\frac{V_{ABCD}\cdot n}{2n+1}$$

$$V_{BCDX}\overset{X}{=}\frac{-(n+1)\cdot V_{ABCD}}{2n+1}$$

根据例 5.5.9, P_nQ_n 和 $P_{n+1}Q_{n+1}$ 分别被点 R_iS_i, $i=1,\cdots,2m$ 切成 $2m+1$ 条等长线段. 于是 (2) 可以由 (1) 直接得到.

连接四面体对边中点的直线称为四面体的双中线. 四面体两条对边的公垂线称为其双垂线.

例 5.5.11　四面体两条对边的双垂线垂直于另外两组对边的双中线.

如图 5-36, 构造型描述为

((POINTS X Y A C)
(FOOT2LINE S A X Y)
(ON B (LINE S A))
(FOOT2LINE T C X Y)
(ON D (LINE T C))
(MIDPOINT N B C)
(MIDPOINT Q A D)
(PERPENDICULAR N Q X Y))

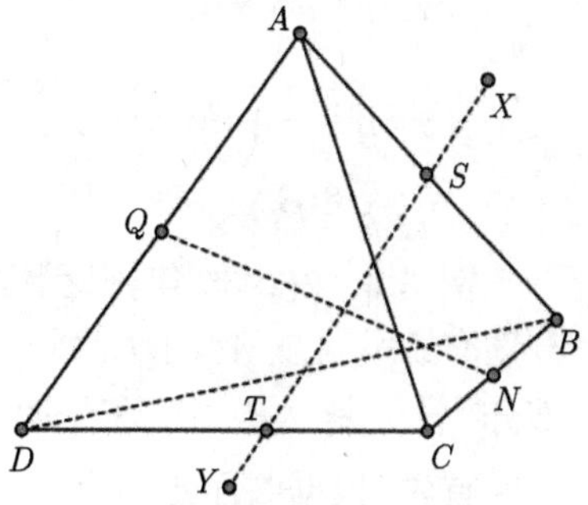

图 5-36

机器证明

$$\frac{P_{YXN}}{P_{YXQ}} \overset{Q}{=} \frac{P_{YXN}}{\frac{1}{2}P_{YXD}+\frac{1}{2}P_{YXA}}$$

$$\xlongequal{\text{simplify}} \frac{(2)\cdot P_{YXN}}{P_{YXD}+P_{YXA}}$$

$$\overset{N}{=} \frac{(2)\cdot\left(\frac{1}{2}P_{YXB}+\frac{1}{2}P_{YXC}\right)}{P_{YXD}+P_{YXA}}$$

$$\xlongequal{\text{simplify}} \frac{P_{YXB}+P_{YXC}}{P_{YXD}+P_{YXA}}$$

$$\overset{D}{=} \frac{P_{YXB}+P_{YXC}}{-P_{YXT}\cdot\frac{\overline{TD}}{\overline{TC}}+P_{YXT}+P_{YXC}\cdot\frac{\overline{TD}}{\overline{TC}}+P_{YXA}}$$

$$\overset{T}{=} \frac{-(P_{YXB}+P_{YXC})}{-P_{YXC}-P_{YXA}}$$

$$\overset{B}{=} \frac{-P_{YXS}\cdot\frac{\overline{SB}}{\overline{SA}}+P_{YXS}+P_{YXC}+P_{YXA}\cdot\frac{\overline{SB}}{\overline{SA}}}{P_{YXC}+P_{YXA}}$$

$$\overset{S}{=} \frac{-(-P_{YXC}-P_{YXA})}{P_{YXC}+P_{YXA}} \xlongequal{\text{simplify}} 1$$

消点式

$$P_{YXQ} \overset{Q}{=} \frac{1}{2}(P_{YXD}+P_{YXA})$$

$$P_{YXN} \overset{N}{=} \frac{1}{2}(P_{YXB}+P_{YXC})$$

$$P_{YXD} \overset{D}{=} -\left(P_{YXT}\cdot\frac{\overline{TD}}{\overline{TC}}-P_{YXT}-P_{YXC}\cdot\frac{\overline{TD}}{\overline{TC}}\right)$$

$$P_{YXT}\overset{T}{=}P_{YXC}$$

$$P_{YXB}\overset{B}{=}-\left(P_{YXS}\cdot\frac{\overline{SB}}{\overline{SA}}-P_{YXS}-P_{YXA}\cdot\frac{\overline{SB}}{\overline{SA}}\right)$$

$$P_{YXS}\overset{S}{=}P_{YXA}$$

例 5.5.12(1965 年国际数学奥林匹克赛题)　一个平行于 AB 和 CD 的平面分别交线段 AD, AC, BD, BC 于点 P, Q, S, R, 这个平面把四面体 $ABCD$ 分成两个部分. 设 r 是 AB, CD 和平面 PQS 的距离之比, 试计算两部分的体积之比.

首先, 根据共面定理有

$$r=\frac{V_{APQS}}{V_{DPQS}}=\frac{\overline{AP}}{\overline{PD}}.$$

因为 AB-$PQRS$ 的体积 V_1 等于 $V_{ABSR}+V_{APQR}+V_{APSR}$, 我们将分别计算 $\frac{V_{ABSR}}{V_{ABCD}}$, $\frac{V_{APRQ}}{V_{ABCD}}$ 和 $\frac{V_{APSR}}{V_{ABCD}}$.

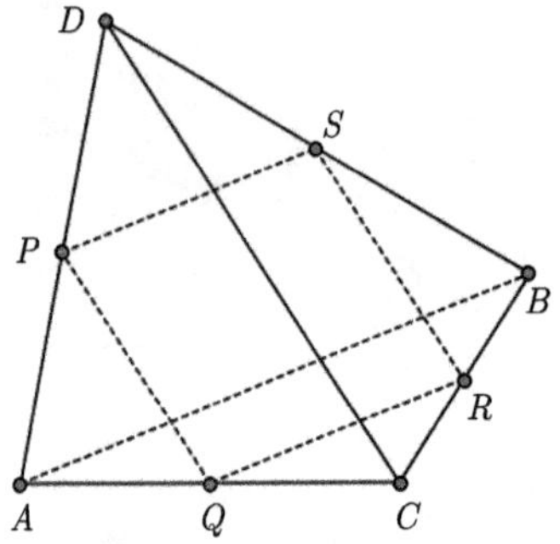

图 5-37

如图 5-37, 构造型描述为

$$\begin{pmatrix}
\text{(POINTS } A\ B\ C\ D)\\
\left(\text{LRATIO } P\ A\ D\ \dfrac{r}{1+r}\right)\\
\text{(INTER } Q\text{(LINE } A\ C\text{)(PLINE } P\ C\ D))\\
\text{(INTER } S\text{(LINE } B\ D\text{)(PLINE } P\ A\ B))\\
\text{(INTER } R\text{(LINE } B\ C\text{)(PLANE } P\ Q\ S))\\
\left(\dfrac{V_{ABSR}}{V_{ABDC}}\right)
\end{pmatrix}$$

机器证明

$$\frac{V_{ABSR}}{-V_{ABCD}}$$

$$\overset{R}{=}\frac{-V_{BPQS}\cdot V_{ABCS}}{-V_{ABCD}\cdot(-V_{CPQS}+V_{BPQS})}$$

$$\overset{S}{=}\frac{-(-V_{BDPQ})\cdot(-V_{ABCD})\cdot\left(\left(-\frac{S_{ABD}}{S_{ABP}}\right)\right)^2}{V_{ABCD}\cdot\left(-V_{BDPQ}\cdot\frac{S_{ABD}}{S_{ABP}}-V_{BCPQ}\cdot\frac{S_{ABD}}{S_{ABP}}^2+V_{BCPQ}\cdot\frac{S_{ABD}}{S_{ABP}}\right)\cdot\left(\left(-\frac{S_{ABD}}{S_{ABP}}\right)\right)^2}$$

$$\overset{\text{simplify}}{=\!=\!=}\frac{V_{BDPQ}}{\left(V_{BDPQ}+V_{BCPQ}\cdot\frac{S_{ABD}}{S_{ABP}}-V_{BCPQ}\right)\cdot\frac{S_{ABD}}{S_{ABP}}}$$

$$\overset{Q}{=}\frac{\left(V_{BCDP}\cdot\dfrac{S_{ACD}}{S_{CDP}}-V_{BCDP}\right)\cdot\left(\dfrac{S_{ACD}}{S_{CDP}}\right)^2}{\left(V_{BCDP}\cdot\dfrac{S_{ACD}}{S_{CDP}}^2-V_{BCDP}\cdot\dfrac{S_{ACD}}{S_{CDP}}-V_{ABCP}\right.}$$

$$\cdot\frac{\left(V_{BCDP}\cdot\dfrac{S_{ACD}}{S_{CDP}}-V_{BCDP}\right)\cdot\left(\dfrac{S_{ACD}}{S_{CDP}}\right)^2}{\left.\dfrac{S_{ACD}}{S_{CDP}}\cdot\dfrac{S_{ABD}}{S_{ABP}}+V_{ABCP}\cdot\dfrac{S_{ACD}}{S_{CDP}}\cdot\dfrac{S_{ABD}}{S_{ABP}}\cdot\dfrac{S_{ACD}}{S_{CDP}}\right)}$$

$$\xlongequal{\text{simplify}}\frac{\left(\dfrac{S_{ACD}}{S_{CDP}}-1\right)\cdot V_{BCDP}}{\left(V_{BCDP}\cdot\dfrac{S_{ACD}}{S_{CDP}}-V_{BCDP}-V_{ABCP}\cdot\dfrac{S_{ABD}}{S_{ABP}}+V_{ABCP}\right)\cdot\dfrac{S_{ABD}}{S_{ABP}}}$$

$$\overset{P}{=}\frac{(r)^3\cdot(-V_{ABCD})\cdot(r+1)^2}{(-V_{ABCD}\cdot r^3-2V_{ABCD}\cdot r^2-V_{ABCD}\cdot r)\cdot(r+1)^2}$$

$$\xlongequal{\text{simplify}}\frac{(r)^2}{(r+1)^2}$$

消式点

$$V_{ABSR}\overset{R}{=}\frac{V_{BPQS}\cdot V_{ABCS}}{V_{CPQS}-V_{BPQS}}$$

$$V_{ABCS}\overset{S}{=}\frac{V_{ABCD}}{\dfrac{S_{ABD}}{S_{ABP}}}$$

$$V_{CPQS}\overset{S}{=}\frac{\left(\dfrac{S_{ABD}}{S_{ABP}}-1\right)\cdot V_{BCPQ}}{-\dfrac{S_{ABD}}{S_{ABP}}}$$

$$V_{BDPQ}\overset{Q}{=}\frac{\left(\dfrac{S_{ACD}}{S_{CDP}}-1\right)\cdot V_{BCDP}}{\dfrac{S_{ACD}}{S_{CDP}}}$$

$$V_{BPQS}\overset{S}{=}\frac{V_{BDPQ}}{\dfrac{S_{ABD}}{S_{ABP}}}\quad V_{BCPQ}\overset{Q}{=}\frac{-V_{ABCP}}{\dfrac{S_{ACD}}{S_{CDP}}}$$

$$V_{BCDP}\overset{P}{=}\frac{-V_{ABCD}}{r+1}\quad V_{ABCP}\overset{P}{=}\frac{V_{ABCD}\cdot r}{r+1}$$

$$\frac{S_{ACD}}{S_{CDP}}\overset{P}{=}r+1\quad \frac{S_{ABD}}{S_{ABP}}\overset{P}{=}\frac{r+1}{r}$$

类似地, 可以计算

$$\frac{V_{APRQ}}{V_{ABCD}}=\frac{(r)^2}{(r+1)^3},\quad \frac{V_{APSR}}{V_{ABCD}}=\frac{(r)^2}{(r+1)^3}.$$

因而

$$V_1 = \left(\frac{(r)^2}{(r+1)^2} + \frac{(r)^2}{(r+1)^3} + \frac{(r)^2}{(r+1)^3}\right) V_{ABCD} = \frac{(r)^2(r+3)}{(r+1)^3} V_{ABCD}.$$

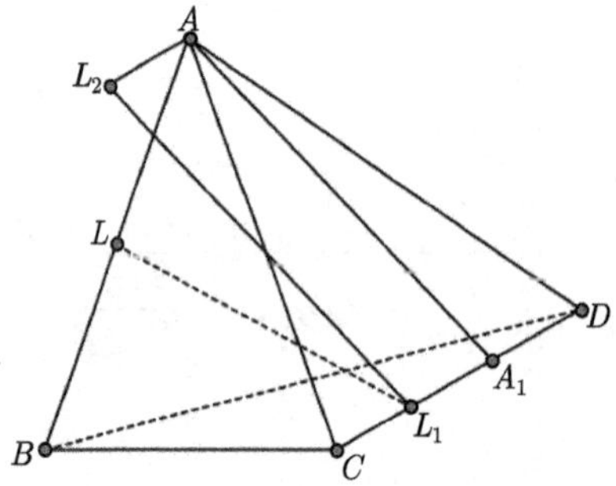

图 5-38

令

$$V_2 = V_{ABCD} - V_1 = \frac{3r+1}{(r+1)^3} V_{ABCD}.$$

最后有

$$\frac{V_1}{V_2} = \frac{r^2(r+3)}{3r+1}.$$

例 5.5.13(Monge 定理)　通过四面体六条边的中点且垂直于对边的六个平面共点, 该点称为四面体的 Monge 点.

图 5-38 表现了部分作图过程. 完整的构造型描述为

((POINTS $A\ B\ C\ D$)(MIDPOINT $L\ A\ B$)
(FOOT2LINE $L_1\ L\ C\ D$)(FOOT2LINE $A_1\ A\ C\ D$)
(PRATIO $L_2\ L_1\ A_1\ A$ 1)(MIDPOINT $R\ A\ C$)
(FOOT2LINE $R_1\ R\ B\ D$)(FOOT2LINE $A_2\ A\ B\ D$)
(PRATIO $R_2\ R_1\ A_2\ A$ 1)
(INTER P(LINE $L\ L_1$)(PLANE $R\ R_1\ R_2$))
(INTER Q(LINE $L\ L_2$)(PLANE $R\ R_1\ R_2$))
(MIDPOINT $S\ B\ C$)(FOOT2LINE $S_1\ S\ A\ D$)
(FOOT2LINE $B_1\ B\ A\ D$)(PRATIO $S_2\ S_1\ B_1\ B$ 1)
(INTER M(LINE $P\ Q$)(PLANE $S\ S_1\ S_2$))
(MIDPOINT $N\ C\ D$)
(PERPENDICULAR $N\ M\ A\ B$)

这个定理的证明太长, 就不在这里写出来了. 类似于这样的题, 我们还需要更好的消点技术来产生简短而具有可读性的证明.

5.6　体积坐标系

在引理 5.5.6 中, 我们使用的是本质上和通常的 Descartes 坐标系相同的直角坐标系. 为此, 我们还要引入四个辅助点 O, W, U, V. 这一节中, 我们要讨论一种新坐标系 —— 斜体积坐标系的一些性质, 在这种坐标系中任意四个自由点都可以用来作参考点. 作为一个推论, 我们将得到引理 5.5.6 的一种新的证明和算法 5.5.7 的一种新的表达形式.

设 O, W, U, V 是四个非共面点, 则对于任意点 A, 记它关于 $OWUV$ 的体积坐标为

$$x_A = \frac{V_{OWUA}}{V_{OWUV}}, \quad y_A = \frac{V_{OWAV}}{V_{OWUV}}, \quad z_A = \frac{V_{OAUV}}{V_{OWUV}}, \quad w_A = \frac{V_{AWUV}}{V_{OWUV}}.$$

显然 $x_A + y_A + z_A + w_A = 1$. 以下是一些已知结论.

命题 5.6.1 空间中的点与满足 $x + y + z + w = 1$ 的四元组 (x, y, z, w) 一一对应.

命题 5.6.2 对于任意点 A, B, C, D, 有

$$V_{ABCD} = V_{OWUV} \begin{vmatrix} x_A & y_A & z_A & 1 \\ x_B & y_B & z_B & 1 \\ x_C & y_C & z_C & 1 \\ x_D & y_D & z_D & 1 \end{vmatrix}.$$

作为命题 5.6.2 的一个推论, 我们可以给出体积坐标系中的平面方程. 设 P 是平面 ABC 上一点, 则点 P 的体积坐标必须满足

$$\begin{vmatrix} x_A & y_A & z_A & 1 \\ x_B & y_B & z_B & 1 \\ x_C & y_C & z_C & 1 \\ x_P & y_P & z_P & 1 \end{vmatrix} = 0,$$

这就是平面 ABC 的方程.

位置比公式仍然是正确的.

命题 5.6.3 设 R 是直线 PQ 上一点 $, r_1 = \dfrac{\overline{PR}}{\overline{PQ}}$ 和 $r_2 = \dfrac{\overline{RQ}}{\overline{PQ}}$ 是 R 关于 PQ 的位置比, 则

$$x_R = r_1 x_Q + r_2 x_P; \quad y_R = r_1 y_Q + r_2 y_P; \quad z_R = r_1 z_Q + r_2 z_P; \quad w_R = r_1 w_Q + r_2 w_P.$$

证明 这是命题 5.1.5 的一个直接推论.

现在我们给出两点间的平方距离公式.

命题 5.6.4 设 $OXZ_1Y - ZY_1O_1X_1$ 是一个平行六面体, 则有

$$\overline{OO_1}^2 = \overline{OX}^2 + \overline{OY}^2 + \overline{OZ}^2 + P_{XOY} + P_{XOZ} + P_{YOZ}.$$

证明　根据命题 3.1.6 有

$$\begin{aligned}&\overline{OX_1}^2=2\overline{OZ}^2+2\overline{OY}^2-\overline{ZY}^2,\\&\overline{OY_1}^2=2\overline{OX}^2+2\overline{OZ}^2-\overline{XZ}^2,\\&\overline{OZ_1}^2=2\overline{OX}^2+2\overline{OY}^2-\overline{XY}^2,\\&\overline{XX_1}^2+\overline{YY_1}^2=2\overline{OZ}^2+2\overline{XY}^2,\\&\overline{OO_1}^2+\overline{ZZ_1}^2=2\overline{OZ}^2+2\overline{OZ_1}^2=4\overline{OX}^2+4\overline{OY}^2+2\overline{OZ}^2-2\overline{XY}^2.\end{aligned}\tag{5.9}$$

如图 5-39, 设 C 是平行六面体的中心.

根据命题 5.4.1, 有

$$\overline{OO_1}^2=4\overline{OC}^2=4\left(\frac{1}{2}\overline{OY}^2+\frac{1}{2}\overline{OY_1}^2-\frac{1}{4}\overline{YY_1}^2\right).$$

则

$$\overline{OO_1}^2+\overline{YY_1}^2=4\overline{OX}^2+2\overline{OY}^2+4\overline{OZ}^2-2\overline{XY}^2.\tag{5.10}$$

类似地, 有

$$\overline{OO_1}^2+\overline{XX_1}^2=2\overline{OX}^2+4\overline{OY}^2+4\overline{OZ}^2-2\overline{ZY}^2.\tag{5.11}$$

解线性方程组 (5.9)~(5.11), 得

$$\begin{aligned}\overline{OO_1}^2=&3\overline{OX}^2+3\overline{OY}^2+3\overline{OZ}^2-\overline{ZY}^2-\overline{ZX}^2-\overline{XY}^2\\=&\overline{OX}^2+\overline{OY}^2+\overline{OZ}^2+P_{XOY}+P_{XOZ}+P_{YOZ}.\end{aligned}$$

命题 5.6.5　设 O,W,U,V 是四个自由点, 则

$$\begin{aligned}\overline{AB}^2=&\overline{OU}^2(x_B-x_A)^2+\overline{OV}^2(y_B-y_A)^2+\overline{OW}^2(z_B-z_A)^2\\&+(y_B-y_A)(x_B-x_A)P_{UOV}+(z_B-z_A)(y_B-y_A)P_{WOV}\\&+(z_B-z_A)(x_B-x_A)P_{WOU}.\end{aligned}$$

证明　如图 5-40, 构造一个平行六面体 $AMLN-RPBQ$ 使得 $AR\parallel OW$, $AM\parallel OU$, $AN\parallel OV$.

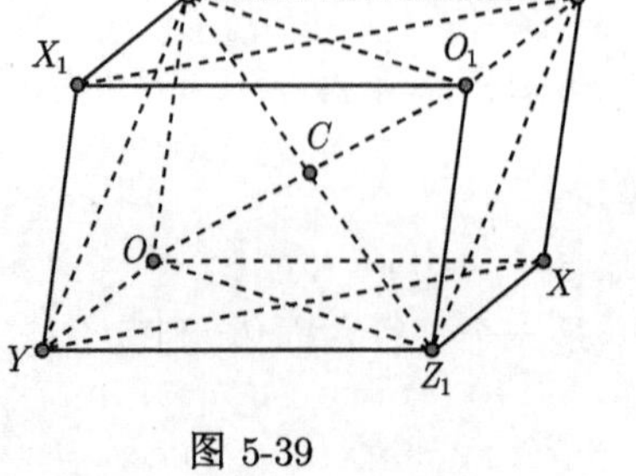

图 5-39

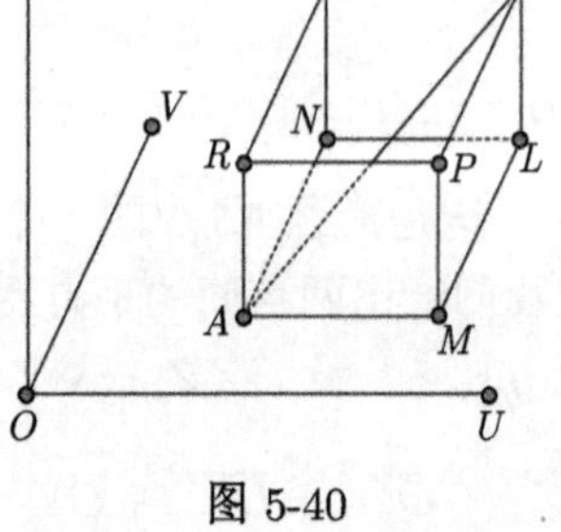

图 5-40

根据命题 5.6.4 有

$$\overline{AB}^2=\overline{AM}^2+\overline{AN}^2+\overline{AR}^R+P_{RAN}+P_{RAM}+P_{NAM}.$$

再根据引理 5.3.15 得

$$\overline{AR}^2=\overline{OW}^2\left(\frac{\overline{AR}}{\overline{OW}}\right)^2=\overline{OW}^2\left(\frac{V_{BOUVA}}{V_{WOUV}}\right)^2=\overline{OW}^2(z_B-z_A)^2.$$

而 $\overline{AN}^2$ 和 $\overline{AM}^2$ 可以类似地计算. 再根据命题 3.1.9 有

$$P_{NAM}=\frac{\overline{AM}}{\overline{OU}}\frac{\overline{AN}}{\overline{OV}}P_{UOV}=(y_B-y_A)(x_B-x_A)P_{UOV}.$$

我们可以类似地计算 P_{RAN} 和 P_{RAM} .

对于算法 5.5.7, 设 E 是自由点的体积和勾股差的表达式. 和用引理 5.5.6 不同的是, 我们可以用下面的过程把 E 转化为一个具有独立变量的表达式: 如果 E 中出现的点少于四个, 那么我们什么也不做. 否则, 在 E 中出现的点中选择四个点 O,W,U,V 并对 E 用命题 5.6.2 和 5.6.5, 把体积和勾股差转化成关于 $OWUV$ 的体积坐标. 现在新的 E 是一个自由点体积坐标以及 $\overline{OW}^2,\overline{OU}^2,\overline{OV}^2,\overline{UV}^2$ 和 V_{OWUV} 的表达式. 这些几何量之间唯一的几何关系是 Herron- 秦公式 (命题 5.4.13). 把 V_{OWUV}^2 代入 E, 我们得到一个具有独立变量的表达式.

例 5.6.6 当一个几何命题中恰好有四个自由点 O,W,U,V 时, 上述转化过程变得十分简单. 在这种情况下, 我们首先用 Herron- 秦公式把体积 V_{OWUV} 的平方转化成勾股差, 然后按照六个平方距离 $\overline{OW}^2,\overline{OU}^2,\overline{OV}^2,\overline{UV}^2,\overline{UW}^2,\overline{WV}^2$ 来表示勾股差, 这样就形成了这个几何命题的一个自由参数的集合.

练习 5.6.7

1. 如果 $OV\perp OU$, $OV\perp OW$, $OW\perp OU$, 且 $\overline{OU}^2=\overline{OV}^2=\overline{OW}^2=1$, 那么这一节中提出的体积坐标系就变为标准的 Descartes 坐标系. 证明 Descartes 坐标系中的如下公式:

(1) $\overline{AB}^2=(x_B-x_A)^2+(y_B-y_A)^2+(z_B-z_A)^2$.

(2) $P_{ABC}=2((x_B-x_A)(x_B-x_C)+(y_B-y_A)(y_B-y_C)+(z_B-z_A)(z_B-z_C))$.

(3) $V_{ABCD}=\dfrac{1}{6}\begin{vmatrix}x_A & y_A & z_A & 1\\ x_B & y_B & z_B & 1\\ x_C & y_C & z_C & 1\\ x_D & y_D & z_D & 1\end{vmatrix}$.

2. 用前面练习中的三个公式证明四面体的 Herron- 秦公式 (参见命题 5.4.13

和 5.4.14) (首先注意

$$V_{ABCD}=\frac{1}{6}\begin{vmatrix} x_B-x_A & y_B-y_A & z_B-z_A \\ x_C-x_A & y_C-y_A & z_C-z_A \\ x_D-x_A & y_D-y_A & z_D-z_A \end{vmatrix}.$$

设 M 为上面公式中的矩阵, 则 $V_{ABCD}^2=\frac{1}{36}|M\times M*|$, 这里 M^* 是 M 的转置).

第 5 章小结

• 带号体积和勾股差被用来描述立体几何中一些基本的几何关系：共线、共面、平行、垂直、线段相等.

(1) 四点 A,B,C,D 共面当且仅当 $V_{ABCD}=0$.

(2) $PQ\,/\!\!/\,ABC$ 当且仅当 $V_{PABC}=V_{QABC}$ 或等价于 $V_{PABCQ}=0$.

(3) $PQR\,/\!\!/\,ABC$ 当且仅当 $V_{PABC}=V_{QABC}=V_{RABC}$.

(4) $PQ\perp AB$ 当且仅当 $P_{PAQB}=P_{PAB}-\ P_{QAB}=0$.

• 我们有如下四面体体积公式：

(1) 设 $h_{A,BCD}$ 为点 A 到平面 BCD 的带号高, 则

$$V_{ABCD}=\frac{1}{3}h_{A,BCD}|S_{BCD}|.$$

(2) 设 x_A,y_A,z_A 是点 A 关于点 O,W,U,V 的体积坐标, 则

$$V_{ABCD}=V_{OWUV}\begin{vmatrix} x_A & y_A & z_A & 1 \\ x_B & y_B & z_B & 1 \\ x_C & y_C & z_C & 1 \\ x_D & y_D & z_D & 1 \end{vmatrix}.$$

(3) (Herron- 秦公式) 设 $r_{ij}=|\overline{P_iP_j}|, P_{ijk}=P_{p_ip_jp_k}$, 则

$$144V_{P_1P_2P_3P_4}^2=4r_{12}^2r_{13}^2r_{14}^2-r_{12}^2P_{314}-r_{13}^2P_{214}-r_{14}^2P_{312}+P_{314}P_{214}P_{312}.$$

(4) (Cayley-Menger 公式)

$$288V_{P_1P_2P_3P_4}^2=\begin{vmatrix} 0 & r_{12}^2 & r_{13}^2 & r_{14}^2 & 1 \\ r_{21}^2 & 0 & r_{23}^2 & r_{24}^2 & 1 \\ r_{31}^2 & r_{32}^2 & 0 & r_{34}^2 & 1 \\ 1 & 1 & 1 & 1 & 0 \end{vmatrix}.$$

• 下面这些基本定理是体积法的基础:

(1) (共顶点定理) 设 ABC 和 DEF 是同一平面上两个非退化三角形, T 是平面外一点, 那么 $\dfrac{V_{TABC}}{V_{TDEF}}=\dfrac{S_{ABC}}{S_{DEF}}$.

(2) (共面定理) 直线 PQ 和平面 ABC 相交于点 M. 如果 $Q\neq M$, 则有

$$\frac{\overline{PM}}{\overline{QM}}=\frac{V_{PABC}}{V_{QABC}};\quad \frac{\overline{PM}}{\overline{PQ}}=\frac{V_{PABC}}{V_{PABCQ}};\quad \frac{\overline{QM}}{\overline{PQ}}=\frac{V_{QABC}}{V_{PABCQ}}.$$

(3) 设 R 是直线 PQ 上一点, 则对于任意点 A,B,C, 有

$$V_{RABC}=\frac{\overline{PR}}{\overline{PQ}}V_{QABC}+\frac{\overline{PQ}}{\overline{PQ}}V_{PABC}.$$

(4) 设 R 是平面 PQS 上一点, 则对于任意点 A,B,C, 有

$$V_{RABC}=\frac{S_{PQR}}{S_{PQS}}V_{SABC}+\frac{S_{RQS}}{S_{PQS}}V_{PABC}+\frac{S_{PRS}}{S_{PQS}}V_{QABC}.$$

(5) 设 $PQTS$ 是一个平行四边形, 则对于点 A,B,C, 有

$$V_{PABC}+V_{TABC}=V_{QABC}+V_{SABC}, \text{或} V_{PABCQ}=V_{SABCT}.$$

(6) 设三角形 ABC 是三角形 DEF 的一个平移, 则对于点 P 和 Q, 有

$$V_{PABC}=V_{PDEFA} \text{ 和 } V_{PABCQ}=V_{PDEFQ}.$$

注意, 第 3 章总结中上关于勾股差的命题仍然是正确的, 即使涉及的点在空间中.

• 我们提出了一种机器证明方法, 它能对空间中的许多构造型几何命题产生简短而具有可读性的证明.

第 6 章　非欧几何定理的机器证明

对于非欧几何中的一类构造型几何命题, 我们提出了一个可以生成简短且可读证明的方法. 此方法是应用于欧氏几何和 Minkowskian 几何的面积法的一个实质性扩展, 它与吴文俊用于几何定理证明的变元消去法类似. 不同之处在于吴文俊的方法是从代数表达式中消去点的坐标, 而我们的方法是在从几何不变量中消去点. 因此, 用我们的方法所生成的证明通常很短, 而且每一步消点都有明显的几何意义. 基于此算法的计算机程序已经证明了九十多个包括许多新的非欧几何定理, 由这个程序生成的证明通常是简短而可读的.

6.1　Cayley-Klein 九种平面几何

在前面几章中, 我们叙述了欧氏几何中几何定理自动证明的消点法. 自然会问, 这一方法是否可以推广到非欧几何呢? 在做这一工作之前, 我们先来定义一类常见的非欧几何, 即九种 Cayley-Klein 平面几何：欧氏几何、对偶欧氏几何、黎曼几何、Bolyai-Lobachevsky 几何 (也称双曲几何)、对偶 Bolyai-Lobachevsky 几何、Minkowskian 几何、对偶-Minkowskian 几何、双重双曲几何和 Galilean 几何. 有关 Gayley-Klein 几何的细节请参见文献 (Yaglom, 1979), 这里只给出简单的描述.

6.1.1　直线上的三种度量

我们把一条线上的几何学按照点之间的距离区分为三类: 欧氏几何学、椭圆几何学、双曲几何学.

欧氏几何学是建立在众所周知的线段的度量规则基础上的. 设 C 是线段 AB 上一点, 如图 6-1 左, 那么欧氏度量 d 应满足

$$d_{AB} = d_{AC} + d_{CB}$$

这一直线的欧氏运动, 即保持直线上两点距离不变的变换是

- 沿直线的平移.
- 关于直线上一点的反射.

以上定义的欧氏度量又称为抛物度量.

为在直线 l 上引入椭圆几何, 如图 6-1 中, 取不在直线上一点 Q, 并且把 l 上两

点 A, B 之间的椭圆距离定义为通常欧氏角度 $\angle AQB$, 即

$$d_{AB}^E = \angle AQB.$$

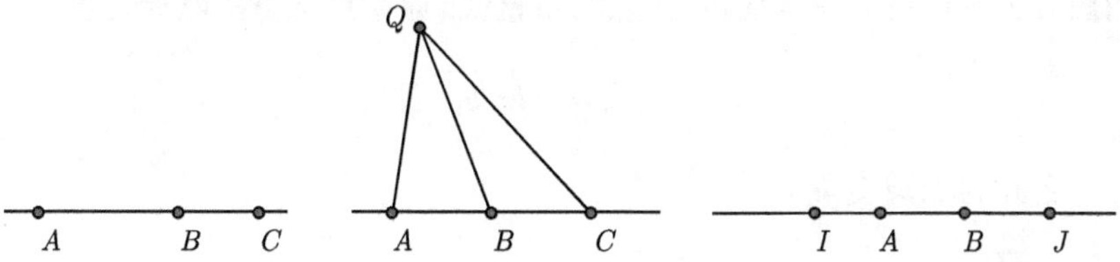

图 6-1

如果 A, B, C 是 l 上相继三点, 则有

$$d_{AB}^E = d_{AC}^E + d_{CB}^E.$$

保持直线上两点椭圆距离不变的椭圆运动是

• 由中心为 Q 的线束旋转一个固定角度 α. 这一变换将一点 A 变为 A', 使得 $\angle AQA' = \alpha$.

• 由中心为 Q 的线束关于线束中一条固定直线 l 的反射. 这一变换将一点 A 变为 A', 使得 l 平分 $\angle AQA'$.

为在直线 l 上引入双曲几何, 如图 6-1 右, 在直线取两点 I, J, 并且把 l 上两点 A, B 之间的双曲距离定义为

$$d_{AB}^H = k\log(A,\ B,\ I,\ J),$$

其中 k 是一个常数, (A, B, I, J) 是 A, B, I, J 的交比:

$$(A,\ B,\ I,\ J) = \frac{AI/AJ}{BI/BJ},$$

其中右面的距离是有向的. 不难证明, 如果 A, B, C 是 IJ 上相继三点, 那么

$$d_{AB}^H = d_{AC}^H + d_{CB}^H.$$

保持直线上两点双曲距离不变的双曲运动是

• 关于 IJ 的中点的反射.

• IJ 到自身的中心映射. 其中中心映射定义如下: 设 O_1, O_2 是不在 l 上的两点, l' 是通过点 I 且与 l 不同的直线. 对于 l 上一点 A, 设 $A_1 = l' \cap AO_1$, $A_2 = l \cap A_1O_2$, 则 A_2 就是 A 点在一个中心映射下的映象.

6.1.2　角度的三种度量

正像可以定义直线上距离的三种几何，也可以为以点 O 为中心的所有直线之间的夹角定义三种度量.

如图 6-2(左)，设 a,b 是通过 O 点两条直线. 通常意义下的欧氏角度

$$\delta_{ab}^{E} = \angle aOb$$

称为 a,b 之间的椭圆度量.

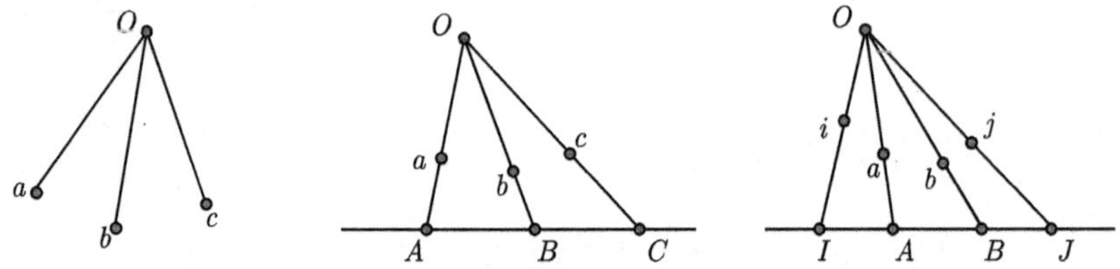

图 6-2

如图 6-2 中，选取不过 O 点的一条直线 l. 设 A,B 是 l 与 a,b 的交点，则 a,b 间的抛物度量定义为

$$\delta_{ab}^{P} = AB.$$

固定过 O 点的两条直线 i,j，则 a,b 间的双曲度量定义为

$$\delta_{ab}^{H} = k\log\frac{\sin\angle(a,i)/\sin\angle(a,j)}{\sin\angle(b,i)/\sin\angle(b,j)},$$

其中 k 是一个常数，$\angle(a,i)$ 是直线 a,i 的夹角.

6.1.3　九种平面几何

为了定义平面 Cayley-Klein 几何，我们可以选择直线上的三种度量 (抛物、椭圆、双曲) 之一，以及选择角度的三种度量之一. 这样就给出了九种长度与角度的度量方式，从而得到下表中的九种平面几何.

角的度量	长度的度量		
	椭圆型	抛物线	双曲线
椭圆型	椭圆几何	欧氏几何	双曲几何
抛物型	对偶欧氏几何	Galiean 几何	对偶 Minkowskian 几何
双曲型	对偶双曲几何	Minkowskian 几何	双重双曲几何

一个几何的对偶几何是通过将这个几何中的几何概念变换成它的对偶定义，即将原几何中的点、线、两点之间的距离和两条直线之间的角度分别变换成线、点、两线之间的角度和两点之间的距离而得到的一种几何. 因此原几何中的定理

可以通过将其对偶几何中的定理中的几何概念变换成相应的对偶概念而得到, 在这个意义上一个几何和它的对偶几何是等价的. 因此, 我们只需考虑六种几何. 我们将不给出 Galilean 几何的任何转换定理, 因此我们只需考虑五种几何：欧氏几何、Minkowskian 几何、黎曼几何、Bolyai-Lobachevsky 几何和双曲几何. 下面将给出这五种几何的严格定义, 在下一节将用这些定义给出这九种几何之间的转换定理.

我们用一种方便的方法来描述一类特定的几何：一个 “几何” 可以定义为

$$G = \{PS, R, K; CR, AE\},$$

其中 PS 是一个几何模型 G 中的点的集合; R 是给定的点之间的几何关系的集合, 例如共线等等; K 是和这个几何相联系的特征为零的域. CR 和 AE 是两个函数. 对于一个点 $P \in PS$, $CR(P)$ 给出了点 P 在几何模型中的坐标. 对于一个几何关系 $GR \in R$, $AE(GR)$ 给出了以 G 为坐标系的代表 GR 的代数方程. 在这里我们将直接使用几何的关联域. 至于怎样由几何公理导出这一关联域, 见 Hilbert 的经典著作 (Hilbert, 1971), 也可以参考吴文俊以定理机器证明为背景而发展的一套公理体系 (Wu, 1984).

1. 欧氏几何

如通常所述, 欧氏平面是带如下内积的实仿射平面：

$$\langle P, Q\rangle = x_1x_2 + y_1y_2,$$

其中 $P=(x_1, y_1)$, $Q=(x_2, y_2)$. 令 $A=(x_1, y_1)$, $B=(x_2, y_2)$, $C=(x_3, y_3)$, $D=(x_4, y_4)$, $E=(x_5, y_5)$, $F=(x_6, y_6)$ 是欧氏平面上的点. 我们考虑这些点之间的五种几何关系：

(R1) 点 A, B, C 共线当且仅当

$$(y_3 - y_1)(x_2 - x_1) - (y_2 - y_1)(x_3 - x_1) = 0.$$

(R2) 直线 AB 平行于直线 CD 当且仅当

$$(y_4 - y_3)(x_2 - x_1) - (y_2 - y_1)(x_4 - x_3) = 0.$$

(R3) 直线 AB 垂直于直线 CD 当且仅当

$$(x_4 - x_3)(x_2 - x_1) + (y_4 - y_3)(y_2 - y_1) = 0.$$

点 A 和 B 之间的距离的平方定义如下：

$$D(A, B) = \langle A - B, A - B\rangle.$$

(R4) 线段 AB 和 CD 全等当且仅当

$$(x_1-x_2)^2+(y_1-y_2)^2=(x_3-x_4)^2+(y_3-y_4)^2.$$

欧氏几何中的角的度量的定义如下：

$$\angle BAC=\arctan\left(\frac{k_2-k_1}{1-k_1k_2}\right),$$

其中

$$k_1=\frac{y_2-y_1}{x_2-x_1},\quad k_2=\frac{y_3-y_1}{x_3-x_1}$$

分别是直线 BA 和直线 CA 的斜率.

(R5) 有向角 $\angle ABC$ 全等于 $\angle DEF$ 当且仅当

$$\frac{(y_2-y_1)(x_3-x_2)-(y_3-y_2)(x_2-x_1)}{(x_2-x_1)(x_3-x_2)-(y_2-y_1)(y_3-y_2)}=\frac{(y_5-y_4)(x_6-x_5)-(y_6-y_5)(x_5-x_4)}{(x_5-x_4)(y_6-y_5)-(y_6-y_5)(y_5-y_4)}.$$

2. Minkowskian(M) 几何

Minkowskian 平面是带内积的实仿射平面：

$$M\langle P,Q\rangle=x_1x_2-y_1y_2,$$

其中 $P=(x_1,y_1)$, $Q=(x_2,y_2)$. 令 $A=(x_1,y_1)$, $B=(x_2,y_2)$, $C=(x_3,y_3)$, $D=(x_4,y_4)$, $E=(x_5,y_5)$, $F=(x_6,y_6)$ 是 M 平面上的点. 我们考虑这些点之间的五种几何关系：

(R1) 点 A, B, C 共线当且仅当

$$(y_3-y_1)(x_2-x_1)-(y_2-y_1)(x_3-x_1)=0.$$

(R2) 直线 AB 平行于直线 CD 当且仅当

$$(y_4-y_3)(x_2-x_1)-(y_2-y_1)(x_4-x_3)=0.$$

(R3) 直线 AB 垂直于直线 CD 当且仅当

$$(x_4-x_3)(x_2-x_1)-(y_4-y_3)(y_2-y_1)=0.$$

点 A 和 B 之间的距离的平方定义如下：

$$MD(A,B)=M\langle A-B,A-B\rangle.$$

(R4) 线段 AB 和 CD 全等当且仅当

$$(x_1-x_2)^2-(y_1-y_2)^2-(x_3-x_4)^2-(y_3-y_4)^2.$$

与欧氏几何中的角的度量的定义类似, 我们定义 M 几何中的角的度量的定义如下:

$$\angle BAC=\operatorname{arctanh}\left(\frac{k_2-k_1}{1-k_1k_2}\right),$$

其中

$$k_1=\frac{y_2-y_1}{x_2-x_1},\quad k_2=\frac{y_3-y_1}{x_3-x_1}$$

分别是直线 BA 和直线 CA 的斜率.

(R5) 有向角 $\angle ABC$ 全等于 $\angle DEF$ 当且仅当

$$\frac{(y_2-y_1)(x_3-x_2)-(y_3-y_2)(x_2-x_1)}{(x_2-x_1)(x_3-x_2)-(y_2-y_1)(y_3-y_2)}=\frac{(y_5-y_4)(x_6-x_5)-(y_6-y_5)(x_5-x_4)}{(x_5-x_4)(y_6-y_5)-(y_6-y_5)(y_5-y_4)}.$$

关于 Minkowskian 几何的细节请参见文献 (Chou et al., 1986).

3. Riemann(R) 几何

令 $\langle X,Y\rangle$ 和 $X\times Y$ 是实空间 $\mathbf{R}^3$ 中的 X,Y 的内积和向量积. 对于 $X\in\mathbf{R}^3$, 定义

$$\|X\|=\langle X,X\rangle,\quad |X|=\sqrt{\langle X,X\rangle}.$$

令

$$S2=\left\{X=(x_1,x_2,x_3)\in R^3|x_1^2+x_2^2+x_3^2=1\right\}$$

是 $\mathbf{R}^3$ 中的单位球面. 如果将 (S2) 中的一对对映点看作是一个点, 我们得到实的投影平面:

$$P2=\{\{X,-X\}|X\in(S2)\}.$$

这是黎曼几何的一个模型. 设 $\pi(S2)\to(P2)$ 是将每一个 $X\in(S2)$ 变换成 $\{X,-X\}$ 的映射. 如果 $P=\pi(x,y,z)$, 我们说三元组 (x,y,z) 是点 P 的坐标. $(P2)$ 中的一个点 $P=\pi(x,y,z)$ 有两个坐标 (x,y,z) 和 $(-x,-y,-z)$, 其中的一个被称为另一个的对映点. $(P2)$ 中的两个点 $A=\pi(x_1,y_1,z_1)$ 和 $B=\pi(x_2,y_2,z_2)$ 等价当且仅当 $(x_1,y_1,z_1)=(x_2,y_2,z_2)$ 或者 $(x_1,y_1,z_1)=(-x_2,-y_2,-z_2)$. 等价地说是当且仅当 $(x_1,y_1,z_1)\times(x_2,y_2,z_2)$=0. 因此, $A\neq B$ 当且仅当 $(x_1,y_1,z_1)\times(x_2,y_2,z_2)\neq 0$.

对于 $P2$ 中的点 P, 我们用 P 的小写 p 代表 $(S2)$ 中的一个点使得 $\pi(p)=P$. 令 X,Y,Z,W,A,B 和 C 是 $(P2)$ 中的点. 我们考虑下面的几何关系:

(R1) 点 X, Y, Z 共线当且仅当 $\langle x,y\times z\rangle=0$.

(R2) 直线 XY 垂直于直线 ZW 当且仅当 $\langle x\times y, z\times w\rangle = 0$.

(R3) 直线 XY 平行于或等价于直线 ZW, 当且仅当

$$\langle x\times y, z\times w\rangle^2 = \|x\times y\|\cdot\|z\times w\|.$$

定义线段 XY 的长度如下：

$$DR(X,Y) = \arccos(|\langle x,y\rangle|).$$

假设所有的距离不超过 $\dfrac{\pi}{2}$, 则有

(R4) 线段 XY 和 ZW 全等当且仅当

$$\langle x,y\rangle^2 = \langle z,w\rangle^2.$$

定义角的度量如下：

$$\angle BAC = \arccos\left(\left|\left\langle \frac{a\times b}{|a\times b|}, \frac{a\times c}{|a\times c|}\right\rangle\right|\right).$$

假设所有的角不超过 $\dfrac{\pi}{2}$, 则有

(R5) 角 $\angle XYZ$ 全等于 $\angle ABC$ 当且仅当

$$\frac{\langle x\times y, z\times y\rangle^2}{\|x\times y\|\cdot\|z\times y\|} = \frac{\langle a\times b, c\times b\rangle^2}{\|a\times b\|\cdot\|c\times b\|}.$$

Riemann 几何的详细描述请参见文献 (Ryan, 1986).

4. Bolyai-Lobachevsky(BL) 几何

考虑 $\mathbf{R}^3$ 中的一个新内积 $B\langle X,Y\rangle$:

$$B\langle X,Y\rangle = x_1y_1 + x_2y_2 - x_3y_3,$$

其中 $X=(x_1, x_2, x_3)$, $Y=(y_1, y_2, y_3)$. 在这一节中, $\times$ 代表向量积, $B\langle *,*\rangle$ 代表内积, 即

$$X\times Y = (x_2y_3 - y_2x_3, x_3y_1 - x_1y_3, x_2y_1 - x_1y_2).$$

一个向量 $X\in\mathbf{R}^3$ 被称为空间型, 如果 $B\langle X,X\rangle >0$; 时间型, 如果 $B\langle X,X\rangle <0$; 和光型, 如果 $B\langle X,X\rangle = 0$. 对于 $X\in\mathbf{R}^3$, 令

$$\|X\| = B\langle X,X\rangle, \quad |X| = \sqrt{B\langle X,X\rangle}.$$

则有

引理 6.1.1(Cauchy-Shwarz 不等式)(Ryan, 1986) (a) 如果 X, Y 是空间型向量, $X\times Y$ 是时间型向量, 则

$$B\langle X,Y\rangle^2 < B\langle X,X\rangle B\langle Y,Y\rangle.$$

(b) 如果 X, Y 和 $X\times Y$ 是空间型向量, 则

$$B\langle X,Y\rangle^2 \geqslant B\langle X,X\rangle B\langle Y,Y\rangle \text{ 且 } B\langle X,Y\rangle > 0.$$

(c) 如果 X, Y 是时间型向量, 则

$$B\langle X,Y\rangle^2 \geqslant B\langle X,X\rangle B\langle Y,Y\rangle \text{ 且 } B\langle X,Y\rangle < 0.$$

令

$$B2 == \{X\in \mathbf{R}^3 | B\langle X,Y\rangle = -1\},$$

$B2$ 是一个双页双曲面 (图 6-3).

图 6-3

BL 几何的模型, BL 平面 $H2$, 定义为 $B2$ 中所有的对映点对 $\{X,-X\}$ 的集合, 即

$$H2 = \{\{X,-X\} | X\in B2\}.$$

令 π: $B2\to H2$ 是将每一个 $X\in B2$ 变换到 $\{X,-X\}$ 的映射. 如果 $P=\pi(x,y,z)$, 则称三元组 (x,y,z) 是点 P 的坐标. $H2$ 中的点 $P=\pi(x,y,z)$ 有两个坐标 (x,y,z) 与 $(-x,-y,-z)$, 其中一个被称为另一个的对映点. $H2$ 中的两个点 $A=\pi(x_1,y_1,z_1)$ 和 $B=\pi(x_2,y_2,z_2)$ 是相等的当且仅当 (x_1,y_1,z_1)=(x_2,y_2,z_2) 或

$(x_1, y_1, z_1) = (-x_2, -y_2, -z_2)$, 或者等价地说是当且仅当 $(x_1, y_1, z_1) \times (x_2, y_2, z_2) = 0$. 因此 $A \neq B$ 当且仅当 $(x_1, y_1, z_1) \times (x_2, y_2, z_2) \neq 0$.

对于 $H2$ 中的点 P, 下面一直用 P 的小写 p 代表 $B2$ 中的一个点使得 $\pi(p) = P$. 令 X, Y, Z, W, A, B 和 C 是 $H2$ 中的点. 我们考虑下面三个点之间的几何关系：

(R1) 点 X, Y, Z 共线当且仅当 $B\langle x, y \times z\rangle = 0$.

(R2) 直线 XY 垂直于直线 ZW 当且仅当 $B\langle x \times y, z \times w\rangle = 0$.

(R3) 直线 XY 平行于直线 ZW 当且仅当

$$B\langle x \times y, z \times w\rangle^2 = \|x \times y\| \cdot \|z \times w\|.$$

利用引理 6.1.1, 可以定义两点 $X = \pi(x)$ 和 $Y = \pi(y)$ 之间的距离如下：

$$DB(X, Y) = \text{arccosh}(|B\langle x, y\rangle|).$$

于是有

(R4) 线段 XY 和 ZW 全等当且仅当

$$B\langle x, y\rangle^2 = B\langle z, w\rangle^2.$$

利用引理 2.1, 可以定义角度的度量如下：

$$\angle BAC = \arccos\left(\left|B\left\langle \frac{a \times b}{|a \times b|}, \frac{a \times c}{|a \times c|}\right\rangle\right|\right).$$

(R5) 角 $\angle XYZ$ 全等于角 $\angle ABC$ 当且仅当

$$\frac{B\langle x \times y, z \times w\rangle^2}{\|x \times y\| \cdot \|z \times y\|} = \frac{B\langle a \times b, c \times b\rangle^2}{\|a \times b\| \cdot \|c \times b\|}.$$

Bolyai-Lobachevsky 几何详细描述请参见文献 (Ryan,1986).

5. **双曲几何 (DH) 几何**

用与 BL 几何相同的内积和向量积. 令

$$D2 = \{X = (x_1, x_2, x_3) \in \mathbf{R}^3 | B\langle X, X\rangle = 1\}.$$

$D2$ 也是一个双页双曲面 (图 6-3). DH 几何的模型 ——DH 平面, 定义为 $D2$ 中所有对映点对 $\{X, -X\}$ 的集合, 即

$$\text{DH} = \{\{X, -X\} | X \in D2\}.$$

令 π: $D2 \to$DH 是将每一个 $X \in D2$ 变换到 $\{X, -X\}$ 的映射. 如果 $A = \pi(x, y, z)$, 我们说三元组 (x, y, z) 是点 A 的坐标.

一个通过原点的平面与 $D2$ 相交于一条双曲线. 在映射 π 下所有这样的双曲线的象都是双曲几何中的直线. 因此, DH 中的直线可以表达如下:

$$u_1x_1 + u_2x_2 - u_3x_3 = 0,$$

其中 $U=(u_1, u_2, u_3) \neq 0$ 是一个空间型向量. 不难验证通过点 $A = \pi(a)$ 和 $B = \pi(b)$ 的直线方程是 $B\langle a \times b, x\rangle = 0$, 即直线的法向量是 $a \times b$(此处向量积是内积 $B\langle x, y\rangle$).

对于 DH 中的点 P, 我们一直用 P 的小写 p 来代表 $D2$ 中的点使得 $\pi(p) = P$. 令 X, Y, Z, W, A, B 和 C 是 DH 中的点. 我们考虑下面的几何关系:

(R1) 点 X, Y, Z 共线当且仅当 $B\langle x, y \times z\rangle = 0$.

(R2) 直线 XY 垂直于直线 ZW 当且仅当 $B\langle x \times y, z \times w\rangle = 0$.

(R3) 直线 XY 平行于直线 ZW 当且仅当

$$B\langle x \times y, z \times w\rangle^2 = \|x \times y\| \cdot \|z \times w\|.$$

对于 DH 中的两个点 X, Y, 通过它们可以画一条直线 (或者 $X \times Y$ 是一个空间型向量), 利用引理 6.1.1, 可以定义线段 XY 的长度如下:

$$DD(X, Y) = \operatorname{arccosh}(|B(x, y)|).$$

(R4) 线段 XY 和 ZW 全等当且仅当

$$B\langle x, y\rangle^2 = B\langle z, w\rangle^2.$$

如果点 A, B 和 A, C 分别在某些直线上, 角度 $\angle BAC$ 是有意义的. 利用引理 6.1.1, 可以定义角度的度量如下:

$$\angle BAC = \operatorname{arccosh}\left(\left|B\left\langle \frac{a \times b}{|a \times b|}, \frac{a \times c}{|a \times c|}\right\rangle\right|\right).$$

(R5) 角 $\angle XYZ$ 全等于角 $\angle ABC$ 当且仅当

$$\frac{B\langle x \times y, z \times y\rangle^2}{\|x \times y\| \cdot \|z \times y\|} = \frac{B\langle a \times b, c \times b\rangle^2}{\|a \times b\| \cdot \|c \times b\|}.$$

6.2 Cayley-Klein 几何的转化定理

令

$$G_i = \{PS_i, R_i, K; CR_i, AE_i\}, \quad i = 1, 2$$

是两个具有相同基域的几何. 建立一个 G_1 到 G_2 的映射:

$$H : G_1 \to G_2,$$

假定 H 将 PS_1, R_1 一一对应地映射到 PS_2, R_2. 对于 G_1 中的一个几何命题 S=(HS, C), 可以得到 G_2 中的一个几何命题 $H(S)$=($H(HS)$, $H(C)$) . 我们可以进一步假设 H 满足下面的条件:

(a) 对于点

$$P \in PS_1, CR_1(P) = (X_1, \cdots, X_n) \text{ 和 } CR_2(H(P)) = (Y_1, \cdots, Y_n)$$

有相同数量的坐标, 并且

$$H(X_i) = C_iY_i(C_i\text{是}K\text{中的非零数}), \quad i = 1, \cdots, n.$$

则 H 诱导一个多项式环之间的同构

$$\text{HOM} : K[X_1, \cdots, X_n] \to K[Y_1, \cdots, Y_n]. \tag{6.1}$$

(b) 对于 R_1 中的任意一个几何关系 GR, 有

$$\text{HOM}(AE(GR)) = AE(\text{HOM}(GR)),$$

即函数 AE 和映射 HOM 交换.

如果对于 H 有 (a) 和 (b) 都正确, 我们可以说 R_1 和 R_2 之间的几何关系在映射 H 或 HOM 下是不变的.

引理 6.2.1　令 HOM 是 (6.1) 中的映射, $ASC = \{A_1, \cdots, A_p\}$ 是 $K[X]$ 中的任意一个升列. 对于 $P \in K[X]$, 有

$$\text{prem}(\text{HOM}(P), \text{HOM}(ASC)) = A * \text{HOM}(\text{prem}(P, ASC)),$$

其中 A 是 K 中的非零元, prem(P, ASC) 是 P 关于 ASC 的一个伪余式.

证明　考虑所谓 D 运算. 对于两个单变量多项式:

$$P = B_nX^n + \cdots + B_0, \quad F = C_mX^m + \cdots + C_0,$$

令

$$D(P, F) = C_mP - B_nX^{(n-m)}F, \quad 0 < m \leqslant n.$$

如果 HOM(X)=EY, 则

$$\text{HOM}(P) = \text{HOM}(B_n)E^nY^n + \cdots + \text{HOM}(B_0),$$

$$\text{HOM}(F) = \text{HOM}(C_m)E^mY^m + \cdots + \text{HOM}(C_0).$$

通过直接计算有

$$\begin{aligned}D(\mathrm{HOM}(P),\mathrm{HOM}(F)) =&\mathrm{HOM}(C_m)E^m\mathrm{HOM}(P)-\mathrm{HOM}(B_n)E^nY^{(n-m)}\mathrm{HOM}(F)\\ =&E^m\mathrm{HOM}(C_mP-B_nX^{(n-m)}F)=E^m\mathrm{HOM}(D(P,F)).\end{aligned}$$

由于运算 prem 可以化简成几步 D 运算, 因此结论是正确的.

推论 6.2.2 利用引理 6.1.1 中的定义. 则 prem(P,ASC)=0 当且仅当

$$\mathrm{prem}(\mathrm{HOM}(P),\mathrm{HOM}(ASC))=0.$$

对于一个有限的多项式集合 $ES\subset K[X]$, 利用吴 -Ritt 分解公式 (Wu, 1984), 有

$$\mathrm{Zero}(ES)=\bigcup_{i=1}^{r}\mathrm{Zero}(\mathrm{ID}(ASC_i)), \tag{6.2}$$

其中 ID(ASC_i) 是以 ASC_i 为特征集的素理想.

引理 6.2.3 假设我们已经有了分解 (6.2), 则对于一个具有形式 (6.1) 的映射 $K[X]\to K[Y]$, 有

$$\mathrm{Zero}(\mathrm{HOM}(ES))=\bigcup_{i=1}^{r}\mathrm{Zero}(\mathrm{ID}(\mathrm{HOM}(ASC_i)).$$

证明 由于 HOM 是一个同构, 因此定义 Zero(HOM(ES)) 的不可约分量的素理想就是定义 Zero(ES) 的不可约分量的素理想的一个变换. 所以只需证明: 如果 ASC 是理想 ID 的特征集, 则 HOM(ASC) 也是理想 HOM(ID) 的特征集. 这个结果可以利用推论 6.2.2 和一个升列 ASC 是一个素理想的 ID 特征集当且仅当对 ID 中每个 P 有 prem(P,ASC)=0 的事实直接推得.

上述引理表明, 映射 HOM 和吴 Ritt 分解过程是可交换的. 现在我们可以得到一个主要的结果.

定理 6.2.4 设 G_1 和 G_2 是两个几何. 如果存在一个映射 H: $G_1\to G_2$ 满足条件 (a) 和 (b), 则 G_1 中的一个几何命题 S 是正确的当且仅当 $H(GS)$ 在 G_2 中是正确的.

证明 令

$$S=\{HS,C\}\ 和\ ES=\bigcup_{r\in HS}\{AE(r)\}.$$

利用吴 -Ritt 分解定理, 有分解 (6.2). 利用吴氏机械化定理证明的基本原则 (见第 1 章 1.3 节), 有 $AE(C)$ 在 Zero(ID(ASC_i)) 是正确的当且仅当

$$\mathrm{prem}(AE(C),ASC_i)=0.$$

因此, 利用推论 6.2.2 和引理 6.2.3, S 是正确的当且仅当 $H(S)$ 是正确的.

下面将用以上定理给出 9 种几何之间的转换定理.

1. 欧氏几何和 Minkowsky 几何

定理 6.2.5　欧氏几何中一个包含共线、平行、垂直、线段的全等和角度的全等的几何关系的几何命题是正确的当且仅当相应的命题在 Minkowskian 几何中是正确的.

证明　我们可以自然地定义一个从欧氏几何到 M 几何的映射 H, 即 H 将欧氏几何中的点和五种几何关系映射成 M 几何中的相同的点和几何关系. 对于一个包含这五种几何关系的几何命题, 令几何命题中的点是

$$P_i = (x_i, y_i), \quad i = 1, \cdots, n.$$

定义一个映射

$$EM : K[x_1, y_1, \cdots, x_n, y_n] \to K[x_1, y_1, \cdots, x_n, y_n].$$

设

$$EM(x_i) = x_i, \quad EM(y_i) = I \cdot y_i, \quad \text{其中 } I = \sqrt{-1}.$$

我们假设 I 以 K 为基域. 这个假设不影响我们的结果, 因为吴方法在代数闭域中是完全的. 通过比较第 6.1 节中欧氏几何中与 M 几何中的定义, 很容易看出所有五种几何关系 EM 的不变量. 因此定理可以由定理 6.2.4 得到.

可以将映射 EM 扩展成包含线段和角度的度量的映射. 对于实的仿射平面中点 P_1, P_2 和 P_3, 在欧氏几何中令

$$\begin{aligned} d_1 &= ED(P_1, P_2) = \langle P_2 - P_1, P_2 - P_1 \rangle, \\ a_1 &= \tan(\angle P_1P_2P_3) = \frac{(y_2 - y_1)(x_3 - x_2) - (y_3 - y_2)(x_2 - x_1)}{(x_2 - x_1)(x_3 - x_2) - (y_2 - y_1)(y_3 - y_2)}. \end{aligned} \tag{6.3}$$

在 Minkowskian 几何中令

$$\begin{aligned} d_1 &= MD(P_1, P_2) = M\langle P_2 - P_1, P_2 - P_1 \rangle, \\ a_1 &= \tanh(\angle P_1P_2P_3) = \frac{(y_2 - y_1)(x_3 - x_2) - (y_3 - y_2)(x_2 - x_1)}{(x_2 - x_1)(x_3 - x_2) - (y_2 - y_1)(y_3 - y_2)}. \end{aligned} \tag{6.4}$$

通过设 $EM(d_1) = d_1$ 和 $EM(a_1) = I \cdot a_1$ 可以使得映射 EM 包含 d_1 和 a_1. 如果将 (6.3) 和 (6.4) 分别看作是 d_1, P_1, P_2 和 a_1, P_1, P_2, P_3 中的关系, 则这些关系也是 EM 的不变量. 因此有

定理 6.2.6　在一个包含上述五种几何关系以及线段和角度的度量的几何命题中, 一个多项式公式

$$P(ED(PQ), \tan(\angle ABC), \sin(\angle ABC), \cos(\angle ABC), \cdots) = 0 \tag{6.5}$$

在欧氏几何中是正确的当且仅当

$$P(MD(PQ), I\cdot\tanh(\angle ABC), I\cdot\sinh(\angle ABC), \cosh(\angle ABC), \cdots) = 0 \qquad (6.6)$$

在 M 几何中也是正确的.

证明 我们已经证明了上述五种几何关系以及线段和角度的度量都是变换 EM 的不变量. 我们利用下面两个关系从 tan 函数引进 sin 和 cos 函数:

$$\cos(x)\tan(x) - \sin(x) = 0, \quad \cos^2(x) + \sin^2(x) - 1 = 0,$$

利用下面两个关系从 tanh 函数引进 sinh 和 cosh 函数

$$\cosh(x)\tanh(x) - \sinh(x) = 0, \quad \cosh^2(x) + \sinh^2(x) - 1 = 0.$$

如果设

$$EM(\tan(x)) = I\cdot\tanh(x),$$
$$EM(\sin(x)) = I\cdot\sinh(x),$$
$$EM(\cos(x)) = I\cdot\cosh(x),$$

将变换 EM 扩展到三角函数, 则上面关于 tan, cos, sin 的关系与关于 tanh, cosh, sinh 的关系也是变换 EM 的不变量. 注意到变换 EM 将 (6.5) 变换成 (6.6), 则此定理可以由定理 6.2.4 推出.

例如, 由欧氏几何中得正弦定理: $\dfrac{\sin A}{a} = \dfrac{\sin B}{b}$, 可以立即得到 M 几何中的正弦定理 $\dfrac{\sinh A}{a} = \dfrac{\sinh B}{b}$.

2. 黎曼几何与 BL 几何

我们考虑黎曼几何和 BL 几何中的四种几何关系: 共线、垂直、线段的全等和角度的全等.

定理 6.2.7 用上述四种关系描述的几何命题, 在黎曼几何中是正确的当且仅当它在 Bolyai-Lobachevsky 几何中也是正确的.

证明 证明过程与定理 6.2.5 的证明过程相似, 只要注意到对于几何命题中的点

$$P_i = \pi(x_i, y_i, z_i), \quad i = 1, \cdots, n,$$

映射

$$RB: K[x_1, y_1, z_1, \cdots, x_n, y_n, z_n] \to K[x_1, y_1, z_1, \cdots, x_n, y_n, z_n]$$

可通过

$$RB(x_i) = Ix_i, \quad RB(y_i) = Iy_i, \quad RB(z_i) = z_i, \quad i = 1, \cdots, n$$

来定义, 其中 $I=\sqrt{-1}$.

注意到, 对于 $A,B\in\mathbf{R}^3$ 有 $RB(\langle A,B\rangle)=-B\langle A,B\rangle$, 则可以将 RB 扩展成包含线段和角度的度量. 对于点

$$P_1=\pi(p_1),\quad P_2=\pi(p_2),\quad P_3=\pi(p_3),$$

在 Riemann 几何中令

$$d_1^2=\cos(DR(P_1P_2))^2=\langle p_1,p_2\rangle^2,$$

$$a_1^2=\cos(\angle P_1P_2P_3)^2=\frac{(\langle p_2\times p_1,p_2\times p_3\rangle)^2}{\|p_2\times p_1\|\cdot\|p_2\times p_3\|}. \tag{6.7}$$

在 Bolyai-Lobachevsky 几何中令

$$d_1^2=\cosh(DB(P_1P_2))^2=B\langle p_1,p_2\rangle^2,$$

$$a_1^2=\cos(\angle P_1P_2P_3)^2=\frac{(B\langle p_2\times p_1,p_2\times p_3\rangle)^2}{\|p_2\times p_1\|\cdot\|p_2\times p_3\|}. \tag{6.8}$$

通过设 $RB(d_1)=d_1$ 和 $RB(a_1)=a_1$, 我们将 RB 扩展成 d_1 和 a_1. 如果我们将 (6.7) 和 (6.8) 分别看作是 d_1, P_1, P_2 和 a_1, P_1, P_2, P_3 中的关系, 则这些关系也是 RB 的不变量.

定理 6.2.8 在一个包含上述四种关系和线段与角度的度量的几何命题中, 一个多项式公式

$$P(\sin(|PQ|),\cos(|PQ|),\sin(\angle ABC),\cos(\angle ABC),\cdots)=0$$

在黎曼几何中是正确的当且仅当

$$P(I\cdot\sinh(|PQ|),\cosh(|PQ|),\sin(\angle ABC),\cos(\angle ABC),\cdots)=0$$

在 BL 几何中也是正确的.

证明与定理 6.2.6 的证明类似.

3. 双曲几何几何与 BL 几何

定理 6.2.9 一个包含共线、平行、垂直、线段全等和角度全等五种几何关系的几何命题, 在 Bolyai-Lobachevsky 几何中是正确的当且仅当它在双曲几何中是正确的.

证明 证明过程与定理 6.2.5 的证明类似, 对于几何命题中的点

$$P_i=\pi(x_i,y_i,z_i),\quad i=1,\cdots,n,$$

映射定义如下：

$$DB: K[x_1, y_1, z_1, \cdots, x_n, y_n, z_n] \to K[x_1, y_1, z_1, \cdots, x_n, y_n, z_n],$$

其中

$$DB(x_i) = Ix_i, \quad DB(y_i) = Iy_i, \quad DB(z_i) = Iz_i, \quad i = 1, \cdots, n,$$

这里 $I = \sqrt{-1}$.

注意到对于 $A, B \in \mathbf{R}^3$, 有 $RB(\langle A, B\rangle) = -B\langle A, B\rangle$, 则可以将 DB 扩展成包含长度和角度的度量. 对于点

$$P_1 = \pi(p_1), \quad P_2 = \pi(p_2), \quad P_3 = \pi(p_3),$$

在双曲几何中令

$$\begin{aligned} d_1^2 &= \cosh(DD(P_1P_2))^2 = B\langle p_1, p_2\rangle^2, \\ a_1^2 &= \cosh(\angle P_1P_2P_3)^2 = \frac{(B\langle p_2 \times p_1, p_2 \times p_3\rangle)^2}{\|p_2 \times p_1\| \cdot \|p_2 \times p_3\|}. \end{aligned} \tag{6.9}$$

而在 Bolyai-Lobachevsky 几何中令

$$d_1^2 = \cosh(DB(P_1P_2))^2 = B\langle p_1, p_2\rangle^2,$$

$$a_1^2 = \cos(\angle P_1P_2P_3)^2 = \frac{(B\langle p_2 \times p_1, p_2 \times p_3\rangle)^2}{\|p_2 \times p_1\| \cdot \|p_2 \times p_3\|}. \tag{6.10}$$

通过设 $DB(d_1) = d_1$ 和 $DB(a_1) = a_1$, 可以将 DB 扩展成 d_1 和 a_1.

定理 6.2.10 在一个包含上述 5 个几何关系和线段与角度的度量的几何命题中, 一个多项式公式

$$P(\sinh(|PQ|), \cosh(|PQ|), \sin(\angle ABC), \cos(\angle ABC), \cdots) = 0$$

在 BL 几何中是正确的当且仅当

$$P(\sinh(|PQ|), \cosh(|PQ|), I \cdot \sinh(\angle ABC), \cosh(\angle ABC), \cdots) = 0$$

在双曲几何中是正确的.

证明与定理 6.2.6 的证明相类似.

根据以上结果, 我们可以将 9 种 Cayley-Klein 几何分成 3 组:

(1) 欧氏几何、对偶欧氏几何、Minkowskian 几何、对偶 Minkowskian 几何;

(2) 双曲几何、对偶双曲几何、椭圆几何、双重双曲几何;

(3) Galilean 几何.

对于每一组中的几何, 包含某些特定的几何关系的定理可以被转化成同一组中的另外一个几何的相应的定理. 因此, 在同一组中只需选择一个几何模型来仔细研究就可以了. 同一组中其他几何中的相应的定理可以通过特定的转换来得到. 所选的一套几何模型可以是欧氏几何、双曲几何和 Galilean 几何. 我们已经在第 2 章和第 3 章中详细讨论了欧氏几何的消点法, 而 Galilean 几何由于结构简单不在我们的考虑范围之列, 所以只有双曲几何还未研究, 这将是本章剩余部分的主要内容.

6.3 双曲几何面积法

我们将把前面提出的面积法推广到双曲几何. 这里的主要困难是在双曲几何中面积概念不具有欧氏几何中的面积法所要用到的性质, 因此需要引进一个新的几何量. 我们在非欧几何中用到的基本的几何量是辐角 (粗略地讲, 就是面积的正弦函数) 和距离的余弦函数, 而且我们的方法中所用的几何量的有些性质可能在经典的非欧几何著作如 (Coxeter, 1947; 1967) 中找不到, 因此有些结果是我们自己证明的, 例如 6.4.6 与 6.4.15, 都是新的结果.

在这一节我们将给出方法的大致轮廓, 具体的细节将在第 6.4 节中讲到.

我们首先用一个例题来说明本方法是如何工作的.

例 6.3.1(Ceva 定理)　如图 6-4, ABC 是一个三角形, P 是一个任意点, 点 D, E, F 分别是直线 AP, BP, CP 和 BC, CA, AB 的交点. 证明

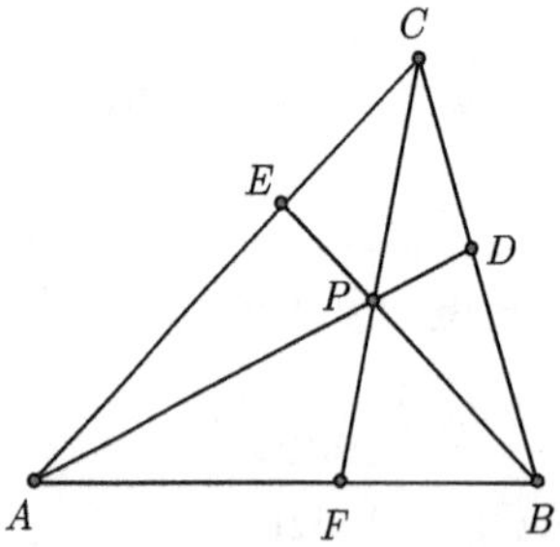

图 6-4

$$\frac{\sinh(AF)}{\sinh(FB)}\frac{\sinh(BD)}{\sinh(DC)}\frac{\sinh(CE)}{\sinh(EA)}=1,$$

其中 $\sinh(AF)$ 是线段 AF 的双曲正弦函数.

为了证明这个定理, 我们用到了一个几何不变量: 辐角. 一个三角形 ABC 的辐角的绝对值定义如下:

$$|S_{ABC}|=|\sinh(AB)\cdot\sinh(BC)\cdot\sinh\angle(AB,BC)|.$$

同时假设一个顺时针方向的三角形的辐角是正的, 而且

$$S_{ABC}=S_{CAB}=S_{BCA}=-S_{ACB}=-S_{BAC}=-S_{CBA}.$$

显然, $S_{ABC}=0$ 当且仅当 A, B, C 在同一条直线上.

我们使用的另外一个几何量是有向直线段的双曲正弦比率

$$\frac{\sinh(AB)}{\sinh(PQ)},$$

其中 A, B, P, Q 共线, 则显然有

$$\frac{\sinh(AB)}{\sinh(PQ)} = -\frac{\sinh(BA)}{\sinh(PQ)} = -\frac{\sinh(AB)}{\sinh(QP)}.$$

下面的结果是辐角定义的直接推论.

命题 6.3.2(共边定理) 令 M 是两直线 AB 和 PQ 的交点且 $Q \neq M$, 则

$$\frac{\sinh(PM)}{\sinh(QM)} = \frac{S_{PAB}}{S_{QAB}}.$$

注意到这个结果对于图 6-5 中的所有情况都是对的.

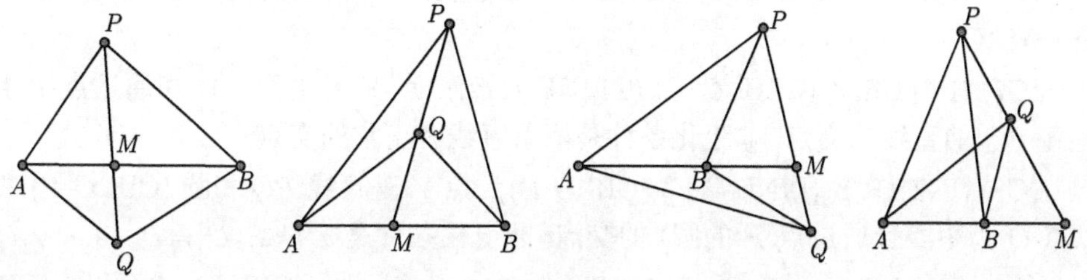

图 6-5

例题 6.3.1 的证明 在我们的方法中, 需要给出几何命题中点的构造次序. 在这个例题中, 点的构造次序是 A, B, C, P, D, E, F. 首先取四个自由点 A, B, C, P, 然后分别取直线 AP, BP, CP 和直线 BC, CA, AB 的交点.

我们的证明方法是从结论中消去点. 通过共边定理, 可以分别从结论中消去点 F, E 和 D 得

$$\frac{\sinh(AF)}{\sinh(FB)} = \frac{S_{ACP}}{S_{BPC}}, \quad \frac{\sinh(CE)}{\sinh(EA)} = \frac{S_{BCP}}{S_{BPA}}, \quad \frac{\sinh(BD)}{\sinh(DC)} = \frac{S_{ABP}}{S_{APC}},$$

则显然有

$$\frac{\sinh(AF)}{\sinh(FB)} \frac{\sinh(BD)}{\sinh(DC)} \frac{\sinh(CE)}{\sinh(EA)} = \frac{S_{ACP} S_{BCP} S_{ABP}}{S_{BPC} S_{BPA} S_{APC}} = 1.$$

构造型几何命题 我们提出的证明方法是针对构造型几何命题的, 其中点是通过一些构造得到的. 一个构造是指以下引进一个新点的方法. 对于每一个构造, 我们给出一个非退化条件以保证这个构造可以正确引进一个新点:

(C1) (POINTS $Y_1 \cdots Y_k$). 在平面上取任意点 $Y_1, \cdots, Y_k$.

(C2) (ON Y (LINE U V)). 在过点 U 和 V 的直线上取一点 Y; 非退化条件是 $U \neq V$.

(C3) (MRATIO Y U V r). 在直线 UV 上取一点 Y 使得 $r = \dfrac{\sinh(UY)}{\sinh(YV)}$. 几何

量 r 可以是数、未定元或者是一个几何量的表达式; 非退化条件是 $U \neq V$.

(C4) (LRATIO Y U V r_1 r_2). 在直线 UV 上取一点 Y 使得

$$r_1 = \frac{\sinh(UY)}{\sinh(UV)}, \quad r_2 = \frac{\sinh(YV)}{\sinh(UV)}.$$

几何量 r_1 和 r_2 可以是数、未定元或者是几何量的表达式; 非退化条件是 $U \neq V$.

(C5) (INTER Y (LINE U V) (LINE P Q)). 点 Y 是直线 PQ 和 UV 的交点; 非退化条件是直线 PQ 和 UV 有一个正常交点; 代数形式是 $S_{UPVQ} \neq 0$; 四边形的辐角的定义在第 6.4 节.

(C6) (FOOT Y P U V). 点 Y 是点 P 到直线 UV 的垂线的垂足; 非退化条件是 $U \neq V$.

(C7) (INTER Y (LINE U V) (TLINE P Q)). 点 Y 是直线 UV 和通过点 P 且垂直 PQ 的直线的交点; 非退化条件是两条直线有正常的交点.

(C8) (INTER Y (LINE U V) (CIR O P)). 点 Y 是直线 PQ 和圆 (CIR O P)(即以点 O 为中心且通过点 P 的圆) 的交点; 非退化条件是 $Y \neq P$, $O \neq P$, 与 $P \neq Q$.

(C9) (INTER Y(CIR O_1 P) (CIR O_2 P)). 点 Y 是圆 (CIR O_1 P) 和圆 (CIR O_2 P) 的与点 P 不同的交点; 非退化条件是点 O_1, O_2 和 P 不共线.

下面将给出构造型几何命题的类, 即类 C 的定义. 类 C 中的一个命题是一个列表 S=(C_1,···,C_k,G) 其中 C_i, $i = 1, \cdots, k$ 是可以通过已经存在点引进一个新点的构造; G 或者是一个几何谓词, 例如共线和垂直, 或者是一个关于几何量的代数方程, 即几何命题的结论.

令 S=(C_1,··· ,C_k,G) 是 C 中的一个几何命题. S 的非退化条件是所有 C_i 的非退化条件的集合加上使得出现在 G 中的几何量的分母不等于零的条件.

双曲几何 Ceva 定理的构造型描述如下:

$$\Big(\text{(POINTS } A\ B\ C\ P\text{)}$$

$$\text{(INTER } D \text{ (LINE } B\ C\text{) (LINE } P\ A\text{))}$$

$$\text{(INTER } E \text{ (LINE } A\ C\text{) (LINE } P\ B\text{))}$$

$$\text{(INTER } F \text{ (LINE } A\ B\text{) (LINE } P\ C\text{))}$$

$$\left(\frac{\sinh(AF)}{\sinh(FB)}\frac{\sinh(BD)}{\sinh(DC)}\frac{\sinh(CE)}{\sinh(EA)} = 1\right)\Big)$$

Ceva 定理的非退化条件是: 直线 AP 和 BC 相交; 直线 BP 和 AC 相交; 直线 CP 和 AB 相交; $F \neq B$; $D \neq C$ 和 $E \neq A$.

显然, 每一个构造都可以被简化成一个或两个几何谓词. 例如, 构造 (C6) 等价于两个几何谓词: Y, U, V 共线和 $YP \perp PQ$.

对于类 C 中的一个几何命题 S, 令 Pr 是从构造中得到的几何谓词的联合, Nd 是非退化条件的集合, 则 S 的谓词形式是

$$\forall P_i[(Pr \wedge Nd) \Longrightarrow G],$$

其中 P_i 是 S 中的点, G 是 S 的结论.

算法 6.3.3 我们的证明方法是从基本的几何量中消去点. 下面详细描述这个方法:

INPUT: S=(C_1, C_2, $\cdots$,C_k, E) 是类 C 中的一个几何命题, 其中 E 是一个关于几何量的方程.

OUTPUT: 算法将告诉我们 S 是否正确, 如果正确, 则生成一个证明.

(S1) 对于 $i = k, \cdots, 1$, 重复执行 (S2), (S3), (S4) 和 (S5).

(S2) 检查 C_i 的非退化条件是否满足. 例如, 如果非退化条件是 $A \neq B$, 我们将用这个算法检查是否 $\cosh(AB)$=1. 换一句话说, 我们需要证明一个命题, 它的结论和非退化条件是相反的. 如果一个几何命题的非退化条件不满足, 则此几何命题显然成立. 算法终止.

(S3) 令 $G_1, \cdots, G_s$ 是 E 中的几何量. 对于 j=1,$\cdots$,s 重复执行 (S4).

(S4) 令 H_j=ELIM(G_j,C_i), 其中 ELIM 是一个算法, 它可以从 G_j 中消去由构造 C_i 所引进的点而获得一个新的公式 H_j. 用 H_j 替换 E 中的 G_j 得到新的 E.

(S5) 现在, E 是一个关于独立变量的双曲三角函数的方程. 我们可以用第 6.3.4 节中最后一段介绍的方法来检查 E 是否是一个双曲三角恒等式, 如果 E 是一个恒等式则 S 是正确的, 否则 S 是错误的.

正确性的证明 只有最后一步需要解释. 如果 E =0, 命题显然是正确的. 注意到非退化条件可以保证证明中出现的表达式的分母都不等于零.

若 $E \neq 0$, 我们将分两种情况考虑. 如果所有的消元都是关于线性几何量的, 则 E 中剩下的几何量都是自由参数, 即在 S 中的几何结构中它们可以取任意值. 因为 $E \neq 0$, 所以给这些几何量取适当的整数值, 使得当我们用 E 中相应的值替换这些几何量的时候, 得到一个非零的数. 换一句话说, 对于 S, 得到一个在实几何中相对应的例子. 在这种情况下 S 在实的双曲几何中是错误的. 如果消元中用到一些二次方程, 则由吴 -Ritt 分解定理可以判定命题在复数域上是错误的, 但一般情况下, 判断此命题在实数域上是否正确需要实数域上的判定方法 (Collins, 1975).

很显然, 算法的关键是第 (S4) 步中的算法 ELIM, 即如何从几何量中消去点. 这将在第 6.4 节中详细介绍.

6.4 双曲几何的消元法

我们将首先给出推理中用到的一些几何事实. 本节的其余部分将描述消元算法 ELIM. 我们将给出一些经常用到的消元步骤的证明, 其余的证明参见研究报告 (Yang et al., 1998). 对技术细节不感兴趣的读者可以跳过这一节.

6.4.1 基本几何命题

我们用大写字母来表示双曲平面上的点. 一个四边形 $ABCD$ 的辐角的绝对值定义如下:

$$|S_{ABCD}| = |\sinh(AC)\cdot\sinh(BD)\cdot\sin\angle(AC, BD)|.$$

并假设

$$S_{ABCD} = -S_{CBAD} = S_{BADC}.$$

共边定理的一个一般形式如下:

命题 6.4.1(共边定理) 令 M 是两直线 AB 和 PQ 的交点, 且 $Q \neq M$, 则

$$\frac{\sinh(PM)}{\sinh(QM)} = \frac{S_{PAB}}{S_{QAB}};\quad \frac{\sinh(PM)}{\sinh(PQ)} = \frac{S_{PAB}}{S_{PAQB}};\quad \frac{\sinh(QM)}{\sinh(PQ)} = \frac{S_{QAB}}{S_{PQAB}}.$$

命题 6.4.2 令 R 是直线 PQ 上的一个点, 则对于任意两点 A 和 B,

$$S_{RAB} = \frac{\sinh(PR)}{\sinh(PQ)}S_{QAB} + \frac{\sinh(RQ)}{\sinh(PQ)}S_{PAB}.$$

另外一个基本的几何量是线段的双曲余弦函数.

命题 6.4.3 令 R 是直线 PQ 上的一点, 则对于任意一点 A, 有

$$\cosh(RA) = \frac{\sinh(PR)}{\sinh(PQ)}\cosh(QA) + \frac{\sinh(RQ)}{\sinh(PQ)}\cosh(PA).$$

与欧氏几何中的面积法类似, 我们引进另外一个几何量: 对于四边形 $ABCD$, 勾股差定义如下:

$$P_{ABCD} = \cosh(AD)\cdot\cosh(BC) - \cosh(AB)\cdot\cosh(CD).$$

而对于三角形, 勾股差定义如下:

$$P_{ABC} = P_{ABBC} = \cosh(AC) - \cosh(AB)\cosh(CB).$$

命题 6.4.4 $AB \perp PQ$ 当且仅当 $P_{APBQ}=0$.

命题 6.4.5 令 Y 为从点 P 到直线 UV 的垂线的垂足, 则

$$\frac{\sinh(UY)}{\sinh(YV)}=\frac{P_{PUV}}{P_{PVU}},\quad \frac{\sinh(UY)}{\sinh(UV)}=\frac{P_{PUV}}{f_1(P,U,V)},\quad \frac{\sinh(YV)}{\sinh(UV)}=\frac{P_{PVU}}{f_1(P,U,V)},$$

其中

$$f_1(P,U,V)^2=\sinh(UV)^2(2\cosh(PU)\cosh(PV)\cosh(UV)-\cosh(PU)^2-\cosh(PV)^2).$$

命题 6.4.6 令 R 是直线 UV 和过 P 且垂直于 PQ 的直线的交点, 则

$$\frac{\sinh(UR)}{\sinh(VR)}=\frac{P_{UPQ}}{P_{VPQ}},\quad \frac{\sinh(UR)}{\sinh(UV)}=\frac{P_{UPQ}}{f_2(P,Q,U,V)},\quad \frac{\sinh(VR)}{\sinh(UV)}=\frac{P_{VPQ}}{f_2(P,Q,U,V)},$$

其中

$$f_2(P,Q,U,V)^2=P_{UPQ}^2+P_{VPQ}^2-2P_{UPQ}P_{VPQ}\cosh(UV).$$

证明 由命题 6.4.3, 有

$$0=P_{RPQ}=r_1P_{VRQ}+r_2P_{UPQ},$$

所以

$$r=\frac{r_1}{r_2}=\frac{P_{UPQ}}{P_{VPQ}}.$$

则

$$\begin{aligned}r_2^2&=\frac{1}{1-2\dfrac{P_{UPQ}}{P_{VPQ}}\cosh(UV)+\dfrac{P_{UPQ}}{P_{VPQ}}^2}\\&=\frac{P_{VPQ}^2}{P_{UPQ}^2-2P_{UPQ}P_{VPQ}\cosh(UV)+P_{VPQ}^2},\\r_1^2&=\frac{P_{UPQ}^2}{P_{UPQ}^2-2P_{UPQ}P_{VPQ}\cosh(UV)+P_{VPQ}^2}.\end{aligned}$$

因为

$$\frac{r_1}{r_2}=-\frac{P_{UPQ}}{P_{VPQ}},$$

所以有

$$r_1=\frac{P_{UPQ}}{f_2(P,Q,U,V)},\quad r_2=-\frac{P_{VPQ}}{f_2(P,Q,U,V)},$$

其中

$$f_2(P,Q,U,V)^2=P_{UPQ}^2+P_{VPQ}^2-2P_{UPQ}P_{VPQ}\cosh(UV).$$

注意到 $f_2(P,Q,U,V)=0$ 当且仅当 $U=V$ 或 $P=Q$, 或者直线 UV 垂直于 PQ 且点 P 在直线 UV 上.

下面的命题给出了构造 (C3) 和 (C4) 中的参数 r, r_1 和 r_2 之间的关系.

命题 6.4.7 令 R 是直线 UV 上的一点,

$$r=\frac{\sinh(UR)}{\sinh(RV)},\quad r_1=\frac{\sinh(UR)}{\sinh(UV)},\quad r_2=\frac{\sinh(RV)}{\sinh(UV)}.$$

则

(1) $r_1^2+2r_1r_2\cosh(UV)+r_2^2=1$.

(2) $r_1=rr_2, r_2^2=\dfrac{1}{1+2r\cosh(UV)+r^2}$.

我们已经定义了四个几何量: 辐角、勾股差、线段的双曲余弦函数和有向线段的双曲正弦函数的比率.

6.4.2 从比率中消去点

本节的其余部分我们将描述算法 ELIM. 我们需要说明如何从三个基本的几何量: 比率、辐角和双曲余弦中消去由构造 (C1)~(C8) 引入的点.

我们首先说明九个构造不是相互独立的. 例如, 构造 (C2)可以化简成构造 (C3). 在直线 UV 上任意取一点等价于在直线 UV 取一点使得 $\dfrac{\sinh(UY)}{\sinh(UV)}$ 是一个未定元. 事实上, 构造 (C3), (C8) 和 (C9) 也可以化简成其余的构造 (Yang et al., 1998). 因此, 我们只需要考虑五个构造 (C1), (C4), (C5), (C6) 和 (C7).

现在考虑如何从比率中消点. 我们用八个消元引理来描述算法 ELIM.

引理 6.4.8 ELIM(f,c). 其中 $f=\dfrac{\sinh(AY)}{\sinh(BC)}$, 而 c 是构造

$$(\text{LRATIO } Y\ U\ V\ r_1\ r_2),$$

其中 A,B,C 是直线 UV 上的点. 有

$$f=\frac{\sinh(AU)}{\sinh(BC)}(r_1\cosh(UV)+r_2)+r_1\frac{\sinh(UV)}{\sinh(BC)}\cosh(AU).$$

证明 由命题 6.4.3, 有

$$\begin{aligned}\frac{\sinh(AY)}{\sinh(BC)}&=\frac{\sinh(AU+UY)}{\sinh(BC)}=\frac{\sinh(AU)}{\sinh(BC)}\cosh(UY)+\frac{\sinh(UY)}{\sinh(BC)}\cosh(AU)\\&=\frac{\sinh(AU)}{\sinh(BC)}(r_1\cosh(UV)+r_2)+r_1\frac{\sinh(UV)}{\sinh(BC)}\cosh(AU).\end{aligned}$$

引理 6.4.9 ELIM(f,c). 其中 $f=\dfrac{\sinh(AY)}{\sinh(CD)}$, 而 c 是构造

$$\text{(INTER } Y \text{ (LINE } U\ V\text{) (LINE } P\ Q\text{))},$$

其中 A 和 Y 是直线 CD 上的点. 有

$$f=\begin{cases}\dfrac{S_{AUV}}{S_{CUDV}}, & \text{如果 } A \text{ 不在直线 } UV \text{ 上},\\ \dfrac{S_{APQ}}{S_{CPDQ}}, & \text{否则}.\end{cases}$$

这个命题的证明与共边定理的证明相似.

引理 6.4.10 ELIM(f,c), 其中 $f=\dfrac{\sinh(AY)}{\sinh(CD)}$, 而 c 是构造 (FOOT Y P U V), 其中点 A 和 Y 在直线 CD 上, 有

$$f=\begin{cases}\dfrac{\sinh(AV)}{\sinh(CD)}\dfrac{P_{PAV}}{f_1(P,A,V)}, & \text{如果 } A\in UV \text{ 且 } A\neq V,\\ \dfrac{S_{AUV}}{S_{CUDV}}, & \text{如果 } A\notin UV.\end{cases}$$

第一和第二情况的证明分别类似于命题 6.4.5 和共边定理的证明.

引理 6.4.11 ELIM(f,c), 其中 $f=\dfrac{\sinh(AY)}{\sinh(CD)}$, 而 c 是构造

$$\text{(INTER } Y \text{ (LINE } U\ V\text{) (TLINE } P\ Q\text{))},$$

其中点 A 和 Y 是直线 CD 上的点, 有

$$\frac{\sinh(AY)}{\sinh(CD)}=\begin{cases}\dfrac{\sinh(AV)}{\sinh(CD)}\dfrac{P_{APQ}}{f_2(P,Q,A,V)}, & \text{如果 } A\in UV \text{ 且 } A\neq V,\\ \dfrac{S_{AUV}}{S_{CUDV}}, & \text{如果 } A\notin UV.\end{cases}$$

第一和第二情况的证明分别类似于命题 6.4.6 和共边定理的证明.

6.4.3 从线性的几何量中消去点

对于不同的点 A,B,C 和 Y, 令 $G(Y)$ 是 S_{ABY}, $\cosh(AY)$, P_{ABY} 或者 P_{ABCY}. 则对于三个共线的点 Y, U 和 V, 由命题 6.4.2 与命题 6.4.3 有

(I) $G(Y)=\dfrac{\sinh(UY)}{\sinh(UV)}G(V)+\dfrac{\sinh(YV)}{\sinh(UV)}G(U)$.

称 $G(Y)$ 是一个点 Y 的线性的几何量. 对于线性的几何量的消元过程与构造 (C4)~(C6) 类似.

引理 6.4.12 ELIM($G(Y)$,c). 令 $G(Y)$ 是一个线性几何量, 则 $G(Y)$ 等价于

$$\begin{cases} r_1G(V)+r_2G(U), & \text{如果 } c=(\text{LRATIO } Y\ U\ V\ r_1\ r_2),\\ \dfrac{S_{UPQ}G(V)-S_{VPQ}G(U)}{S_{UPVQ}}, & \text{如果 } c=(\text{INTER } Y\ (\text{LINE } U\ V)\ (\text{LINE } P\ Q)),\\ \dfrac{P_{PUV}G(V)+P_{PVU}G(U)}{f_1(PUV)}, & \text{如果 } c=(\text{FOOT } Y\ P\ U\ V),\\ \dfrac{P_{UPQ}G(V)-P_{VPQ}G(U)}{f_2(P,Q,U,V)}, & \text{如果 } c=(\text{INTER } Y\ (\text{LINE } U\ V)\ (\text{TLINE } P\ Q)). \end{cases}$$

证明 由于在每种情况下点 Y 总在直线 UV 上, 所以方程 (I) 是正确的. 第一种情况就是方程 (I). 对于第二种情况, 由于共边定理有

$$\frac{\sinh(UY)}{\sinh(UV)}=\frac{S_{UPQ}}{S_{UPVQ}},\quad \frac{\sinh(YV)}{\sinh(UV)}=-\frac{S_{VPQ}}{S_{UPVQ}}.$$

代入 (I), 我们得到证明. 第三和第四种情况是方程 (I)、命题 6.4.5 与命题 6.4.6 的结果. 注意到每一个构造的非退化条件保证新的表达式的分母不会等于零.

6.4.4 从二次几何量中消去点

引理 6.4.10~6.4.12 中的函数 f_1 和 f_2 都是二次方程, 我们将这样的几何量称为二次几何量. 现在, 我们描述从二次几何量中消去点的机械方法.

首先, 另外一个二次几何量是 S_{ABCD}, 有

命题 6.4.13

$$\begin{aligned} S_{ABCD}^2 =& S_{ABD}S_{BCA}\cosh(CD)+S_{BCA}S_{CDB}\cosh(AD)\\ &+S_{CDB}S_{DAC}\cosh(AB)+S_{ABD}S_{DAC}\cosh(BC). \end{aligned}$$

为了完全消去满足二次方程的几何量, 我们需要更多的几何工具, 参见报告 (Yang et al., 1998). 下面通过证明双曲恒等式来简要描述这个方法.

令 P 是关于以

$$\pm x_1,\cdots,\pm x_n,\pm\frac{1}{2}x_1,\cdots,\pm\frac{1}{2}x_n,2x_1,\cdots,2x_n,\cdots$$

为变量的三角函数的多项式, 我们想知道 $P=0$ 是否是一个恒等式. 设

$$y_i=\frac{1}{m}x_i,\quad i=1,\cdots,n,$$

使得 P 中的每一个三角函数对于整数 k_i 和 s_i 都具有

$$\sinh\left(\sum k_iy_i\right)\text{或}\cosh\left(\sum s_iy_i\right)$$

的形式. 首先, 我们可以很容易地将 P 写成以 $z_i=\sinh(y_i)$ 和 $w_i=\cosh(y_i)$, $i=1,\cdots,n$ 为变量的多项式, 则 $R=0$ 是一个恒等式当且仅当用 $1+z_i^2$ 替换 R 中的 w_i^2 所得到的表达式等于零.

6.4.5 消去自由点

现在说明如何消去由构造 (C1) 引进的自由点. 为了做到这一点, 需要引进坐标的辐角的概念. 令 A, O, U 和 V 是四个点, 其中 O, U, V 不共线. A 关于 OUV 的辐角坐标定义为

$$x_A=\frac{S_{AUV}}{S_{OUV}},\quad y_A=\frac{S_{OAV}}{S_{OUV}},\quad z_A=\frac{S_{OUA}}{S_{OUV}}.$$

很显然, 平面上的点和它们的坐标是一一对应的. 下面的引理将点的线性几何量化简成它们的辐角坐标.

引理 6.4.14 ELIM($G(Y)$, c). 这里 $G(Y)$ 是一个线性几何量, c 是构造 (C4)~(C7) 中的一个. 令 O, U 和 V 是三个不共线的点. 则有

$$G(Y)=\frac{S_{YUV}}{S_{OUV}}G(O)+\frac{S_{OYV}}{S_{OUV}}G(U)+\frac{S_{OUY}}{S_{OUV}}G(V).$$

证明 不失一般性, 假设直线 OY 与 UV 交于点 T. 如果直线 OY 与 UV 不相交, 则可以考虑直线 UY 与 OV 的交点或者直线 VY 与 OU 的交点, 因为它们中的一个一定相交. 由 (I) 有

$$\begin{aligned}G(Y)&=\frac{\sinh(OY)}{\sinh(OT)}G(T)+\frac{\sinh(YT)}{\sinh(OT)}G(O)\\&=\frac{\sinh(OY)}{\sinh(OT)}\left(\frac{\sinh(UT)}{\sinh(UV)}G(V)+\frac{\sinh(TV)}{\sinh(UV)}G(U)\right)+\frac{\sinh(YT)}{\sinh(OT)}G(O).\end{aligned}$$

由共边定理, 有

$$\frac{\sinh(YT)}{\sinh(OT)}=\frac{S_{YUV}}{S_{OUV}};\quad \frac{\sinh(OY)}{\sinh(OT)}=\frac{S_{OUYV}}{S_{OUV}};$$
$$\frac{\sinh(UT)}{\sinh(UV)}=\frac{S_{OUY}}{S_{OUYV}};\quad \frac{\sinh(TV)}{\sinh(UV)}=\frac{S_{OYV}}{S_{OUYV}}.$$

将这四个等式代入上面的公式, 我们得到想要的结果.

利用引理 6.4.14, 关于几何量的任意表达式都可以被写成关于 $\cosh(OU)$, $\cosh(OV)$, $\cosh(UV)$, S_{OUV} 以及自由点的辐角坐标的表达式, 但这些几何量仍然不是相互独立的. 首先, 由于 (Coxeter, 1967)

$$S_{OUV}^2=1-\cosh(OU)^2-\cosh(OV)^2-\cosh(UV)^2+2\cosh(OU)\cosh(OV)\cosh(UV).$$

其次, 一个点的三个辐角具有下面的性质.

命题 6.4.15　令 x_A, y_A, z_A 是点 A 关于 OUV 的辐角坐标, 则

$$x_A^2 + y_A^2 + z_A^2 + 2y_Az_A\cosh(UV) + 2x_Az_A\cosh(OV) + 2x_Ay_A\cosh(OU) = 1.$$

证明　下面借助我们的程序来证明这个结果. 先用下面的构造引进五个点:

$$\begin{aligned}&(\text{POINTS}, O, U, V),\\&(\text{LRATIO}, D, U, V, r_1, r_2),\\&(\text{LRATIO}, A, O, D, s_1, s_2).\end{aligned}$$

利用引理 6.4.12, 我们可以从

$$f = x_A^2 + y_A^2 + z_A^2 + 2y_Az_A\cosh UV + 2x_Az_A\cosh OV + 2x_Ay_A\cosh OU - 1$$

中消去点 D 和 A, 其中

$$x_A = \frac{S_{AUV}}{S_{OUV}},\quad y_A = \frac{S_{OAV}}{S_{OUV}},\quad z_A = \frac{S_{OUA}}{S_{OUV}}.$$

将输出记为 g. 令

$$\begin{aligned}h_1 &= r_1^2 + r_2^2 + 2r_1r_2\cosh UV - 1,\\h_2 &= s_1^2 + s_2^2 + 2s_1s_2\cosh OD - 1,\\h_3 &= r_1\cosh OV + r_2\cosh OU - \cosh OD.\end{aligned}$$

根据命题 6.4.3 与 6.4.7, 有 h_1=0, h_2=0, h_3=0. 用 h_1, h_2, h_3 对 g 顺序作伪除法, 我们知道 g 是 h_1, h_2, h_3 的线性组合. 由此可以得到证明.

由于辐角坐标满足二次的三角化方程, 我们可以用本节前面介绍的技巧消去每一个点的三个辐角坐标.

6.4.6　消去共圆的点

为了有效地处理包含共圆点的定理, 我们引进一个新的构造:

(C10) (CIRCLE $A_1\cdots A_s$), $s \geqslant 3$. 点 $A_1,\cdots,A_s$ 在同一个圆上. 此构造没有非退化条件.

令 $A_1,\cdots,A_s$ 是一个以 O 为圆心的圆上的点. 我们选择一个点, 比如说 A_1, 作为参考点. 则每一个点 A_i 被有向角 $\dfrac{\angle A_1OA_i}{2}$ 唯一确定 (假设所有的角都具有从 $-\pi$ 到 π 之间的一个值).

引理 6.4.16　令A, B, C, D 是以点 O 为圆心 δ 为半径的圆上的点, 点 A 是参

考点. 将 $\dfrac{\angle AOB}{2}$ 记作 $\angle B$, 则

$$S_{BCD} = \frac{4\sinh\left(\angle\dfrac{BOC}{2}\right)\cdot\sinh\left(\angle\dfrac{CD}{2}\right)\cdot\sinh\left(\angle\dfrac{BD}{2}\right)}{\tanh(\delta)},$$

$$\sinh\left(\angle\frac{BC}{2}\right) = \sinh(\delta)\sin(\angle C - \angle B).$$

利用引理 6.4.16, 一个关于辐角和圆上的点的勾股差的表达式可以化简为一个关于圆的半径和相互独立的角的双曲三角函数的表达式. 由本节前面引入的方法, 我们可以检查这样的表达式是否是一个恒等式. 因此对于这个构造, 我们得到一个完全的证明方法. 注意到这个构造在几何命题中只可以作为第一个构造语句使用.

6.5 算法的实现与例子

我们已经将本章关于双曲几何的定理证明方法在 Lisp 中实现, 证明器的缺省的方法是针对欧氏几何的, 如果想用非欧几何定理证明的方法, 必须通过 (set q non-Euclidean t) 来设置. 文献 (Chou et al., 1986) 中收集了用我们的证明器证明的 90 个几何定理. 在这 90 个定理中有大约 40 个定理属于射影几何, 因此在非欧几何中也是正确的. 其余 50 个不是显然的, 其中的大部分定理是新的. 值得一提的是, 用本章提出的方法将欧氏几何中的 Ceva 定理和 Menelaus 定理 (Grunbaum et al., 1993) 的推广扩展到了双曲几何和椭圆几何.

我们的方法所生成的证明的形式与用重写规则方法所生成的证明的形式是相似的, 但是有一个主要不同点. 典型的重写规则方法首先产生一个标准的规则集合, 然后用这些规则去推导出结论. 在我们的方法中规则是动态产生的, 即规则只在证明过程需要的时候才产生. 产生一个几何命题所有的规则是非常费时但不是必需的.

下面的表 6-1 统计了用我们计算机程序证明这 90 个几何定理所需要的时间和证明的长度. Maxterm 是指证明中出现的最大的多项式的项数; Lemmano 是在从几何量中消去点的过程中所用到的消元引理的次数, 换一句话说, Lemmano 是证明中推理的步骤数.

从表 6-1 中可以看到, 我们的程序是相当快的. 更重要的是, 90 个定理的证明中出现的最大的多项式的平均长度仅为 2.2. 考虑到这 90 个定理都不是十分显然的, 例如, 例题 6.5.1 和 6.5.3 是这 90 个定理中相对来说比较难的 2 个, 我们可以说用我们的证明器所生成的证明要比用基于坐标的方法所生成的证明短得多.

按照惯例, 关于非欧几何的研究主要是公理体系, 以及如何在欧氏几何中的表示这些非欧几何等为主, 而关于有意思且难的几何问题的证明却被忽略了. 尽管如

此, 我们相信给出一个像本章提出的方法那样的非欧几何的有效的证明方法同样是重要的: 除了可以用这些方法和程序取寻找一些新的定理之外, 对教育也同样重要. 在 1993 年的国际奥林匹克数学竞赛的过程中, 曾经有一位教授问本书的一位作者如何证明双曲几何中的垂心定理, 这个定理在通常的非欧几何的教科书中是不出现的. 我们将这个问题作为非欧几何中解决问题的一般方法的缺陷的一个暗示. 本节所提出的方法可以提供一种工具来解决这个问题, 因为用本方法所生成的证明通常非常短, 并且在形式可以使数学系的学生很容易地学会用铅笔和纸来设计.

对于本方法来说, 仍然有许多问题没有解决或者解决得不十分满意. 虽然用我们的方法可以证明教科书中大部分的几何定理, 但是仍然有一些不属于类 C, 即非构造型描述的定理. 一个合适的目标就是将消元方法扩展到更多的构造. 主要的困难是: 对于更复杂的构造, 需要的消元公式可能变得更大和更复杂. 在这种情况下, 生成短且可读的证明的目标可能要降低. 另外, 现在的方法只限于方程形式的定理: 几何不等式不能用现在的方法来处理.

表 6-1 90 个几何问题的统计数据

证明时间		证明长度		推理步骤	
时间/秒	% of Thms	Maxterm	% of Thms	Lemmano	% of Thms
$t \leqslant 0.05$	46	$m = 1$	62	$l \leqslant 5$	14
$t \leqslant 0.1$	62	$m \leqslant 2$	82	$l \leqslant 10$	46
$t \leqslant 1$	94	$m \leqslant 5$	91	$l \leqslant 20$	77
$t \leqslant 5$	97	$m \leqslant 10$	96	$l \leqslant 30$	90
$t \leqslant 6$	100	$m \leqslant 15$	100	$l \leqslant 69$	100
0.27	平均	2.2	平均	15.12	平均

B. Grunbaum 和 G.C. Shephard(1993) 用数字搜索的方法讨论了欧氏几何中的多边形并得出一些新的结果, 我们将在非欧几何中用本书提出的方法证明相应的结果. 而且, 对于具有具体边数的多边形, 我们的证明器可以被用来自动证明相应的定理.

例 6.5.1 设 $ABCDE$ 是一个五边形 (如图 6-6). 令

$$P = AD \cap BE, \quad Q = AC \cap BE, \quad R = BD \cap AC,$$
$$S = CE \cap BD, \quad T = AD \cap CE.$$

则

$$\frac{\sinh(AP)}{\sinh(TD)}\frac{\sinh(DS)}{\sinh(RB)}\frac{\sinh(BQ)}{\sinh(PE)}\frac{\sinh(ET)}{\sinh(SC)}\frac{\sinh(CR)}{\sinh(QA)}$$
$$=\frac{\sinh(AT)}{\sinh(PD)}\frac{\sinh(DR)}{\sinh(SB)}\frac{\sinh(BP)}{\sinh(QE)}\frac{\sinh(ES)}{\sinh(TC)}\frac{\sinh(CQ)}{\sinh(RA)} = 1.$$

一般情况下, 令 $V_1, \cdots, V_m$ 是一个多边形且 $1 \leqslant d \leqslant \dfrac{m}{2}$, $1 \leqslant j \leqslant \dfrac{m}{2}$. 用 $P_{d,j,i}$ 记直线 V_iV_{i+d} 和直线 $V_{i+j}V_{i+j+d}, i=1,\cdots,m$ 的交点, 则 $P_{d,j,i-j}$ 是直线 $V_{i-j}V_{i-j+d}$ 和直线 V_iV_{i+d} 的交点. 令

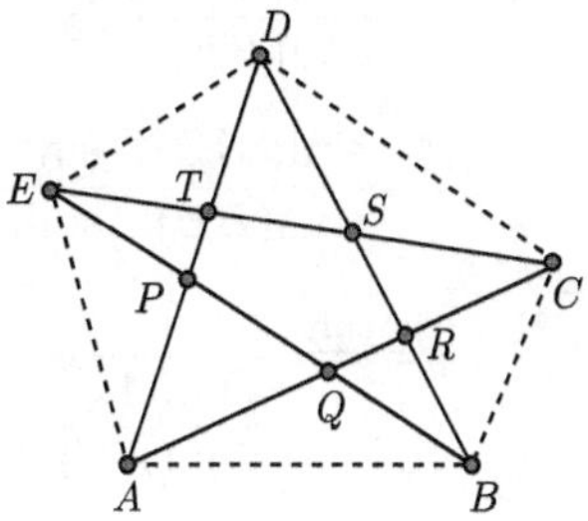

图 6-6

$$T(m,d,j)=\prod_{i=1}^{m}\frac{\sinh(V_iP_{d,j,i})}{\sinh(P_{d,j,i-j}V_{i+d})},$$
$$S(m,d,j)=\prod_{i=1}^{m}\frac{\sinh(V_iP_{d,j,i-j})}{\sinh(P_{d,j,i}V_{i+d})}.$$

则例题 6.5.1 是下面的定理的一种特殊情况.

例 6.5.2 (1) $T(m,d,j)$=1 当且仅当 d+$2j=m$ 或 $2d+j=m$;

(2) $S(m,d,j)$=1 当且仅当 d+$2j=m$,$2d=j$ 或 $2j=d$.

例题 6.5.2 的所有特殊情况都可以用我们的证明器证明. 例如, 下面是例题 6.5.1 的第一种特殊情况的机器证明:

$$\frac{-\dfrac{\sinh(ET)}{\sinh(CE)}\cdot\dfrac{\sinh(DS)}{\sinh(BD)}\cdot\dfrac{\sinh(CR)}{\sinh(AC)}\cdot\dfrac{\sinh(BQ)}{\sinh(BE)}\cdot\dfrac{\sinh(AP)}{\sinh(AD)}}{\dfrac{\sinh(EP)}{\sinh(BE)}\cdot\dfrac{\sinh(DT)}{\sinh(AD)}\cdot\dfrac{\sinh(CS)}{\sinh(CE)}\cdot\dfrac{\sinh(BR)}{\sinh(BD)}\cdot\dfrac{\sinh(AQ)}{\sinh(AC)}}$$

$$\stackrel{T}{=}\frac{S_{ADE}\cdot S_{ACDE}\cdot\left(-\dfrac{\sinh(DS)}{\sinh(BD)}\right)\cdot\dfrac{\sinh(CR)}{\sinh(AC)}\cdot\dfrac{\sinh(BQ)}{\sinh(BE)}\cdot\dfrac{\sinh(AP)}{\sinh(AD)}}{\left(-\dfrac{\sinh(EP)}{\sinh(BE)}\cdot\dfrac{\sinh(CS)}{\sinh(CE)}\cdot\dfrac{\sinh(BR)}{\sinh(BD)}\cdot\dfrac{\sinh(AQ)}{\sinh(AC)}\cdot S_{CDE}\right)\cdot(-S_{ACDE})}$$

$$\xlongequal{\text{simplify}}\frac{-S_{ADE}\cdot\dfrac{\sinh(AP)}{\sinh(AQ)}\cdot\dfrac{\sinh(BQ)}{\sinh(BE)}\cdot\dfrac{\sinh(CR)}{\sinh(AC)}\cdot\dfrac{\sinh(DS)}{\sinh(BD)}}{S_{CDE}\cdot\dfrac{\sinh(AQ)}{\sinh(AC)}\cdot\dfrac{\sinh(BR)}{\sinh(BD)}\cdot\dfrac{\sinh(CS)}{\sinh(CE)}\cdot\dfrac{\sinh(EP)}{\sinh(BE)}}$$

$$\stackrel{S}{=}\frac{-S_{ADE}\cdot(-S_{CDE})\cdot(S_{BCDE})}{S_{CDE}\cdot\dfrac{\sinh(AQ)}{\sinh(AC)}\cdot\dfrac{\sinh(BR)}{\sinh(BD)}\cdot(S_{BCD})\cdot\dfrac{\sinh(EP)}{\sinh(BE)}\cdot S_{BCDE}}$$
$$\cdot\frac{\sinh(AP)}{\sinh(AD)}\cdot\frac{\sinh(BQ)}{\sinh(BE)}\cdot\frac{\sinh(CR)}{\sinh(AC)}$$

$$\xlongequal{\text{simplify}}\frac{-S_{ADE}}{\dfrac{\sinh(EP)}{\sinh(BE)}\cdot S_{BCD}\cdot\dfrac{\sinh(BR)}{\sinh(BD)}\cdot\dfrac{\sinh(AQ)}{\sinh(AC)}}$$
$$\cdot\frac{\sinh(CR)}{\sinh(AC)}\cdot\frac{\sinh(BQ)}{\sinh(BE)}\cdot\frac{\sinh(AP)}{\sinh(AD)}$$

$$\overset{R}{=} \frac{(-S_{BCD}) \cdot S_{ADE} \cdot (-S_{ABCD})}{\frac{\sinh(EP)}{\sinh(BE)} \cdot S_{BCD} \cdot (-S_{ABC}) \cdot \frac{\sinh(AQ)}{\sinh(AC)} \cdot S_{ABCD}}$$

$$\cdot \frac{\sinh(BQ)}{\sinh(BE)} \cdot \frac{\sinh(AP)}{\sinh(AD)}$$

$$\overset{\text{simplify}}{=\!=\!=} \frac{-S_{ADE}}{\frac{\sinh(AQ)}{\sinh(AC)} \cdot S_{ABC} \cdot \frac{\sinh(EP)}{\sinh(BE)}} \cdot \frac{\sinh(AP)}{\sinh(AD)} \cdot \frac{\sinh(BQ)}{\sinh(BE)}$$

$$\overset{Q}{=} \frac{-S_{ADE} \cdot (-S_{ABC}) \cdot S_{ABCE}}{S_{ABE} \cdot S_{ABC} \cdot \frac{\sinh(EP)}{\sinh(BE)} \cdot (-S_{ABCE})} \cdot \frac{\sinh(AP)}{\sinh(AD)}$$

$$\overset{\text{simplify}}{=\!=\!=} \frac{-S_{ADE}}{\frac{\sinh(EP)}{\sinh(BE)} \cdot S_{ABE}} \cdot \frac{\sinh(AP)}{\sinh(AD)}$$

$$\overset{P}{=} \frac{-S_{ABE} \cdot S_{ADE} \cdot (-S_{ABDE})}{S_{ADE} \cdot S_{ABE} \cdot S_{ABDE}} \overset{\text{simplify}}{=\!=\!=} 1.$$

证明中用到的消元引理为

$$\frac{\sinh(DT)}{\sinh(AD)} \overset{T}{=} \frac{-S_{CDE}}{S_{ACDE}}, \quad \frac{\sinh(ET)}{\sinh(CE)} \overset{T}{=} \frac{S_{ADE}}{-S_{ACDE}}, \quad \frac{\sinh(CS)}{\sinh(CE)} \overset{S}{=} \frac{S_{BCD}}{-S_{ACDE}},$$

$$\frac{\sinh(DS)}{\sinh(BD)} \overset{S}{=} \frac{-S_{CDE}}{S_{BCDE}}, \quad \frac{\sinh(BR)}{\sinh(BD)} \overset{R}{=} \frac{S_{ABC}}{S_{ABCD}}, \quad \frac{\sinh(CR)}{\sinh(AC)} \overset{R}{=} \frac{-S_{BCD}}{S_{ABCD}},$$

$$\frac{\sinh(AQ)}{\sinh(AC)} \overset{Q}{=} \frac{S_{ABE}}{S_{ABCE}}, \quad \frac{\sinh(BQ)}{\sinh(BE)} \overset{Q}{=} \frac{S_{ABC}}{S_{ABCE}},$$

$$\frac{\sinh(EP)}{\sinh(BE)} \overset{P}{=} \frac{S_{ADE}}{-S_{ABDE}}, \quad \frac{\sinh(AP)}{\sinh(AD)} \overset{P}{=} \frac{S_{ABE}}{S_{ABDE}}.$$

在上面的机器证明中, $a \overset{T}{=} b$ 是指 b 是通过从 a 消去点 T 所得到的结果; $a \overset{\text{simplify}}{=\!=\!=} b$ 是指 b 是通过从 a 的分子和分母中消去公因子得到的.

例 6.5.3(圆上的 Pascal 定理) 令 A, B, C, D, E 和 F 是一个圆上的六个点. 令 P=$AB \cap DF$,Q=$BC \cap EF$, S=$CD \cap EA$, 则 P, Q 和 S 共线.

圆上的 Pascal 定理的构造型描述为

((CIRCLE A B C A_1 B_1 C_1)

(INTER $_P$(LINE A_1 B) (LINE A B_1))

(INTER $_Q$(LINE A C_1) (LINE A_1 C))

(INTER $_S$(LINE B_1 C) (LINE B C_1))

$$(\text{INTER } Z_S (\text{LINE } Q\ P)\ (\text{LINE } B_1\ C))$$

$$\left(\frac{\sinh(B_1S)}{\sinh(CS)}=\frac{\sinh(B_1Z_S)}{\sinh(CZ_S)}\right)\Bigg)$$

在上面的描述中, 通过引进一个新的 Z_S, 使得 P,Q 和 S 共线等价于 $S=Z_S$ 或者 $\frac{\sinh(B_1S)}{\sinh(CS)}=\frac{\sinh(B_1Z_S)}{\sinh(CZ_S)}$. 如果几何命题的结论是共线, 我们一直用这个技巧.

机器证明

$$\left(\frac{\sinh(B_1S)}{\sinh(CS)}\right)\Bigg/\left(\frac{\sinh(B_1Z_S)}{\sinh(CZ_S)}\right)$$

$$\stackrel{Z_S}{=}\frac{-S_{CPQ}}{-S_{B_1PQ}}\cdot\frac{\sinh(B_1S)}{\sinh(CS)}$$

$$\stackrel{S}{=}\frac{(-S_{BB_1C_1})\cdot S_{CPQ}}{S_{B_1PQ}\cdot(-S_{BCC_1})}$$

$$\stackrel{Q}{=}\frac{S_{CA_1P}\cdot S_{ACC_1}\cdot S_{BB_1C_1}\cdot S_{ACC_1A_1}}{(-S_{B_1C_1P}\cdot S_{ACA_1})\cdot S_{BCC_1}\cdot(-S_{ACC_1A_1})}$$

$$\stackrel{\text{simplify}}{=}\frac{S_{BB_1C_1}\cdot S_{ACC_1}\cdot S_{CA_1P}}{S_{BCC_1}\cdot S_{ACA_1}\cdot S_{B_1C_1P}}$$

$$\stackrel{P}{=}\frac{S_{BB_1C_1}\cdot S_{ACC_1}\cdot S_{BCA_1}\cdot S_{A_1B_1}\cdot S_{ABB_1A_1}}{S_{BCC_1}\cdot S_{ACA_1}\cdot(-S_{BA_1B_1}\cdot S_{AB_1C_1})\cdot(-S_{ABB_1A_1})}$$

$$\stackrel{\text{simplify}}{=}\frac{S_{AA_1B_1}\cdot S_{BCA_1}\cdot S_{ACC_1}\cdot S_{BB_1C_1}}{A_{AB_1C_1}\cdot S_{BA_1B_1}\cdot S_{ACA_1}\cdot S_{BCC_1}}$$

$$=\frac{\left(\operatorname{sh}\left(\frac{A_1B_1}{2}\right)\cdot\operatorname{sh}\left(\frac{AB_1}{2}\right)\cdot\operatorname{sh}\left(\frac{AA_1}{2}\right)\right)\cdot\left(\operatorname{sh}\left(\frac{CA_1}{2}\right)\cdot\operatorname{sh}\left(\frac{BA_1}{2}\right)\cdot\operatorname{sh}\left(\frac{BC}{2}\right)\right)}{\left(\operatorname{sh}\left(\frac{B_1C_1}{2}\right)\cdot\operatorname{sh}\left(\frac{AC_1}{2}\right)\cdot\operatorname{sh}\left(\frac{AB_1}{2}\right)\right)\cdot\left(\operatorname{sh}\left(\frac{A_1B_1}{2}\right)\cdot\operatorname{sh}\left(\frac{BB_1}{2}\right)\cdot\operatorname{sh}\left(\frac{BA_1}{2}\right)\right)}$$

$$\cdot\frac{\left(\operatorname{sh}\left(\frac{CC_1}{2}\right)\cdot\operatorname{sh}\left(\frac{AC_1}{2}\right)\cdot\operatorname{sh}\left(\frac{AC}{2}\right)\right)\cdot\left(\operatorname{sh}\left(\frac{B_1C_1}{2}\right)\cdot\operatorname{sh}\left(\frac{BC_1}{2}\right)\cdot\operatorname{sh}\left(\frac{BB_1}{2}\right)\right)\cdot(\tanh(\delta))^4}{\left(\operatorname{sh}\left(\frac{CA_1}{2}\right)\cdot\operatorname{sh}\left(\frac{AA_1}{2}\right)\cdot\operatorname{sh}\left(\frac{AC}{2}\right)\right)\cdot\left(\operatorname{sh}\left(\frac{CC_1}{2}\right)\cdot\operatorname{sh}\left(\frac{BC_1}{2}\right)\cdot\operatorname{sh}\left(\frac{BC}{2}\right)\right)\cdot(\tanh(\delta))^4}$$

$$\stackrel{\text{simplify}}{=}1$$

证明中用到如下的消元引理:

$$\frac{\sinh(B_1Z_S)}{\sinh(CZ_S)}\stackrel{Z_S}{=}\frac{S_{B_1PQ}}{S_{CPQ}},\quad\frac{\sinh(B_1S)}{\sinh(CS)}\stackrel{S}{=}\frac{S_{BB_1C_1}}{S_{BCC_1}},$$

$$S_{B_1PQ} \overset{Q}{=} \frac{-S_{B_1C_1P} \cdot S_{ACA_1}}{S_{ACC_1A_1}}, \quad S_{CPQ} \overset{Q}{=} \frac{S_{CA_1P} \cdot S_{ACC_1}}{-S_{ACC_1A_1}},$$

$$S_{B_1C_1P} \overset{P}{=} \frac{-S_{BA_1B_1} \cdot S_{AB_1C_1}}{S_{ABB_1A_1}}, \quad S_{CA_1P} \overset{P}{=} \frac{S_{BCA_1} \cdot S_{AA_1B_1}}{-S_{ABB_1A_1}},$$

$$S_{BCC_1} = \frac{4 \cdot \mathrm{sh}\left(\frac{BC_1}{2}\right) \cdot \mathrm{sh}\left(\frac{CC_1}{2}\right) \cdot \mathrm{sh}\left(\frac{BC}{2}\right)}{-\tanh(\delta)},$$

$$S_{ACA_1} = \frac{4 \cdot \mathrm{sh}\left(\frac{AA_1}{2}\right) \cdot \mathrm{sh}\left(\frac{CA_1}{2}\right) \cdot \mathrm{sh}\left(\frac{AC}{2}\right)}{-\tanh(\delta)},$$

$$S_{BA_1B_1} = \frac{4 \cdot \mathrm{sh}\left(\frac{BB_1}{2}\right) \cdot \mathrm{sh}\left(\frac{A_1B_1}{2}\right) \cdot \mathrm{sh}\left(\frac{BA_1}{2}\right)}{-\tanh(\delta)},$$

$$S_{AB_1C_1} = \frac{4 \cdot \mathrm{sh}\left(\frac{AC_1}{2}\right) \cdot \mathrm{sh}\left(\frac{B_1C_1}{2}\right) \cdot \mathrm{sh}\left(\frac{AB_1}{2}\right)}{-\tanh(\delta)},$$

$$S_{BB_1C_1} = \frac{4 \cdot \mathrm{sh}\left(\frac{BC_1}{2}\right) \cdot \mathrm{sh}\left(\frac{B_1C_1}{2}\right) \cdot \mathrm{sh}\left(\frac{BB_1}{2}\right)}{-\tanh(\delta)},$$

$$S_{ACC_1} = \frac{4 \cdot \mathrm{sh}\left(\frac{AC_1}{2}\right) \cdot \mathrm{sh}\left(\frac{CC_1}{2}\right) \cdot \mathrm{sh}\left(\frac{AC}{2}\right)}{-\tanh(\delta)},$$

$$S_{BCA_1} = \frac{4 \cdot \mathrm{sh}\left(\frac{BA_1}{2}\right) \cdot \mathrm{sh}\left(\frac{CA_1}{2}\right) \cdot \mathrm{sh}\left(\frac{BC}{2}\right)}{-\tanh(\delta)},$$

$$S_{AA_1B_1} = \frac{4 \cdot \mathrm{sh}\left(\frac{AB_1}{2}\right) \cdot \mathrm{sh}\left(\frac{A_1B_1}{2}\right) \cdot \mathrm{sh}\left(\frac{AA_1}{2}\right)}{-\tanh(\delta)}.$$

在上面的证明的最后一步中用到引理 6.4.16. 注意到为了节省打印空间, 我们用 sh 代表 sinh.

最后讨论一下椭圆几何中的定理证明. 由 6.2 中的转换定理, 本节发展的方法与证明的几何定理均可以转变为椭圆几何中类似的结果. 例如, 具有结论

$$\frac{\sinh(AF)}{\sinh(FB)} \frac{\sinh(BD)}{\sinh(DC)} \frac{\sinh(CE)}{\sinh(EA)} = 1$$

的 Ceva 定理 (例题 6.3.1) 在椭圆几何中也是正确的.

第 6 章小结

• 对于非欧几何的一类构造型几何命题, 提出了生成可读证明的完全方法.

• 此方法是欧氏几何的面积消点法的实质性扩展, 关键思想是从几何不变量中消去点, 使得要证明的等式仅含独立变元而成为容易检验的. 用我们的方法所生成的证明通常很短, 而且每一步消点都有明显的几何意义.

• 基于此算法的计算机程序已经证明了 90 多个非欧几何定理, 其中包括许多新的非欧几何定理.

第 7 章　向量和机器证明

在 2.5 节中，我们提到有两种途径来定义几何：几何的途径和代数的途径. 在这一章中，我们将会讲到如何在用代数途径定义的几何中自动证明几何定理. 基于代数途径定义的仿射和度量几何所用的现代语言是线性代数或向量空间理论 (Artin, 1957; Dieudonne, 1964; Snapper et al, 1971). 在这种情形下，度量由向量内积引入，而面积和体积由向量外积所表示. 注意到在这种线性代数途径下，两个最重要的概念：内积和外积，跟我们常用到的两个几何量：勾股差和面积 (或体积) 一样都是非常基本的. 这就有力地提示我们基于面积、体积和勾股差的方法可以用向量的语言来描述. 更进一步，基于内积和外积的向量方法有容易推广的优势；它用了更多的类似于向量的几何量；它覆盖了更多的几何，如 Minkowsky 几何. 但另一方面，向量方法需要更多的代数先决条件. 同时，用向量方法所生成的证明不如用体积–勾股差方法得到的证明所具有的几何意义明显.

7.1　三维度量空间几何

设 $\mathcal{E}$ 为特征不为 2 的域. $\mathcal{E}$ 上的向量空间是具有如下两种运算的集合 $\boldsymbol{V}$：

- $\boldsymbol{V}\times\boldsymbol{V}\to\boldsymbol{V}$，　记为$(\boldsymbol{x},\boldsymbol{y})\to\boldsymbol{x}+\boldsymbol{y}$,
- $\boldsymbol{X}\boldsymbol{V}\to\boldsymbol{V}$，　记为$(\alpha,\boldsymbol{x})\to\alpha\boldsymbol{x}$.

两种运算满足如下性质：

(V1) (交换律)$\boldsymbol{x}+\boldsymbol{y}=\boldsymbol{y}+\boldsymbol{x}$.

(V2) (结合律)$(\boldsymbol{x}+\boldsymbol{y})+\boldsymbol{z}=\boldsymbol{x}+(\boldsymbol{y}+\boldsymbol{z})$.

(V3) 存在一个零元素 0 使得对每个 $\boldsymbol{x}\in\boldsymbol{V}$ 有 $\boldsymbol{x}+0=\boldsymbol{x}$, 0 叫做 $\boldsymbol{V}$ 的原点.

(V4) 对每个元素 $\boldsymbol{x}$，存在一个逆元素 $-\boldsymbol{x}$ 使得 $\boldsymbol{x}+(-\boldsymbol{x})=0$.

(V5) $(\alpha\beta)\boldsymbol{x}=\alpha(\beta\boldsymbol{x})$.

(V6) (分配律)$(\alpha+\beta)\boldsymbol{x}=\alpha\boldsymbol{x}+\beta\boldsymbol{x};\alpha(\boldsymbol{x}+\boldsymbol{y})=\alpha\boldsymbol{x}+\alpha\boldsymbol{y}$.

(V7) $1\cdot\boldsymbol{x}=\boldsymbol{x}$.

将 $\boldsymbol{V}$ 中元素称为向量，且记为 $\boldsymbol{x},\boldsymbol{y},\boldsymbol{z},\cdots$；$\mathcal{E}$ 中元素称为标量，记为 $\alpha,\beta,\gamma,\cdots$. 标量与向量相乘时，通常写在向量的左边.

向量空间 $\boldsymbol{V}$ 称为 n 维的, 如果在 $\boldsymbol{V}$ 中存在 n 个元素 $\boldsymbol{e}_1,\cdots,\boldsymbol{e}_n$, 使得

- 对任意 $\boldsymbol{x}\in\boldsymbol{V}$ 存在标量 $\alpha_1,\cdots,\alpha_n$ 使得 $\boldsymbol{x}=\alpha_1\boldsymbol{e}_1+\cdots+\alpha_n\boldsymbol{e}_n$;
- 如果 $\alpha_1\boldsymbol{e}_1+\cdots+\alpha_n\boldsymbol{e}_n=0$ 则有 $\alpha_i=0,i=1,\cdots,n$.

满足如上性质的 n 个元素 $\boldsymbol{e}_1,\cdots,\boldsymbol{e}_n$ 组成向量空间 $\boldsymbol{V}$ 的一组基. 如果

$$\boldsymbol{x}=\alpha_1\boldsymbol{x}_1+\cdots+\alpha_n\boldsymbol{x}_n,$$

则称 $\boldsymbol{x}$ 是向量 $\boldsymbol{e}_1,\cdots,\boldsymbol{e}_n$ 的线性组合, 称 $(\alpha_1,\cdots,\alpha_n)$ 为 $\boldsymbol{x}$ 的相对于基底 $\boldsymbol{e}_1,\cdots,\boldsymbol{e}_n$ 的坐标.

给定 $\boldsymbol{V}$ 的一组定序的基底, 我们可以把任一向量 $\boldsymbol{x}$ 和它的唯一的一组坐标 $(\alpha_1,\cdots,\alpha_n)$ 相对应, 使得 $\boldsymbol{x}=\alpha_1\boldsymbol{x}_1+\cdots+\alpha_n\boldsymbol{x}_n$. 这就在 $\boldsymbol{V}$ 中向量和 $\mathcal{E}^n$ 中元素之间建立了一个一一对应 ($\mathcal{E}^n$ 是 $\mathcal{E}$ 的 n 次 Descartes 乘积). 很容易看出这种对应保持了向量空间的结构, 也就是说, 这是向量空间之间的一种同构. 于是我们可以方便地假定 $\boldsymbol{V}$ 就是 $\mathcal{E}^n$.

向量空间 $\boldsymbol{V}$ 的非空子集 $\boldsymbol{W}$ 称为 $\boldsymbol{V}$ 的子空间, 如果满足以下条件:

(1) 如果 $\boldsymbol{x}\in\boldsymbol{W}$ 且 $\boldsymbol{y}\in\boldsymbol{W}$, 则 $\boldsymbol{x}+\boldsymbol{y}\in\boldsymbol{W}$.

(2) 如果 $x\in\boldsymbol{W}$, 则对 $\alpha\in\mathcal{E}$ 有 $\alpha\boldsymbol{x}\in\boldsymbol{W}$.

设 $\boldsymbol{f}_1,\cdots,\boldsymbol{f}_m$ 为 $\boldsymbol{V}$ 中向量, 那么所有可写成形如

$$\sum_{i=1}^{m}\alpha_i f_i,\quad \alpha_i\in\mathcal{E}$$

的向量组成的集合是 $\boldsymbol{V}$ 的一个子空间, 称为由向量 $\boldsymbol{f}_1,\cdots,\boldsymbol{f}_m$ 生成的子空间.

这一章用到的线性代数基础知识, 可以参看文献 (Greub, 1963) 的前五章.

7.1.1 内积和度量向量空间

在后面的讨论内容中, 假定 n=3, 且给定了 $\boldsymbol{V}$ 的一组定序的基底. 对于

$$\boldsymbol{x}=(x_1,x_2,x_3)\quad \boldsymbol{y}=(y_1,y_2,y_3),\quad \text{且}\quad \alpha\in\mathcal{E},$$

有

$$\alpha\boldsymbol{x}=(\alpha x_1,\alpha x_2,\alpha_3)\ \text{且}\ \boldsymbol{x}+\boldsymbol{y}=(x_1+y_1,x_2+y_2,x_3+y_3).$$

定义 7.1.1 $\boldsymbol{V}$ 上的内积是一映射:

$$\boldsymbol{V}\times\boldsymbol{V}\to\mathcal{E},\quad \text{记为}\ (\boldsymbol{x},\boldsymbol{y})\to\langle\boldsymbol{x},\boldsymbol{y}\rangle,$$

且满足如下性质:

(I1) $\langle \boldsymbol{x}, \boldsymbol{y} \rangle = \langle \boldsymbol{y}, \boldsymbol{x} \rangle$.

(I2) $\langle \alpha \boldsymbol{x} + \beta \boldsymbol{y}, z \rangle = \alpha \langle \boldsymbol{x}, \boldsymbol{z} \rangle + \beta \langle \boldsymbol{y}, \boldsymbol{z} \rangle$, 此处 α 和 β 是标量.

命题 7.1.2　设 $(\boldsymbol{e}_1, \boldsymbol{e}_2, \boldsymbol{e}_3)$ 是 V 的一组基底, $\boldsymbol{x} = x_1\boldsymbol{e}_1 + x_2\boldsymbol{e}_2 + x_3\boldsymbol{e}_3$ 且 $\boldsymbol{y} = y_1\boldsymbol{e}_1 + y_2\boldsymbol{e}_2 + y_3\boldsymbol{e}_3$, 则有

$$\langle \boldsymbol{x}, \boldsymbol{y} \rangle = (x_1, x_2, x_3)\boldsymbol{\mathcal{M}} \begin{pmatrix} y_1, \\ y_2 \\ y_3 \end{pmatrix},$$

其中 $\boldsymbol{\mathcal{M}} = (\langle \boldsymbol{e}_i, \boldsymbol{e}_j \rangle)$ 是一个对称矩阵.

证明　具体计算有

$$\langle \boldsymbol{x}, \boldsymbol{y} \rangle = \sum_{i,j=1}^{3} x_i y_j \langle \boldsymbol{e}_i, \boldsymbol{e}_j \rangle = (x_1, x_2, x_3)\boldsymbol{\mathcal{M}} \begin{pmatrix} y_1 \\ y_2 \\ y_3 \end{pmatrix},$$

其中 $\boldsymbol{\mathcal{M}} = (\langle \boldsymbol{e}_i, \boldsymbol{e}_j \rangle)$ 是一个对称矩阵.

定义 7.1.3　赋予内积的向量空间称为度量向量空间.

定义 7.1.4　两个向量 $\boldsymbol{x}$ 和 $\boldsymbol{y}$ 称为垂直的, 如果 $\langle \boldsymbol{x}, \boldsymbol{y} \rangle = 0$.

一个度量向量空间称为非奇异的, 如果其原点是唯一垂直于所有向量的向量.

命题 7.1.5　度量向量空间 V 是非奇异的, 当且仅当

$$|\boldsymbol{\mathcal{M}}| = \det(\boldsymbol{\mathcal{M}}) \neq 0.$$

证明　如果 $\boldsymbol{x} = (x_1, x_2, x_3)$ 且 $\boldsymbol{y} = (y_1, y_2, y_3)$,

$$\langle \boldsymbol{x}, \boldsymbol{y} \rangle = (x_1, x_2, x_3)\boldsymbol{\mathcal{M}} \begin{pmatrix} y_1 \\ y_2 \\ y_3 \end{pmatrix}.$$

那么 $\boldsymbol{x}$ 垂直于 $\boldsymbol{V}$ 中所有向量, 当且仅当对于所有可能的 y_i 有

$$(x_1, x_2, x_3)\boldsymbol{\mathcal{M}} \begin{pmatrix} y_1 \\ y_2 \\ y_3 \end{pmatrix} = 0.$$

也就是说, 当且仅当

$$(x_1, x_2, x_3)\boldsymbol{\mathcal{M}} = (0, 0, 0).$$

上面线性方程组有非零解当且仅当 $|\boldsymbol{\mathcal{M}}|=0$.

一个向量 $\boldsymbol{x}$ 称为迷向的, 如果 $\boldsymbol{x}$ 垂直于它自己本身, 或等价地 $\langle\boldsymbol{x},\boldsymbol{x}\rangle=0$.

原点 0 永远是迷向的. 甚至当 $\boldsymbol{V}$ 为非奇异的时, 也会有很多非零迷向向量, 这可由下式看出. 一个向量是迷向的当且仅当它的坐标满足如下方程:

$$\sum_{i,j=1}^{n} m_{i,j}x_ix_j = 0,$$

其中 $\mathcal{M}=(m_{ij})$. 上面方程的解 (如果存在) 包含一个锥, 称为光锥. 光锥这个词语来源于物理学. 从文献 (Yaglom, 1979) 中可以找到更多的物理背景.

对于 $\boldsymbol{x}=(x_1,x_2,x_3)$, 设 $\boldsymbol{x}$ 的平方为

$$\boldsymbol{x}^2=\langle\boldsymbol{x},\boldsymbol{x}\rangle.$$

假定 $\boldsymbol{V}$ 是一个度量向量空间, 对于任意向量 $\boldsymbol{x}\in\boldsymbol{V}$ 我们仅知道 $\boldsymbol{x}^2$ 的值. 我们能计算任意的 $\boldsymbol{x}$ 和 $\boldsymbol{y}$ 的内积 $\langle\boldsymbol{x},\boldsymbol{y}\rangle$ 吗? 答案是肯定的.

命题 7.1.6 在一个度量向量空间中, 平方函数 $\boldsymbol{x}^2$ 完全决定了内积.

证明 对于 $\boldsymbol{x},\boldsymbol{y}\in\boldsymbol{V}$, 由 (I1) 和 (I2) 有

$$(\boldsymbol{x}+\boldsymbol{y})^2=\boldsymbol{x}^2+2\langle\boldsymbol{x},\boldsymbol{y}\rangle+\boldsymbol{y}^2.$$

由于 $\mathcal{E}$ 不是特征为 2 的, 就有

$$\langle\boldsymbol{x},\boldsymbol{y}\rangle=\frac{1}{2}(\boldsymbol{x}^2+\boldsymbol{y}^2-(\boldsymbol{x}+\boldsymbol{y})^2).$$

推论 7.1.7(勾股定理) $\boldsymbol{x}\perp\boldsymbol{y}$ 当且仅当 $\boldsymbol{x}^2+\boldsymbol{y}^2-(\boldsymbol{x}+\boldsymbol{y})^2=0$.

定义 7.1.8 $\boldsymbol{V}$ 的一个坐标系 $\boldsymbol{e}_1,\boldsymbol{e}_2,\boldsymbol{e}_3$ 称为一个矩形坐标系, 如果 $\boldsymbol{e}_i\perp\boldsymbol{e}_j$ 对于所有 $i\neq j$ 成立.

对于一个矩形坐标系, 定义内积的矩阵是对角的, 也就是说,

$$\mathcal{M}=\begin{pmatrix}\langle\boldsymbol{e}_1,\boldsymbol{e}_2\rangle & & \\ & \langle\boldsymbol{e}_2,\boldsymbol{e}_2\rangle & \\ & & \langle\boldsymbol{e}_3,\boldsymbol{e}_3\rangle\end{pmatrix}$$

对于 $\boldsymbol{x}=(x_1,x_2,x_3)$ 且 $\boldsymbol{y}=(y_1,y_2,y_3)$, 有

$$\langle\boldsymbol{x},\boldsymbol{y}\rangle=\langle\boldsymbol{e}_1,\boldsymbol{e}_1\rangle x_1y_1+\langle\boldsymbol{e}_2,\boldsymbol{e}_2\rangle x_2y_2+\langle\boldsymbol{e}_3,\boldsymbol{e}_3\rangle x_3y_3.$$

命题 7.1.9 一个度量向量空间总有一个矩形坐标系.

证明 对 $\boldsymbol{V}$ 的维数用归纳法来证明这个命题. 如果 $\boldsymbol{V}$ 是一维的, 它的任一基都是矩形基. 假定上面结果对于任意维数小于 n 的向量空间都是正确的, 设 $\boldsymbol{V}$ 是

一个 n 维的向量空间, 如果 $\boldsymbol{V}$ 中所有向量都是迷向的, 由勾股定理任一基都是矩形基. 另一方面, 设 $\boldsymbol{e}_1,\cdots,\boldsymbol{e}_n$ 是 $\boldsymbol{V}$ 的一组基, 使得 $\boldsymbol{e}_1$ 是非迷向向量. 设

$$\boldsymbol{e}_i'=\boldsymbol{e}_i-\frac{\langle\boldsymbol{e}_i,\boldsymbol{e}_1\rangle}{\boldsymbol{e}_1^2}\boldsymbol{e}_1,\quad i=2,\cdots,n,$$

那么显然 $\boldsymbol{e}_1,\boldsymbol{e}_2',\cdots,\boldsymbol{e}_n'$ 也是 $\boldsymbol{V}$ 的一组基, 且 $\boldsymbol{e}_1\perp\boldsymbol{e}_i', i=2,\cdots,n$. 由归纳假设, 由 $\boldsymbol{e}_i', i=2,\cdots,n$ 生成的向量空间有一组矩形基 $\boldsymbol{f}_i, i=2,\cdots,n$, 那么很容易检验 $\boldsymbol{e}_1,\boldsymbol{f}_2',\cdots,\boldsymbol{f}_n'$ 组成 $\boldsymbol{V}$ 的一组矩形基.

练习 7.1.10

1. 如果 $\mathcal{E}$ 是实数域, $\boldsymbol{x}=(x_1,x_2,x_3)$ 和 $\boldsymbol{y}=(y_1,y_2,y_3)$ 的内积定义为

$$\langle\boldsymbol{x},\boldsymbol{y}\rangle=x_1y_1+x_2y_2+x_3y_3,$$

得到的空间是三维 Euclid 空间. 证明如上所定义的 Euclid 空间为一个非奇异度量向量空间, 且满足:

(I3) $\langle\boldsymbol{x},\boldsymbol{x}\rangle\geqslant 0$, 且 $\langle\boldsymbol{x},\boldsymbol{x}\rangle=0$ 仅当 $\boldsymbol{x}=(0,0,0)$.

2. 所谓 n 维 ($n\geqslant 3$) Minkowsky 空间是一个度量向量空间, 其内积定义为: 对于 $\boldsymbol{x}=(x_1,x_2,x_3)$ 和 $\boldsymbol{y}=(y_1,y_2,y_3)$, 有

$$\langle\boldsymbol{x},\boldsymbol{y}\rangle=x_1y_1+\cdots+x_{n-1}y_{n-1}-x_ny_n.$$

证明 Minkowsky 空间是非奇异的度量向量空间, 其中存在非零的迷向向量.

3. 证明: 如果 $\mathcal{E}$ 是实数域且 $n=3$, 任一非奇异的度量向量空间总有一坐标系, 使得它的矩阵具有如下形式之一:

$$\mathcal{M}_1=\begin{pmatrix}1&0&0\\0&1&0\\0&0&1\end{pmatrix},\quad \mathcal{M}_2=\begin{pmatrix}1&0&0\\0&1&0\\0&0&-1\end{pmatrix},$$

$$\mathcal{M}_3=\begin{pmatrix}1&0&0\\0&-1&0\\0&0&-1\end{pmatrix},\quad \mathcal{M}_4=\begin{pmatrix}-1&0&0\\0&-1&0\\0&0&-1\end{pmatrix}.$$

矩阵 $\mathcal{M}_1$ 和 $\mathcal{M}_2$ 分别相应地决定了 Euclid 空间和 Minkowsky 空间. 我们称由 $\mathcal{M}_4$ 和 $\mathcal{M}_3$ 所决定的几何相应地分别为负 Euclid 空间和负 Minkowsky 空间.

4. 设 $(\boldsymbol{e}_1,\cdots,\boldsymbol{e}_n)$ 和 $(\boldsymbol{f}_1,\cdots,\boldsymbol{f}_n)$ 为 $\boldsymbol{V}$ 的两组不同的基, 那么存在一个非奇异矩阵 $\mathcal{P}$ 使得

$$(\boldsymbol{f}_1,\cdots,\boldsymbol{f}_n)=(\boldsymbol{e}_1,\cdots,\boldsymbol{e}_n)\mathcal{P}.$$

设 $\mathcal{M}$ 和 $\mathcal{M}'$ 为相应于基底 $(\boldsymbol{e}_1,\cdots,\boldsymbol{e}_n)$ 和 $(\boldsymbol{f}_1,\cdots,\boldsymbol{f}_n)$ 的内积矩阵. 求证

$$\mathcal{M}'=\mathcal{P}^*\mathcal{M}\mathcal{P},$$

其中 $\mathcal{P}^*$ 是 $\mathcal{P}$ 的转置矩阵. 满足上式条件的两个矩阵称为是**相合的**. 两个矩阵是相合的, 当且仅当它们表示 $\boldsymbol{V}$ 的相对于不同坐标系的同一度量. 所以, 研究度量向量空间相当于研究在相合等价关系下研究对称矩阵.

5. 在代数语言中, 命题 7.1.9 等价于如下事实: 设 $\mathcal{G}$ 为一 $n\times n$ 对称矩阵. 那么存在一个 $n\times n$ 非奇异矩阵 $\mathcal{P}$ 使得 $\mathcal{P}^*g\mathcal{P}$ 为一个对角矩阵. 请直接证明之.

7.1.2 度量向量空间的外积

在下面论述中, 我们一直假定 $\boldsymbol{V}$ 是一个具有矩形基 $(\boldsymbol{e}_1,\boldsymbol{e}_2,\boldsymbol{e}_3)$ 的度量向量空间, 于是定义内积的矩阵为

$$\mathcal{M}=\begin{pmatrix}\langle\boldsymbol{e}_1,\boldsymbol{e}_2\rangle & & \\ & \langle\boldsymbol{e}_2,\boldsymbol{e}_2\rangle & \\ & & \langle\boldsymbol{e}_3,\boldsymbol{e}_3\rangle\end{pmatrix}.$$

定义 7.1.11 一个在 $\boldsymbol{V}$ 上的外积是一个映射:

$$\boldsymbol{V}\times\boldsymbol{V}\to\boldsymbol{V}, \text{记之为 } (\boldsymbol{x},\boldsymbol{y})\to[\boldsymbol{x},\boldsymbol{y}],$$

且满足以下性质:

(E1) $[\boldsymbol{x},\boldsymbol{y}]=-[\boldsymbol{y},\boldsymbol{x}]$.

(E2) $[\alpha\boldsymbol{x}+\beta\boldsymbol{y},\boldsymbol{z}]=\alpha[\boldsymbol{x},\boldsymbol{z}]+\beta[\boldsymbol{y},\boldsymbol{z}]$, 此处 α 和 β 是标量.

(E3) $\boldsymbol{x}\perp[\boldsymbol{x},\boldsymbol{y}]$.

注意: 性质 (E3) 不能作为一般情形下外积的定义来使用. 我们加上它是为了使内外积的关系简单些.

从 (E1) 和 $\mathcal{E}$ 非特征 2 的事实, 有

$$[\boldsymbol{x},\boldsymbol{x}]=0.$$

命题 7.1.12 设 $(\boldsymbol{e}_1,\boldsymbol{e}_2,\boldsymbol{e}_3)$ 是一个非奇异度量向量空间 $\boldsymbol{V}$ 的矩形基, 那么

$$[\boldsymbol{e}_1,\boldsymbol{e}_2]=\frac{\alpha}{\langle\boldsymbol{e}_3,\boldsymbol{e}_3\rangle}\boldsymbol{e}_3,\quad [\boldsymbol{e}_2,\boldsymbol{e}_3]=\frac{\alpha}{\langle\boldsymbol{e}_1,\boldsymbol{e}_1\rangle}\boldsymbol{e}_1,\quad [\boldsymbol{e}_3,\boldsymbol{e}_1]=\frac{\alpha}{\langle\boldsymbol{e}_2,\boldsymbol{e}_2\rangle}\boldsymbol{e}_2,$$

其中 $\alpha=\langle\boldsymbol{e}_1,[\boldsymbol{e}_2,\boldsymbol{e}_3]\rangle=\langle\boldsymbol{e}_2,[\boldsymbol{e}_3,\boldsymbol{e}_1]\rangle=\langle\boldsymbol{e}_3,[\boldsymbol{e}_1,\boldsymbol{e}_2]\rangle$.

证明 由于 $[\boldsymbol{e}_1,\boldsymbol{e}_2]\perp\boldsymbol{e}_1$ 且 $[\boldsymbol{e}_1,\boldsymbol{e}_2]\perp\boldsymbol{e}_2$, 显然有 $[\boldsymbol{e}_1,\boldsymbol{e}_2]=s_1\boldsymbol{e}_3$, 于是

$$s_1=\frac{\langle\boldsymbol{e}_3,[\boldsymbol{e}_1,\boldsymbol{e}_2]\rangle}{\langle\boldsymbol{e}_3,\boldsymbol{e}_3\rangle}.$$

类似地,

$$[\boldsymbol{e}_2, \boldsymbol{e}_3] = s_2\boldsymbol{e}_1, \quad [\boldsymbol{e}_3, \boldsymbol{e}_1] = s_3\boldsymbol{e}_2,$$

其中

$$s_2 = \frac{\langle \boldsymbol{e}_1, [\boldsymbol{e}_2, \boldsymbol{e}_3]\rangle}{\langle \boldsymbol{e}_1, \boldsymbol{e}_1\rangle}, \quad s_3 = \frac{\langle \boldsymbol{e}_2, [\boldsymbol{e}_3, \boldsymbol{e}_1]}{\langle \boldsymbol{e}_2, \boldsymbol{e}_2\rangle}.$$

加上如上两个方程, 有

$$[\boldsymbol{e}_2 - \boldsymbol{e}_1, \boldsymbol{e}_3] = s_2\boldsymbol{e}_1 + s_3\boldsymbol{e}_2,$$

用 $\boldsymbol{e}_2 - \boldsymbol{e}_1$ 和上面方程的两边取外积, 有 $s_3\langle \boldsymbol{e}_2, \boldsymbol{e}_2\rangle = s_2\langle \boldsymbol{e}_1, \boldsymbol{e}_1\rangle$, 也就是 $\langle \boldsymbol{e}_2, [\boldsymbol{e}_3, \boldsymbol{e}_1]\rangle = \langle \boldsymbol{e}_1, [\boldsymbol{e}_2, \boldsymbol{e}_3]\rangle$, 类似地, 可以证明 $\langle \boldsymbol{e}_3, [\boldsymbol{e}_1, \boldsymbol{e}_2]\rangle = \langle \boldsymbol{e}_2, [\boldsymbol{e}_3, \boldsymbol{e}_1]\rangle$.

注记 7.1.13 常数 $\alpha = \langle \boldsymbol{e}_1, [\boldsymbol{e}_2, \boldsymbol{e}_3]\rangle$ 是与外积相关的基本量, 我们总是假定 $\alpha \neq 0$.

命题 7.1.14 设 $(\boldsymbol{e}_1, \boldsymbol{e}_2, \boldsymbol{e}_3)$ 是一个非奇异度量向量空间 $\boldsymbol{V}$ 的矩形基,

$$\boldsymbol{x} = x_1\boldsymbol{e}_1 + x_2\boldsymbol{e}_2 + x_3\boldsymbol{e}_3, \quad \text{且} \quad \boldsymbol{y} = y_1\boldsymbol{e}_1 + y_2\boldsymbol{e}_2 + y_3\boldsymbol{e}_3.$$

那么

$$[\boldsymbol{x}, \boldsymbol{y}] = \alpha\left(\frac{1}{m_1}\begin{vmatrix} x_2 & x_3 \\ y_2 & y_3 \end{vmatrix}, \frac{1}{m^2}\begin{vmatrix} x_3 & x_1 \\ y_3 & y_1 \end{vmatrix}, \frac{1}{m_3}\begin{vmatrix} x_1 & x_2 \\ y_1 & y_2 \end{vmatrix}\right),$$

其中 $\alpha = \langle \boldsymbol{e}_1, [\boldsymbol{e}_2, \boldsymbol{e}_3]\rangle, m_1 = \langle \boldsymbol{e}_1, \boldsymbol{e}_2\rangle, m_2 = \langle \boldsymbol{e}_2, \boldsymbol{e}_2\rangle, m_3 = \langle \boldsymbol{e}_3, \boldsymbol{e}_3\rangle$

证明 由 (E1) 和 (E2), 有

$$[\boldsymbol{x}, \boldsymbol{y}] = \sum_{i,j=1}^{3} x_i y_j [\boldsymbol{e}_i, \boldsymbol{e}_j] = \begin{vmatrix} x_2 & x_3 \\ y_2 & y_3 \end{vmatrix}[\boldsymbol{e}_2, \boldsymbol{e}_3] = \begin{vmatrix} x_3 & x_1 \\ y_3 & y_1 \end{vmatrix}[\boldsymbol{e}_3, \boldsymbol{e}_1] + \begin{vmatrix} x_1 & x_2 \\ y_1 & y_2 \end{vmatrix}[\boldsymbol{e}_1, \boldsymbol{e}_2].$$

现在从命题 7.1.12 立刻可以得到结果.

命题 7.1.15 若度量向量空间非奇异, 则 $\boldsymbol{x} = \alpha\boldsymbol{y}$ 当且仅当 $[\boldsymbol{x}, \boldsymbol{y}] = 0$.

证明 由命题 7.1.9, 可以给 $\boldsymbol{V}$ 选一组矩形基. 如果 $\boldsymbol{x} = \alpha\boldsymbol{y}$, 那么 $[\boldsymbol{x}, \boldsymbol{y}] = \alpha[\boldsymbol{y}, \boldsymbol{y}] = 0$. 反过来, 假定 $[\boldsymbol{x}, \boldsymbol{y}] = 0$, 由命题 7.1.14, 有标量 λ 使得

$$\frac{x_1}{y_1} = \frac{x_2}{y_2} = \frac{x_3}{y_3} = \lambda.$$

于是 $\boldsymbol{x} = \lambda\boldsymbol{y}$.

定义 7.1.16 $\boldsymbol{V}$ 中三个向量 $\boldsymbol{x}, \boldsymbol{y}$ 和 $\boldsymbol{z}$ 的三重标量积定义为

$$(\boldsymbol{x}, \boldsymbol{y}, \boldsymbol{z}) = \langle [\boldsymbol{x}, \boldsymbol{y}], \boldsymbol{z}\rangle.$$

命题 7.1.17 设 $\boldsymbol{x}=(x_1, x_2, x_3), \boldsymbol{y}=(y_1, y_2, y_3)$ 且 $\boldsymbol{z}=(z_1, z_2, z_3)$, 则有

$$(\boldsymbol{x}, \boldsymbol{y}, \boldsymbol{z})=\langle \boldsymbol{e}_1, [\boldsymbol{e}_2, \boldsymbol{e}_3]\rangle \begin{vmatrix} x_1 & x_2 & x_3 \\ y_1 & y_2 & y_3 \\ z_1 & z_2 & z_3 \end{vmatrix}.$$

证明 由于 $\boldsymbol{V}$ 有一组矩形基, 这是命题 7.1.14 的直接推论, 于是有

(T1) $(\boldsymbol{x}, \boldsymbol{y}, \boldsymbol{z})=(\boldsymbol{y}, \boldsymbol{z}, \boldsymbol{x})=(\boldsymbol{z}, \boldsymbol{x}, \boldsymbol{y})=-(\boldsymbol{x}, \boldsymbol{z}, \boldsymbol{y})=-(\boldsymbol{z}, \boldsymbol{y}, \boldsymbol{x})=-(\boldsymbol{y}, \boldsymbol{x}, \boldsymbol{z})$.

(T2) 在一个非奇异度量空间中, $(\boldsymbol{x}, \boldsymbol{y}, \boldsymbol{z})=0$ 当且仅当向量 $\boldsymbol{x}, \boldsymbol{y}$ 和 $\boldsymbol{z}$ 是共面的, 也就是说, 当且仅当存在不全为零的标量 $\alpha_1, \alpha_2, \alpha_3$ 使得 $\alpha_1\boldsymbol{x}+\alpha_2\boldsymbol{y}+\alpha_3\boldsymbol{z}=0$.

命题 7.1.18 (1) (Lagrange 恒等式)$\langle[\boldsymbol{x}, \boldsymbol{y}], [\boldsymbol{u}, \boldsymbol{v}]\rangle=\alpha(\langle \boldsymbol{x}, \boldsymbol{u}\rangle\langle \boldsymbol{y}, \boldsymbol{v}\rangle-\langle \boldsymbol{x}, \boldsymbol{v}\rangle\langle \boldsymbol{y}, \boldsymbol{u}\rangle)$.

(2) $[[\boldsymbol{x}, \boldsymbol{y}], \boldsymbol{z}]=\alpha(\langle \boldsymbol{x}, \boldsymbol{z}\rangle\boldsymbol{y}-\langle \boldsymbol{y}, \boldsymbol{z}\rangle\boldsymbol{x})$, 其中 $\alpha=\dfrac{\langle \boldsymbol{e}_1, [\boldsymbol{e}_2, \boldsymbol{e}_3]\rangle^2}{\langle \boldsymbol{e}_1, \boldsymbol{e}_1\rangle\langle \boldsymbol{e}_2, \boldsymbol{e}_2\rangle\langle \boldsymbol{e}_3, \boldsymbol{e}_3\rangle}$.

这两个公式可以通过直接计算得到, 我们把它们留作练习.

练习 7.1.19 试证明

$$[[\boldsymbol{r}_1, \boldsymbol{r}_2], [\boldsymbol{r}_3, \boldsymbol{r}_4]]=\alpha(\langle \boldsymbol{r}_4, [\boldsymbol{r}_1, \boldsymbol{r}_2]\rangle\boldsymbol{r}_3-\langle \boldsymbol{r}_3, [\boldsymbol{r}_1, \boldsymbol{r}_2]\rangle\boldsymbol{r}_4),$$

其中 α 与在命题 7.1.18 中相同.

7.2 立体度量几何

设 $\mathcal{E}$ 为一特征不为 2 的域, 向量空间 $\mathcal{E}^3$ 也称为域 $\mathcal{E}$ 的仿射空间.

定义 7.2.1 一个非奇异度量向量空间 $\mathcal{E}^3$ 称为一个立体度量空间.

跟通常一样, $\mathcal{E}^3$ 中元素称为点. 设 A 和 B 为两个点, 那么通过 A 和 B 的直线是集合

$$\{\alpha A+\beta B|\alpha+\beta=1\}.$$

通过三点 A, B 和 C 的平面是集合

$$\{\alpha A+\beta B+\gamma C|\alpha+\beta+\gamma=1\}.$$

$\mathcal{E}'$ 中两点 A 和 B 决定一个新的向量,

$$\overrightarrow{AB}=B-A,$$

A 为始点, B 为终点 . 于是两个向量 $\overrightarrow{AB}$ 和 $\overrightarrow{PQ}$ 相等当且仅当 $A+Q=P+B$. 设 O 为 $\boldsymbol{V}$ 的始点. 对任一点 A, 令 $\vec{A}=\overrightarrow{OA}$, 于是又有

$$\overrightarrow{AB}=\vec{B}-\vec{A}.$$

显然直线 AB 也可以写成如下形式

$$\{A+\beta\overrightarrow{AB}|\beta\in\mathcal{E}\}.$$

类似地, 平面 ABC 可以写成

$$\{A+\beta\overrightarrow{AB}+\gamma\overrightarrow{AC}|\beta,\gamma\in\mathcal{E}\}.$$

直线 AB 称为迷向的, 如果 $\overrightarrow{AB}^2=0$. 直线 AB 称为平行于直线 PQ, 如果存在一个标量 λ 使得 $\overrightarrow{AB}=\lambda\overrightarrow{PQ}$. 如果 $\overrightarrow{AB}=\lambda\overrightarrow{PQ}$, 则称平行线段 AB 和 PQ 的比率为 λ, 也就是说,

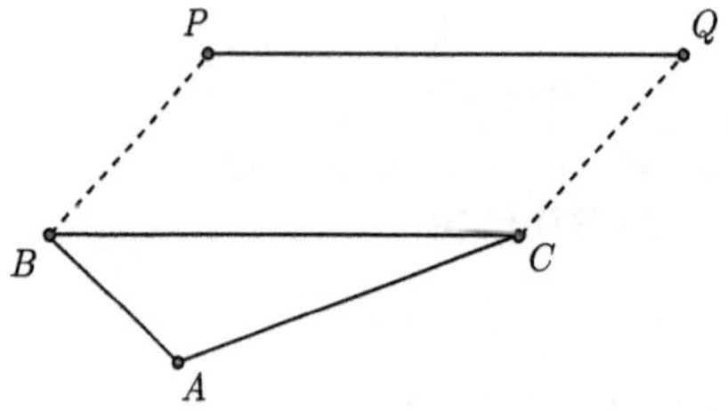

图 7-1

$$\frac{\overline{AB}}{\overline{PQ}}=\lambda.$$

考察两个向量 $\overrightarrow{AB}$ 与 $\overrightarrow{PQ}$ 的和的几何意义. 设 C 为一个点使得 $\overrightarrow{BC}=\overrightarrow{PQ}$, 那么有 (如图 7-1)

$$\overrightarrow{AB}+\overrightarrow{PQ}=\overrightarrow{AB}+\overrightarrow{BC}=\overrightarrow{AC}.$$

现在给出向量对于一组基的坐标的几何解释. 设 O,W,U 和 V 为不在同一平面上的四个点. 对于任一向量 $\overrightarrow{AB}$, 如图 7-2, 我们构作一平行管状体 $AMLN$-$RPBQ$

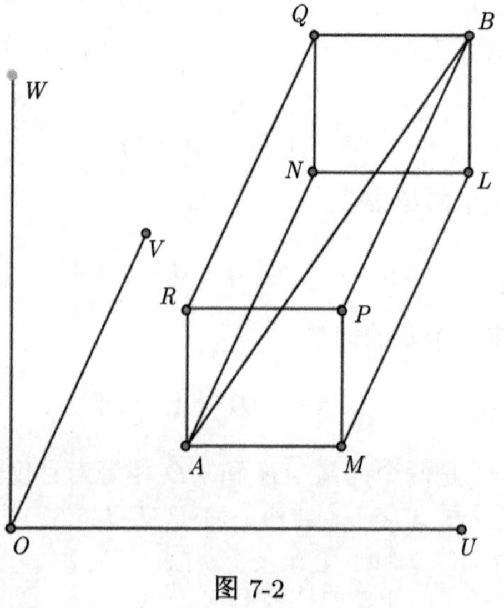

图 7-2

使得 $AR \parallel OW, AM \parallel OU$ 且 $AN \parallel OV$, 那么就有

$$\overrightarrow{AB} = \overrightarrow{AR} + \overrightarrow{AM} + \overrightarrow{AN} = \frac{\overline{AR}}{\overline{OW}}\overrightarrow{OW} + \frac{\overline{AM}}{\overline{OU}}\overrightarrow{OU} + \frac{\overline{AN}}{\overline{OV}}\overrightarrow{OV},$$

也就是说, $\overrightarrow{OW}, \overrightarrow{OU}$ 和 $\overrightarrow{OV}$ 组成 $\mathcal{E}^3$ 的一组基, 且 $\overrightarrow{AB}$ 相对于这组基的坐标为

$$\left(\frac{\overline{AR}}{\overline{OW}}, \frac{\overline{AM}}{\overline{OU}}, \frac{\overline{AN}}{\overline{OV}}\right).$$

练习 7.2.2 试证明点 Y 在直线 AB 上当且仅当存在一个标量 α 使得 $\overrightarrow{AY} = \alpha\overrightarrow{AB}$; 点 Y 在平面 LMN 上当且仅当存在两个标量 α 和 β 使得 $\overrightarrow{LY} = \alpha\overrightarrow{LM} + \beta\overrightarrow{LN}$.

7.2.1 内积和外积

向量 $\overrightarrow{AB}$ 和 $\overrightarrow{CD}$ 的内积满足:

(1) $\langle\overrightarrow{AB}, \overrightarrow{CD}\rangle = 0$ 当且仅当 $AB \perp CD$;

(2) $\langle\overrightarrow{AB}, \overrightarrow{CD}\rangle = \langle\overrightarrow{CD}, \overrightarrow{AB}\rangle$;

(3) $\langle\alpha\overrightarrow{A} + \beta\overrightarrow{B}, \overrightarrow{CD}\rangle = \alpha\langle\overrightarrow{A}, \overrightarrow{CD}\rangle + \beta\langle\overrightarrow{B}, \overrightarrow{CD}\rangle$, 其中 α 和 β 为标量.

A 和 B 两点间的平方距离, 或者向量 $\overrightarrow{AB}$ 的平方长度, 定义为

$$AB^2 = \overrightarrow{AB}^2 = \langle\overrightarrow{AB}, \overrightarrow{AB}\rangle.$$

由命题 7.1.6, 有

$$2\langle\overrightarrow{AB}, \overrightarrow{BC}\rangle = \overrightarrow{AC}^2 - \overrightarrow{AB}^2 - \overrightarrow{BC}^2 = -P_{ABC}.$$

于是容易验证

$$P_{ABCD} = -2\langle\overrightarrow{AC}, \overrightarrow{BC}\rangle.$$

命题 7.2.3(勾股定理) 对于任意的点 A, B, C 和 D, 有

- $AB \perp BC$ 当且仅当 $AB^2 + BC^2 - AC^2 = 0$.
- $AB \perp CD$ 当且仅当 $P_{ACBD} = AC^2 - CB^2 + BD^2 - AD^2 = 0$.

如果四点 A, B, C 和 D 共线, 或者 $AB \parallel CD$, 那么定向线段的积为

$$\overline{AB} \cdot \overline{CD} = \langle\overrightarrow{AB}, \overrightarrow{CD}\rangle,$$

且定向线段的比为

$$\frac{\overline{AB}}{\overline{CD}} = \frac{\overrightarrow{AB}, \overrightarrow{CD}}{\langle\overrightarrow{CD}, \overrightarrow{CD}\rangle}.$$

$\overrightarrow{AB}$ 和 $\overrightarrow{CD}$ 的外积 $[\overrightarrow{AB}, \overrightarrow{CD}]$ 满足如下性质:

(1) $[\overrightarrow{AB},\overrightarrow{CD}]=0$ 当且仅当 $AB \parallel CD$;

(2) $[\overrightarrow{AB},\overrightarrow{CD}]=-[\overrightarrow{CD},\overrightarrow{AB}]$;

(3) $[\alpha\overrightarrow{A}+\beta\overrightarrow{B},\overrightarrow{CD}]=\alpha[\overrightarrow{A},\overrightarrow{CD}]+\beta[\overrightarrow{B},\overrightarrow{CD}]$, 其中 α 和 β 为标量.

由 Lagrange 恒等式, 有

$$[\overrightarrow{AB},\overrightarrow{AC}]^2=\alpha(AB^2\cdot AC^2-\langle\overrightarrow{AB},\overrightarrow{AC}\rangle^2)=\frac{\alpha}{4}(4AB^2\cdot AC^2-P_{BAC}^2),$$

其中 α 为命题 7.1.18 中所定义的常量. 与前面的 Herron- 秦公式作比较, 我们看到 $[\overrightarrow{AB},\overrightarrow{AC}]$ 的长度与三角形 ABC 的面积成正比.

注记 7.2.4 我们可以如下确定面积和外积之间的精确关系. 在 Euclid 几何中, $\alpha=1$. 由 Herron- 秦公式, 有

$$[\overrightarrow{AB},\overrightarrow{AC}]^2=4S_{ABC}^2.$$

那么 $[\overrightarrow{AB},\overrightarrow{AC}]$ 是一个向量 $\overrightarrow{AD}$ 使得 $\overrightarrow{AD}$ 垂直于平面 ABC, 且指向使得 $(\overrightarrow{AB},\overrightarrow{AC},\overrightarrow{AD})$ 为右手系的方向, 且 $|AD|=2|S_{ABC}|$.

于是定义三角形 ABC 的带符号面积为与 $[\overrightarrow{AB},\overrightarrow{AC}]$ 相同符号的量, 且

$$S_{ABC}^2=\frac{1}{4}[\overrightarrow{AB},\overrightarrow{AC}]^2.$$

因此 Heron- 秦公式在任意度量几何中都是

$$S_{ABC}^2=\frac{\alpha}{16}(4AB^2\cdot AC^2-P_{BAC}^2).$$

两个平面 ABC 和 PQR 为平行的, 如果 $[\overrightarrow{AB},\overrightarrow{AC}]\parallel[\overrightarrow{PQ},\overrightarrow{PR}]$. 设 λ 为这两个平行向量的标量比, 也就是说, $[\overrightarrow{AB},\overrightarrow{AC}]=\lambda[\overrightarrow{PQ},\overrightarrow{PR}]$, 因而

$$\lambda=\frac{S_{ABC}}{S_{PQR}}.$$

于是有

$$\lambda=\frac{S_{ABC}}{S_{PQR}}=\frac{\langle[\overrightarrow{AB},\overrightarrow{AC}],[\overrightarrow{PQ},\overrightarrow{PR}]\rangle}{\langle[\overrightarrow{PQ},\overrightarrow{PR}],[\overrightarrow{PQ},\overrightarrow{PR}]\rangle}.$$

四面体 $ABCD$ 的体积定义为三重标量积的六分之一:

$$V_{ABCD}=\frac{1}{6}\langle\overrightarrow{AD},[\overrightarrow{AB},\overrightarrow{AC}]\rangle.$$

作为一个推论有

$$V_{ABCD}=\frac{1}{6}(\langle\overrightarrow{D},[\overrightarrow{A},\overrightarrow{B}]\rangle+\langle\overrightarrow{D},[\overrightarrow{B},\overrightarrow{C}]\rangle+\langle\overrightarrow{D},[\overrightarrow{C},\overrightarrow{A}]\rangle-\langle\overrightarrow{A},[\overrightarrow{B},\overrightarrow{C}]\rangle).$$

给定空间中的几个点, 我们可以构造向量和这些向量的内积外积. 由于向量的外积仍为向量, 故可以进一步构作新向量的内外积, 所得到的表达式称为向量的内外积递归表达式. 显然, 某向量组的内外积递归表达式可以是一个标量或一个向量. 一个如同关于点 A 和 B 之 $\overrightarrow{AB}$ 的向量称为一个简单向量.

命题 7.2.5 任一向量的内外积递归表达式可以表示为简单向量的内积、外积、三重标量积的多项式形式.

证明 由命题 7.1.18, 对于任一组向量 $\boldsymbol{r_1}$, $\boldsymbol{r_2}$, $\boldsymbol{r_3}$ 和 $\boldsymbol{r_4}$ 有

(1) $[[\boldsymbol{r}_1,\boldsymbol{r}_2],\boldsymbol{r}_3]=\alpha(\langle\boldsymbol{r}_1,\boldsymbol{r}_3\rangle\boldsymbol{r}_2-\langle\boldsymbol{r}_2,\boldsymbol{r}_3\rangle\boldsymbol{r}_1)$.

(2) (Lagrange 恒等式)$\langle[\boldsymbol{r}_1,\boldsymbol{r}_2],[\boldsymbol{r}_3,\boldsymbol{r}_4]\rangle=\alpha(\langle\boldsymbol{r}_1,\boldsymbol{r}_3\rangle\langle\boldsymbol{r}_2,\boldsymbol{r}_4\rangle-\langle\boldsymbol{r}_1,\boldsymbol{r}_4\rangle\langle\boldsymbol{r}_2,\boldsymbol{r}_3\rangle)$.

通过反复使用上面两个恒等式, 任一向量的内外积递归表达式可以表示为简单向量的内积、外积、三重标量积的一个多项式.

练习 7.2.6

1. 试证明按上面所定义的长度比、带符号面积、带符号体积以及勾股差, 前面的公理 (A1)~(A6), (S1)~(S5) 以及勾股差的性质是正确的.

2. 证明如下从一点 A 到一直线 PQ 的距离公式:

$$d(A,PQ)^2=AP^2-\frac{\langle\overrightarrow{PA},\overrightarrow{PQ}\rangle^2}{PQ^2}.$$

3. 证明如下从一点 A 到一平面 LMN 的距离公式:

$$d^2_{A,LMN}=\frac{\langle\overrightarrow{LA},[\overrightarrow{LM},\overrightarrow{LN}]\rangle^2}{[\overrightarrow{LM},\overrightarrow{LN}]^2}.$$

4. 证明如下两异面直线 UV 和 PQ 间的距离公式:

$$d^2_{U,V,PQ}=\frac{9(\langle\overrightarrow{UV},[\overrightarrow{UP},\overrightarrow{UQ}]\rangle)^2}{[\overrightarrow{PQ},\overrightarrow{UV}]^2}.$$

7.2.2 构造型几何语句

在第 5.2 节中所定义的构造型语句可以通过考虑更多的构造和更多的几何量来推广.

定义 7.2.7 所谓的几何量是指: 向量、向量的内积外积, 以及通过向量的内积外积可以表示的量.

利用前面几节引入的几何概念, 在 5.2 节中引入的构造 (S1)~(S7), 除了构造 (S6) 与 (S7), 在我们的度量几何中仍是有意义的. 此外, 我们将引入一个新的构造 (S8):

(S6) (FOOT2LINE $Y\ P\ U\ V$). 点 Y 是从点 P 到直线 UV 的垂足. 点 Y 是一个固定点, 其非退化条件是 $\overrightarrow{UV}^2 \neq 0$. 注意到在一般的度量几何中, $\overrightarrow{UV}^2 \neq 0$ 并不等价于 $U \neq V$.

(S7) (FOOT2PLANE $Y\ P\ L\ M\ N$). 点 Y 是从点 P 到平面 LMN 的垂足. 其非退化条件是 $[\overrightarrow{LM},\overrightarrow{LN}]^2 \neq 0$.

(S8) (SRATIO $A\ L\ M\ N\ r$). 取一个点 A 使得 $\overrightarrow{LA} = r[\overrightarrow{LM},\overrightarrow{LN}]$, 其中 r 可以是一个有理数、几何量或变量的有理表达式. 如果 r 是一个固定量, A 是一个固定点; 否则, A 有一个自由度, 其非退化条件是 $[\overrightarrow{LM},\overrightarrow{LN}]^2 \neq 0$.

两个基本的几何关系：平行和垂直, 可以通过内积外积容易地表示出来. 例如, 要表示 $AB \parallel CD$, 本来需要两个方程 $V_{ABCD}=0$ 和 $S_{ACD} = S_{BCD}$. 但使用外积, 就只需要一个方程 $[\overrightarrow{AB},\overrightarrow{CD}]=0$.

命题 7.2.8　(1) $AB \perp CD \Longleftrightarrow \langle \overrightarrow{AB}, \overrightarrow{CD} \rangle = 0$.

(2) $\overrightarrow{AB} \| CD \Longleftrightarrow [\overrightarrow{AB}, \overrightarrow{CD}] = 0$.

(3) A, B, C 共线 $\Longleftrightarrow [\overrightarrow{AB}, \overrightarrow{AC}] = 0$.

(4) $AB \perp PQR \Longleftrightarrow [\overrightarrow{AB}, [\overrightarrow{PQ}, \overrightarrow{PR}]] = 0$.

(5) $AB \| PQR \Longleftrightarrow \langle \overrightarrow{AB}, [\overrightarrow{PQ}, \overrightarrow{PR}] \rangle = 0$.

(6) $ABC \perp PQR \Longleftrightarrow \langle [\overrightarrow{AB}, \overrightarrow{AC}], [\overrightarrow{PQ}, \overrightarrow{PR}] \rangle = 0$.

(7) $ABC \| PQR \Longleftrightarrow [[\overrightarrow{AB}, \overrightarrow{AC}], [\overrightarrow{PQ}, \overrightarrow{PR}]] = 0$.

(8) A, B, C, D 共面 $\Longleftrightarrow \langle \overrightarrow{DA}, [\overrightarrow{AB}, \overrightarrow{AC}] \rangle = 0$.

证明　前两种情况从定义直接得到, 其他情况是前两种情况的直接推论.

例 7.2.9(四面体的重心定理)　设 G 为四面体 $ABCD$ 的质心. 证明

$$\overrightarrow{G} = \frac{\overrightarrow{A} + \overrightarrow{B} + \overrightarrow{C} + \overrightarrow{D}}{4}.$$

如图 7-3, 这个例子可作如下构造型描述:

$$\Bigg((\text{POINTS } A\ B\ C\ D)$$

(MIDPOINT $S\ B\ C$)

(LRATIO $Z\ A\ S$ 2/3)

(LRATIO $Y\ D\ S$2/3)

(INTER G (LINE$D\ Z$) (LINE $A\ Y$))

$$\left(\overrightarrow{G} = \frac{\overrightarrow{A} + \overrightarrow{B} + \overrightarrow{C} + \overrightarrow{D}}{4}\right)\Bigg)$$

非退化条件: $B \neq C, A \neq S, D \neq S, DZ \nparallel AY$

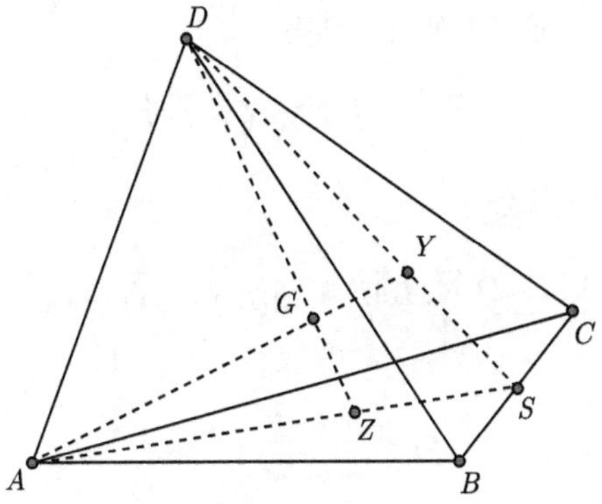

图 7-3

7.3 基于向量计算的机器证明

像前面一样, 我们将给出从几何量中消点的方法.

7.3.1 向量消点法

首先考虑如何从向量中消去点.

命题 7.3.1 设 R 为直线 $PQ(P \neq Q)$ 上一点, 那么

$$\overrightarrow{R} = \frac{\overline{PR}}{\overline{PQ}}\overrightarrow{Q} + \frac{\overline{RQ}}{\overline{PQ}}\overrightarrow{P}.$$

证明 有

$$\frac{\overline{PR}}{\overline{PQ}}\overrightarrow{Q} + \frac{\overline{RQ}}{\overline{PQ}}\overrightarrow{P} = \frac{\overline{PR}}{\overline{PQ}}(\overrightarrow{Q} - \overrightarrow{P}) + \overrightarrow{P} = \frac{\overline{PR}}{\overline{PQ}}\overrightarrow{PQ} + \overrightarrow{P} = \overrightarrow{PR} + \overrightarrow{P} = \overrightarrow{R}.$$

引理 7.3.2 设 Y 由 (PRATIO $Y\ W\ U\ V\ r$) 引入, 那么

$$\overrightarrow{Y} = \overrightarrow{W} + r(\overrightarrow{V} - \overrightarrow{U}).$$

证明 由于

$$\overrightarrow{WY} = \overrightarrow{W} - \overrightarrow{Y} = r\overrightarrow{UV},$$

则有

$$\overrightarrow{Y} = \overrightarrow{W} - r\overrightarrow{UV}.$$

引理 7.3.3 设 Y 由 (ARATIO $Y\ L\ M\ N\ r_1\ r_2\ r_3$) 引入, 那么

$$\overrightarrow{Y} = r_1\overrightarrow{L} + r_2\overrightarrow{M} + r_3\overrightarrow{N}.$$

证明 由于 Y 在平面 LMN 上, 则有

$$\overrightarrow{LY} = c_1\overrightarrow{LM} + c_2\overrightarrow{LN},$$

其中 c_1 和 c_2 都为标量, 那么

$$[\overrightarrow{LN}, \overrightarrow{LY}] = c_1[\overrightarrow{LN}, \overrightarrow{LM}] + c_2[\overrightarrow{LN}, \overrightarrow{LN}] = c_1[\overrightarrow{LN}, \overrightarrow{LM}].$$

于是

$$c_1 = \frac{S_{LNY}}{S_{LNM}} = r_2.$$

类似地 $c_2 = r_3$, 则有

$$\overrightarrow{Y} = \overrightarrow{L} + r_2(\overrightarrow{M} - \overrightarrow{L}) + r_3(\overrightarrow{N} - \overrightarrow{L}) = r_1\overrightarrow{L} + r_2\overrightarrow{M} + r_3\overrightarrow{N}.$$

引理 7.3.4 设 Y 由 (INTER Y(LINE U V) (LINE P Q)) 引入, 那么

$$\overrightarrow{Y} = \frac{S_{UPQ}}{S_{UPVQ}}\overrightarrow{V} - \frac{S_{VPQ}}{S_{UPVQ}}\overrightarrow{U}.$$

证明 由命题 7.3.1, 有

$$\overrightarrow{Y} = \frac{\overline{UY}}{\overline{UV}}\overrightarrow{V} - \frac{\overline{VY}}{\overline{UV}}\overrightarrow{U}.$$

令

$$r = \frac{\overline{UY}}{\overline{UV}}.$$

则 $\overrightarrow{UY} = r\overrightarrow{UV}$ 且

$$[\overrightarrow{UY}, \overrightarrow{PQ}] = r[\overrightarrow{UV}, \overrightarrow{PQ}].$$

由于

$$[\overrightarrow{UY}, \overrightarrow{PQ}] = [\overrightarrow{UQ}, \overrightarrow{PQ}] + [\overrightarrow{QY}, \overrightarrow{PQ}] = [\overrightarrow{UQ}, \overrightarrow{PQ}],$$

故有

$$\frac{\overline{VY}}{\overline{UV}} = \frac{S_{VPQ}}{S_{UPVQ}}.$$

引理 7.3.5 设 Y 由规则 (INTER Y(LINE U V) (PLANE L M N)) 引入, 那么

$$\overrightarrow{Y} = \frac{V_{ULMN}}{V_{ULMNV}}\overrightarrow{V} - \frac{V_{VLMN}}{V_{ULMNV}}\overrightarrow{U}.$$

证明 由命题 7.3.1, 有

$$\overrightarrow{Y} = \frac{\overline{UY}}{\overline{UV}}\overrightarrow{V} + \frac{\overline{YV}}{\overline{UV}}\overrightarrow{U}. \tag{7.3.1}$$

令

$$r = \frac{\overline{UY}}{\overline{UV}}.$$

则 $\overrightarrow{UY} = r\overrightarrow{UV}$ 且

$$[\overrightarrow{UY}, [\overrightarrow{LM}, \overrightarrow{LN}]] = r[\overrightarrow{UV}, [\overrightarrow{LM}, \overrightarrow{LN}]].$$

由于

$$[\overrightarrow{UY}, [\overrightarrow{LM}, \overrightarrow{LN}]] = [\overrightarrow{UL}, [\overrightarrow{LM}, \overrightarrow{LN}]] + [\overrightarrow{LY}, [\overrightarrow{LM}, \overrightarrow{LN}]] = V_{ULMN},$$

故有

$$r = \frac{V_{ULMN}}{V_{ULMNV}}.$$

类似地

$$\frac{\overline{VY}}{\overline{UV}} = \frac{V_{VLMN}}{V_{ULMNV}}.$$

引理 7.3.6 设 Y 由规则 (FOOT2LINE Y P U V) 引入, 那么

$$\overrightarrow{Y} = \frac{P_{PUV}}{P_{UVU}}\overrightarrow{V} + \frac{P_{PVU}}{P_{UVU}}\overrightarrow{U}.$$

证明 由命题 7.3.1, 有

$$\overrightarrow{Y} = \frac{\overline{UY}}{\overline{UV}}\overrightarrow{V} - \frac{\overline{VY}}{\overline{UV}}\overrightarrow{U}.$$

令

$$r = \frac{\overline{UY}}{\overline{UV}}.$$

则 $\overrightarrow{UY} = r\overrightarrow{UV}$, 有

$$r\langle\overrightarrow{UV}, \overrightarrow{UV}\rangle = \langle\overrightarrow{UY}, \overrightarrow{UV}\rangle = \langle\overrightarrow{UP}, \overrightarrow{UV}\rangle + \langle\overrightarrow{PY}, \overrightarrow{UV}\rangle = \langle\overrightarrow{UP}, \overrightarrow{UV}\rangle.$$

于是

$$r = \frac{P_{PUV}}{P_{UVU}}.$$

类似地

$$\frac{\overline{YV}}{\overline{UV}} = \frac{P_{PVU}}{P_{UVU}}.$$

引理 7.3.7 设 Y 由规则 (SRATIO Y L M N r) 引入, 那么

$$\overrightarrow{Y} = \overrightarrow{L} + r[\overrightarrow{LM}, \overrightarrow{LN}].$$

证明 这是构造规则 SRATIO 的定义.

引理 7.3.8　设 Y 由规则 (FOOT2PLANE Y P L M N) 引入, 那么

$$\overrightarrow{Y}=\overrightarrow{P}+\frac{6V_{PLMN}}{[\overrightarrow{LM},\overrightarrow{LN}]^2}[\overrightarrow{LM},\overrightarrow{LN}].$$

证明　设 $\overrightarrow{PY}=r[\overrightarrow{LM},\overrightarrow{LN}]$, 那么

$$\langle\overrightarrow{LP},\overrightarrow{PY}\rangle=r\langle\overrightarrow{LP},[\overrightarrow{LM},\overrightarrow{LN}]\rangle=6rV_{LMNP},$$

$$\langle\overrightarrow{LP},\overrightarrow{PY}\rangle=-PY^2=-\frac{36V_{PLMN}^2}{[\overrightarrow{LM},\overrightarrow{LN}]^2}.$$

于是

$$r=\frac{6V_{PLMN}}{[\overrightarrow{LM},\overrightarrow{LN}]^2}.$$

例 7.3.9　设 Y 由规则 (INTER Y(PLINE W U V) (PLINE R P Q)) 引入. 试证明

$$\overrightarrow{Y}=\overrightarrow{W}+\frac{S_{WPRQ}}{S_{UPVQ}}(\overrightarrow{V}-\overrightarrow{U}).$$

证明　取两个点 X 和 S 使得

$$\frac{\overline{WX}}{\overline{UV}}=1,\quad \frac{\overline{RS}}{\overline{PQ}}=1.$$

由命题 7.3.1, 有

$$\overrightarrow{Y}=r\overrightarrow{X}+(1-r)\overrightarrow{W}=r(\overrightarrow{X}-\overrightarrow{W})+\overrightarrow{W}=r(\overrightarrow{V}-\overrightarrow{U})+\overrightarrow{W},$$

其中

$$r=\frac{\overline{WY}}{\overline{WY}}=\frac{S_{WPRQ}}{S_{UPVQ}}.$$

例 7.3.10　继续考虑例 7.2.9. 我们即使以前不知道结论, 也可以自动推出.

构造性描述

((POINTS A B C D)
(MIDPOINT S B C)
(LRATIO Z A S 2/3)
(LRATIO Y D S 2/3)
(INTER G (LINE D Z)(LINE A Y))
($\overrightarrow{G}$)), 这里$\overrightarrow{G}$是由原来指向 G 的向量我们将其求值.

机器证明

$$\overrightarrow{G}\overset{G}{=}\frac{-\overrightarrow{Z}\cdot S_{ADY}+\overrightarrow{D}\cdot S_{AZY}}{-S_{ADYZ}}$$

$$\overset{Y}{=}\frac{\frac{2}{3}\overrightarrow{Z}\cdot S_{ADS}+\frac{1}{3}\overrightarrow{D}\cdot S_{ADZ}}{\frac{2}{3}S_{DSZ}+S_{ADZ}}$$

$$\overset{Z}{=}\frac{\frac{4}{3}\overrightarrow{S}\cdot S_{ADS}+\frac{2}{3}\overrightarrow{D}\cdot S_{ADS}+\frac{2}{3}\overrightarrow{A}\cdot S_{ADS}}{\frac{8}{3}S_{ADS}}$$

$$\overset{\text{simplify}}{=\!=}\frac{1}{4}\left(2\overrightarrow{S}+\overrightarrow{D}+\overrightarrow{A}\right)$$

$$\overset{S}{=}\frac{\overrightarrow{D}+\overrightarrow{C}+\overrightarrow{B}+\overrightarrow{A}}{4}$$

消点式

$$\overrightarrow{G}\overset{G}{=}\frac{\overrightarrow{Z}\cdot S_{ADY}-\overrightarrow{D}\cdot S_{AZY}}{S_{ADYZ}}$$

$$S_{ADYZ}\overset{Y}{=}\frac{1}{3}(2S_{DSZ}+3S_{ADZ})$$

$$S_{AZY}\overset{Y}{=}-\frac{1}{3}(S_{ADZ})$$

$$S_{ADY}\overset{Y}{=}\frac{2}{3}(S_{ADS})$$

$$S_{DSZ}\overset{Z}{=}\frac{1}{3}(S_{ADS})$$

$$S_{ADZ}\overset{Z}{=}\frac{2}{3}(S_{ADS})$$

$$\overrightarrow{Z}\overset{Z}{=}\frac{1}{3}(2\overrightarrow{S}+\overrightarrow{A})$$

$$\overrightarrow{Z}\overset{S}{=}\frac{1}{2}(\overrightarrow{C}+\overrightarrow{B})$$

7.3.2 从内积和外积中消点

设点 Y 由构造规则 (S1)~(S8) 之一引入. 由引理 7.3.2~7.3.8, 有

(I) $\overrightarrow{Y}=\alpha\boldsymbol{r}_1+\beta\boldsymbol{r}_2$.

对于向量 $\boldsymbol{r}_1,\boldsymbol{r}_2$ 和标量 α 和 β, 为了从内积消去点 Y, 注意到

$$\langle\overrightarrow{AB},\overrightarrow{CY}\rangle=\langle\overrightarrow{B},\overrightarrow{Y}\rangle+\langle\overrightarrow{A},\overrightarrow{C}\rangle-\langle\overrightarrow{B},\overrightarrow{C}\rangle-\langle\overrightarrow{A},\overrightarrow{Y}\rangle.$$

那么我们仅需考虑如何从 $\langle\overrightarrow{A},\overrightarrow{Y}\rangle$ 和 $\langle\overrightarrow{Y},\overrightarrow{Y}\rangle$ 中消去点 Y. 如果 $A\neq Y$,

$$\langle\overrightarrow{A},\overrightarrow{Y}\rangle=\alpha\langle\overrightarrow{A},\boldsymbol{r}_1\rangle+\beta\langle\overrightarrow{A},\boldsymbol{r}_2\rangle.$$

对于 $\langle\overrightarrow{Y},\overrightarrow{Y}\rangle$, 有

$$\langle\overrightarrow{Y},\overrightarrow{Y}\rangle=\langle\alpha\boldsymbol{r}_1+\beta\boldsymbol{r}_2,\alpha\boldsymbol{r}_1+\beta\boldsymbol{r}_2\rangle=\alpha^2\langle\boldsymbol{r}_1,\boldsymbol{r}_1\rangle+\beta^2\langle\boldsymbol{r}_2,\boldsymbol{r}_2\rangle+2\alpha\beta\langle\boldsymbol{r}_1,\boldsymbol{r}_2\rangle.$$

为了从外积 $[\overrightarrow{AB},\overrightarrow{CY}]$ 中消去点 Y, 注意到

$$[\overrightarrow{AB},\overrightarrow{CY}]=[\overrightarrow{A},\overrightarrow{C}]+[\overrightarrow{B},\overrightarrow{Y}]-[\overrightarrow{A},\overrightarrow{Y}]-[\overrightarrow{B},\overrightarrow{C}].$$

如果 $A=Y$, 则有 $[\overrightarrow{A},\overrightarrow{Y}]=0$; 否则有

$$[\overrightarrow{A},\overrightarrow{Y}]=\alpha[\overrightarrow{A},\boldsymbol{r}_1]+\beta[\overrightarrow{A},\boldsymbol{r}_2].$$

既然其他的几何量一般地可以表示为内积外积的有理表达式, 故可以消去通过构造规则 (S1)~(S8) 引入的点. 下面是一些例子.

例 7.3.11　设 Y 由构造规则 (SRATIO $Y\ L\ M\ N\ r$) 引入. 由引理 7.3.7, 有

$$\begin{aligned}
V_{YBCD} =& \langle \overrightarrow{BY}, [\overrightarrow{BC}, \overrightarrow{BD}] \rangle = V_{LBCD} - r\langle [\overrightarrow{LM}, \overrightarrow{LN}], [\overrightarrow{BC}, \overrightarrow{BD}] \rangle, \\
\langle \overrightarrow{YB}, \overrightarrow{CD} \rangle =& \langle \overrightarrow{B}, \overrightarrow{CD} \rangle - \langle \overrightarrow{Y}, \overrightarrow{CD} \rangle \\
=& \langle \overrightarrow{LB}, \overrightarrow{CD} \rangle - r\langle \overrightarrow{CD}, [\overrightarrow{LM}, \overrightarrow{LN}] \rangle, \\
\langle \overrightarrow{YB}, \overrightarrow{YC} \rangle =& \langle \overrightarrow{B}, \overrightarrow{C} \rangle + \langle \overrightarrow{Y}, \overrightarrow{Y} \rangle - \langle \overrightarrow{Y}, \overrightarrow{B} \rangle - \langle \overrightarrow{Y}, \overrightarrow{C} \rangle \\
=& \langle \overrightarrow{LB}, \overrightarrow{LC} \rangle + r\langle \overrightarrow{BL}, \overrightarrow{CL}, [\overrightarrow{LM}, \overrightarrow{LN}] \rangle + r^2[\overrightarrow{LM}, \overrightarrow{LN}]^2, \\
[\overrightarrow{YB}, \overrightarrow{CD}] =& [\overrightarrow{B}, \overrightarrow{CD}] - [\overrightarrow{Y}, \overrightarrow{CD}] \\
=& [\overrightarrow{LB}, \overrightarrow{CD}] + r[\overrightarrow{CD}, [\overrightarrow{LM}, \overrightarrow{LN}]].
\end{aligned}$$

例 7.3.12　设 Y 由构造规则 (FOOT2PLANE $Y\ P\ L\ M\ N$) 引入. 由引理 7.3.8, 有

$$\begin{aligned}
&V_{ABCD} = V_{PBCD} + r\langle [\overrightarrow{PM}, \overrightarrow{PN}], [\overrightarrow{BC}, \overrightarrow{BD}] \rangle, \\
&\langle \overrightarrow{AB}, \overrightarrow{CD} \rangle = \langle \overrightarrow{PB}, \overrightarrow{CD} \rangle - r\langle \overrightarrow{CD}, [\overrightarrow{PM}, \overrightarrow{PN}] \rangle, \\
&\langle \overrightarrow{AB}, \overrightarrow{AC} \rangle = \langle \overrightarrow{PB}, \overrightarrow{PC} \rangle + r\langle \overrightarrow{BP} + \overrightarrow{CP}, [\overrightarrow{PM}, \overrightarrow{PN}] \rangle + r^2[\overrightarrow{PM}, \overrightarrow{PN}]^2,
\end{aligned}$$

其中

$$r = \frac{6V_{PLMN}}{[\overrightarrow{LM}, \overrightarrow{LN}]^2}.$$

为了消去由构造规则 (S4), (S5) 和 (S6) 引入的点, 我们不需要把内积外积打开为几个分量和的形式. 在这三个构造规则中, 点 Y 都是在直线 UV 上. 记住一点: 一个几何量 $G(Y)$ 称为点 Y 的一个线性量, 如果

$$G(Y) = \frac{\overline{UY}}{\overline{UV}} G(V) + \frac{\overline{YV}}{\overline{UV}} G(U).$$

一个几何量 $G(Y)$ 称为点 Y 的一个二次几何量, 如果

$$G(Y) = \frac{\overline{UY}}{\overline{UV}} G(V) + \frac{\overline{YV}}{\overline{UV}} G(U) - \frac{\overline{UY}}{\overline{UV}} \frac{\overline{YV}}{\overline{UV}} \overline{UV}^2.$$

例 7.3.13　试证明: $\overrightarrow{YB}$,$[\overrightarrow{YB}, \overrightarrow{CD}]$ 和 $\langle \overrightarrow{YB}, \overrightarrow{CD} \rangle$ 对 Y 是线性的, 且 $\langle \overrightarrow{YB}, \overrightarrow{YC} \rangle$ 对 Y 是二次的.

证明　由命题 7.3.1, 有

$$\overrightarrow{Y} = \frac{\overline{UY}}{\overline{UV}} \overrightarrow{V} + \frac{\overline{YV}}{\overline{UV}} \overrightarrow{U},$$

$$\begin{aligned}\overrightarrow{YB}=&\overrightarrow{B}-\overrightarrow{Y}=\overrightarrow{B}-\frac{\overline{UY}}{\overline{UV}}\overrightarrow{V}-\frac{\overline{YV}}{\overline{UV}}\overrightarrow{U}\\=&\frac{\overline{UY}}{\overline{UV}}(\overrightarrow{B}-\overrightarrow{V})+\frac{\overline{YV}}{\overline{UV}}(\overrightarrow{B}-\overrightarrow{U})\\=&\frac{\overline{UY}}{\overline{UV}}\overrightarrow{VB}+\frac{\overline{YV}}{\overline{UV}}\overrightarrow{UB}.\end{aligned}$$

显然 $[\overrightarrow{YB},\overrightarrow{CD}]$ 和 $\langle\overrightarrow{YB},\overrightarrow{CD}\rangle$ 都是对 Y 线性的. 对于 $G(Y)=\langle\overrightarrow{YB},\overrightarrow{YC}\rangle$, 令

$$\boldsymbol{r}_1=\frac{\overline{UY}}{\overline{UV}},\quad \boldsymbol{r}_2=\frac{\overline{YV}}{\overline{UV}}.$$

那么

$$\begin{aligned}G(Y)=&\langle\boldsymbol{r}_1\overrightarrow{VB}+\boldsymbol{r}_2\overrightarrow{UB},\boldsymbol{r}_1\overrightarrow{VC}+\boldsymbol{r}_2\overrightarrow{UC}\rangle\\=&\boldsymbol{r}_1^2G(V)+\boldsymbol{r}_2^2G(U)+\boldsymbol{r}_1\boldsymbol{r}_2(\langle\overrightarrow{VB},\overrightarrow{UC}\rangle+\langle\overrightarrow{UB},\overrightarrow{VC}\rangle)\\=&\boldsymbol{r}_1(\boldsymbol{r}_1+\boldsymbol{r}_2)G(V)+\boldsymbol{r}_2(\boldsymbol{r}_1+\boldsymbol{r}_2)G(U)-\boldsymbol{r}_1\boldsymbol{r}_2\langle\overrightarrow{UV},\overrightarrow{UV}\rangle\\=&\boldsymbol{r}_1G(V)+\boldsymbol{r}_2G(U)-\boldsymbol{r}_1\boldsymbol{r}_2\langle\overrightarrow{UV},\overrightarrow{UV}\rangle.\end{aligned}$$

因此, 要从几何量中消去点 Y, 仅需找出点 Y 对 UV 的位置比率, 而这些我们已在引理 7.3.4~7.3.6 中做过.

7.3.3 算法

算法 7.3.14

输入: S=(C_1, C_2, $\cdots$,C_k,(E, F)) 是构造型几何语句.

输出: 算法给出 S 是否正确, 如果正确, 生成它的一个证明.

(S1) 对 $i=k,\cdots,1$, 执行 (SV2), (SV3), (SV4) 且最后执行 (SV5).

(S2) 检查 C_i 的非退化条件是否满足. 一条语句的非退化条件有五种形式: $A\neq B$, $AB^2\neq 0$, $\neg(PQ /\!/ WUV)$ 和 $[\overrightarrow{LM},\overrightarrow{LN}]^2\neq 0$.

对第一种情形, 检查是否 $\overrightarrow{A}=\overrightarrow{B}$. 对第二种情形, 检查是否 $\langle\overrightarrow{AB},\overrightarrow{AB}\rangle=0$. 对第三种情形, 检查是否 $[\overrightarrow{PQ},\overrightarrow{UV}]=0$. 对第四种情形, 检查是否 $\mathrm{V}_{PWUV}=\mathrm{V}_{QWUV}$. 对第五种情形, 检查是否 $[\overrightarrow{LM},\overrightarrow{LN}]^2=0$. 如果一条几何语句的某一非退化条件不满足, 语句是平凡真的. 算法终止.

(S3) 设 $G_1,\cdots,G_s$ 为存在于 E 和 F 中的几何量. 对 $j=1,\cdots,s$ 执行 (SV4).

(S4) 设 H_j 为通过用这节中的引理消去由用在 G_j 的构造规则 C_i 引入的点而得到的结果, 且用 H_j 替换 E 和 F 中的 G_j 而得到新的 E 和 F.

(S5) 现在仅剩三个自由点. E 和 F 是未定元、自由点的内积外积的有理表达式 (S1)(S2). 用坐标表达式来替换内积外积, 得到 E' 和 F', 那么如果 $E'=F'$, S 在非退化条件下是正确的, 否则 S 是错误的.

在上面的算法中, 我们用内积外积表达式表示长度比和面积比, 然后从内积外积中消去点. 为了得到简短的证明, 我们也可以用第 5.3 节中的引理来直接从长度比和面积比中消去点. 我们实际上用了一个混合方法: 内积、外积、长度比、面积比、体积和勾股差都在证明中使用.

注记 7.3.15 由于内积、外积和三重标量积是与勾股差、面积和体积成比例的, 在第 3 章和第 5 章中讨论的面积法、体积法和勾股差方法对于特征不为 2 的域上度量几何中的构造型几何语句是有效的, 所以我们的方法不仅对欧氏几何有效, 也对非欧几何如 Minkowsky 几何有效.

向量方法有容易拓展的优点, 且更多的几何量包括向量本身可以被使用. 但是向量方法生成的证明没有用体积–勾股差法得到的证明所具有的容易明白的几何意义.

注意到, 消去由 (S1)~(S6) 引入的点得到的结果 (引理 7.3.12~7.3.16) 恰好对所有的度量几何都是相同的. 因此, 我们可以设想是否在这些几何之间有一定的关系? 但在算法的最后一步中, 我们需要坐标表达式来替换自由点的内积外积表达式, 这一步依赖于特殊的几何. 因此, 为了得到对于不同几何的一些定理, 需要限制几何语句的类别.

定义 7.3.16 一条构造型几何语句称为是纯构造型的, 如果它可以由构造规则 (S1)~(S7) 来描述, 且它的结论可以是命题 7.2.8 中的几何关系, 且假定在比率构造规则 PRATIO 和 ARATIO 中的比率 r 只能为标量或者变量.

在一条纯构造型几何语句的谓词形式中, 仅有如平行线段的比率这样的仿射不变量和几何谓词如 COLL, PRLL, PERP 等等.

命题 7.3.17 设 G_1 和 G_2 是同一基域 $\mathcal{E}$ 上的两个几何, 则一个纯构造型几何语句在几何 G_1 中是正确的当且仅当它在几何 G_2 中是正确的.

证明 由命题 7.1.9, 可以假定 G_1 和 G_2 的内积矩阵分别为

$$\boldsymbol{\mathcal{M}}_1 = \begin{pmatrix} a_1 & & \\ & a_2 & \\ & & a_3 \end{pmatrix}, \quad \boldsymbol{\mathcal{M}}_2 = \begin{pmatrix} b_1 & & \\ & b_2 & \\ & & b_3 \end{pmatrix}.$$

设 $\boldsymbol{x},\boldsymbol{y},\boldsymbol{z}$ 和 $\boldsymbol{x}',\boldsymbol{y}',\boldsymbol{z}'$ 分别为 G_1 和 G_2 中在同一坐标系下的向量. 任一几何谓词可由如下三个量来表出. 在 G_1 中有

$$\begin{aligned}
&\langle \boldsymbol{x},\boldsymbol{y}\rangle = a_1x_1y_1 + a_2x_2y_2 + a_3x_3y_3,\\
&[\boldsymbol{x},\boldsymbol{y}] = \alpha_1(a_2a_3(x_2y_2 - x_3y_2), a_1a_3(x_3y_1 - x_1x_3), a_1a_2(x_1y_2 - x_2x_1)),\\
&(\boldsymbol{x},\boldsymbol{y},\boldsymbol{z}) = \alpha_1\begin{vmatrix} x_1 & x_2 & x_3\\ y_1 & y_2 & y_3\\ z_1 & z_2 & z_3\end{vmatrix}.
\end{aligned}$$

在 G_2 中有

$$\begin{aligned}&\langle \boldsymbol{x}', \boldsymbol{y}'\rangle = b_1x_1y_1 + b_2x_2y_2 + b_3x_3y_3,\\&[\boldsymbol{x}', \boldsymbol{y}'] = \alpha_2(b_2b_3(x_2y_2 - x_3y_2), b_1b_3(x_3y_1 - x_1x_3), b_1b_2(x_1y_2 - x_2x_1)),\\&(\boldsymbol{x}', \boldsymbol{y}', \boldsymbol{z}') = \alpha_2\begin{vmatrix} x_1 & x_2 & x_3\\ y_1 & y_2 & y_3\\ z_1 & z_2 & z_3\end{vmatrix}.\end{aligned}$$

其中 α_1 和 α_2 分别为对于 G_1 和 G_2 的命题 7.1.18 中的常数.

设 $\mathcal{F}$ 为域 $\mathcal{E}$ 的代数闭包. 考虑如下的多项式环:

$$\mathcal{F}[x_1, x_2, x_3, \cdots, z_1, z_2, z_3]$$

上的同胚

$$TR: (x_1, x_2, x_3, \cdots, z_3) \to \left(\sqrt{\frac{a_1}{b_1}}x_1, \sqrt{\frac{a_2}{b_2}}x_2, \sqrt{\frac{a_3}{b_3}}x_3, \cdots, \sqrt{\frac{a_3}{b_3}}z_3\right).$$

有

$$\begin{aligned}&TR(\langle \boldsymbol{x}', \boldsymbol{y}'\rangle) = \langle \boldsymbol{x}, \boldsymbol{y}\rangle,\\&TR([\boldsymbol{x}', \boldsymbol{y}']) = 0 \Longleftrightarrow [\boldsymbol{x}, \boldsymbol{y}] = 0,\\&TR(\boldsymbol{x}', \boldsymbol{y}', \boldsymbol{z}') = 0 \Longleftrightarrow (\boldsymbol{x}, \boldsymbol{y}, \boldsymbol{z}) = 0.\end{aligned}$$

再注意到仿射不变量在同胚 TR 下保持不变. 由于任一纯构造型语句可以由仿射不变量和上面的几何量所描述, 显然, 一条纯构造型几何语句在 G_1 中为真当且仅当它在 G_2 中为真.

7.4 度量平面几何中的机器证明

由于一个度量平面可以看作一个度量空间的子集, 上一节中所讨论的方法对平面度量几何也是适用的. 对于这个题目的独立研究, 参看文献 (Chou et al., 1993). 但对于平面度量几何, 采取的方法可以极大地化简. 不失一般性, 假定度量平面包含所有的点 $\boldsymbol{x} = (x_1, x_2, x_3)$, 其中 x_3=0. 设

$$\mathcal{M} = \begin{pmatrix} a_1 & 0 & 0\\ 0 & a_2 & 0\\ 0 & 0 & a_3\end{pmatrix}$$

为定义内积的矩阵, 那么对于平面上的向量

$$\boldsymbol{x} = (x_1, x_2, 0), \quad \boldsymbol{y} = (y_1, y_2, 0), \quad \boldsymbol{z} = (z_1, z_2, 0)$$

有

$$\langle \boldsymbol{x}, \boldsymbol{y} \rangle = a_1 x_1 y_1 + a_2 x_2 y_2,$$
$$[\boldsymbol{x}, \boldsymbol{y}] = (0, 0, \alpha a_1 a_2 (x_1 y_2 - x_2 y_1)),$$
$$(\boldsymbol{x}, \boldsymbol{y}, \boldsymbol{z}) = 0,$$

其中 α 是一个常数. 由于在同一平面上所有向量的外积都是平行的, 故可以只定义

$$[\boldsymbol{x}, \boldsymbol{y}] = \alpha a_1 a_2 (x_1 y_2 - x_2 y_1).$$

容易验证像 (E1) 和 (E2) 这样的外积的基本性质仍然成立. 对于点 A,B 和 C, 三角形 ABC 的带符号面积定义为 $\frac{1}{2}[\overrightarrow{AB}, \overrightarrow{AC}]$.

7.4.1　欧氏平面几何的向量方法

对于欧氏几何, 定义内积的矩阵 $\mathcal{M}$ 为单位矩阵. 因此, 如果一条几何语句的结论是内积和外积的一个多项式, 那么用向量方法和用面积–勾股差方法所得到的结果是相同的. 但在向量方法中, 我们可以用一个新的几何量: 向量本身.

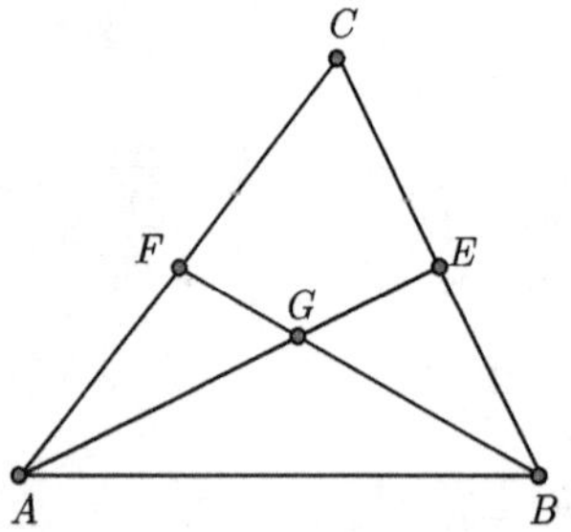

图 7-4

例 7.4.1(重心定理)　证明三角形的三条中线交于一点, 且中线被交点所分比例为 2:1(图 7-4).

构造性描述以及相应的消点公式和机器证明为

构造性描述

((POINTS A B C)

(MIDPOINT F A C)

(MIDPOINT E B C)

(INTER G (LINE A E)(LINE B F))

$(\overrightarrow{AG} = \frac{2}{3}\overrightarrow{AE})$)

消点式

$$\overrightarrow{AG} \overset{G}{=} \frac{\overrightarrow{AE} \cdot S_{ABF}}{S_{ABEF}}$$

$$S_{ABEF} \overset{E}{=} \frac{1}{2}(S_{BCF} + 2S_{ABF})$$

$$S_{BCF} \overset{F}{=} \frac{1}{2}(S_{ABC})$$

$$S_{ABF} \overset{F}{=} \frac{1}{2}(S_{ABC})$$

机器证明

$$\frac{\overrightarrow{AG}}{\left(\frac{2}{3}\right) \cdot \overrightarrow{AE}}$$

$$\overset{G}{=} \frac{\overrightarrow{AE} \cdot S_{ABF}}{\left(\frac{2}{3}\right) \cdot \overrightarrow{AE} \cdot S_{ABEF}}$$

$$\overset{\text{simplify}}{=\!=} \frac{(3) \cdot S_{ABF}}{(2) \cdot S_{ABEF}}$$

$$\overset{E}{=} \frac{(3) \cdot S_{ABF}}{(2) \cdot \left(\frac{1}{2} S_{BCF} + S_{ABF}\right)}$$

$$\overset{F}{=} \frac{(3) \cdot \left(\frac{1}{2} S_{ABC}\right)}{\frac{3}{2} S_{ABC}}$$

$$\overset{\text{simplify}}{=\!=} 1$$

例 7.4.2 设 G 为三角形 ABC 的重心, 证明

$$\overrightarrow{G}=\frac{1}{3}(\overrightarrow{A}+\overrightarrow{B}+\overrightarrow{C}).$$

证明 用我们的方法可以确切地计算出这个结果, 而不用先知道它. 三角形 ABC 的质心 G 可由下面步骤引入:

(POINTS A B C)
(MIDPOINT F A C)
(LRATIO G B F 2/3)

由引理 7.3.2,

$$\overrightarrow{G}=\frac{2}{3}\overrightarrow{F}+\frac{1}{3}\overrightarrow{B}=\frac{1}{3}(\overrightarrow{C}+\overrightarrow{A}+\overrightarrow{B}).$$

你也许会想上面的引入太巧妙了. 一般的引入 G 的方法如下:

构造性描述

((POINTS A B C)
(MIDPOINT F A C)
(MIDPOINT E B C)
(INTER G (LINE A E)(LINE B F))
($\overrightarrow{G}$))

消点式

$$\overrightarrow{G}\overset{G}{=}\frac{\overrightarrow{F}\cdot S_{ABE}-\overrightarrow{B}\cdot S_{AFE}}{S_{ABEF}}$$

$$S_{ABEF}\overset{E}{=}\frac{1}{2}(S_{BCF}+2S_{ABF})$$

$$S_{AFE}\overset{E}{=}-\frac{1}{2}(S_{ABF})$$

$$S_{ABE}\overset{E}{=}\frac{1}{2}(S_{ABC})$$

$$S_{BCF}\overset{F}{=}\frac{1}{2}(S_{ABC})$$

$$S_{ABF}\overset{F}{=}\frac{1}{2}(S_{ABC})$$

$$\overrightarrow{F}\overset{F}{=}\frac{1}{2}(\overrightarrow{C}+\overrightarrow{A})$$

机器证明

$$\overrightarrow{G}$$

$$\overset{G}{=}\frac{-\overrightarrow{F}\cdot S_{ABE}+\overrightarrow{B}\cdot S_{AFE}}{-S_{ABEF}}$$

$$\overset{E}{=}\frac{\frac{1}{2}\overrightarrow{F}\cdot S_{ABC}+\frac{1}{2}\overrightarrow{B}\cdot S_{ABF}}{\frac{1}{2}S_{BCF}+S_{ABF}}$$

$$\overset{F}{=}\frac{\frac{1}{2}\overrightarrow{C}\cdot S_{ABC}+\frac{1}{2}\overrightarrow{B}\cdot S_{ABC}+\frac{1}{2}\overrightarrow{A}\cdot S_{ABC}}{\frac{3}{2}S_{ABC}}$$

$$\overset{\text{simplify}}{=\!=\!=}\frac{1}{3}(\overrightarrow{C}+\overrightarrow{B}+\overrightarrow{A})$$

例 7.4.3 以给定三角形的三条边的中点为顶点的三角形, 与原来的三角形有相同的质心 (图 7-5).

构造性描述

((POINTS A B C)
(MIDPOINT D B C)
(MIDPOINT E A C)
(MIDPOINT F A B)
(CENTROID G A B C)
(CENTROID K D E F)
($\overrightarrow{G}=\overrightarrow{K}$))

机器证明

$$\begin{aligned}\frac{\overrightarrow{G}}{\overrightarrow{K}} &\stackrel{K}{=} \frac{\overrightarrow{G}\cdot(3)}{\overrightarrow{F}+\overrightarrow{E}+\overrightarrow{D}}\\ &\stackrel{G}{=} \frac{(3)\cdot(\overrightarrow{C}+\overrightarrow{B}+\overrightarrow{A})}{(\overrightarrow{F}+\overrightarrow{E}+\overrightarrow{D})\cdot(3)}\\ &\stackrel{F}{=} \frac{\overrightarrow{C}+\overrightarrow{B}+\overrightarrow{A}}{\overrightarrow{E}+\overrightarrow{D}+\frac{1}{2}\overrightarrow{B}+\frac{1}{2}\overrightarrow{A}}\\ &\stackrel{E}{=} \frac{(2)\cdot(\overrightarrow{C}+\overrightarrow{B}+\overrightarrow{A})}{2\overrightarrow{D}+\overrightarrow{C}+\overrightarrow{B}+2\overrightarrow{A}}\\ &\stackrel{D}{=} \frac{(2)\cdot(\overrightarrow{C}+\overrightarrow{B}+\overrightarrow{A})}{2\overrightarrow{C}+2\overrightarrow{B}+2\overrightarrow{A}}\\ &\stackrel{\text{simplify}}{=\!=} 1\end{aligned}$$

消点式

$$\overrightarrow{K} \stackrel{K}{=} \frac{1}{3}(\overrightarrow{F}+\overrightarrow{E}+\overrightarrow{D})$$

$$\overrightarrow{G} \stackrel{G}{=} \frac{1}{3}(\overrightarrow{C}+\overrightarrow{B}+\overrightarrow{A})$$

$$\overrightarrow{F} \stackrel{F}{=} \frac{1}{2}(\overrightarrow{B}+\overrightarrow{A})$$

$$\overrightarrow{E} \stackrel{E}{=} \frac{1}{2}(\overrightarrow{C}+\overrightarrow{A})$$

$$\overrightarrow{D} \stackrel{D}{=} \frac{1}{2}(\overrightarrow{C}+\overrightarrow{B})$$

例 7.4.4　由通过三角形的三个顶点与对边平行的三条直线形成的三角形称为给定三角形的反互补三角形. 证明一个三角形和它的反互补三角形有相同的质心.

构造性描述

((POINTS A B C)
(PRATIO P A C $B1$)
(PRATIO Q A B $C1$)
(PRATIO R B A $C1$)
(CENTROID G A B C)
(CENTROID K P Q R)
($\overrightarrow{G}=\overrightarrow{K}$))

机器证明

$$\begin{aligned}\frac{\overrightarrow{G}}{\overrightarrow{K}} &\stackrel{K}{=} \frac{\overrightarrow{G}\cdot(3)}{\overrightarrow{R}+\overrightarrow{Q}+\overrightarrow{P}}\\ &\stackrel{G}{=} \frac{(3)\cdot(\overrightarrow{C}+\overrightarrow{B}+\overrightarrow{A})}{(\overrightarrow{R}+\overrightarrow{Q}+\overrightarrow{P})\cdot(3)}\\ &\stackrel{R}{=} \frac{\overrightarrow{C}+\overrightarrow{B}+\overrightarrow{A}}{\overrightarrow{Q}+\overrightarrow{P}+\overrightarrow{C}+\overrightarrow{B}-\overrightarrow{A}}\\ &\stackrel{Q}{=} \frac{\overrightarrow{C}+\overrightarrow{B}+\overrightarrow{A}}{\overrightarrow{P}+2\overrightarrow{C}}\\ &\stackrel{P}{=} \frac{\overrightarrow{C}+\overrightarrow{B}+\overrightarrow{A}}{\overrightarrow{C}+\overrightarrow{B}+\overrightarrow{A}}\\ &\stackrel{\text{simplify}}{=\!=} 1\end{aligned}$$

消点式

$$\overrightarrow{K} \stackrel{K}{=} \frac{1}{3}(\overrightarrow{R}+\overrightarrow{Q}+\overrightarrow{P})$$

$$\overrightarrow{G} \stackrel{G}{=} \frac{1}{3}(\overrightarrow{C}+\overrightarrow{B}+\overrightarrow{A})$$

$$\overrightarrow{R} \stackrel{R}{=} \overrightarrow{C}+\overrightarrow{B}-\overrightarrow{A}$$

$$\overrightarrow{Q} \stackrel{Q}{=} \overrightarrow{C}-\overrightarrow{B}+\overrightarrow{A}$$

$$\overrightarrow{P} \stackrel{P}{=} -(\overrightarrow{C}-\overrightarrow{B}-\overrightarrow{A})$$

在向量方法的帮助下, 我们可以证明如下关于 n 边形的定理. n 个点 $P_1,\cdots,P_n$ 的质心定义为 $\frac{1}{n}(\overrightarrow{P}_1+\cdots+\overrightarrow{P}_n)$.

例 7.4.5(Cantor 第一定理)　对于圆 O 上的 n 个点, 从其中任 $n-1$ 个点的重心到剩余第 n 个点所在处的圆的切线所作出的垂线共点.

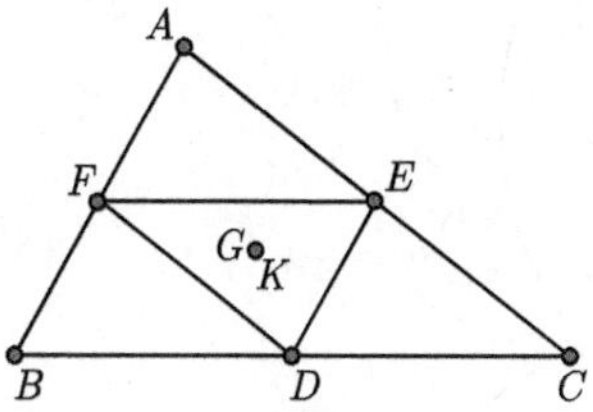

图 7-5

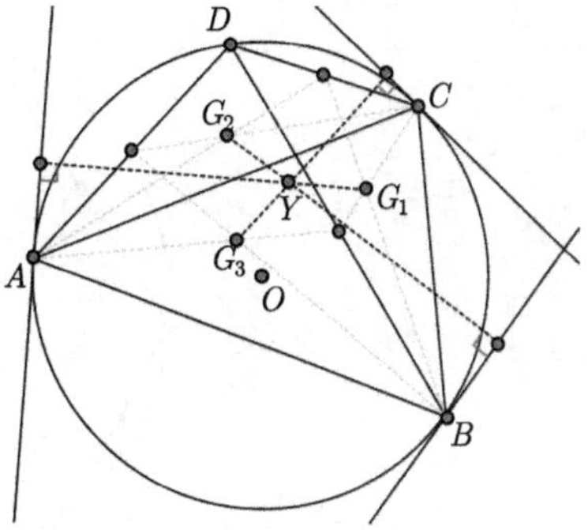

图 7-6

证明 设 n 个点为 $P_1,\cdots,P_n$ 且 $\overrightarrow{P}_i=\overrightarrow{OP}_i$. 设 G_1 为 $P_2,\cdots,P_n$ 的重心, G_2 为 $P_1,P_3,\cdots,P_n$ 的质心, 且 Y 为所作垂直线 (PLINE G_1 O P_1) 和 (PLINE G_2 O P_2) 的交点. 由例 7.3.9 有

$$\overrightarrow{Y}=\overrightarrow{G}_1+r(\overrightarrow{P}_1-\overrightarrow{O})=\overrightarrow{G_1}+r\overrightarrow{P}_1,$$

其中

$$r=\frac{S_{G_1OP_2}-S_{G_2OP_2}}{S_{OOP_1P_2}}=\frac{S_{P_1OP_2}}{(n-1)S_{P_1OP_2}}=\frac{1}{n-1},$$

所以

$$\overrightarrow{Y}=\frac{1}{n-1}(\overrightarrow{P}_1+\cdots+\overrightarrow{P}_n)$$

是一个固定点. 图 7-6 画出了 n=4 的情形.

例 7.4.6(Cantor 第二定理) 对于圆 O 上的 n 个点, 从其中任 $n-2$ 个点的质心到剩余两个点所在的直线所作出的垂线是共点的.

证明 设 n 个点为 $P_1,\cdots,P_n$ 且 $\overrightarrow{P}_i=\overrightarrow{OP}_i$. 设 G_1 为 $P_3,\cdots,P_n$ 的重心, G_2 为 $P_1,P_2,P_5,\cdots,P_n$ 的重心, M 为线段 P_1P_2 的中点, N 为线段 P_3P_4 的中点, 且 Y 为所作垂直线 (PLINE G_1 O M) 和 (PLINE G_2 N O) 的交点. 由例 7.3.9 有

$$\overrightarrow{Y}=\overrightarrow{G}_1+r(\overrightarrow{M}-\overrightarrow{O})=\overrightarrow{G}_1+\frac{r}{2}(\overrightarrow{P}_1+\overrightarrow{P}_2),$$

其中

$$r=\frac{S_{G_1ON}-S_{G_2ON}}{S_{OOMN}}=\frac{2S_{MON}}{(n-2)S_{MON}}=\frac{2}{n-2}.$$

因此

$$\overrightarrow{Y}=\frac{1}{n-2}(\overrightarrow{P}_1+\cdots+\overrightarrow{P}_n)$$

为一个固定点. 图 7-7 画出了 n=5 的情形.

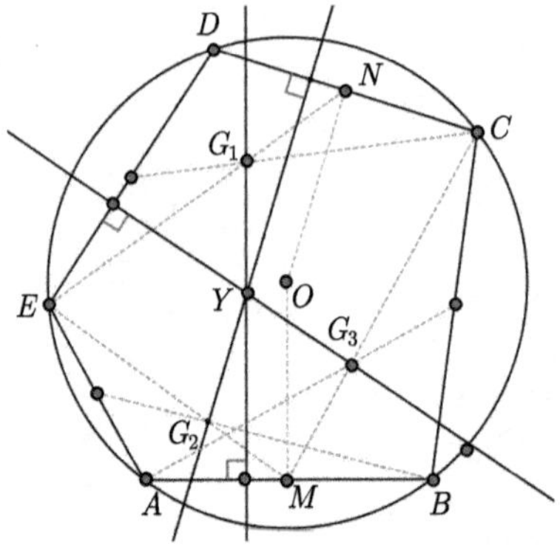

图 7-7

7.4.2 Minkowsky 平面几何中的机器证明

在 Minkowsky 平面几何中有

$$\boldsymbol{\mathcal{M}} = \begin{pmatrix} 1 & 0 \\ 0 & -1 \end{pmatrix}.$$

那么 $\boldsymbol{x} = (x_1, x_2)$ 和 $\boldsymbol{y} = (y_1, y_2)$ 的内积为

$$\langle \boldsymbol{x}, \boldsymbol{y} \rangle = x_1 y_1 - x_2 y_2,$$

于是 $\boldsymbol{x} \perp \boldsymbol{y}$ 当且仅当

$$x_1 y_1 - x_2 y_2 = 0.$$

定义 $\boldsymbol{x}$ 和 $\boldsymbol{y}$ 的外积为

$$[\boldsymbol{x}, \boldsymbol{y}] = -x_1 y_2 + x_2 y_1.$$

对于 Minkowsky 平面中的点 A,B,C 和 D, 外积 $[\overrightarrow{AC}, \overrightarrow{BD}]$ 也可解释为四边形 $ABCD$ 的面积的两倍, 也就是说,

$$S_{ABCD} = \frac{1}{2}[\overrightarrow{AC}, \overrightarrow{BD}].$$

于是有 Minkowsky 几何中的 Herron- 秦公式

$$16S_{ABCD}^2 = P_{ABCD}^2 - 4AC^2 \cdot BD^2.$$

在 Minkowsky 平面中, 存在迷向直线 (向量). 向量 $\boldsymbol{x} = (x_1, x_2)$ 为迷向的当且仅当

$$x_1^2 - x_2^2 = (x_1 - x_2)(x_1 + x_2) = 0,$$

也就是说, 迷向直线为平行于如下直线中一条的直线

$$x_1 - x_2 = 0 \quad 或 \quad x_1 + x_2 = 0.$$

作为命题 7.3.17 的推论, 有

命题 7.4.7 一条纯构造型几何语句在 Euclid 几何中为真当且仅当它在 Minkowsky 几何中为真.

作为一个推论, 本书中证明的大多数几何定理在 Minkowsky 几何中也是适用的. 但是确实存在 Euclid 几何中的几何语句换为在 Minkowsky 几何中就不成立了或没有几何意义了. 例如, 在 Minkowsky 几何中不存在等边三角形.

如果一条几何语句是在仿射几何中的, 也就是说, 语句中的几何关系仅为关联和平行, 那么这条语句在 Euclid 几何中为真当且仅当它在 Minkowsky 几何中为真. 原因就是这两种几何都是通过在同样的仿射几何中加上不同的度量结构而得到的. 也就是说, 这两种几何的仿射部分是相同的. 但对于一条包含如同垂直和度量等几何关系的语句来说, 它在两种几何中的有效性是相同的这种判断并不是显然的.

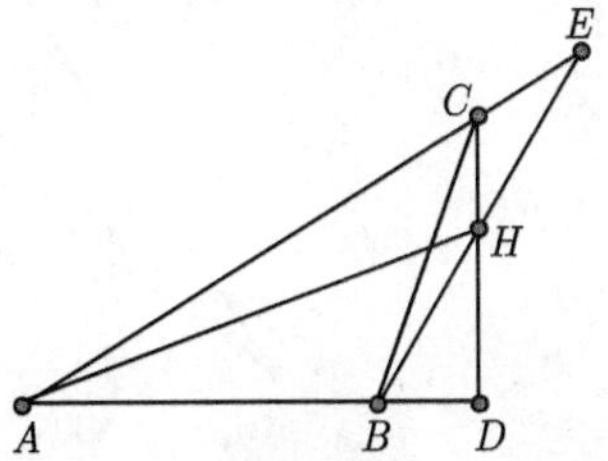

图 7-8

例 7.4.8(Minkowsky 几何中的垂心定理) 和例 3.2.1 相同.

下面的证明跟例 3.3.15 以及例 3.2.1 的证明本质是一样的, 但它是另一几何中的定理. 图 7-8 表明, Minkowsky 几何中的垂直看起来和欧氏几何中的垂直是不相同的.

构造性描述	机器证明	消点式
((POINTS A B C)	$\dfrac{\langle\overrightarrow{AB},\overrightarrow{AH}\rangle}{\langle\overrightarrow{AC},\overrightarrow{AH}\rangle}$	$\langle\overrightarrow{AC},\overrightarrow{AH}\rangle\overset{H}{=}\langle\overrightarrow{AB},\overrightarrow{AC}\rangle$
(FOOT E B A C)		
(FOOT D C A B)	$\overset{H}{=}\dfrac{\langle\overrightarrow{AB},\overrightarrow{AC}\rangle}{\langle\overrightarrow{AB},\overrightarrow{AC}\rangle}\overset{\text{simplify}}{=\!=\!=}1$	$\langle\overrightarrow{AB},\overrightarrow{AH}\rangle\overset{H}{=}\langle\overrightarrow{AB},\overrightarrow{AC}\rangle$
(INTER H (LINE C D)(LINE B E))		
(PERPENDICULAR B C A H)		

在给出包含圆的例子之前, 首先注意在第 3.6.2 节中使用的消去共圆点的方法在 Minkowsky 几何中也是适用的, 只是我们需要用双曲三角函数来代替三角函数. Minkowsky 几何中的一个 "圆" 实际上是一条双曲线:

$$x_1^2-x_2^2=r^2,$$

上面这个圆的直径为 $\delta=2r$.

引理 7.4.9 设 A, B 和 C 为 Minkowsky 几何中直径为 δ 的圆上的三点, 那么

$$S_{ABC}=\frac{\overline{AB}\cdot\overline{CB}\cdot\overline{CA}}{2\delta},\quad P_{ABC}=\frac{2\overline{AB}\cdot\overline{CB}\cdot\cosh(CA)}{\delta},\quad \overline{AC}=\delta\sinh(AC).$$

上面引理的证明可以像在第 3.6 节中一样作出.

例 7.4.10(Minkowsky 几何中的 Simson 定理)　定理的几何语句与前面例 3.6.8 完全一样 (但是图就完全不同了, 见图 7-9).

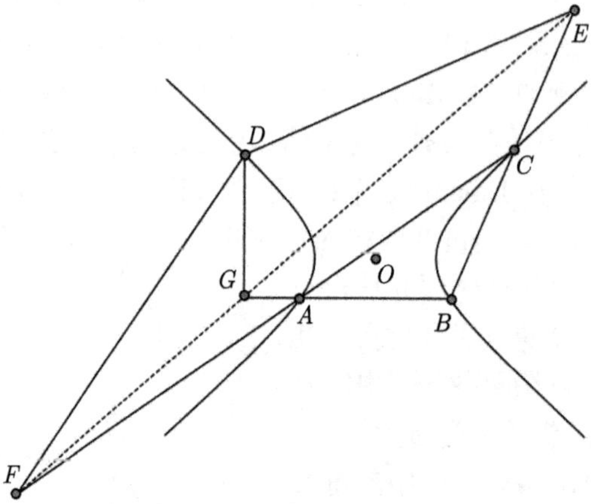

图 7-9

构造性描述

$$\left(\begin{array}{l}(\text{CIRCLE } A\ B\ C\ D)\\ (\text{FOOT } E\ D\ B\ C)\\ (\text{FOOT } F\ D\ A\ C)\\ (\text{FOOT } G\ D\ A\ B)\\ \left(\dfrac{\overline{AG}}{\overline{GB}}\dfrac{\overline{BE}}{\overline{EC}}\dfrac{\overline{CF}}{\overline{FA}}=-1\right)\end{array}\right)$$

机器证明

$$\begin{aligned}\frac{\overline{CF}}{\overline{AF}}\cdot\frac{\overline{BE}}{\overline{CE}}\cdot\frac{\overline{AG}}{\overline{BG}} &\overset{G}{=} \frac{\langle\overrightarrow{AB},\overrightarrow{AD}\rangle}{-\langle\overrightarrow{BA},\overrightarrow{BD}\rangle}\frac{\overline{CF}}{\overline{AF}}\cdot\frac{\overline{BE}}{\overline{CE}}\\ &\overset{F}{=} \frac{-\langle\overrightarrow{CA},\overrightarrow{CD}\rangle\cdot\langle\overrightarrow{AB},\overrightarrow{AD}\rangle}{\langle\overrightarrow{BA},\overrightarrow{BD}\rangle\cdot(-\langle\overrightarrow{AC},\overrightarrow{AD}\rangle)}\cdot\frac{\overline{BE}}{\overline{CE}}\\ &\overset{E}{=} \frac{\langle\overrightarrow{CA},\overrightarrow{CD}\rangle\cdot\langle\overrightarrow{BC},\overrightarrow{BD}\rangle\cdot\langle\overrightarrow{AB},\overrightarrow{AD}\rangle}{\langle\overrightarrow{BA},\overrightarrow{BD}\rangle\cdot\langle\overrightarrow{AC}\cdot\overrightarrow{AD}\rangle\cdot(-\langle\overrightarrow{CB},\overrightarrow{CD}\rangle)}\end{aligned}$$

$$\overset{\text{co-fir}}{=\!=\!=} \frac{-(-2\overline{CD}\cdot\overline{AC}\cdot\cosh(AD))\cdot(2\overline{BD}\cdot\overline{BC}\cdot\cosh(CD))\cdot(2\overline{AD}\cdot\overline{AB}\cdot\cosh(BD))}{(-2\overline{BD}\cdot\overline{AB}\cdot\cosh(AD))\cdot(2\overline{AD}\cdot\overline{AC}\cdot\cosh(CD))\cdot(-2\overline{CD}\cdot\overline{BC}\cdot\cosh(BD))}$$

$$\overset{\text{simplify}}{=\!=\!=} 1$$

由 Menelaus 定理, E, F, G 共线.

消点式

$\dfrac{\overline{AG}}{\overline{BG}} \stackrel{G}{=} \dfrac{\langle\overrightarrow{AB},\overrightarrow{AD}\rangle}{-\langle\overrightarrow{BA},\overrightarrow{BD}\rangle}$

$\dfrac{\overline{CF}}{\overline{AF}} \stackrel{F}{=} \dfrac{\langle\overrightarrow{CA},\overrightarrow{CD}\rangle}{-\langle\overrightarrow{AC},\overrightarrow{AD}\rangle}$

$\dfrac{\overline{BE}}{\overline{CE}} \stackrel{E}{=} \dfrac{\langle\overrightarrow{BC},\overrightarrow{BD}\rangle}{-\langle\overrightarrow{CB},\overrightarrow{CD}\rangle}$

$\langle\overrightarrow{CB},\overrightarrow{CD}\rangle = -2\overline{CD}\cdot\overline{BC}\cdot\cosh(BD)$

$\langle\overrightarrow{AC},\overrightarrow{AD}\rangle = 2\overline{AD}\cdot\overline{AC}\cdot\cosh(CD)$

$\langle\overrightarrow{BA},\overrightarrow{BD}\rangle = -2\overline{BD}\cdot\overline{AB}\cdot\cosh(AD)$

$\langle\overrightarrow{AB},\overrightarrow{AD}\rangle = 2\overline{AD}\cdot\overline{AB}\cdot\cosh(BD)$

$\langle\overrightarrow{BC},\overrightarrow{BD}\rangle = 2\overline{BD}\cdot\overline{BC}\cdot\cosh(CD)$

$\langle\overrightarrow{CA},\overrightarrow{CD}\rangle = -2\overline{CD}\cdot\overline{AC}\cdot\cosh(AD)$

例 7.4.11(Minkowsky 几何中的 Cantor 定理) 命题表述与前面的例 3.6.11 完全一样 (如图 7-10, 所谓 “圆” 仍然是双曲线).

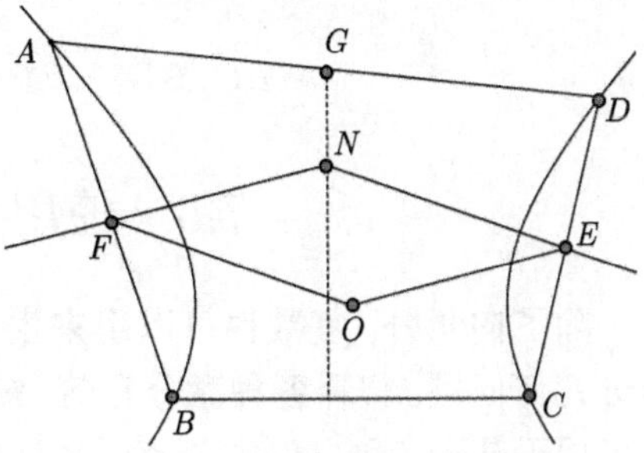

图 7.10

构造性描述

((CIRCLE A B C D)

(CIRCUMCENTER O A B C)

(MIDPOINT G A D)

(MIDPOINT F A B)

(MIDPOINT E C D

(PRATIO N E O F1)

(PERPENDICULAR G N B C))

机器证明

$$\begin{aligned}\frac{\langle\overrightarrow{BC},\overrightarrow{BG}\rangle}{\langle\overrightarrow{BC},\overrightarrow{BN}\rangle} &\stackrel{N}{=} \frac{\langle\overrightarrow{BC},\overrightarrow{BG}\rangle}{\langle\overrightarrow{BC},\overrightarrow{BE}\rangle+\langle\overrightarrow{BC},\overrightarrow{BF}\rangle-\langle\overrightarrow{BC},\overrightarrow{BO}\rangle}\\ &\stackrel{E}{=} \frac{\langle\overrightarrow{BC},\overrightarrow{BG}\rangle}{\langle\overrightarrow{BC},\overrightarrow{BF}\rangle-\langle\overrightarrow{BC},\overrightarrow{BO}\rangle+\frac{1}{2}\langle\overrightarrow{BC},\overrightarrow{BD}\rangle+\frac{1}{2}\langle\overrightarrow{CB},\overrightarrow{BD}\rangle}\\ &\stackrel{F}{=} \frac{(2)\cdot\langle\overrightarrow{BC},\overrightarrow{BG}\rangle}{-2\langle\overrightarrow{BC},\overrightarrow{BO}\rangle+\langle\overrightarrow{BC},\overrightarrow{BD}\rangle+\langle\overrightarrow{CB},\overrightarrow{CB}\rangle+\langle\overrightarrow{BA},\overrightarrow{BC}\rangle}\end{aligned}$$

$$\overset{G}{=} \frac{(-2)\cdot\left(\frac{1}{2}\langle\overrightarrow{BC},\overrightarrow{BD}\rangle+\frac{1}{2}\langle\overrightarrow{BA},\overrightarrow{BC}\rangle\right)}{2\langle\overrightarrow{BC},\overrightarrow{BO}\rangle-\langle\overrightarrow{BC},\overrightarrow{BD}\rangle-\langle\overrightarrow{CB},\overrightarrow{CB}\rangle-\langle\overrightarrow{BA},\overrightarrow{BC}\rangle}$$

$$\overset{O}{=} \frac{-(\langle\overrightarrow{BC},\overrightarrow{BD}\rangle+\langle\overrightarrow{BA},\overrightarrow{BC}\rangle)\cdot(2)}{-2\langle\overrightarrow{BC},\overrightarrow{BD}\rangle-2\langle\overrightarrow{BA},\overrightarrow{BC}\rangle}$$

$$\overset{\text{simplify}}{=\!=\!=} 1$$

消点式

$\langle\overrightarrow{BC},\overrightarrow{BN}\rangle \overset{N}{=} \langle\overrightarrow{BC},\overrightarrow{BE}\rangle+\langle\overrightarrow{BC},\overrightarrow{BF}\rangle-\langle\overrightarrow{BC},\overrightarrow{BO}\rangle$

$\langle\overrightarrow{BC},\overrightarrow{BE}\rangle \overset{E}{=} \frac{1}{2}(\langle\overrightarrow{BC},\overrightarrow{BD}\rangle+\langle\overrightarrow{CB},\overrightarrow{CB}\rangle)$

$\langle\overrightarrow{BC},\overrightarrow{BF}\rangle \overset{F}{=} \frac{1}{2}(\langle\overrightarrow{BA},\overrightarrow{BC}\rangle)$

$\langle\overrightarrow{BC},\overrightarrow{BG}\rangle \overset{G}{=} \frac{1}{2}(\langle\overrightarrow{BC},\overrightarrow{BD}\rangle+\langle\overrightarrow{BA},\overrightarrow{BC}\rangle)$

$\langle\overrightarrow{BC},\overrightarrow{BO}\rangle \overset{O}{=} \frac{1}{2}(\langle\overrightarrow{CB},\overrightarrow{CB}\rangle)$

在最后一步中, 令 T 为 BC 的中点, 那么有 $BC\perp TO$, 因此

$$\langle\overrightarrow{BC},\overrightarrow{BD}\rangle=\langle\overrightarrow{BC},\overrightarrow{BT}\rangle=\frac{1}{2}(\langle\overrightarrow{CB},\overrightarrow{CB}\rangle).$$

7.5　使用复数的机器证明

除了向量外, 复数也可以用来生成几何定理的可读性证明. 复数常用来解决微分几何问题, 解释各种微分几何. 参看文献 (常庚哲, 1980; Yaglom, 1979). 它们也可用于基于 Gröbner(格若勃) 基计算的机械化几何定理证明, 参看文献 (Stokes, 1990). 在这一节中, 将表明用复数给出多种几何的定理可读性证明是可行的.

复数也可以看作向量, 但我们可以作两个复数的乘积. 下面将结合复数的这一特殊性质开始我们的讨论. 设

$$\boldsymbol{x}=x_1+x_2i,\quad \boldsymbol{y}=y_1+y_2i$$

为两个复数, 其中 $i=\sqrt{-1}$. $\boldsymbol{y}=y_1+y_2i$ 的共轭复数为 $\tilde{\boldsymbol{y}}=y_1-y_2i$. 那么

$$\boldsymbol{x}\cdot\widetilde{\boldsymbol{y}}=x_1y_1+x_2y_2-(x_1y_2-x_2y_1)i.$$

如果把复数 $\boldsymbol{x}=x_1+x_2i$ 与向量 $\boldsymbol{x}=(x_1,x_2)$ 看作等同, 那么显然有

$$\boldsymbol{x}\cdot\tilde{\boldsymbol{y}}=\langle\boldsymbol{x},\boldsymbol{y}\rangle-[\boldsymbol{x},\boldsymbol{y}]i.$$

因此

$$\langle \boldsymbol{x}, \boldsymbol{y} \rangle = \frac{1}{2}(\boldsymbol{x} \cdot \tilde{\boldsymbol{y}} + \tilde{\boldsymbol{x}} \cdot \boldsymbol{y}); \quad [\boldsymbol{x}, \boldsymbol{y}] = \frac{1}{2i}(\tilde{\boldsymbol{x}} \cdot \boldsymbol{y} - \boldsymbol{x} \cdot \tilde{\boldsymbol{y}}).$$

也就是说, 内积和外积可以表示为复数的乘积形式.

在几何语言中, 对每一个点 P, 设 $\overrightarrow{P}$ 为对应的复数, 且 $\tilde{P}$ 为 $\overrightarrow{P}$ 的共轭. 那么上面两个方程变为

$$P_{ABC} = (\overrightarrow{B} - \overrightarrow{A})(\tilde{C} - \tilde{A}) + (\tilde{B} - \tilde{A})(\overrightarrow{C} - \overrightarrow{A}),$$

$$S_{ABC} = \frac{1}{4i}((\tilde{B} - \tilde{A})(\overrightarrow{C} - \overrightarrow{A}) - (\overrightarrow{B} - \overrightarrow{A})(\tilde{C} - \tilde{A})).$$

因此, 欧氏几何的向量方法可以翻译成复数的语言. 但是这样所生成的证明一般比向量方法要长些. 原因就是向量方法中, 面积和勾股差可看成一项的变量, 而在复数方法中它们是几项的表达式. 在构造型几何语句情形下, 复数方法跟吴方法一样是基本的, 参看 (Chou, 1985; Chou, et al., 1992-1).

但在很多情况下, 复数方法也确实给出了很短的证明.

例 7.5.1 如图 7-11, 在三角形 ABC 的两边 AC 和 BC 上, 作两个相似三角形 PAC 和 QCB, $RPCQ$ 是一个平行四边形. 证明三角形 RAB 相似于三角形 PAC.

对于两个点 A 和 B, 令 $\overrightarrow{AB} = \overrightarrow{B} - \overrightarrow{A}$. 两个三角形 PAC 和 QCB 相似且有相同的定向当且仅当

$$\frac{\overrightarrow{PA}}{\overrightarrow{AC}} = \frac{\overrightarrow{QC}}{\overrightarrow{CB}} \text{ 或 } \overrightarrow{PA} \cdot \overrightarrow{CB} = \overrightarrow{AC} \cdot \overrightarrow{QC}. \quad (7.1)$$

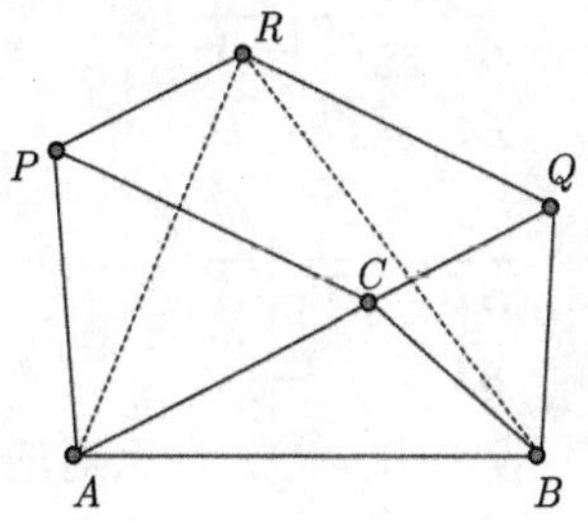

图 7-11

于是可以使用一个新的构造

$$(\text{SIM} - \text{TRIANGLE } Q\ C\ B\ P\ A\ C),$$

引入一个点 Q 使得式子 (7.1) 为真.

现在例 7.5.1 可以构造型描述如下:

$$\begin{aligned}
&((\text{POINTS } A\ B\ C\ P)\\
&(\text{SIM} - \text{TRIANGLE } Q\ B\ C\ P\ C\ A)\\
&(\text{PRATIO } R\ Q\ C\ P\ 1)\\
&(\overrightarrow{PA} \cdot \overrightarrow{AB} = \overrightarrow{RA} \cdot \overrightarrow{AC}))
\end{aligned}$$

相应的机器证明和消点式为

机器证明

$$\frac{\overrightarrow{AP}\cdot\overrightarrow{AB}}{\overrightarrow{AR}\cdot\overrightarrow{AC}}\overset{R}{=}\frac{\overrightarrow{AP}\cdot\overrightarrow{AB}}{(\overrightarrow{AQ}+\overrightarrow{AP}-\overrightarrow{AC})\cdot\overrightarrow{AC}}$$

$$\overset{Q}{=}\frac{\overrightarrow{AP}\cdot\overrightarrow{AB}\cdot(-\overrightarrow{AC})}{(\overrightarrow{CP}\cdot\overrightarrow{BC}-\overrightarrow{B}\cdot\overrightarrow{AC}-\overrightarrow{AP}\cdot\overrightarrow{AC}+\overrightarrow{AC}^2+\overrightarrow{AC}\cdot\overrightarrow{A})\cdot\overrightarrow{AC}}$$

$$\overset{\text{simplify}}{=\!=\!=}\frac{-\overrightarrow{AP}\cdot\overrightarrow{AB}}{\overrightarrow{CP}\cdot\overrightarrow{BC}-\overrightarrow{B}\cdot\overrightarrow{AC}-\overrightarrow{AP}\cdot\overrightarrow{AC}+\overrightarrow{AC}^2+\overrightarrow{AC}\cdot\overrightarrow{A}}$$

$$=\frac{-(\overrightarrow{P}-\overrightarrow{A})\cdot(\overrightarrow{B}-\overrightarrow{A})}{-\overrightarrow{P}\cdot\overrightarrow{B}+\overrightarrow{P}\cdot\overrightarrow{A}+\overrightarrow{B}\cdot\overrightarrow{A}-\overrightarrow{A}^2}$$

$$\overset{\text{simplify}}{=\!=\!=}1$$

消点式

$$\overrightarrow{AR}\overset{R}{=}\overrightarrow{AQ}+\overrightarrow{AP}-\overrightarrow{AC}$$

$$\overrightarrow{AQ}\overset{Q}{=}\frac{\overrightarrow{CP}\cdot\overrightarrow{BC}-\overrightarrow{B}\cdot\overrightarrow{AC}+\overrightarrow{AC}\cdot\overrightarrow{A}}{-\overrightarrow{AC}}$$

$$\overrightarrow{AC}=\overrightarrow{C}-\overrightarrow{A}$$

$$\overrightarrow{BC}=\overrightarrow{C}-\overrightarrow{B}$$

$$\overrightarrow{CP}=\overrightarrow{P}-\overrightarrow{C}$$

$$\overrightarrow{AB}=\overrightarrow{B}-\overrightarrow{A}$$

$$\overrightarrow{AP}=\overrightarrow{P}-\overrightarrow{A}$$

设 $\omega=e^{\frac{2i\pi}{3}}$. 那么对应于三个复数 1, ω 和 ω^2 形成正定向的等边三角形 (图 7-12).

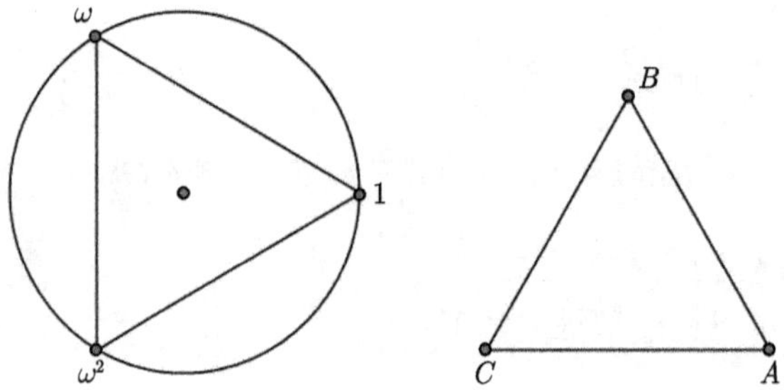

图 7-12

因此, $\triangle ABC$ 为一个具有正定向的等边三角形 (图 7-12) 当且仅当

$$\frac{\overrightarrow{AB}}{\overrightarrow{AC}}=\frac{\omega-1}{\omega^2-1}.$$

由上面的方程, 有

$$(\omega^3-\omega^2)\overrightarrow{B}+(\omega-1)\overrightarrow{C}+(\omega^2-\omega)\overrightarrow{A}=0.$$

上面方程两边除以 $\omega-1$ 得, 三角形 ABC 为一个具有正定向的等边三角形当且仅当

$$\overrightarrow{C}+\omega^2\overrightarrow{B}+\omega\overrightarrow{A}=0.$$

类似地, 三角形 ABC 为具有负定向的等边三角形当且仅当

$$\overrightarrow{C}+\omega\overrightarrow{B}+\omega^2\overrightarrow{A}=0.$$

于是我们引入两个新的构造:

(1) (PE-TRIANGLE C B A). 引入一个点 C 使得 ABC 是一个具有正定向的等边三角形, 也就是说, $\overrightarrow{C}+\omega^2\overrightarrow{B}+\omega\overrightarrow{A}=0$.

(2) (NE-TRIANGLE C B A). 引入一个点 C 使得 ABC 是一个具有负定向的等边三角形, 也就是说, $\overrightarrow{C}+\omega\overrightarrow{B}+\omega^2\overrightarrow{A}=0$.

例 7.5.2(Echols 第一定理, 取自《美国数学月刊》, 1932, 39: 46) 如果 ABC 和 PQR 为具有相同定向的等边三角形, 那么由 AP, BQ 和 CR 的中点构成的三角形仍为一个等边三角形 (图 7-13).

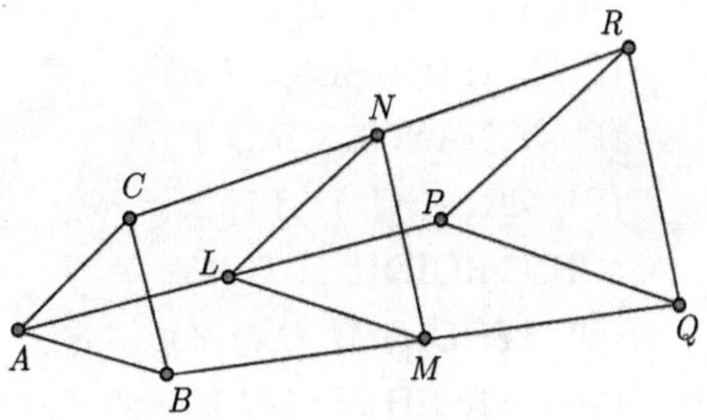

图 7.13

构造性描述

((POINTS A B P Q)
(PE-TRIANGLE C B A)
(PE-TRIANGLE R Q P)
(MIDPOINT L A P)
(MIDPOINT M B Q)
(MIDPOINT N C R)
(PE-TRIANGLE N M L))

消点式

$\overrightarrow{N}\overset{N}{=}\frac{1}{2}(\overrightarrow{R}+\overrightarrow{C})$

$\overrightarrow{M}\overset{M}{=}\frac{1}{2}(\overrightarrow{Q}+\overrightarrow{B})$

$\overrightarrow{L}\overset{L}{=}\frac{1}{2}(\overrightarrow{P}+\overrightarrow{A})$

$\overrightarrow{R}\overset{R}{=}-((\overrightarrow{Q}+\overrightarrow{P}\cdot w)w)$

$\overrightarrow{C}\overset{C}{=}-((\overrightarrow{B}+\overrightarrow{A}\cdot w)\cdot w)$

机器证明

$\overrightarrow{N}+\overrightarrow{M}\cdot w+\overrightarrow{L}\cdot w^2$

$\overset{N}{=}\overrightarrow{M}\cdot w+\overrightarrow{L}\cdot w^2+\frac{1}{2}\overrightarrow{R}+\frac{1}{2}\overrightarrow{C}$

$$\overset{M}{=}\left(\frac{1}{2}\right)\cdot(2\overrightarrow{L}\cdot w^2+\overrightarrow{R}+\overrightarrow{C}+\overrightarrow{Q}\cdot w+\overrightarrow{B}\cdot w)$$

$$\overset{L}{=}\frac{1}{2}\cdot\left(\overrightarrow{R}+\overrightarrow{C}+\overrightarrow{Q}\cdot w+\overrightarrow{P}\cdot w^2+\overrightarrow{B}\cdot w+\overrightarrow{A}\cdot w^2\right)$$

$$\overset{R}{=}\left(\frac{1}{2}\right)(\overrightarrow{C}+\overrightarrow{B}\cdot w+\overrightarrow{A}\cdot w^2)$$

$$\overset{C}{=}\left(\frac{1}{2}\right)\cdot(0)$$

例 7.5.3(Echols 第二定理)　如果 ABC, PQR 和 XYZ 为具有相同定向的等边三角形, 那么由三角形 APX, BQY 和 CRZ 的质心构成的三角形仍为一个等边三角形.

构造性描述

((POINTS A B P Q X Y)
(PE-TRIANGLE C B A)
(PE-TRIANGLE R Q P)
(PE-TRIANGLE Z Y X)
(CENTROID L A P X)
(CENTROID M B Q Y)
(CENTROID N C R Z)
(PE-TRIANGLE N M L))

机器证明

$$\overrightarrow{N}+\overrightarrow{M}\cdot w+\overrightarrow{L}\cdot w^2$$

$$\overset{N}{=}3\overrightarrow{M}\cdot w+3\overrightarrow{L}\cdot w^2+\overrightarrow{Z}+\overrightarrow{R}+\overrightarrow{C}$$

$$\overset{M}{=}9\overrightarrow{L}\cdot w^2+3\overrightarrow{Z}+3\overrightarrow{R}+3\overrightarrow{C}+3\overrightarrow{Y}\cdot w+3\overrightarrow{Q}\cdot w+3\overrightarrow{B}\cdot w$$

$$\overset{L}{=}(3)\cdot(3\overrightarrow{Z}+3\overrightarrow{R}+3\overrightarrow{C}+3\overrightarrow{Y}\cdot w+3\overrightarrow{X}\cdot w^2+3\overrightarrow{Q}\cdot w+3\overrightarrow{P}\cdot w^2+3\overrightarrow{B}\cdot w+3\overrightarrow{A}\cdot w^2)$$

$$\overset{Z}{=}(9)\cdot(\overrightarrow{R}+\overrightarrow{C}+\overrightarrow{Q}\cdot w+\overrightarrow{P}\cdot w^2+\overrightarrow{B}\cdot w+\overrightarrow{A}\cdot w^2)$$

$$\overset{R}{=}(9)\cdot(\overrightarrow{C}+\overrightarrow{B}\cdot w+\overrightarrow{A}\cdot w^2)$$

$$\overset{\text{simplify}}{=\!=\!=}0$$

消点式

$$\overrightarrow{N}\overset{N}{=}\frac{1}{3}(\overrightarrow{Z}+\overrightarrow{R}+\overrightarrow{C})$$

$$\overrightarrow{M}\overset{M}{=}\frac{1}{3}(\overrightarrow{Y}+\overrightarrow{Q}+\overrightarrow{B})$$

$$\overrightarrow{L}\overset{L}{=}\frac{1}{3}(\overrightarrow{X}+\overrightarrow{P}+\overrightarrow{A})$$

$\overrightarrow{Z} \overset{Z}{=} -((\overrightarrow{Y} + \overrightarrow{X} \cdot w) \cdot w)$

$\overrightarrow{R} \overset{R}{=} -((\overrightarrow{Q} + \overrightarrow{P} \cdot w) \cdot w)$

$\overrightarrow{C} \overset{C}{=} -((\overrightarrow{B} + \overrightarrow{A} \cdot w) \cdot w)$

例 7.5.4(一般形式的 Echols 定理) 设 $P_{i,1}, \cdots, P_{i,n}$, i=1, $\cdots$, m 为 m 个具有相同定向的正则 n 边形, 那么 n 个 m 边形 $P_{1,j} \cdots P_{m,j}$, j=1, $\cdots$, n 的质心形成一个正则 n 边形.

证明 根据例 7.5.2 和 7.5.3 的证明, 我们仅需证明: $A_1 \cdots A_n$ 为一个正则 n 边形当且仅当点 $A_1, \cdots, A_n$ 满足一些线性条件 $R_k(A_1, \cdots, A_n)$=0, $k = 1, \cdots, s$. 我们把细节留给读者.

例 7.5.5 和例 3.4.6 相同. 下面的证明更短些 (图 7-14).

构造性描述

((POINTS A B C)

(CONSTANT $w^2 + w + 1$)

(PE-TRIANGLE B_1 A C)

(PE-TRIANGLE A_1 C B)

(NE-TRIANGLE C_1 B A

($\overrightarrow{A_1C_1} - \overrightarrow{CB_1} = 0$))

消点式

$\overrightarrow{A_1C_1} \overset{C_1}{=} -(\overrightarrow{A_1} + \overrightarrow{B} \cdot w^2 + \overrightarrow{A} \cdot w)$

$\overrightarrow{A_1} \overset{A_1}{=} -((\overrightarrow{C} + \overrightarrow{B} \cdot w) \cdot w)$

$\overrightarrow{CB_1} \overset{B_1}{=} -(\overrightarrow{C} \cdot w^2 + \overrightarrow{C} + \overrightarrow{A} \cdot w)$

机器证明

$\overrightarrow{A_1C_1} - \overrightarrow{CB_1}$

$\overset{C_1}{=} -\overrightarrow{A_1} - \overrightarrow{CB_1} - \overrightarrow{B} \cdot w^2 - \overrightarrow{A} \cdot w$

$\overset{A_1}{=} -(\overrightarrow{CB_1} - \overrightarrow{C} \cdot w + \overrightarrow{A} \cdot w)$

$\overset{B_1}{=} -(-\overrightarrow{C} \cdot w^2 - \overrightarrow{C} \cdot w - \overrightarrow{C})$

$\overset{\text{simplify}}{=\!=} (w^2 + w + 1) \cdot \overrightarrow{C}$

$\overset{n}{=} 0$

例 7.5.6 例 7.5.5 的逆命题 (图 7-15).

构造性描述

((POINTS A B C)

(CONSTANT $w^2 + w + 1$)

(PRATIO D A B C 1)

(PE-TRIANGLE X B C)

(PE-TRIANGLE Y C D)

(PE-TRIANGLE A Y X))

消点式

$\overrightarrow{Y} \overset{Y}{=} -((\overrightarrow{D} \cdot w + \overrightarrow{C}) \cdot w)$

$\overrightarrow{X} \overset{X}{=} -((\overrightarrow{C} \cdot w + \overrightarrow{B}) \cdot w)$

$\overrightarrow{D} \overset{D}{=} \overrightarrow{C} - \overrightarrow{B} + \overrightarrow{A}$

机器证明

$\overrightarrow{Y} \cdot w + \overrightarrow{X} \cdot w^2 + \overrightarrow{A}$

$\overset{Y}{=} \overrightarrow{X} \cdot w^2 - \overrightarrow{D} \cdot w^3 - \overrightarrow{C} \cdot w^2 + \overrightarrow{A}$

$$\overset{X}{=} -\overrightarrow{D}\cdot w^3-\overrightarrow{C}\cdot w^4-\overrightarrow{C}\cdot w^2-\overrightarrow{B}\cdot w^3+\overrightarrow{A}$$

$$\overset{D}{=} -(\overrightarrow{C}\cdot w^4+\overrightarrow{C}\cdot w^3+\overrightarrow{C}\cdot w^2+\overrightarrow{A}\cdot w^3-\overrightarrow{A})$$

$$\xlongequal{\text{simplify}} -(w^2+w+1)\cdot(\overrightarrow{C}\cdot w^2+\overrightarrow{A}\cdot w-\overrightarrow{A})\overset{n}{=}0$$

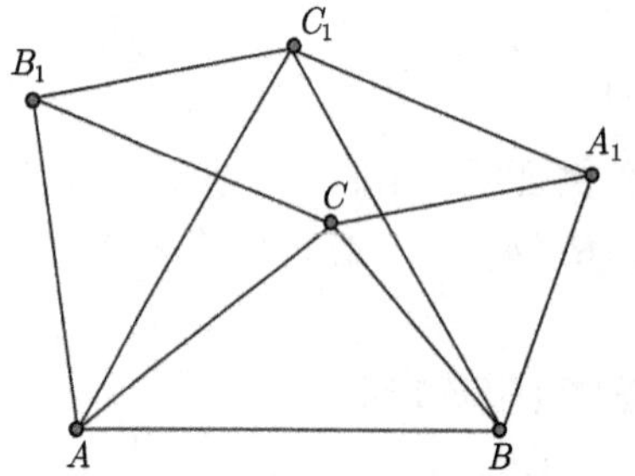

图 7-14

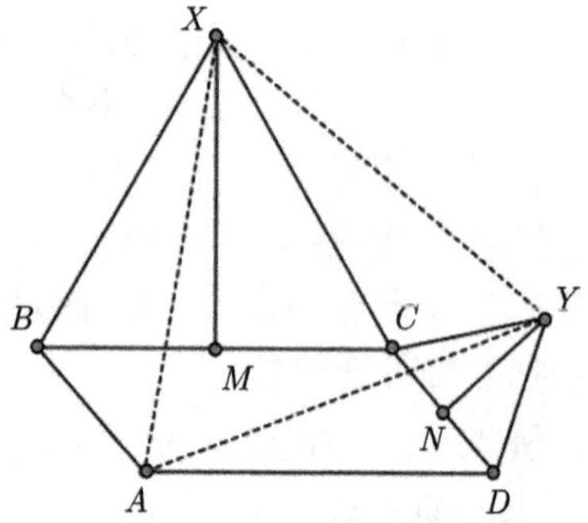

图 7-15

利用复数, 还可以容易地处理一些涉及正方形的定理. 对于两个点 A 和 B, C 是由规则 (TRATIO C A B 1) 引入的一个点, 或者等价地说, 点 C 满足 $CA{=}AB$, $CA\perp AB$, 且 $S_{CAB}>0$, 当且仅当

$$\overrightarrow{AC}=i\cdot\overrightarrow{AB}.$$

从几何上来看, 上面方程表示 $\overrightarrow{AC}$ 是由 $\overrightarrow{AB}$ 按逆时针方向旋转 90° 得到的, 或者说 CAB 是一个具有正定向的等腰直角三角形. 类似地, C 是由规则 (TRATIO C A B−1) 引入的一个点, 当且仅当

$$\overrightarrow{AC}=-i\cdot\overrightarrow{AB}.$$

于是我们可以引入两个新的构造:

(1) (PE-SQUARE C B A). 引入一个点 C 使得 CAB 是一个具有正定向的等腰直角三角形, 也就是说,

$$\overrightarrow{C}=\overrightarrow{A}+i\cdot\overrightarrow{AB}.$$

(2) (NE-SQUARE C B A). 引入一个点 C 使得 CAB 是一个具有负定向的等腰直角三角形, 也就是说,

$$\overrightarrow{C}=\overrightarrow{A}-i\cdot\overrightarrow{AB}.$$

例 7.5.7 在三角形 ABC 的两边 AB 和 AC 上, 向外部作两个正方形 $ABEF$ 和 $ACGH$. 求证 $FC\perp BH$ 且 $FC{=}BH$(图 7-16).

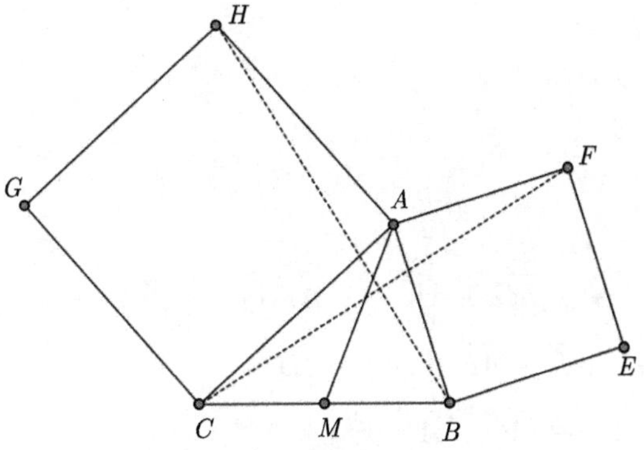

图 7-16

构造性描述	机器证明	消点式
((POINTS A B C)	$-(\overrightarrow{CF}+\overrightarrow{BH}\cdot i)$	$\overrightarrow{BH}\overset{H}{=}-(\overrightarrow{AC}\cdot i+\overrightarrow{AB})$
(CONSTANT i^2-1)	$\overset{H}{=}-(\overrightarrow{CF}-\overrightarrow{AC}\cdot i^2-\overrightarrow{AB}\cdot i)$	$\overrightarrow{CF}\overset{F}{=}-(\overrightarrow{AC}-\overrightarrow{AB}\cdot i)$
(PE-SQUARE F A B)	$\overset{F}{=}-(-\overrightarrow{AC}\cdot i^2-\overrightarrow{AC})$	
(NE-SQUARE H A C)	$\xlongequal{\text{simplify}}(i^2+1)\cdot\overrightarrow{AC}$	
($\overrightarrow{FC}-i\cdot\overrightarrow{BH}=0$))	$\overset{n}{=}0$	

例 7.5.8 在三角形 ABC 的两边 AB 和 AC 上, 向外部作两个正方形 $ABEF$ 和 $ACGH$; M 是 BC 的中点. 求证 $FH\perp AM$ 且 $FH=2AM$(图 7-16).

构造性描述	机器证明	消点式
((POINTS A B C)	$-(\overrightarrow{FH}+2\overrightarrow{AM}\cdot i)$	$\overrightarrow{AM}\overset{M}{=}\frac{1}{2}(\overrightarrow{AC}+\overrightarrow{AB})$
(PE-SQUARE F A B)	$\overset{M}{=}-(\overrightarrow{FH}+\overrightarrow{AC}\cdot i+\overrightarrow{AB}\cdot i)$	$\overrightarrow{FH}\overset{H}{=}(\overrightarrow{AF}+\overrightarrow{AC}\cdot i)$
(NE-SQUARE H A C)	$\overset{H}{=}-(-\overrightarrow{AF}+\overrightarrow{AB}\cdot i)$	$\overrightarrow{AF}\overset{F}{=}\overrightarrow{AB}\cdot i$
(MIDPOINT M B C)	$\overset{F}{=}0$	
($\overrightarrow{HF}-2i\cdot\overrightarrow{AM}=0$))		

例 7.5.8(取自《美国数学月刊》, 1968, 75: 899) 从任意三角形 ABC 开始, 构作外部的 (或内部的) 正方形 $BCDE$, $ACFG$ 和 $BAHK$; 然后作出平行四边形 $FCDQ$ 和 $EBKP$. 求证 PAQ 是一个等腰直角三角形 (图 7-17).

构造性描述

((POINTS A B C)

(CONSTANT i^2-1)

(NE-SQUARE F C A)

(PE-SQUARE D C B)

(PRATIO E D C B 1)

(PE-SQUARE K B A)
(PRATIO Q F C D 1)
(PRATIO P K B E 1)
$(\overrightarrow{AQ} - i \cdot \overrightarrow{AP} = 0))$

机器证明

$$-(\overrightarrow{AP} \cdot i - \overrightarrow{AQ}) \stackrel{P}{=} -(-\overrightarrow{AQ} + \overrightarrow{AK} \cdot i + \overrightarrow{AE} \cdot i - \overrightarrow{AB} \cdot i)$$

$$\stackrel{Q}{=} -\overrightarrow{AK} \cdot i - \overrightarrow{AE} \cdot i + \overrightarrow{AD} + \overrightarrow{AF} - \overrightarrow{AC} + \overrightarrow{AB} \cdot i$$

$$\stackrel{K}{=} -(\overrightarrow{AE} \cdot i - \overrightarrow{AD} - \overrightarrow{AF} + \overrightarrow{AC} - \overrightarrow{AB} \cdot i^2)$$

$$\stackrel{E}{=} -(\overrightarrow{AD} \cdot i - \overrightarrow{AD} - \overrightarrow{AF} - \overrightarrow{AC} \cdot i + \overrightarrow{AC} - \overrightarrow{AB} \cdot i^2 + \overrightarrow{AB} \cdot i)$$

$$\stackrel{D}{=} -(-\overrightarrow{BC} \cdot i^2 + \overrightarrow{BC} \cdot i - \overrightarrow{AF} - \overrightarrow{AB} \cdot i^2 + \overrightarrow{AB} \cdot i)$$

$$\stackrel{F}{=} \overrightarrow{BC} \cdot i^2 - \overrightarrow{BC} \cdot i + \overrightarrow{AC} \cdot i + \overrightarrow{AC} + \overrightarrow{AB} \cdot i^2 - \overrightarrow{AB} \cdot i)$$

$$\stackrel{\text{simplify}}{=\!=\!=} -(i+1) \cdot (\overrightarrow{BC} - \overrightarrow{AC} + \overrightarrow{AB})$$

$$\stackrel{n}{=} -(i+1) \cdot (0)$$

$$\stackrel{\text{simplify}}{=\!=\!=} 0$$

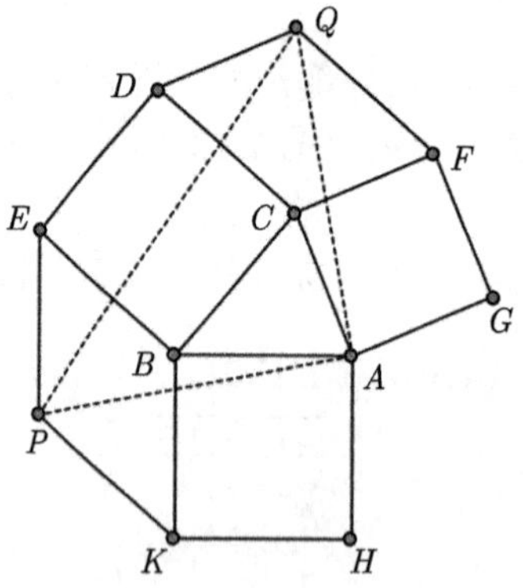

图 7-17

消点式

$$\overrightarrow{AP} \stackrel{P}{=} \overrightarrow{AK} + \overrightarrow{AE} - \overrightarrow{AB}$$

$$\overrightarrow{AQ} \stackrel{Q}{=} \overrightarrow{AD} + \overrightarrow{AF} - \overrightarrow{AC}$$

$$\overrightarrow{AK} \stackrel{K}{=} -((i-1) \cdot \overrightarrow{AB})$$

$$\overrightarrow{AE} \stackrel{E}{=} \overrightarrow{AD} - \overrightarrow{AC} + \overrightarrow{AB}$$

$$\overrightarrow{AD} \stackrel{D}{=} -(\overrightarrow{BC} \cdot i - \overrightarrow{AC})$$

$$\overrightarrow{AF} \stackrel{F}{=} (i+1) \cdot \overrightarrow{AC}$$

$$\overrightarrow{AB} = \overrightarrow{B} - \overrightarrow{A}$$

$$\overrightarrow{AC} = \overrightarrow{C} - \overrightarrow{A}$$

$$\overrightarrow{BC} = \overrightarrow{C} - \overrightarrow{B}$$

第 7 章小结

• 度量向量空间是一个具有内积和外积的向量空间. 域 $\mathcal{E}$ 上的三维度量几何是非奇异度量向量空间 $\mathcal{E}^3$.

• 一些基本的几何量可以由内积和外积来描述:

(1) $P_{ABC} = 2\langle \overrightarrow{AB}, \overrightarrow{CB} \rangle$; $P_{ABCD} = 2\langle \overrightarrow{AC}, \overrightarrow{DB} \rangle$.

(2) 如果四个点 A, B, C 和 D 共线的或者 $AB /\!/ CD$, 则有

$$\overrightarrow{AB} = \frac{\overline{AB}}{\overline{CD}}\overrightarrow{CD}, \quad \frac{\overline{AB}}{\overline{CD}} = \frac{\langle \overrightarrow{AB}, \overrightarrow{CD} \rangle}{\langle \overrightarrow{CD}, \overrightarrow{CD} \rangle}.$$

(3) $V_{ABCD} = \dfrac{1}{6}\langle \overrightarrow{AD}, [\overrightarrow{AB}, \overrightarrow{AC}] \rangle$.

(4) 如果六个点 A, B, C, P, Q 和 R 是共面的或者 $ABC /\!/ PQR$, 则有

$$[\overrightarrow{AB}, \overrightarrow{AC}] = \frac{S_{ABC}}{S_{PQR}}[\overrightarrow{PQ}, \overrightarrow{PR}], \quad \frac{S_{ABC}}{S_{PQR}} = \frac{\langle [\overrightarrow{AB}, \overrightarrow{AC}], [\overrightarrow{PQ}, \overrightarrow{PR}] \rangle}{\langle [\overrightarrow{PQ}, \overrightarrow{PR}], [\overrightarrow{PQ}, \overrightarrow{PR}] \rangle}.$$

• 我们有如下的平行或垂直判别准则:

(1) $AB \perp CD \Longleftrightarrow \langle \overrightarrow{AB}, \overrightarrow{CD} \rangle = 0$.

(2) $AB \| CD \Longleftrightarrow [\overrightarrow{AB}, \overrightarrow{CD}] = 0$.

(3) $AB \perp PQR \Longleftrightarrow [\overrightarrow{AB}, [\overrightarrow{PQ}, \overrightarrow{PR}]] = 0$.

(4) $AB \| PQR \Longleftrightarrow \langle \overrightarrow{AB}, [\overrightarrow{PQ}, \overrightarrow{PR}] \rangle = 0$.

(5) $ABC \perp PQR \Longleftrightarrow \langle [\overrightarrow{AB}, \overrightarrow{AC}], [\overrightarrow{PQ}, \overrightarrow{PR}] \rangle = 0$.

(6) $ABC \| PQR \Longleftrightarrow [[\overrightarrow{AB}, \overrightarrow{AC}], [\overrightarrow{PQ}, \overrightarrow{PR}]] = 0$.

• 给出了适用于 2 维或 3 维度量几何中的构造型几何命题的一个机械化证明方法. 这种方法与第 3 章和第 4 章中所讨论的面积–体积–勾股差法相似, 其基本思想就是从向量和向量的内外积中消去点.

• 证明了如下的基本定理: 一条纯构造型几何语句在一个度量几何中为真, 当且仅当它在同一域上所有的度量几何中都为真.

参考文献

常庚哲. 1980. *复数计算与几何证题*. 上海: 上海教育出版社.

井中, 沛生. 1989. *从数学教育到教育数学*. 成都: 四川教育出版社.

吴文俊. 1984. *几何定理机器证明的基本原理, 卷 1: 初等几何部分*. 北京: 科学出版社.

张景中. 2009. *几何新方法和新体系*. 北京: 科学出版社.

Adler C F. 1958. *Modern Geometry*. McGraw-Hill Company Inc.

Aouchiche M. 2006. *Comparaison Automatisée d'invariants en Théorie des Graphes*. Phd Thesis. Ecole Polytechnique de Montreal.

Arnon D S and Mignotte M, 1988. On Mechanical Quantifier Elimination for Elementary Algebra and Geometry. *Journal of Symbolic Computation*, 5: 237-259.

Arnon D S. 1988. Geometric Reasoning with Logic and Algebra. *Artificial Intelligence*, 37: 37-60.

Artin E. 1957. *Geometric Algebra*. New York: Intersecience Pub. INC.

Avigad J. 2008. *Understanding Proofs*. in The Philosophy of Mathematical Practice.

Baeta N and Quaresma P. 2013. *The Full Angle Method on the OpenGeoProver*. CICM Workshops.

Baker H F. *Principles of Geometry*. London: Cambridge University Press.

Bancilhon F and Ramakrishnan R. 1986. An Amateur's Introduction to Recursive Query Processing Strategies. *Proc. ACM SIGMOD*, 16-52.

Bondyfalat D, Mourain B and T. Papadopoulo. 1999. Application of Automatic Theorem Proving in Computer Vision, in *Automated Deduction in Geometry*, 207-231. Springer-Verlag.

Botana F. 2003. *A Web-Based Intelligent System for Geometric Discovery*. LNCS 2657, 801-810. Spinger-Verlag.

Brandt J. and Schneider K. 2005. *Dependable Polygon-Processing Algorithms for Safety-Critical Embedded Systems*. International Conference on Embedded and Ubiquitous. LNCS 3824. Springer-Verlag, 405-417.

Bulmer M, Fearnley-Sander D, Stokes T. 2001. *The Kinds of Truth of Geometry Theorems. Automated Deduction in Geometry*. LNCS, 2061: 129-142.

Buntine W. 1988. Generalized Subsumption and its Applications to Induction and Redundancy. *Artif. Intell.*, 36: 149-179.

Caferra R, N. Peltier, and F. Putig. 2001. Emphasing Human Techniques in Autmated Geometry Theorem Proving. In *Automated Deduction in Geometry*, 246-267. Springer-Verlag.

Chou S C and Gao X S. 1990-2. *Mechanical Formula Derivation in Elementary Geometries.* Proc. ISSAC-90, ACM. New York, 265-270.

Chou S C and Gao X S. 1992-1. *Proving Constructive Geometry Statements.* Proc. CADE-11, 20–34, LNCS 607. Springer-Verlag.

Chou S C and Ko H P. 1986. On the Mechanical Theorem Proving in Minkowskian Plane Geometry. *Proc. of Symp. of Logic in Computer Science*, 187-192.

Chou S C, Gao X S and Zhang J Z. 1993. *Mechanical Geometry Theorem Proving by Vector Calculation.* Proc. of ISSAC-93. Kiev: ACM Press, 284-291.

Chou S C, Gao X S and Zhang J Z. 1993-1. *Automated Production of Traditional Proofs for Constructive Geometry Theorems.* Proc. of Eighth IEEE Symposium on Logic in Computer Science, 48-56. IEEE Computer Society Press.

Chou S C, Gao X S and Zhang J Z. 1994. *Machine Proof in Geometry.* Singapore: World Scientific Publishing Co.

Chou S C, Gao X S and Zhang J Z. 1995. Automated Production of Traditional Proofs in Solid Geometry. *Journal of Automated Reasoning*, 14: 257-291.

Chou S C, Gao X S and Zhang J Z. 1996-1. Automated Generation of of Readable Proofs with Geometric Invariants, I. Multiple and Shortest Proof Generation. *Journal of Automated Reasoning*, 17: 325-347.

Chou S C, Gao X S and Zhang J Z. 1996-2. Automated Generation of of Readable Proofs with Geometric Invariants, II. Proving Theorems with Full-Angles. *Journal of Automated Reasoning*, 17: 349-370.

Chou S C, Gao X S and Zhang J Z. 2000. A Deductive Database Approach to Automated Geometry Theorem Proving and Discovering. *Journal of Automated Reasoning*, 25(3): 219-246.

Chou S C. 1985. *Proving and Discovering Geometry Theorems Using Wu's Method.* Ph.D Thesis. Dept. of Math., University of Texas, Austin, 1985.

Chou S C. 1988. *Mechanical Geometry Theorem Proving.* D. Reidel Publishing Company, Dordrecht, Netherlands.

Coelho H and Pereira L M. 1986. Automated Reasoning in Geometry Theorem Proving with Prolog. *Journal of Automated Reasoning*, 2: 329-390.

Collins G E. 1975. *Quantifier Elimination for Real Closed Fields by Cylindrical Algebraic Decomposition.* LNCS 33, 134-183. Springer-Verlag.

Coxeter H S M. 1947. *Non-Euclidean Geometry.* University of Toronto Press.

Coxeter H S M. 1967. *Geometry Revisited.* New Mathematical Library, 19. Washington, AMM.

Daugulis P. 2013. *On Coordinatization of Mathematics*, arXiv:1306.0520.

Dieudonne J. 1964. *Algebre Lineaire et Geometrie Elementaire.* Hermann, Paris.

Fèvre S, Wang D. 1998-2. *Proving Geometric Theorems Using Clifford Algebra and Rewrite*

Rules. LNCS, 1421: 17-32, Springer-Verlag.

Fearnley-Sander D. and Stokes T. 1998. Area in Grassmann Geometry. In Automated Deduction. In *Geometry, LNAI*, 1360: 141-170, Springer-Verlag.

Fevre S. Integration of Reasoning and Algebraic Calculus in Geometry. In *Automated Deduction in Geometry, LNAI*, 1360: 218-234.

Fleuriot J. D. 2001-1. *A Combination of Geometry Theorem Proving and Nonstandard Analysis with Application to Newton's Principia.* Springer-Verlag.

Fleuriot J D and Paulson L C. 1999. Proving Newton's Propositio Kepleriana using geometry and Nonstandard Analysis in Isabelle. *Automated Deduction in Geometry, LNAI*, 1669: 47-66, Springer.

Fleuroit J D. 2001. Nonstandard Geometirc Proofs. In *Automated Deduction in Geometry*, 246-267. Springer-Verlag.

Fleuroit J. D. 2001-2. Theorem Proving in Infinitesimal Geometry. *Logic Journal of the IGPL*, 447-473.

Fu H, Yang L, Zhou C C. 1998. A Computer-aided Geometric Approach to Inverse Kinematics. *J. of Robotic Systems*, 15.

Gallaire H, Minker J, and Nicola J M. 1984. Logic and Database : a Deductive Approach. ACM Comput. *Suirveys*, 16: 153-185.

Gao X S and Chou S C. 1998-1. Solving Geometric Constraint Systems, I. A Global Propagation Approach. *Computer-Aided Design*, 30(1). 47-54.

Gao X S and Chou S C. 1998-2. Solving Geometric Constraint Systems, II. A Symbolic Computational Approach. *Computer-Aided Design*, 30(2), 115-122.

Gao X S, Hoffmann C M and Yang W. 2004. Solving spatial basic geometric constraint configurations with locus intersection. *Computer-Aided Design*, 36(2): 111-122.

Gao X S, Hou X, Tang J and Chen H. 2003. Complete Solution Classification for the Perspective-Three-Point Problem. *IEEE Tran. on Pattern Analysis and Machine Intelligence*, 25(8): 930-943.

Gao X S, Jiang K and Zhu C C. 2002. Geometric Constraint Solving with Conics and Linkages. *Computer-Aided Design*, 34: 421-433.

Gao X S, Le D, Liao Q and Zhang G. 2005. Generalized Stewart Platforms and their Direct Kinematics. *IEEE Trans. Robotics*, 21(2): 141-151.

Gao X S. 1990. Transcendental Functions and Mechanical Theorem Proving in Elementary Geometries. *Journal of Automated Reasoning*, 6: 403-417.

Gelernter H, Hanson J R and Loveland D W. 1960. Empirical Explorations of the Geometry-theorem Proving Machine. *Proc. West. Joint Computer Conf.*, 143-147.

Greub W H. 1963. *Linear Algebra.* New York: Academic Press INC.

Grunbaum B and Shephard G C. Ceva. 1995. Menelaus, and the Area Principle. *Mathematics Magazine*, 68: 254-268.

H. Li and Y. Wu. 2003-1. Automated Short Proof Generation for Projective Geometric Theorems with Cayley and Bracket Algebras-I. Incidence Geometry. *Journal of Symbolic Computation*, 36: 717-762.

H. Li. 2000. Vectorial Equations Solving for Mechanical Geometry Theorem Proving. *Journal of Automated Reasoning*, 25: 83-121.

Hales T C. 2007. Some Methods of Problem Solving in Elementary Geometry. *Proc. 22nd Annual IEEE Symposium on Logic*, 35-40.

Haralambous Y and Quaresma P. 2014. *Querying Geometric Figures Using a Controlled Language*, arXiv:1403.2194.

Havel T. 1998. The Use of Distances as Coordinates in Computer-Aided Proofs of Theorems in Euclidean Geometry. IMA Preprint No. 389. University of Minnesota.

Helm R. 1990. On the Elimination of Redundant Derivations During Execution. *Proc. of 1990 North American Conference of Logic Programming.* The MIST Press, 551-568.

Hilbert D. 1971. *The Foundations of Geometry.* Open Court Pub. Comp., Lasalla, Illinois.

Hong H. 1992. *Simple Solution Formula Construction in Cylindrical Algebraic Decomposition Based on Quantifier Elimination.* Proc. of ISAAC'92, 177-188. ACM Press.

Janiucić P. 2010. Geometry Constructions Language. *Journal of Automated Reasoning*, 44: 3-24.

Janivcić P, Narboux J, Quaresma P. 2012. The Area Method. *Journal of Automated Reasoning*, 48: 489-532.

Kapur D. 1986. Geometry Theorem Proving Using Hilbert's Nullstellensatz. *Proc. of SYMSAC'86*, Waterloo, 202-208.

Ko H P. 1988. Geometry Theorem Proving by Decomposition of Quasi-Algebraic Sets: An Application of the Ritt-Wu Principle. *Artificial Intelligence*, 37: 95-120.

Koedinger K R and Anderson J R. 1990. Abstract Planning and Perceptual Chunks: Elements of Expertise in Geometry. *Cognitive Science*, 14: 511-550.

Kutzler B. and Stifter S. 1986. Automated Geometry Theorem Proving Using Buchberger's Algorithm. *Proc. of SYMSAC'86*, Waterloo, 209-214.

Li H and Cheng M. 1998. Clifford Algebraic Reduction Method for Automated Theorem Proving in Differential Geometry. *Journal of Automated Reasoning*, 21: 1-21.

Li H and Wu Y. 2001. *Automated Theorem Proving in Incidence Geometry.* In Automated Deduction in Geometry, 154-174. Springer-Verlag.

Li H and Wu Y. 2003-2. Automated Short Proof Generation for Projective Geometric Theorems with Cayley and Bracket Algebras-II. Conic Geometry. *Journal of Symbolic Computation*, 36: 763-809.

Li Y, Novak G S. 2012. *Generation of Geometric Programs Specified by Diagrams.* Proc of 10th ACM International Conference on Generative Programming and Component Engineering, 63-72. ACM Press.

Liu D, Fulton N. L, Zic J, Groot M. de. 2013. *Verifying an Aircraft Proximity Characterization Method in Coq.* Formal Methods and Software. Springer.

Magaud N, Narboux J, and Schreck P. 2011. Formalizing Projective Plane Geometry in Coq, in *Automated Deduction in Geometry.* LNCS 6301, 141-162. Springer-Verlag.

Maric F, Petrovi I, Petrovi D and Janicic P. 2012. *Formalization and Implementation of Algebraic Methods in Geometry*, arXiv:1202.4831.

Matsuda N and Vanlehn K. 2004. GRAMY: A Geometry Theorem Prover Capable of Construction. *Journal of Automated Reasoning*, 32: 3-33.

Meikle L I and Fleuriot J D. 2006. *Mechanical Theorem Proving in Computational Geometry.* LNCS 3763: 1-18.

Narboux J. 2004. *A Decision Procedure for Geometry in Coq.* LNCS 3223: 225-240. Springer-Verlag.

Narboux J. 2007-1. A Graphical User Interface for Formal Proofs in Geometry. *Journal of Automated Reasoning*, 39: 161-180.

Narboux J. 2007-2. *Mechanical Theorem Proving in Tarski's Geometry.* LNCS 4869: 139-156. Springer-Verlag.

Nevins A J. 1975. Plane Geometry Theorem Proving using Forward Chaining. *Artif. Intell.*, 6: 1-23.

Pham T M and Bertot Y. 2012. A Combination of a Dynamic Geometry Software with a Proof Assistant for Interactive Formal Proofs. *Electronic Notes in Theoretical Computer Science*, 285: 43-55.

Pichardie D, Bertot Y. 2003. *Formalizing Convex Hulls Algorithms.* LNCS 2152: 346-350.

Quaresma P and Janivcić P. 2009. The Area Method. Rigorous Proofs of Lemmas in Hilbert's Style Axiom System.

Recio T and Velez M P. 1997. Automatic Discovery of Theorems in Elementary Geometry. *Journal of Automated Reasoning*, 23: 63-82.

Reiter R. 1976. A Semantically Guided Deductive System for Automatic Theorem Proving. *IEEE Tras. on Computers*, C-25 (4): 328-334.

Reiter R. 1978. On the closed World Databases. In *Logic and Data Bases.* New York: Plenum Press, 55-76.

Robinson A. 1983. Proving a Theorem. In *Automation of Reasoning.* Springer-Verlag, 75-78.

Ryan P. 1986. *Euclidean and Non-Euclidean Geometries.* Cambridge Univ. Press.

Sagiv Y. 1988. Optimizing Datalog Programs. Foudations of Deductive Database and Logic Programming. Morgan Kauffmann, 659-698.

Seidenberg A. 1954. A New Decision Method for Elementary Algebra. *Annals of Math.*, 60: 365-371.

Shephard G C. 2000. Pratt Sequences and *n*-gons. *Disc. Math.*, 221: 1-3.

Snapper E. and Troyer R J. 1971. *Metric Affine Geometry.* New York: Academic Press.

Sommer R and Nuckols G. 2004. A Proof Environment for Teaching Mathematics. *Journal of Automated Reasoning*, 32: 227-258.

Stojanović S, Pavlović V and Janicić P. 2011. A Coherent Logic Based Geometry Theorem Prover Capable of Producing Formal and Readable Proofs. In *Automated Deduction in Geometry, LNCS,* 6877: 201-220. Springer-Verlag.

Stojanović S. 2013. Preprocessing of the Axiomatic System for More Efficient Automated Proving and Shorter Proofs. In *Automated Deduction in Geometry, LNCS* 7993: 181-192. Springer-Verlag.

Stojanovic S, Pavlovic V and Janicic P. 2010. Automated Generation of Formal and Readable Proofs in Geometry Using Coherent Logic. Proc. ADG 2010.

Stokes T and Bulmer M. 2001. A Complex Change of Variables for Geometrical Reasoning. In *Automated Deduction in Geometry*, 143-153. Springer-Verlag.

Stokes T E. 1990. *On the Algebraic and Algorithmic Properties of Some Generalized Algebras.* Phd Thesis, University of Tasmania.

Sturmfels B. 1987. *Computational Synthetic Geometry.* Ph.D. Dissertation. University of Washington.

Tchoupaeva I J. 2006. Analysis of Geometrical Theorems in Coordinate-free Form by using Anticommutative Gröbner Bases Method. *Journal of Mathematical Sciences*, 3409-3419.

Tour T, Fevre S and Wang D. 1979. Clifford Term Rewriting for Geometric Reasoning in 3D. In *Automated Deduction in Geometry*, 130-155. Springer-Verlag.

Wang D. 1989. A New Theorem Discovered by Computer Prover. *Journal of Geometry*, 36: 173-182.

Wang D. 1995. Reasoning about Geometric Problems using an Elimination Method. *Automated Practical Reasoning.* Springer-Verlag, 148-185.

Wang D. 1998. Clifford Algebraic Calculus for Geometric Reasoning, in *Automated Deduction in Geometry*, LNAI 1360: 116-140, Springer-Verlag.

Wang D. 1998. Geometry Theorem Proving With Existing Technology. *Proc. of first ATCM*, 561-569.

Wang H. 1984. Computer Theorem Proving and Artificial Intelligence. Automated Theorem Proving: After 25 years. *A.M.S., Contemporary Mathematics*, 29: 1-27.

White N L and Mcmillan T. 1998. Cayley Factorization. *Proc. of ISSAC*-88: 4-8. ACM Press.

Wos L, Veroff R, Pieper G W. 1994. Logical Basis for the Automation of Reasoning: Case Studies Handbook of Logic in Artificial Intelligence and Logic, 1-40, Clarendon Press.

Wos L. 1988. *33 Basic Research Problems.* New Jersey: Prentice-Hall.

Wos L. et al. 1985. An Overview of Automated Reasoning and Related Fields. *Journal of Automated Reasoning*, 1: 5-48.

Wu W T. 1982. Toward Mechanization of Geometry - Some Comments on Hilbert's "Grundlagen der Geometrie". *Acta Math. Scientia*, 2: 125-138.

Yaglom I M. 1979. *A Simple Non-Euclidean Geometry and Its Physical Basis.* Springer-Verlag.

Yang L, Gao X S, Chou S C and Zhang Z J. 1998. Automated Proving and Discovering of Theorems in Non-Euclidean Geometries. In *Automated Deduction in Geometry, LNAI* 1360. Berlin Heidelberg: Springer-Verlag 7-188.

Yang L, Zhang J Z and Hou X R. 1992. *A Criterion of Dependency Between Algebraic Equations and Its Applications.* Proc. of the 1992 International Workshop on Mechanization of Mathematics, 110-134. Inter. Academic Publishers.

Ye Z, Chou S C, Gao X S. 2010-1. Visually Dynamic Presentation of Proofs in Plane Geometry, Part 1. Basic Features and the Manual Input Method. *Journal of Automated Reasoning*, 45: 213-241.

Ye Z, Chou S C, Gao X S. 2010-1. Visually Dynamic Presentation of Proofs in Plane Geometry, Part 2. Automated Generation of Visually Dynamic Presentations with the Full-Angle Method and the Deductive Database Method. *Journal of Automated Reasoning*, 45: 213-241.

Zhang J Z, Chou S C, Gao X S. 1995. Automated Production of Traditional Proofs for Theorems in Euclidean Geometry, I. The Hilbert Intersection Point Theorems. *Annals of Mathematics and AI*, 13: 109-137.

Zou Y and Zhang J. 2011. Automated Generation of Readable Proofs for Constructive Geometry Statements with the Mass Point Method. In *Automated Deduction in Geometry.* LNCS 6877: 221-258. Springer-Verlag.

索 引